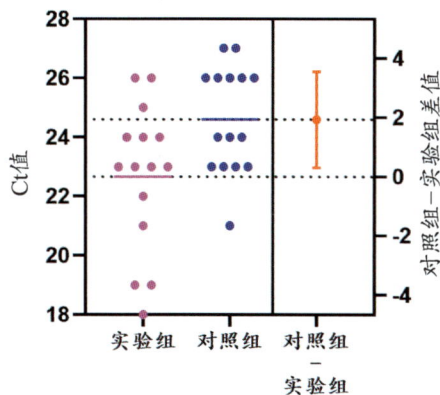

图 2.8 两样本均值差 ±95% 置信区间

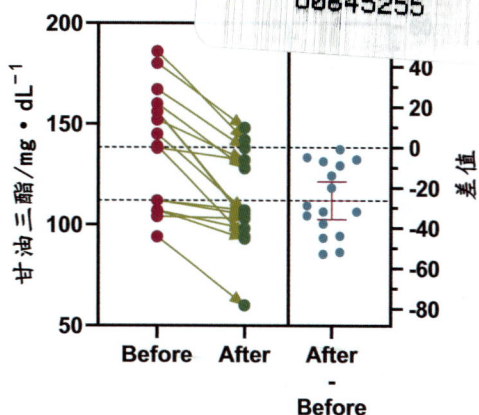

图 2.19 配对 t 检验结果（b）

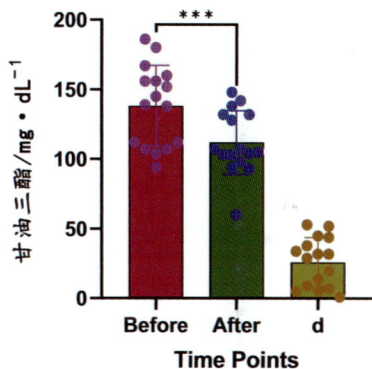

图 2.22 美化后的图（c）

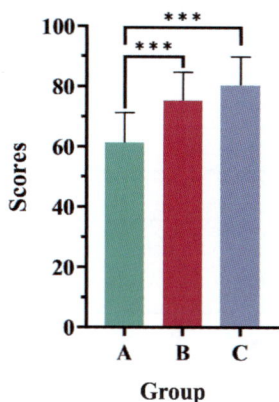

图 2.34 单因素方差分析效果图（c）

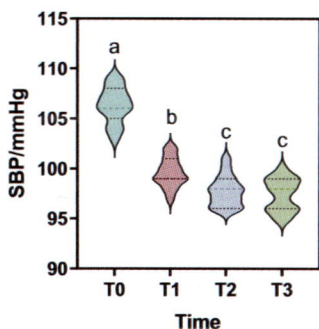

图 2.46 美化后的效果（f）

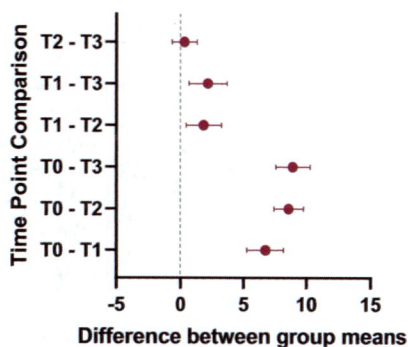

95% Confidence Intervals (Tukey)

图 2.47 差值置信区间

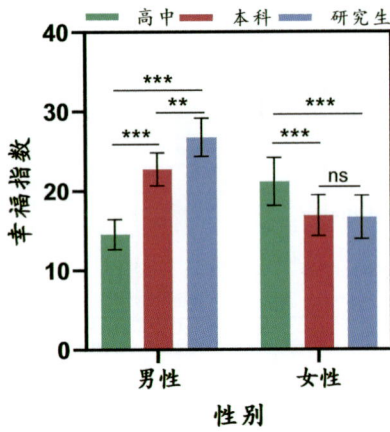

图 2.56 美化后的效果图（f）

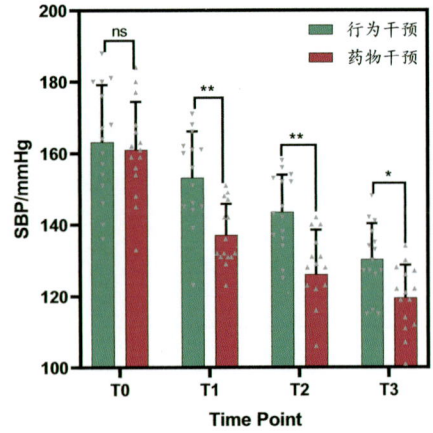

图 2.67 美化后的效果（a）

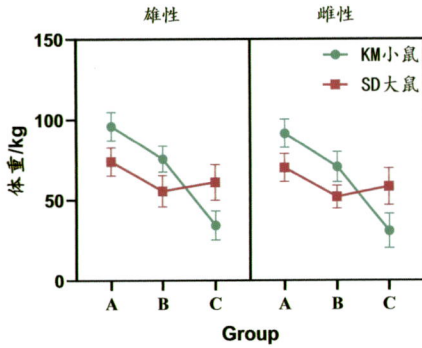

图 2.74 修饰后的效果（b）

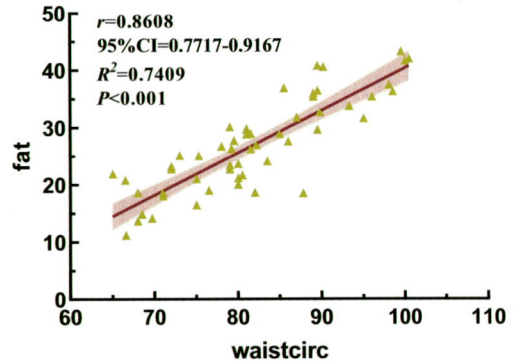

图 3.10 美化后的散点图 + 拟合线（b）

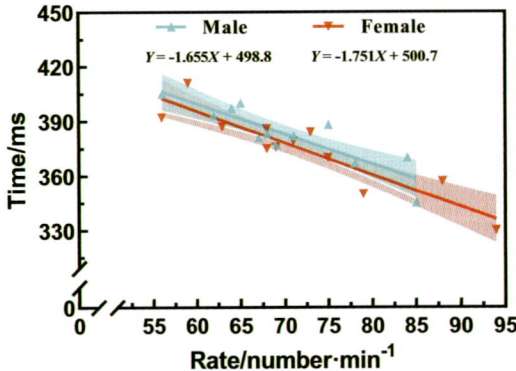

图 3.32 美化后的分层线性回归图（b）

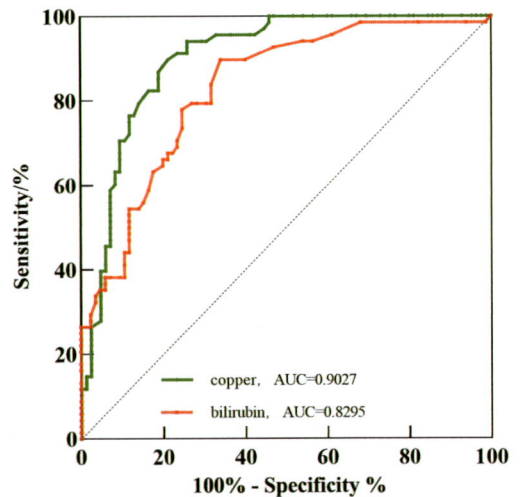

图 5.24 ROC 曲线图（a）

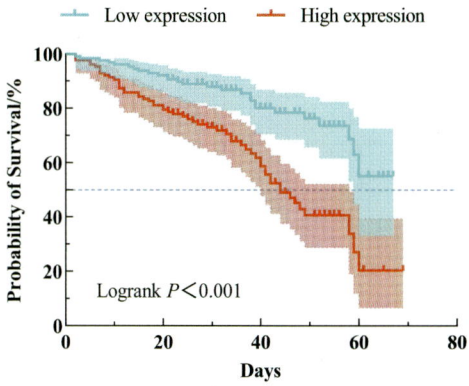

图 6.12　Kaplan–Meier 生存曲线（a）

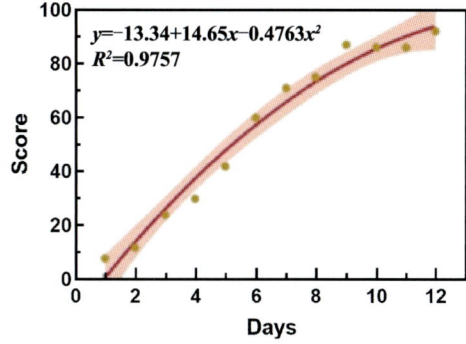

$y=-13.34+14.65x-0.4763x^2$
$R^2=0.9757$

图 7.9　美化后的散点图及拟合线（b）

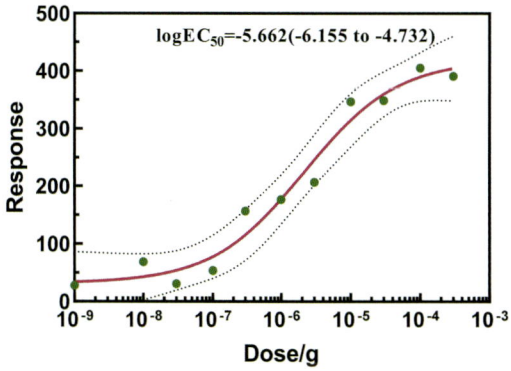

logEC$_{50}$=-5.662(-6.155 to -4.732)

图 7.18　美化后的剂量–反应曲线（a）

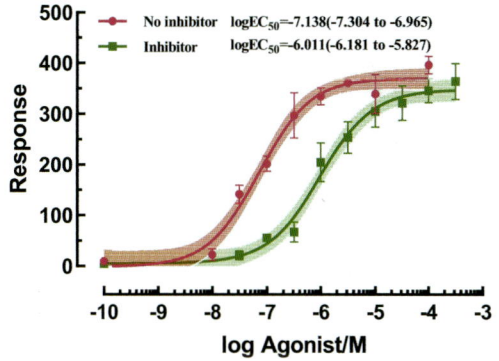

No inhibitor　logEC$_{50}$=-7.138(-7.304 to -6.965)
Inhibitor　logEC$_{50}$=-6.011(-6.181 to -5.827)

图 7.28　美化后的剂量–反应曲线（c）

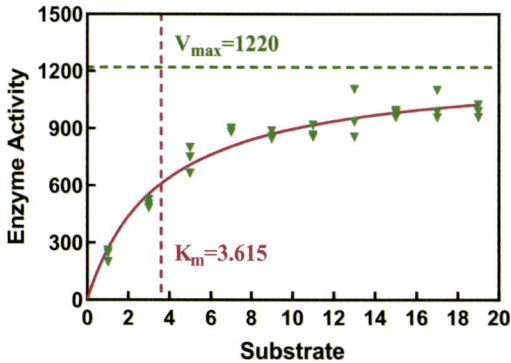

V_{max}=1220

K_m=3.615

图 7.38　美化后的米氏方程曲线（a）

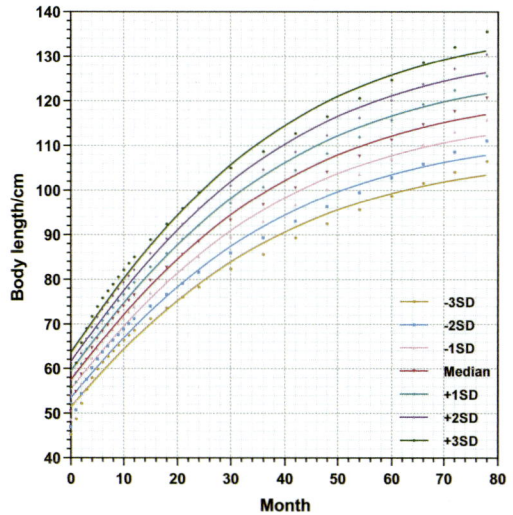

-3SD
-2SD
-1SD
Median
+1SD
+2SD
+3SD

图 7.47　美化后的 Gompertz 生长曲线（a）

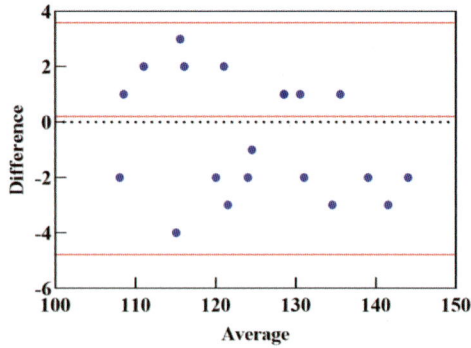

图 8.10　Bland–Altman 效果图（a）

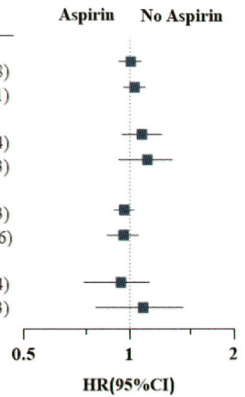

Efficacy	Aspirin		No Aspirin		Absolute Risk Difference,% (95%CI)	HR(95%CI)
	No.of Event	No.of Participa	No.of Event	No.of Participa		
All participants						
Incident cancer	507	3048	409	475	0.03(-0.37 to 0.46)	1.01(0.93-1.08)
Cancer mortality	530	5353	447	781	0.05(-0.11 to 0.23)	1.03(0.96-1.11)
Low CV risk participants						
Incident cancer	837	8905	730	944	0.41(-0.13 to 1.01)	1.06(0.95-1.24)
Cancer mortality	823	9942	748	978	0.16(-0.06 to 0.42)	1.11(0.93-1.33)
High CV risk participants						
Incident cancer	670	4143	679	2431	-0.30(-0.76 to 0.19)	0.96(0.90-1.03)
Cancer mortality	707	5411	99	3703	-0.13(-0.41 to 0.17)	0.96(0.86-1.06)
Participants with diabetes						
Incident cancer	91	640	16	655	-0.68(-2.09 to 0.95)	0.95(0.74-1.14)
Cancer mortality	445	1667	38	1685	0.16(-0.56 to 1.02)	1.05(0.80-1.43)

图 8.23　森林图

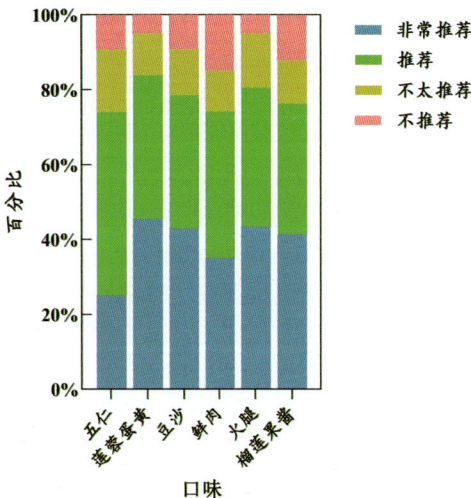

图 8.32　百分比堆积柱状图（a）

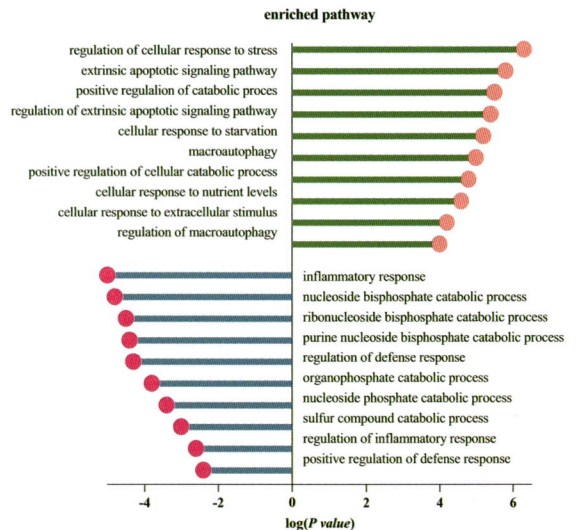

图 8.39　双向柱状图（c）

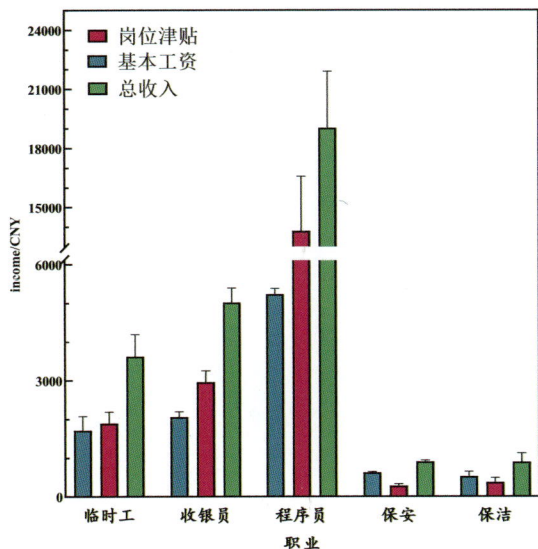
图 8.47　截断柱状图（a）

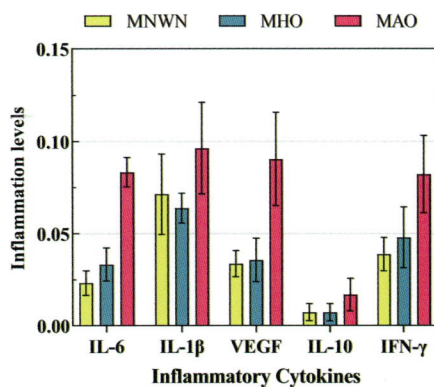
图 8.54　美化后的多指标图（a）

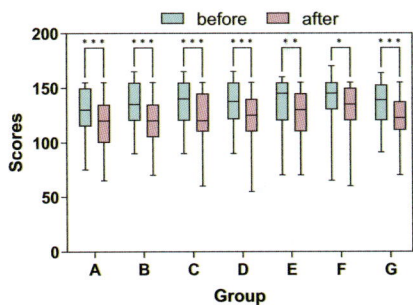
图 8.61　美化后的簇状箱式图（b）

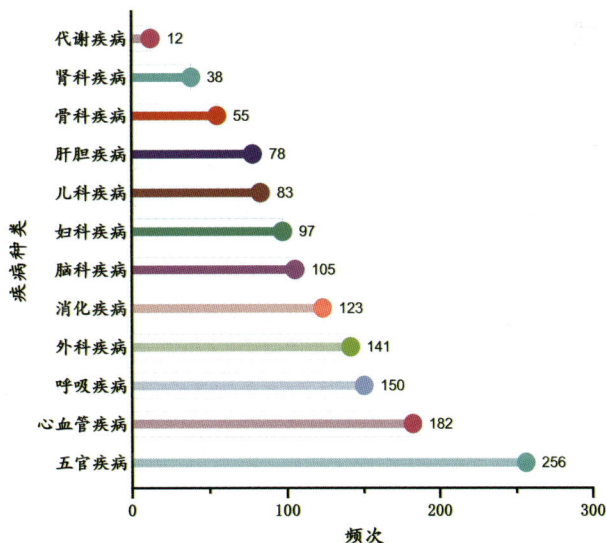
图 8.67　美化后的条形图（e）

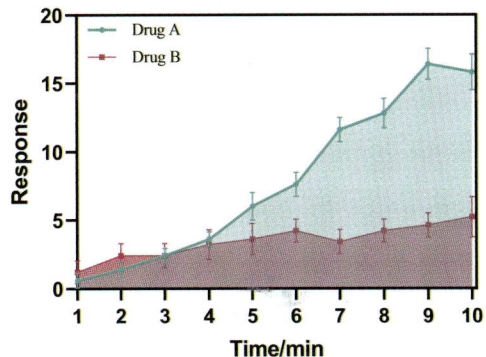
图 8.73　美化的面积图

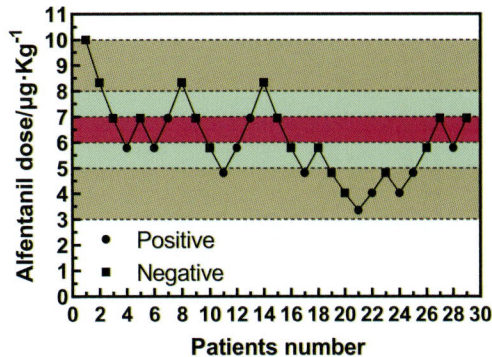
图 8.80　美化后的序贯图（b）

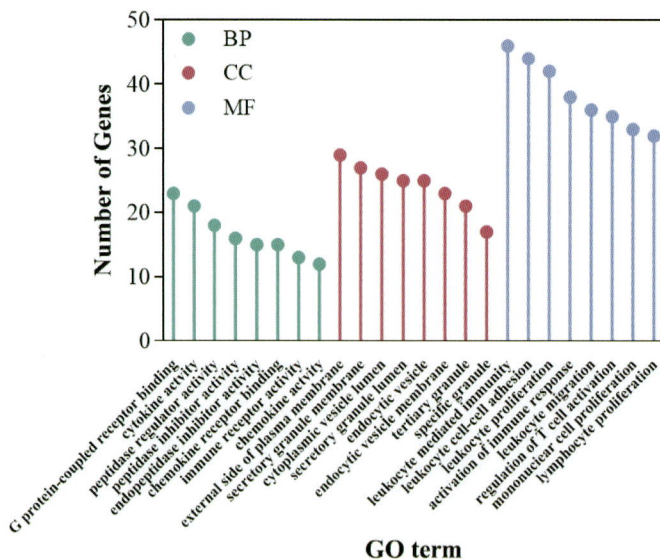

图 8.86 美化后的棒棒糖图

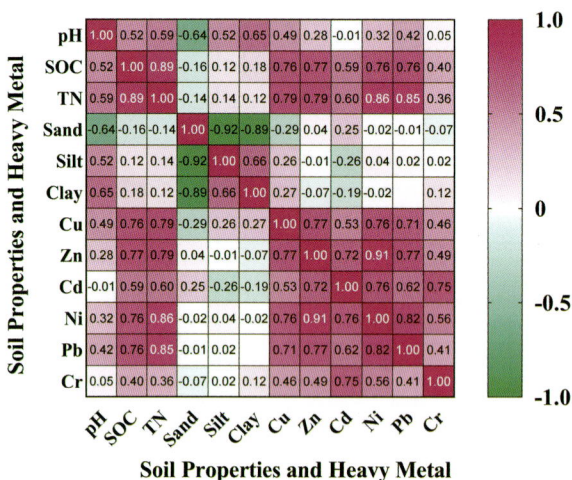

图 8.93 美化后的热图（b）

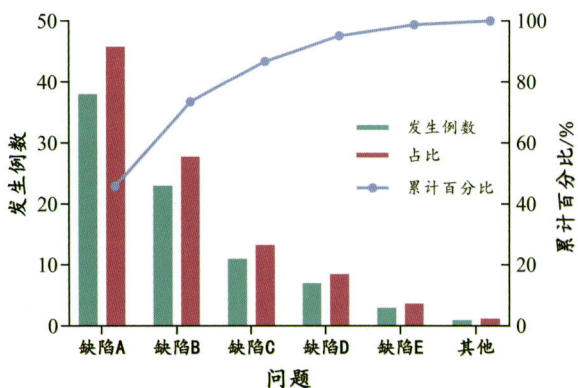

图 8.99 美化后的柏拉图

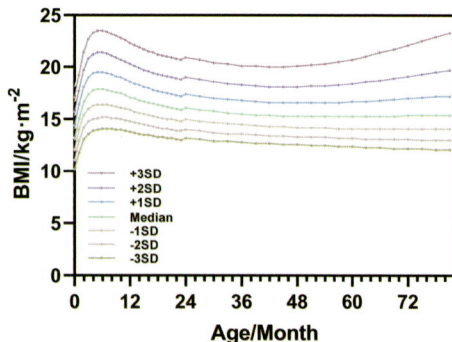

图 8.114 美化后的平滑曲线图（a）

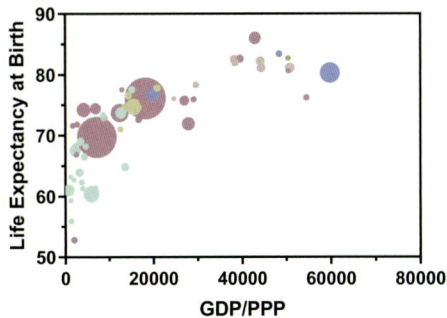

图 8.122 美化后的气泡图

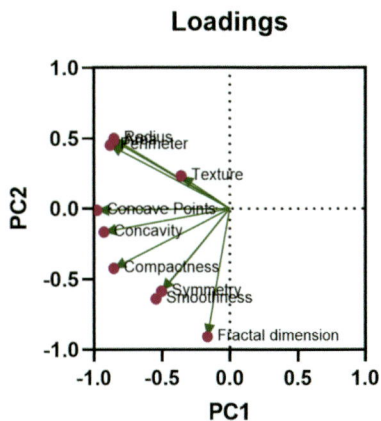

图 8.127 主成分分析图形（a）

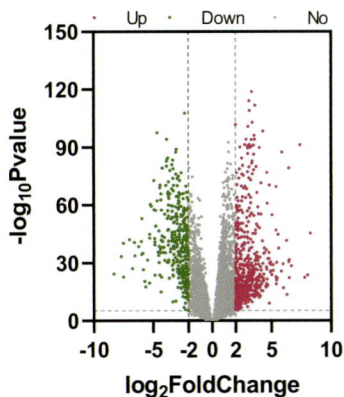

图 8.142 美化后的火山图（a）

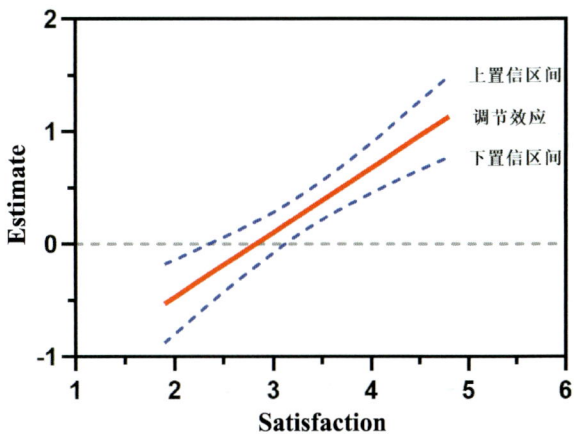

图 8.148 美化后的调节效应图

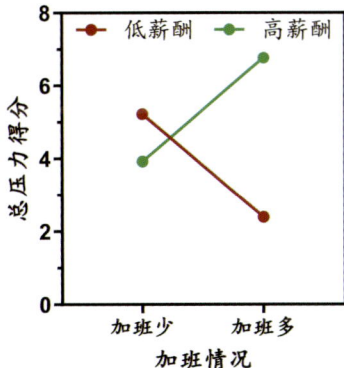

图 8.155 美化后的调节效应图

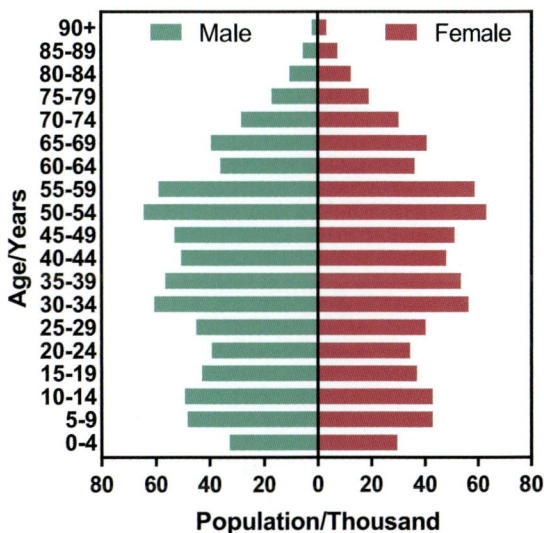

图 8.162 美化后的人口金字塔图（a）

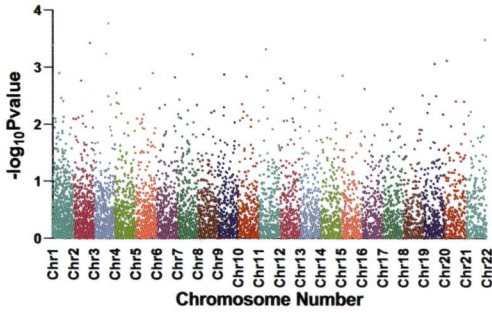
图 8.168 美化后的曼哈顿图（a）

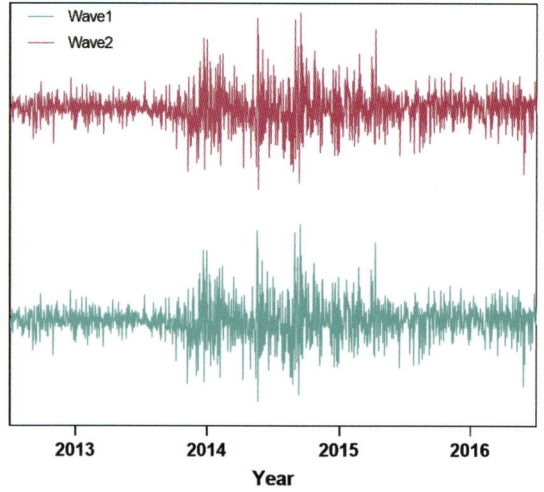
图 8.174 美化后的瀑布图

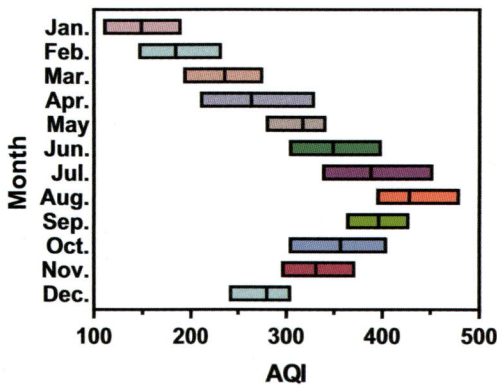
图 8.180 美化后的悬浮条形图（a）

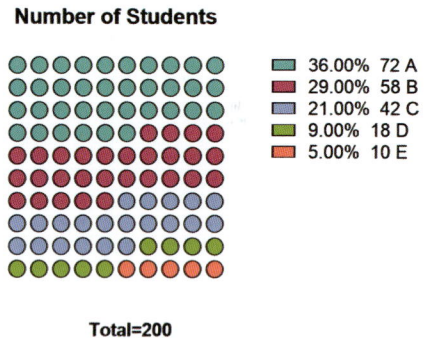
图 8.186 美化后的局部图（a）

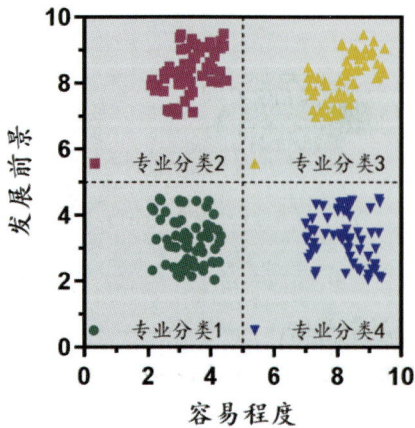
图 8.193 美化后的象限散点图（b）

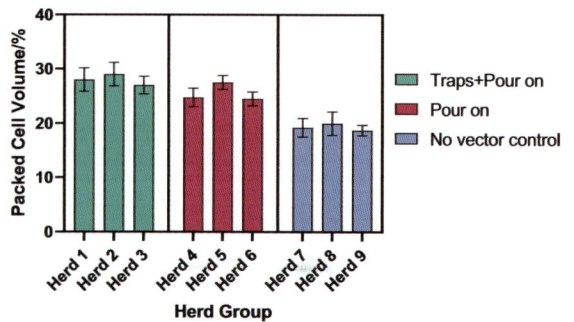
图 8.198 美化后的嵌套图

GraphPad Prism
统计分析与科技绘图

彭献镇 王丹华 陈倩楠◎编著

清华大学出版社
北京

内 容 简 介

本书结合 52 个典型案例，全面、系统地介绍 GraphPad Prism 统计分析与科技绘图的核心知识。本书遵循手把手教学的特点，从入门知识讲起，逐步深入介绍统计分析和图形绘制，并重点介绍统计指标结果解读和图形元素的修饰与美化等。本书特意提供 11 小时配套教学视频，帮助读者高效、直观地学习。

本书共 9 章。第 1 章 GraphPad Prism 概述，简要介绍 GraphPad Prism 的知识框架；第 2 章均数比较，详细介绍组间连续型变量的比较；第 3 章相关性分析与线性回归，详细介绍两个连续型变量间线性关系的分析；第 4 章卡方检验，详细介绍两个分类变量间关系的分析；第 5 章 ROC 曲线绘制与分析，详细介绍单变量与两变量 ROC 曲线的绘制与分析；第 6 章 Kaplan-Meier 曲线及其生存分析，详细介绍 Kaplan-Meier 曲线的常用术语与生存分析；第 7 章非线性回归，详细介绍两个连续型变量间非线性关系的分析；第 8 章图形绘制实战，结合典型案例详细介绍 28 种图形及其变种图形的绘制；第 9 章多因素回归分析，详细介绍 4 种多因素回归分析方法。

本书内容丰富，讲解通俗易懂，案例典型，实用性强，适合 GraphPad Prism 入门与进阶读者阅读，也适合高校与科研机构的研究人员、企事业单位负责数据报表的相关人员阅读，还适合作为相关高等院校和培训机构的教材。

图书在版编目（CIP）数据

GraphPad Prism 统计分析与科技绘图 / 彭献镇，王丹华，陈倩楠编著.
北京：清华大学出版社, 2025. 6. -- ISBN 978-7-302-69513-4

Ⅰ. TP391.412
中国国家版本馆 CIP 数据核字第 20252LA287 号

责任编辑： 王中英
封面设计： 欧振旭
责任校对： 徐俊伟
责任印制： 刘 菲

出版发行： 清华大学出版社
       网　　址：https://www.tup.com.cn，https://www.wqxuetang.com
       地　　址：北京清华大学学研大厦 A 座　　　　邮　　编：100084
       社 总 机：010-83470000　　　　　　　　　邮　　购：010-62786544
       投稿与读者服务：010-62776969，c-service@tup.tsinghua.edu.cn
       质量反馈：010-62772015，zhiliang@tup.tsinghua.edu.cn
印 装 者： 三河市人民印务有限公司
经　　销： 全国新华书店
开　　本： 185mm×260mm　　　**印　张：** 21.25　　**彩　插：** 4　　**字　数：** 531 千字
版　　次： 2025 年 7 月第 1 版　　　　　　　　　　　**印　次：** 2025 年 7 月第 1 次印刷
定　　价： 99.80 元

产品编号：111164-01

GraphPad Prism 是常用的数据分析和科技绘图软件,它具有功能强大、图表丰富、绘图方法多样、易学易用等特点,在人文社科、农林医药等科研和教育领域有广泛的应用。对于在读研究生和从事科学研究的在职人员等群体而言,GraphPad Prism 是做科研快人一步的必备利器,也是在 SCI(Science Citation Index)上发表论文超越同行不可或缺的神器,更是完成科研任务和超越同行必不可少的重器,一直颇受该类群体的广泛好评。

GraphPad Prism 操作界面简洁明了,易于理解,即便你是一个毫无统计学背景的小白用户也能快速上手。GraphPad Prism 具有丰富的用户引导界面、官方操作示例、帮助文档、内置图形模板和预设样式等,可以手把手地引导小白用户完成数据的录入、统计分析和图表制作等操作,从而降低学习成本和使用门槛。

GraphPad Prism 集成众多图形,包括但不限于折线图、散点图、柱状图、饼图、气泡图、森林图、ROC 曲线、生存曲线、剂量-反应曲线、生长曲线等,可以充分满足用户对教学和科研工作的可视化需求。GraphPad Prism 图形为易于拆解的矢量图形,因此无论是初学者还是进阶者都可以针对图形的各种元素(如颜色、字体、坐标轴、标题、刻度、辅助线、网格线、背景类型等)进行个性化方案订制,以满足用户在不同场景展示工作成果的需求。

GraphPad Prism 内置了多种统计分析模型,可以充分满足不同学科的统计需求,无论是人文社科领域的研究者还是农林医药领域的研究者,均可利用 GraphPad Prism 完成常规的数据统计工作。例如:可以计算均值、中位数、标准差、四分位数等,用于描述数据的基本特征;还可以进行 t 检验、卡方检验、方差分析、非参数秩和检验等,用于比较组间差异;还可进行相关性分析、线性分析、非线性分析、主成分分析、生存分析、多因素分析等,用于分析变量间的关系。

近年来,随着 GraphPad Prism 软件的不断更新和迭代,一些新方法、新图表不断加入 GraphPad Prism 资源库中,这使得该软件的功能更加强大。为了帮助统计分析和数据可视化等领域的相关科研人员和职场从业人员学习和掌握该软件,笔者编写了本书。相信通过阅读本书,读者可以在较短的时间内掌握 GraphPad Prism 统计分析和科技绘图的相关知识,从而解决统计工作中的各种问题。

本书特色

- ❑ **视频教学**:赠送 11 小时配套教学视频,帮助读者高效、直观地学习重点和难点内容,从而取得更好的学习效果。
- ❑ **内容新颖**:书中的所有绘图案例均采用官方新发布的 GraphPad Prism 9.5.0 版进行讲解,以保证读者所学知识符合技术发展趋势。
- ❑ **内容丰富**:不但详细介绍均数比较、相关性分析、线性回归、卡方检验、ROC 曲线分析、Kaplan-Meier 曲线生存分析、非线性回归、多因素回归等统计分析的核心知识，而且结合典型案例详细介绍 28 种图形及其变种图形的绘制。

❑ **门槛很低**：从数据录入开始讲解，逐步深入讲解统计分析的核心知识点和 GraphPad Prism 科技绘图的方法，真正做到手把手教学，非常适合零基础读者学习。

❑ **案例丰富**：结合 52 个典型应用案例讲解核心知识点，每个核心知识点基本都有对应的案例，而且同一案例给出多种图形绘制方法，有很强的实用性。

❑ **经验总结**：全面归纳和整理笔者 10 余年的 GraphPad Prism 实操心得与教学经验，帮助读者绕开学习中的各种弯路，从而更加顺利地学习。

本书内容

本书分为 9 章，各章内容简要介绍如下：

第 1 章 GraphPad Prism 概述，详细介绍 GraphPad Prism 的基本知识框架和注意事项等。

第 2 章均数比较，详细介绍组间连续型变量的比较方法与图形绘制。其中：比较方法涉及两独立样本 t 检验、配对 t 检验、单因素方差分析、单因素重复测量方差分析、双因素方差分析、双因素重复测量方差分析、三因素方差分析等；图形绘制涉及柱状图、连线图、折线图、箱式图、小提琴图、散点图的绘制等。

第 3 章相关性分析与线性回归，详细介绍两个连续型变量间线性关系的分析方法与图形绘制。其中：分析方法涉及相关性检验、回归分析、分层分析等；图形绘制涉及散点图和拟合直线的绘制等。

第 4 章卡方检验，详细介绍两个分类变量间关系的分析方法及图形绘制。其中：分析方法涉及列联表卡方检验、灵敏度计算、特异度计算等；图形绘制涉及柱状图绘制等。

第 5 章 ROC 曲线绘制与分析，详细介绍单变量 ROC 曲线和两变量 ROC 曲线的分析方法与图形绘制。其中：分析方法涉及 ROC 曲线下的面积、灵敏度、特异度、约登指数等指标的计算等；图形绘制涉及单条 ROC 曲线和多条 ROC 曲线的绘制等。

第 6 章 Kaplan-Meier 曲线及其生存分析，详细介绍生存资料的分析。其中：分析方法涉及 Kaplan-Meier 分析、Log-Rank 检验、风险比计算等；图形绘制涉及 Kaplan-Meier 生存曲线的绘制等。

第 7 章非线性回归，详细介绍连续型变量间非线性关系的分析方法与图形绘制。其中：分析方法涉及二项式回归、剂量-反应曲线、酶动力学-米氏方程、Gompertz 生长曲线等；图形绘制涉及散点图、拟合曲线、剂量-反应曲线、米氏方程曲线、Gompertz 生长曲线的绘制等。

第 8 章图形绘制实战，结合典型案例详细介绍 28 种图形及其变种图形的绘制，包括 Bland-Altman 图、森林图、堆积柱状图、双向柱状图、截断柱状图、多指标柱状图、簇状箱式图、条形图、面积图、序贯图、棒棒糖图、热图、柏拉图、时间轴图、平滑曲线图、气泡图、主成分分析图、直方图、火山图、调节效应图、交互效应图、人口金字塔图、曼哈顿图、瀑布图、悬浮条形图、局部图、象限散点图、嵌套图的绘制。

第 9 章多因素回归分析，详细介绍 4 种多因素回归分析方法，包括多因素线性回归、多因素 Logistic 回归、多因素 Poisson 回归、多因素 Cox 回归。

读者对象

- ❏ GraphPad Prism 入门人员；
- ❏ GraphPad Prism 进阶人员；
- ❏ 企事业单位负责数据报表的人员；
- ❏ 对 GraphPad Prism 感兴趣的人员；
- ❏ 高等院校和科研机构的从业人员；
- ❏ 高等院校本科生、硕士研究生和博士研究生；
- ❏ 相关培训机构的学员。

配套资源获取方式

本书赠送以下超值配套资源：
- ❏ 11 小时教学视频；
- ❏ 案例数据文件；
- ❏ GraphPad Prism 绘图文件。

上述配套资源有两种获取方式：一是关注微信公众号"方大卓越"，回复数字"47"自动获取下载链接；二是在清华大学出版社网站（www.tup.com.cn）上搜索到本书，然后在本书页面上找到"资源下载"栏目，单击"网络资源"按钮进行下载。

另外，读者也可以在 B 站等平台的"大鹏统计 SPSS 数据分析"主页上在线观看本书配套教学视频。

答疑支持

由于笔者水平有限，加之写作时间仓促，书中可能存在疏漏与不足之处，恳请广大读者批评与指正。读者在阅读本书的过程中如果有疑问，可以发送电子邮件获取帮助，邮箱地址：bookservice2008@163.com。

彭献镇

2025 年 5 月

目录

第 1 章　GraphPad Prism 概述

GraphPad Prism 是一款功能强大、易学易用的科学绘图和统计分析软件，其在人文社科、农林、医药等科研和教育领域具有广泛的应用。尤其是针对在读研究生或从事科学研究的在职人员，颇受此类群体好评。GraphPad Prism 支持多种图表类型绘制，如柱状图、折线图、散点图、箱线图、森林图、ROC 曲线、生存曲线、剂量-反应曲线、酶动力学曲线、生长曲线等。支持多种统计分析方法，如 t 检验、卡方检验、方差分析、线性回归、非线性回归、Logistic 回归、Cox 回归等。

本章的知识点如下：

❑ 用户引导界面；

❑ 操作界面；

❑ 坐标轴格式；

❑ 图形格式。

🔔注意：本章的坐标轴格式、图形格式的知识点对于后续章节的图形美化至关重要。

1.1　GraphPad Prism 简介

GraphPad Prism 由 GraphPad Software 公司研发，是一款集科研绘图与统计分析于一体的商业软件。与其他开源软件相比，其统计分析方法由 GraphPad Software 公司研制，保证了统计分析结果的可靠、稳定，绘制图形的风格也与科研期刊的要求相符。

除此之外，GraphPad Prism 还有如下优点：

1. 易学、易用

GraphPad Prism 操作界面简洁明了、易于理解，即使毫无统计学背景的小白用户也可以快速上手。GraphPad Prism 具有强大的用户引导界面，以及丰富的官方操作示例、帮助文档、内置图形模板和预设样式等，能够手把手地引导小白用户完成数据的录入，进行统计分析和图表制作等，降低了学习成本和使用门槛。

2. 丰富的图形元素

GraphPad Prism 集成众多图形，包括但不限于折线图、散点图、柱状图、饼图、气泡图、森林图、ROC 曲线、生存曲线、剂量-反应曲线、生长曲线等，可以充分满足用户对于教学或科研工作的可视化需求。**GraphPad Prism** 图形为易于拆解的矢量图形。无论对于初学者还是进阶者，都可以针对图形的各种元素进行个性化方案定制，如颜色、字体、坐标轴、标题、刻度、辅助线、网格线、背景类型等，以满足用户在不同场景展示其工作成果的需求。

3. 众多的分析方法

GraphPad Prism 内置了多种统计分析模型，可以充分满足不同学科的统计需求，无论是人文社科还是农林医药，均可以利用 **GraphPad Prism** 完成常规的数据统计工作，且输出结果易于理解。例如，可以计算均值、中位数、标准差、四分位数等，用于描述数据的基本特征；还可以进行 t 检验、卡方检验、方差分析、非参数秩和检验等，用于比较组间差异。除此之外，可以进行相关性分析、回归分析、生存分析和多因素分析等，用于分析变量间的关系。

1.2　用户引导界面速览

GraphPad Prism 的用户引导界面具有直观、友好的特点，用户只需要使用鼠标单击即可快速完成数据录入以及进行复杂的统计分析和图表绘制。单击 **GraphPad Prism** 软件图标 ▲，即弹出用户引导对话框，如图 1.1 所示。用户引导对话框可分为三块，分别是 **CREATE** 菜单、**LEARN** 菜单和 **OPEN** 菜单。

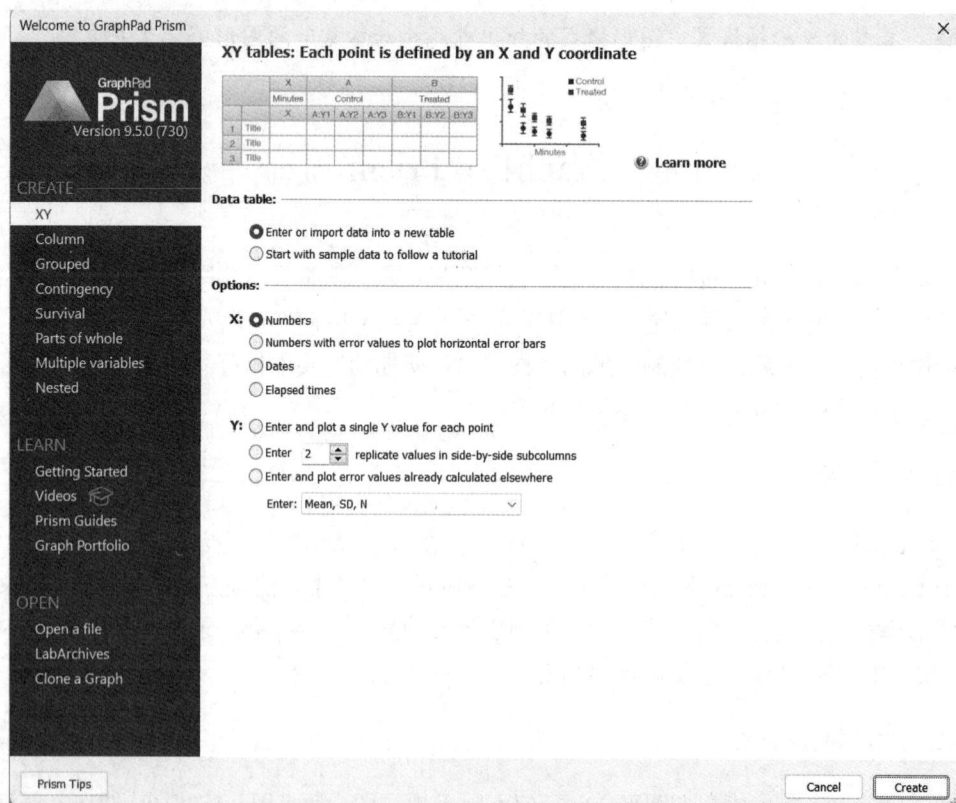

图 1.1　用户引导对话框

首先介绍 CREATE 菜单，其使用最频繁。CREATE 菜单可用来创建空白文件，从而进行数据录入、统计分析和图形绘制。CREATE 菜单中共有 8 种数据表，分别是 XY 表、Column 表（纵列表）、Grouped 表（行列分组表）、Contingency 表（列联表）、Survival 表（生存表）、Parts of whole 表（局部表）、Multiple variables 表（多变量表）和 Nested 表（嵌套表），用户根据自身需要选择合适的数据表，单击 Create 按钮即完成空白文件的创建。在 GraphPad Prism 中绝大多数的统计、绘图需求均是利用这 8 个数据表完成的，而在这 8 个数据表中以 XY 表、Column 表和 Grouped 表使用最频繁。下面逐一介绍此 8 个数据表功能。

🔔 **注意：** 8 种数据表中均有 Data table 系列单选按钮与 Options 系列单选按钮，通过 Enter or import data into a new table 单选按钮与 Options 系列单选按钮相互配合，按照提示选择合适的数据录入形式。除此之外，Start with sample data to follow a tutorial 单选按钮提供了相应统计分析方法的示例数据文件。

1. XY表

XY 表主要用于展示和分析二维数据（X 与 Y），即每一行都有对应的 X 值和 Y 值。在 XY 表中，X 通常代表自变量，而 Y 代表因变量。XY 表适用于绘制散点图、折线图、面积图、直方图、柱状图、剂量-反应曲线、生长曲线等图形，适用于线性回归、非线性回归等统计分析及其曲线的拟合，以便直观地展示 X 与 Y 的关系。

2. Column表

Column 表主要用于展示一维分组数据，Column 表中不同的列即代表不同的组别，每列中罗列具体的观测值。Column 表可以直观地展示不同组别之间的数据差异。通过选择合适的图表类型（如柱状图、箱线图等），用户可以直观地比较不同组别之间的均值、中位数或其他统计指标，从而快速识别出不同组别间的差异或趋势。用户可以根据需要选择适当的统计检验方法，如 t 检验、方差分析、单因素重复测量方差分析等，以评估不同组别之间的差异是否显著。除此之外，可以绘制 ROC 曲线、Bland-Altman 图、森林图等。

3. Grouped表

Grouped 表的特点在于其能够处理两个组别的变量，使得数据在行和列上都可以进行分组，可以比较行分组间的数值差异或者分析列分组间的数值差异，也可以分析行分组与列分组的交互作用。使用 Grouped 表，用户可以创建多种类型的图表，如分组散点图、分组柱状图等，这些图表能够直观地展示不同组别之间的差异，并利用双因素方差分析、三因素方差分析等方法探索其显著性。

4. Contingency表

Contingency 表是一种矩阵形式的表格，可以理解成 SPSS 中的交叉表，即罗列两个分类变量组成交叉表的频数分布情况，并可以进一步进行卡方检验、Fisher 确切概率法等统计分析，以评估变量之间的关联程度及显著性。Contingency 表可以绘制交错柱状图、分组柱状图、堆积柱状图，但不能展示其误差线。

5．Survival表

Survival 表是专门用于生存分析的一种数据表形式。生存分析是一种探索生存时间、生存结局关系的统计分析方法，这里的生存可以指存活，也可以指研究者所关注的其他结局事件。

在 Survival 表中，通常使用特定的编码来表示不同的生存状态，一般，数值 1 表示发生结局事件，数值 0 表示删失值。可以绘制如 Kaplan-Meier 生存曲线等图形，直观展示生存数据的变化趋势，也可以进行 Log-rank 检验，计算风险比（Hazard Ratio，HR）等指标。

6．Parts of whole表

Parts of whole 表是一种用于展示整体内各部分构成比的数据表形式。这种表格通常由一列数据构成，数据通常代表所在行的频数或构成比。在 GraphPad Prism 软件中，Parts of whole 表通常用于绘制饼图、环图、百分比图等，以直观地展示整体中各部分的比例关系。

7．Multiple variables表

Multiple variables 表主要用于处理涉及多个变量的数据。在 Multiple variables 表中，每一列通常代表一个变量，而行则代表研究对象，用户可以分析多个变量之间的关系，以及它们如何共同影响某个结局变量。使用 Multiple variables 表，用户可以创建多种类型的图形，比如散点图、气泡图、柱状图等，以展示多个变量之间的关系。此外，Multiple variables 表可以对多个变量进行深入分析，如多因素线性回归分析、多因素 Logistic 回归、多因素 Cox 回归、主成分分析等。

8．Nested表

Nested 表是 GraphPad Prism 中一种特殊的数据表类型，主要用于处理具有层次结构或嵌套关系的数据。Nested 表将数据按照不同的层次或类别进行分组，并在这些分组内部进一步细分数据。在 Nested 表中可以创建多个子列，每个子列表示一个特定的嵌套级别或子组。这些子列中的数据是与上层组别相关联的，并且可以在图形中以不同的方式展示。使用 Nested 表，可以更灵活地组织和展示复杂的数据结构。比如可以将数据按照不同的实验条件、时间点进行嵌套分组，并在同一个图形中展示这些分组之间的关系。Nested 表在 GraphPad Prism 中支持多种类型的图形绘制，比如柱状图、折线图等。除此之外，可以进行嵌套 t 检验、嵌套单因素方差分析等。

第二个菜单是 LEARN 菜单，主要提供关于 GraphPad Prism 学习的网络资源，其中，Graph Portfolio 选项中提供了丰富的绘图模板，目前共有 48 种图形绘制模板。单击 Graph Portfolio 选项，弹出对话框如图 1.2 所示，在其中用户可以选择需要的图形，然后单击 Open 按钮即可打开绘图模板。

第三个菜单是 OPEN 菜单，其中，Open a file 选项用于打开 GraphPad Prism 文件，LabArchives 选项为实验室功能，Clone a Graph 选项可以复制图形。

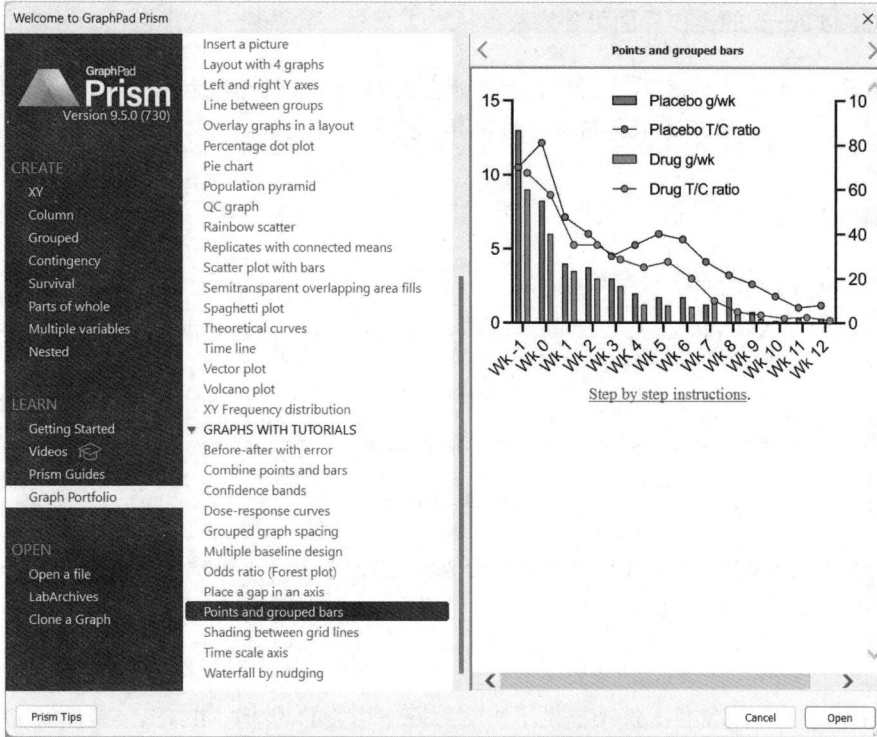

图 1.2　Graph Portfolio 对话框

1.3　操作界面速览

在 1.2 节的用户引导对话框中，利用 CREATE 菜单可以完成空白文件的创建，此处以 Column 表为例，在 CREATE 菜单中选择 Column 表，直接单击 Create 按钮，弹出空白文件，如图 1.3 所示，此文件即 GraphPad Prism 的操作界面。

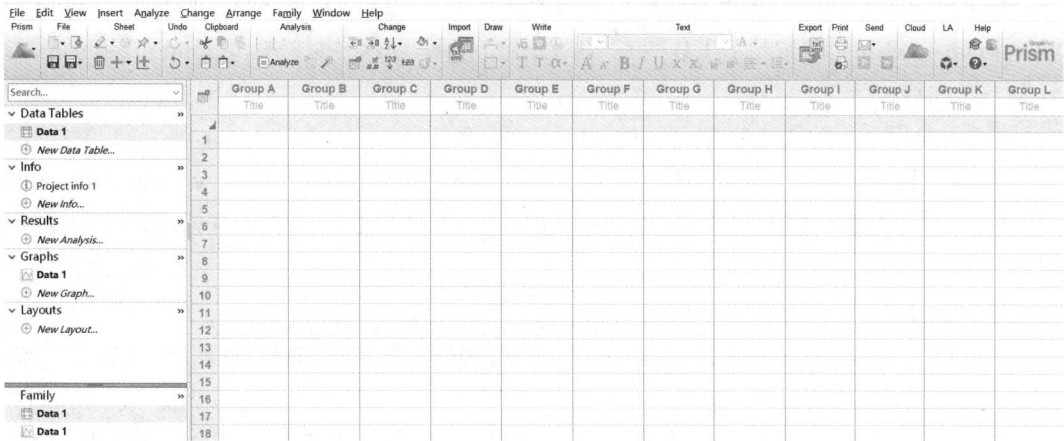

图 1.3　GraphPad Prism 的操作界面

GraphPad Prism 的操作界面可分为菜单栏、工具栏、导航栏、状态栏几个区域。

📋 **特别注意**：这些栏目的具体功能和选项可能会因 GraphPad Prism 版本的不同、绘制图形的不同、界面的不同而有细微差异，后文不再强调。

1. 菜单栏

菜单栏如图 1.4 所示。在菜单栏中有 10 个选项，分别是 File 选项、Edit 选项、View 选项、Insert 选项、Analyze 选项、Change 选项、Arrange 选项、Family 选项、Window 选项和 Help 选项。

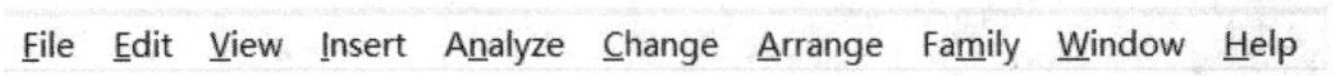

File   Edit   View   Insert   Analyze   Change   Arrange   Family   Window   Help

图 1.4　菜单栏

💬 **注意**：虽然 GraphPad Prism 的功能被集合在此 10 个选项中，但是在实操过程中一般很少使用菜单栏而是使用工具栏。

1）File

菜单栏中的 File（文件）选项提供了与文件操作相关的功能，如 New（新建）、Open（打开）、Close（关闭）、Save（保存）、Save As（另存为）、Import（导入）、Export（导出）、Printer Setup（打印设置）和 Exit Prism（退出）等，这些功能使用户可以方便地进行文件的创建、保存、导入、导出和打印等操作。

2）Edit

菜单栏中的 Edit（编辑）选项提供了处理数据和优化图表的功能，如 Undo（撤销）、Redo（重做）、Cut（剪切）、Copy（复制）、Paste（粘贴）、Delete Sheet（删除工作表）、Reorder Sheet（排序工作表）、Freeze Sheet（冻结工作表）、Renames Sheet（重命名工作表）、Highlight Sheet（高亮显示工作表）和 Preferences（偏好设置）等。

3）View

菜单栏中的 View（视图）选项提供了与界面显示和视图设置相关的功能，如 Zoom（缩放）、Main Toolbar（隐藏/显示工具栏）、Navigator（隐藏/显示导航栏）和 Bottom Toolbar（隐藏/显示状态栏）等。

4）Insert

菜单栏中的 Insert（插入）选项提供了多种插入内容的功能，如 New Data Table（插入图表）、New Info（插入信息表）、New Analysis（插入分析）和 New Layout（插入图片布局）等。

5）Analyze

菜单栏中的 Analyze（分析）选项是用于进行统计分析和数据处理的功能入口，主要涉及如下几方面。

❑ 基本统计分析：包括描述性统计、频数分布、交叉表分析等，用于初步了解数据的基本特征。

- 参数检验：如 t 检验、方差分析等，用于比较不同组之间均值的差异。
- 非参数检验：适用于不满足参数检验条件的数据，如 Mann-Whitney 检验、Kruskal-Wallis 检验等，用于比较非正态分布数据的分布差异。
- 回归分析：用于探究变量之间的关系，包括线性回归、非线性回归、Logistic 回归等。
- 生存分析：专门用于处理与时间相关的数据，如寿命、疾病进展时间等，包括 Kaplan-Meier 分析、Cox 回归等。
- 主成分分析：可以降低数据的维度，帮助用户可视化数据并提取关键特征。

6）Change

菜单栏中的 Change（更改）选项提供了多种编辑图表、数据表或其他元素的功能，如 Format Data Table（更改数据表格式）、Cell Background Color（设置单元格颜色）和 Decimal Format（设置小数点格式）等。

7）Arrange

菜单栏中的 Arrange（排列）选项使用户能够对图表和文档布局进行个性化的调整，如 Align Objects（对齐对象）、Distribute Objects（布局）、Align X Axes（对齐 x 轴）、Align Y Axes（对齐 y 轴）、Center on Page（居中显示）、Equalize Graph Sizes（统一图形尺寸）、Bring to Front（置于顶层）、Send to Back（置于底层）、Group（组合）、Ungroup（取消组合）、Lock Objects（锁定对象）、Duplicate Objects（复制对象）和 Position Object（定位对象）等。

8）Family

菜单栏中的 Family（簇）选项主要用于管理和组织相关的数据表和图表。通过 Family 功能，用户可以轻松地在相关的工作表之间跳转，跟踪分析，以及查看链接到当前工作表的所有结果。

9）Window

菜单栏中的 Window（窗口）选项主要用于管理和控制软件中的不同窗口和视图。

10）Help

菜单栏中的 Help（帮助）选项主要用于为用户提供各种支持和资源，以帮助用户更好地使用和理解 GraphPad Prism 软件。用户可以轻松获取软件的使用说明、教程、常见问题解答以及联系技术支持等。

2．工具栏

工具栏如图 1.5 所示，GraphPad Prism 中使用较为频繁的工具都在工具栏中。

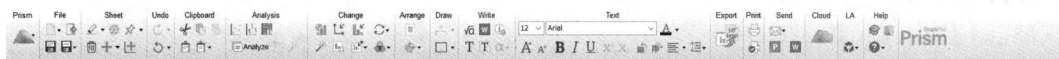

图 1.5　工具栏

工具栏中的主要工具按钮如表 1.1 所示。

表 1.1 工具栏中的主要图标

序号	按钮	序号	按钮	序号	按钮	序号	按钮
1		21		41		61	X,
2		22	Analyze	42		62	
3		23		43		63	
4		24		44		64	
5		25		45		65	
6		26		46	√a	66	
7		27		47	w	67	
8		28		48		68	
9		29		49	T	69	
10		30		50	T	70	
11		31	123	51	α,	71	
12	C,	32	+23	52	12 ∨	72	P
13	ɔ,	33		53	Arial	73	W
14		34		54	▲,	74	
15		35		55	A	75	
16		36		56	A	76	
17		37	C,	57	**B**	77	
18		38		58	*I*	78	
19		39		59	U		
20		40		60	x²		

表 1.1 所示的工具的具体功能如下。

❑ 序号 1：包括新建文件、打开文件、关闭文件、退出软件等功能，还包括设置界面、获取帮助文档、更新软件等功能。

❑ 序号 2：新建文件。

❑ 序号 3：打开文件。

❑ 序号 4：保存文件。

❑ 序号 5：文件另存为。

❑ 序号 6：设置数据表颜色。

❑ 序号 7：冻结图表。

❑ 序号 8：新建注释。

❑ 序号 9：删除数据表。

❑ 序号 10：新建数据表。

❑ 序号 11：新建图表。

❑ 序号 12：撤销。

❑ 序号 13：重做。

❑ 序号 14：剪切。

❑ 序号 15：复制。

❑ 序号 16：复制选定对象。

❑ 序号 17 　：粘贴。

❑ 序号 18 　：特殊粘贴。

❑ 序号 19 　：双因素方差分析。

❑ 序号 20 　：t 检验。

❑ 序号 21 　：设置计算的统计量，默认计算样本量、均数、标准差。

❑ 序号 22 　：进行统计分析。

❑ 序号 23 　：分析参数变更。

❑ 序号 24 　：数据表魔法棒。

❑ 序号 25 　：插入。

❑ 序号 26 　：删除。

❑ 序号 27 　：排序。

❑ 序号 28 　：高亮显示数据表。

❑ 序号 29 　：设置数据表格式。

❑ 序号 30 　：设置小数点格式。

❑ 序号 31 　：插入序列。

❑ 序号 32 　：删除异常值。

❑ 序号 33 　：设置选定数据对应的图形元素的颜色、类型等。

❑ 序号 34 　：选择绘图类型。

❑ 序号 35 　：设置坐标轴格式。

❑ 序号 36 　：设置图片格式、颜色和形状等。

❑ 序号 37 　：反转数据集、反转图例、旋转图形等。

❑ 序号 38 　：图形魔法棒。

❑ 序号 39 　：设置图形上的数据集。

❑ 序号 40 　：缩放图形等。

❑ 序号 41 　：设置图形色系。

❑ 序号 42 　：居中显示。

❑ 序号 43 　：排列、组合。

❑ 序号 44 　：自动添加显著性。

❑ 序号 45 　：添加图形。

❑ 序号 46 　：插入公式。

❑ 序号 47 　：插入 Word。

❑ 序号 48 　：插入信息表。

❑ 序号 49 T：插入文本框。

❑ 序号 50 T：插入带框文本框。

❑ 序号 51 　：在文本框中插入希腊符号等。

❑ 序号 52 　：设置文字大小。

❑ 序号 53 Arial：设置字体。

❑ 序号 54 　：设置文字颜色。

❏ 序号 55 A：文字增大。

❏ 序号 56 A：文字减小。

❏ 序号 57 B：文字加粗。

❏ 序号 58 I：文字倾斜。

❏ 序号 59 U：文字加下画线。

❏ 序号 60 x²：文字上标。

❏ 序号 61 x₂：文字下标。

❏ 序号 62 ⬛：向左旋转文字。

❏ 序号 63 ⬛：向右旋转文字。

❏ 序号 64 ≡▾：设置文字居中显示等。

❏ 序号 65 ≣▾：设置行间隔宽度。

❏ 序号 66 ⬛：导入文件。

❏ 序号 67 ⬛：导出文件。

❏ 序号 68 ⬛：导出图片。

❏ 序号 69 ⬛：打印或导出 PDF。

❏ 序号 70 ⬛：快捷打印或导出 PDF。

❏ 序号 71 ✉▾：发送到 E-mail。

❏ 序号 72 P：发送到 PPT。

❏ 序号 73 W：发送到 Word。

❏ 序号 74 ☁：云端存储。

❏ 序号 75 ⬛▾：实验室功能。

❏ 序号 76 ⬛：Prism 学院。

❏ 序号 77 ❓▾：获取帮助。

❏ 序号 78 ⬛：自动升级。

3．导航栏

导航栏如图 1.6 所示。GraphPad Prism 的导航栏是一个直观展现数据结构与图形的核心区域，用于快速访问和管理项目中的数据表、信息表、结果、图形、图形排版、簇。导航栏可以分为以下几个部分。

1）Data Tables

Data Tables（数据表）界面用于显示和管理项目中的数据表。用户可以创建、编辑和查看数据，为后续的图表绘制和数据分析提供基础。

2）Info

Info（信息表）界面用于显示与文件相关的各种信息，如创建日期、修改日期和文件大小等，有助于用户快速了解文件的基本情况。

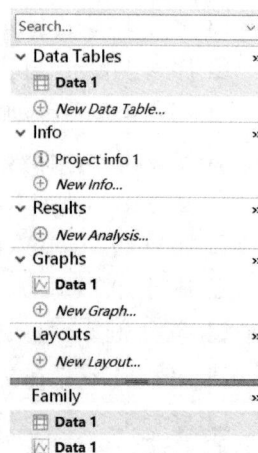

图 1.6　导航栏

3）Results

Results（结果）界面可以进行统计分析及其结果展示。

4）Graphs

Graphs（图形）界面用于创建和管理图表。用户可以选择不同的图表类型，如柱状图、折线图等，并将数据可视化。此外，还可以对图表进行编辑和格式化，以满足特定的展示需求。

5）Layouts

Layouts（图形排版）可以创建用于拼图的布局，将多个图表组合在一起，以便更好地展示数据间的关联。

6）Family

Family（簇）可以更方便地查看和编辑与当前工作表相关联的其他工作表，如数据表、结果表及其他分析输出等。

除了以上功能之外，搜索栏用于快速查找文件或数据。

4. 状态栏

状态栏如图 1.7 所示。状态栏集成了多种快捷操作按钮，如显示/隐藏导航栏、上翻、下翻、切换至 Data Tables、切换至 Info、切换至 Results、切换至 Graphs、切换至 Layouts 等。

图 1.7　状态栏

1.4　坐标轴格式

坐标轴格式（Format Axes）对话框可以通过多种方式弹出，可以双击图形中的坐标轴或者单击工具栏中的 按钮，也可以单击菜单栏 Change 下的 Frame and Origin、X Axis、Y Axis、Axes Titles 等，弹出的对话框如图 1.8 所示。

图 1.8 中共有 5 个选项卡，分别是 Frame and Origin 选项卡、X axis 选项卡、Left Y axis 选项卡、Right Y axis 选项卡和 Titles & Fonts 选项卡，下面具体介绍。

1. Frame and Origin选项卡

Frame and Origin 选项卡可以进行坐标轴框架和原点的设置，详细介绍如下。

❑ Origin 系列选项用于设置坐标轴原点的位置，也就是 x 轴和 y 轴的交点。

Set origin 选项提供了几个预设的原点位置，如左下角（Lower left）、左上角（Upper left）、右下角（Lower right）和右上角（Upper right），同时也支持用户自定义原点位置（Custom）。在大多数情况下，用户可能会采用软件的默认设置 Automatically，即左下角。

当用户自定义原点位置（Custom）时，可通过 Y intersects the X axis at X 选项设置交点的 x 值，X intersects the Y axis at Y 选项设置交点的 y 值。

❑ Shape, Size and Position 系列选项允许用户调整图形的整体形状、大小和页面上的位置。

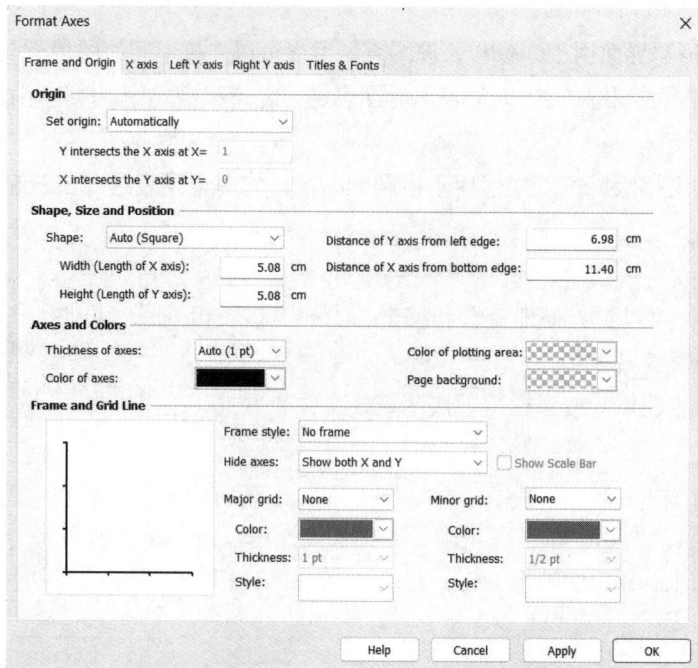

图 1.8　坐标轴格式（Frame and Origin 选项卡）

例如，通过 Shape 选项可以选择高（Tall）、宽（Wide）、方（Square）等预设形状，或者通过自定义设置（Custom）来精确控制 x 轴和 y 轴的长度和宽度，分别通过 Width 选项和 Height 选项来设置。在大多数情况下，用户可能会采用软件的默认设置 Auto（Square），即正方形。

此外，还可以通过 Distance of Y axis from left edge 选项设置 y 轴距页面左边缘距离和 Distance of X axis from bottom edge 选项设置 x 轴距页面底边距离，来控制图形在页面上的精确位置。

❑ Axes and Colors 系列选项，可以设置坐标轴的颜色、粗细等属性，进一步增强图形的可视化效果。其中：

➢ Thickness of axes 选项可以设置坐标轴的粗细，默认为 1 pt。

➢ Color of axes 选项可以设置坐标轴的颜色，默认为黑色。

➢ Color of plotting area 选项允许用户定义绘图区域的颜色，也就是坐标轴内部的区域，即数据点、线条、柱状图等元素所在的区域。默认是空白。

➢ Page background 选项设置图表页面的背景颜色，包括绘图区域外部的部分。默认是空白。

❑ Frame and Grid Line 系列选项允许用户对图表的边框、坐标轴可见性以及网格线格式进行详细的设置。其中：

➢ Frame style 选项可以设置图表的边框样式，比如无边框（No frame）、x 轴 y 轴分离（Offset X & Y axes）、无刻度边框（Plain frame）、镜像刻度边框（Frame with

Ticks-mirrored）以及刻度向内边框（Frame with Ticks-inward），一般保持默认，即无边框。

➢ Hide axes 选项可以设置坐标轴可见性，比如 x 轴和 y 轴均显示（Show both X and Y）、隐藏 x 轴显示 y 轴（Hide X. Show Y）、隐藏 y 轴显示 x 轴（Hide Y. Show X）、x 轴和 y 轴均隐藏（Hide both X and Y），一般默认选择 x 轴和 y 轴均显示。

➢ Show Scale Bar 选项用于是否显示比例尺，一般设置不显示比例尺。

➢ Major grid 选项可以设置网格线，如无网格线（None）、纵向网格线（X axis）、横向网格线（Y axis）、横纵网格线（X and Y axes），并可以通过 Color 选项、Thickness 选项、Style 选项调整网格线的颜色、粗细和线型。

2．X axis 选项卡

X axis 选项卡可以设置 x 轴刻度线和刻度线标签等，如图 1.9 所示，详细信息如下。

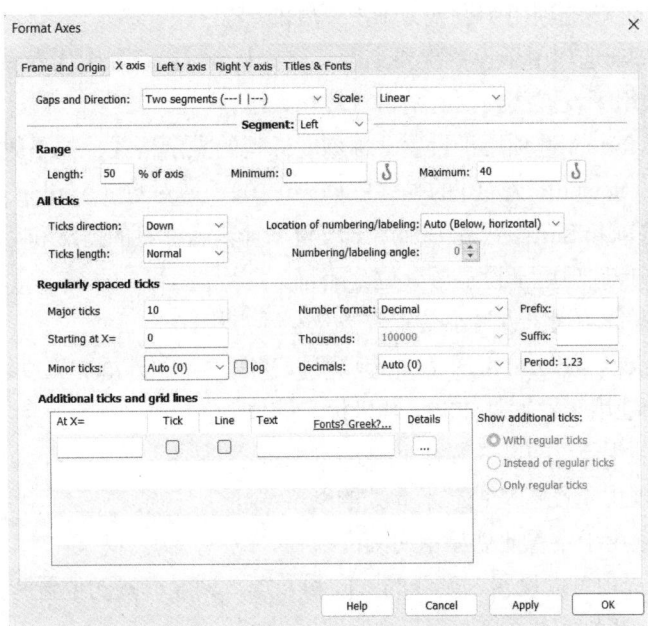

图 1.9　坐标轴格式（X axis 选项卡）

❑ Gaps and Direction 选项用于设置 x 轴间隔和方向，如标准 x 轴（Standard）、反向 x 轴（Reverse）、Two segments（两段 x 轴）、Three segments（三段 x 轴）等。

➢ 如果 x 轴分段，Length 选项可以设置 x 轴的分段比例。

➢ Minimum 选项设置 x 轴的最小值。

➢ Maximum 选项设置 x 轴的最大值。

❑ Scale 选项用于设置 x 轴的标尺，如线性 x 轴（Linear）、对数化 x 轴（Log 10、Log2 或 Ln）、概率化 x 轴（Probability）等。

❑ All ticks 系列选项可以设置 x 轴刻度线的方向、长短，x 轴刻度标签的位置、方向。其中：

➢ Ticks direction 选项用于设置 x 轴的刻度方向，如无刻度线（None）、x 轴下方（Down）、x 轴上方（Up）和 x 轴上下均有（Both），默认是 x 轴下方。

➢ Ticks length 选项用于设置刻度线长短，如非常短（Very short）、短（Short）、一般（Normal）、长（Long）、非常长（Very Long），默认是一般。

➢ Location of numbering/labeling 选项用于设置刻度标签的位置和方向，默认是 x 轴下方水平放置，即 Auto（Below，horizontal）。除此之外，还可设置为无刻度标签（None）、x 轴上方水平放置（Above, horizontal）、x 轴上方垂直放置（Above, vertical）、x 轴下方水平放置（Below, horizontal）、x 轴下方垂直放置（Below, vertical）、x 轴下方自定义角度（Below, angled）。

➢ Numbering/labeling angle 选项用于自定义刻度标签在 x 轴下方的角度。

❑ Regularly spaces ticks 系列选项用于排列 x 轴的刻度。详细见下：

➢ Major ticks 选项用于设置 x 轴主刻度的间隔。

➢ Starting at X=选项用于设置 x 轴主刻度的起始点。

➢ Minor ticks 选项用于设置次要刻度，取值从 0～10，分别代表多少个次要刻度线。

➢ log 选项用于设置次要刻度是否对数化显示。

➢ Number format 选项用于设置 x 轴刻度标签的显示格式，如小数（Decimal）、科学记数法（Scientific）、10 的幂（Power of 10）、逆对数（Antilog）。

➢ Prefix 选项和 Suffix 选项分别用于设置 x 轴刻度标签的前缀和后缀。

➢ Thousands 选项用于设置千分位分隔符。

➢ Decimals 选项用于设置小数点位数及小数点格式。

❑ Additional ticks and grid lines 系列选项可以在图表上额外添加刻度线和网格线等。

➢ At X=选项用于设置具体的 x 轴坐标点的值。

➢ Tick 选项用于设置是否显示此处的刻度线。

➢ Line 选项用于设置是否显示此处的网格线。

➢ Text 选项用于设置此处显示的刻度标签。

➢ Details 选项可以设置刻度线的方向和长短、刻度标签的位置和方向，以及网格线的颜色、粗细和线型等。

3. Left Y axis和Right Y axis选项卡

Left Y axis 选项卡、Right Y axis 选项卡可以分别对左侧 y 轴、右侧 y 轴的刻度和标签等进行设置，其与 X axis 选项卡（图 1.9）中的选项及功能完全相同，不再重复罗列。

4. Titles & Fonts选项卡

Titles & Fonts 选项卡如图 1.10 所示，可以设置图表、坐标轴的标题及相关的字体样式，详细介绍如下。

❑ Graph title 系列选项可以设置图表的标题、字体以及标题与图表顶部的距离。

➢ Show Graph Title 选项用于设置是否显示图表标题。

➢ Font 选项用于设置标题的字体、字形和文字大小等。

➢ Distance from top of graph 选项用于设置标题与图表顶部的距离。

❑ Axes titles 系列选项可以设置 x 轴和 y 轴的标题、字体以及标题与图表顶部的距离。

➢ Show X axis Title 选项用于设置是否显示 x 轴标题。

➢ Show Left Y axis Title 选项用于设置是否显示左侧的 y 轴标题。

➢ Show Right Y axis Title 选项用于设置是否显示右侧的 y 轴标题。

➢ Font 选项用于设置标题的字体、字形和文字大小等。

➢ Distance from axis 选项用于设置标题与坐标轴的距离。

➢ Rotation 选项用于旋转 y 轴标题。

➢ Location 选项用于设置 y 轴标题位置。

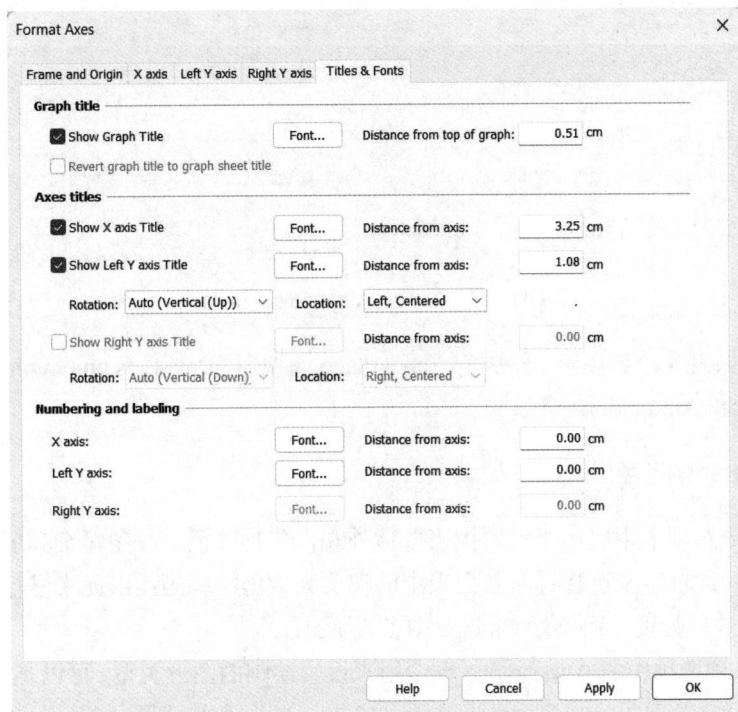

图 1.10　坐标轴格式（Titles & Fonts 选项卡）

❑ Numbering and labeling 系列选项用于设置坐标轴刻度标签的字体、刻度标签与坐标轴的距离等，与前面选项的含义相同，不再赘述。

当以上选项均设置完成之后，可以单击 Apply 按钮应用，或者单击 OK 按钮，相应的设置将会映射到图形上。

1.5　图形格式

图形格式（Format Graph）界面可以通过多种方式弹出，可以双击图形的内部区域或者单击工具栏中的 ，弹出的对话框如图 1.11 所示。

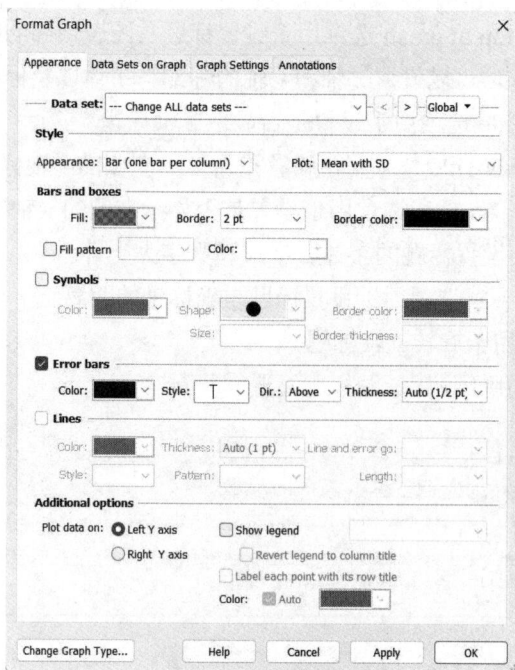

图 1.11　图形格式（Appearance 选项卡）

图 1.11 中共有 4 个选项卡，分别是 Appearance 选项卡、Data Sets on Graph 选项卡、Graph Settings 选项卡和 Annotations 选项卡。

1. Appearance选项卡

Appearance 选项卡主要用于设置图表整体外观，包括颜色、线条粗细和填充等。

❑ Data set 选项用来选择针对数据表中的哪一列数据绘制的图形元素进行设置。通常是每一列单独设置，而不是 Change ALL data sets。

❑ Style 系列选项中的 Appearance 选项用来设置绘制的图形类型，可以是散点图（Scatter dot plot）、条形图（Bar）、小提琴图（Violin plot）和箱式图（Box and whiskers）等；Plot 选项用来设置绘制哪些统计量。比如均数±标准差（Mean with SD）、均数±标准误（Mean with SEM）等。

❑ Bars and Boxes 系列选项中的 Fill 选项用于为图表中的选定区域设置填充颜色；Border 选项用于为图表中的选定区域设置边框粗细；Border color 选项用于为图表中的选定区域设置边框颜色；Fill pattern 选项用于为图表中的选定区域设置填充图案；Color 选项用于为图表中的选定区域设置填充图案的颜色。

❑ Symbol 系列选项中的 Color 选项用于设置散点的颜色；Shape 选项用于设置散点的形状；Size 选项用于设置散点的大小；Border color 选项用于设置散点边框的颜色；Border thickness 选项用于设置散点边框的粗细。

❑ Error bars 系列选项中的 Color 选项用于设置误差线的颜色；Style 选项用于设置误差线的类型；Dir 选项用于设置误差线的方向；Thickness 选项用于设置误差线的粗细。

❑ Lines 系列选项中的 Color 选项用于设置线的颜色；Thickness 选项用于设置线的粗细；Style 选项用于设置线的类型；Pattern 选项用于设置线的形状。

❑ Additional options 系列选项中的 Plot data on 选项用于设置绘制在左侧 y 轴或者绘制在右侧 y 轴；Show legend 选项用来显示图例；Revert legend to column title 选项用来更改图例名称顺序。

2．Data Sets on Graph选项卡

Data Sets on Graph 选项卡如图 1.12 所示。Data Sets on Graph 选项卡允许用户管理和调整图表上不同列的数据，以此来绘制图形。其中：Data on Graph 系列选项用于列数据的添加、替换、删除；Reorder 系列选项用于列数据的顺序调整。

3．Graph Settings选项卡

Graph Settings 选项卡如图 1.13 所示。其中：Direction 选项用于设置图形的方向，默认是垂直（Vertical）；Baseline 选项用于设置图形的起始位置，一般保持默认；Dimensions 选项用于设置柱形图的间隔，包括柱形图间的间隔、第一个柱形图前间隔、最后一个柱形图后的间隔；Scatter plot appearance 选项用于设置散点的外观。

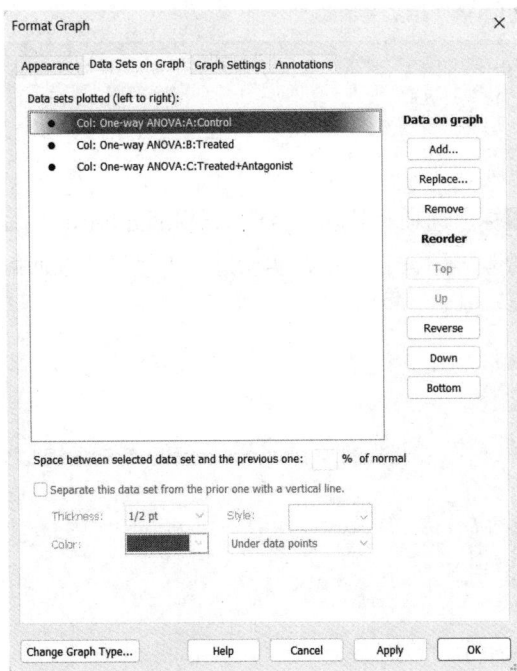

图 1.12　图形格式（Data Sets on Graph 选项卡）　　图 1.13　图形格式（Graph Settings 选项卡）

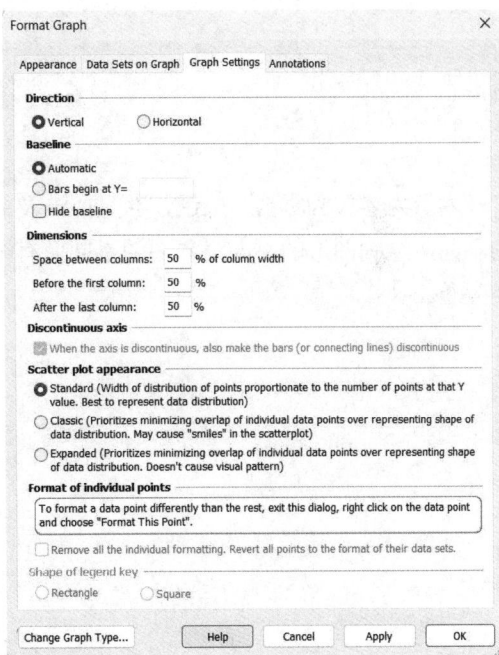

4．Annotations选项卡

Annotations 选项卡如图 1.14 所示。Annotations 选项卡可以在图形上添加统计量，如自动添加平均值、样本量等，此处一般设置为不添加任何统计量，即将 Show 选项设置为 Nothing。

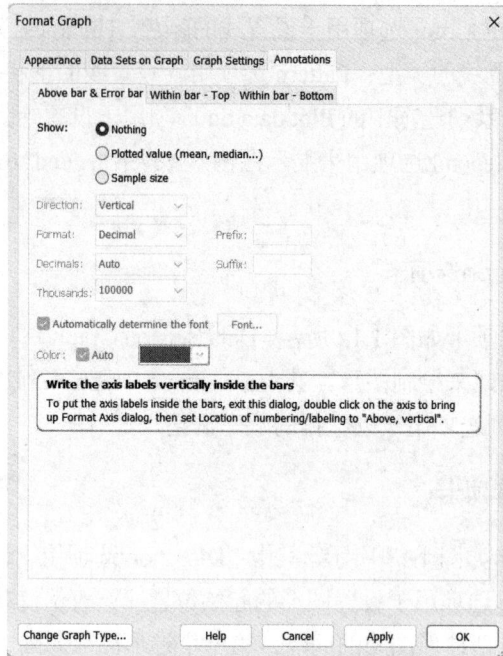

图 1.14　图形格式（Annotations 选项卡）

1.6　小　　结

本章内容较为零散、杂乱，并且所涉及的图标、选项及其功能会因 GraphPad Prism 版本的不同、绘制图形的不同、界面的不同而有细微差异，读者可以在实操过程中经过实践而触类旁通。

第2章　均数比较

均数比较适用于两组或多组连续型数据的差异分析。本章将介绍常见的均数比较方法，如两独立样本 t 检验、配对样本 t 检验、单因素方差分析、双因素方差分析以及重复测量方差分析等，并对结果进行详细解读及可视化。

本章的知识点如下：

- ❑ t 检验的适用条件；
- ❑ 方差分析的适用条件；
- ❑ 方差齐性检验；
- ❑ 正态性检验；
- ❑ 事后多重比较。

🔔注意：如果数据不满足统计方法的适用条件而强行进行相应分析，那么得到的统计结果可能不准确。

2.1　两独立样本 t 检验

两独立样本 t 检验也称为成组 t 检验，用于判断两组之间的均数的差异是否显著。举一个简单的例子：比较男女之间的体重是否存在差异。

两独立样本 t 检验的前提是数据需满足独立性、正态性和方差齐性。如果不满足正态性和方差齐性，建议直接使用非参数秩和检验。

2.1.1　PCR 循环阈值案例

下面模拟一项研究，分析不同处理方法中实时荧光定量聚合酶链式反应（Polymerase Chain Reaction，PCR）检测两个靶标的阈值循环数（Cycle Threshold，Ct）值是否有差异，收集的变量有两个，数据见表 2.1。其中：

- ❑ 实验组：实验组的 Ct 值。
- ❑ 对照组：对照组的 Ct 值。

表 2.1 　两种处理组PCR检测Ct值（部分）

实　验　组	对　照　组	实　验　组	对　照　组
26	23	22	26
23	24	24	26
19	23	19	24
21	23		

2.1.2　差异显著性分析

1. 创建分析文件

（1）打开 GraphPad Prism 软件，如图 2.1 所示，在 CREATE 下选择 Column 选项。

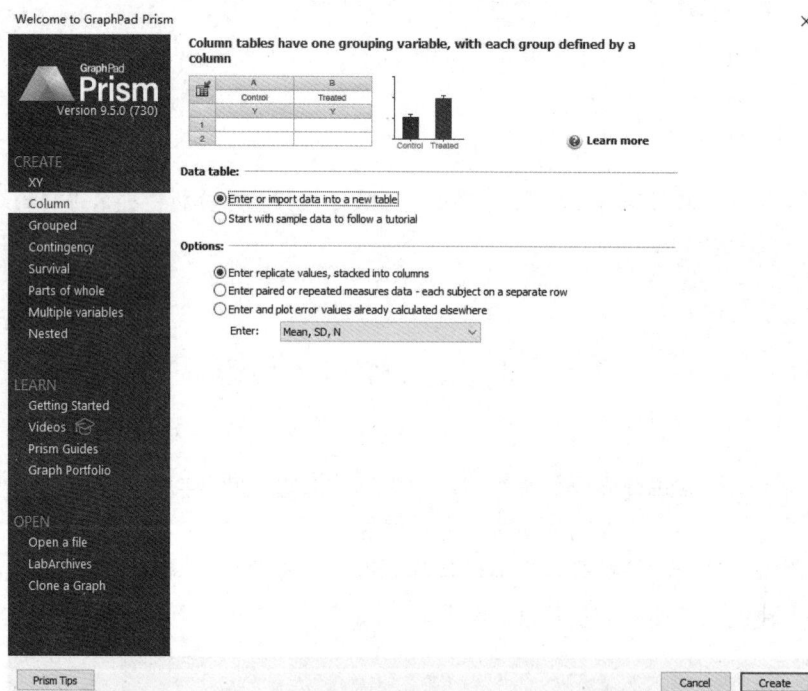

图 2.1　创建分析文件

（2）选中 Data table 下的 Enter or import data into a new table 单选按钮，再选中 Options 下的 Enter replicate values，stacked into columns 单选按钮。

（3）单击 Create 按钮，完成分析文件的创建。

2. 导入数据

将在 Excel 中整理好的数据直接复制进 GraphPad Prism 中，如图 2.2 所示。此处仅罗列部分数据，共有两列，分别是实验组和对照组，然后将其命名为 data。

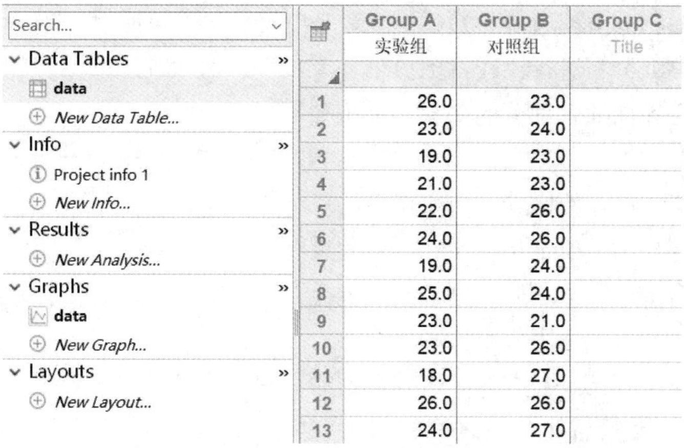

图 2.2　输入数据并重命名

3. 数据分析

1) 正态性检验

单击工具栏中的 Analyze 按钮，弹出的对话框如图 2.3（a）所示，选择 Column analyses 下的 Normality and Lognormality Tests 选项，单击 OK 按钮。弹出的对话框如图 2.3（b）所示，GraphPad Prism 提供了以下 4 种正态性检验的方法。

❑ D'Agostino & Pearson 正态性检验，其首先计算偏度和峰度，然后计算这些值与高斯分布预期值的差异，从而得到 P 值。如果 P 值较大，则数据符合正态分布；如果 P 值较小，则数据不符合正态分布。

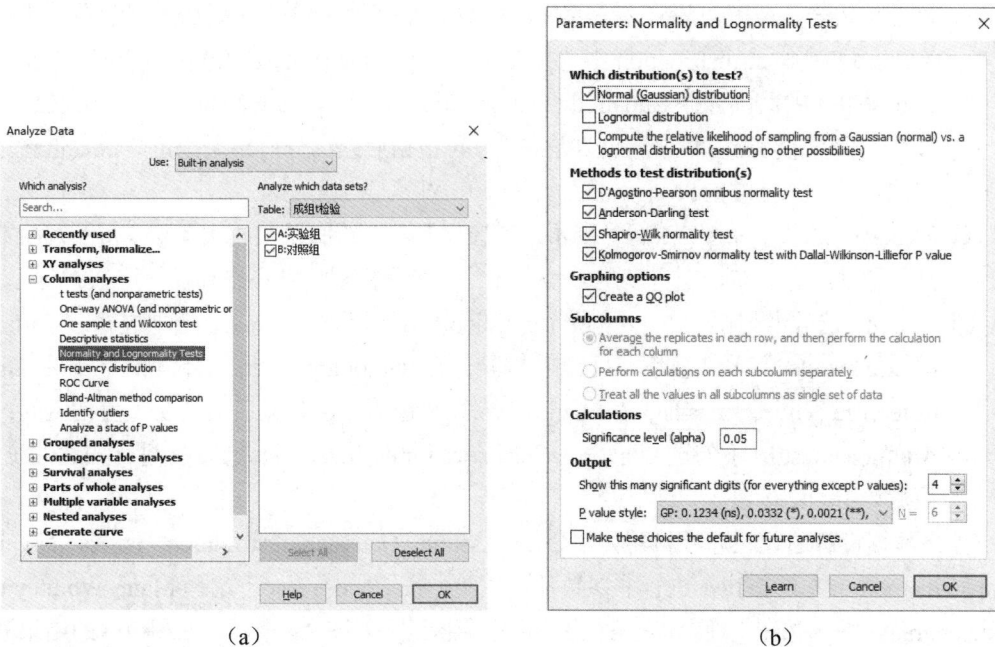

（a）

（b）

图 2.3　正态性检验

❑ Anderson-Darling 检验,其将数据的累积分布与累积高斯分布进行比较得到 *P* 值。考虑了累积分布曲线各部分的差异,是一种敏感且有效的方法。

❑ Shapiro-Wilk 正态性检验,当数据中的每个数值都唯一时,Shapiro-Wilk 检验效果较好。若有多个数值相同,则效果可能会受到影响。该方法适用于小样本。

❑ Kolmogorov-Smirnov 检验,其比较数据的累积分布与累积高斯分布之间的最大差异,从而得到 *P* 值。该方法适用于大样本。

本例中保持默认设置,同时采用 4 种方法进行正态性检验,单击 OK 按钮。

正态性检验结果如图 2.4 所示,4 种检验方法的结果并不一致。一般 GraphPad Prism 推荐以 D'Agostino & Pearson 法的结果为主。因此本案例数据可认为符合正态分布。

Normality and Lognormality Tests Tabular results	A 实验组	B 对照组
1 Test for normal distribution		
2 D'Agostino & Pearson test		
3 K2	1.232	0.9816
4 P value	0.5401	0.6121
5 Passed normality test (alpha=0.05)'	Yes	Yes
6 P value summary	ns	ns
7		
8 Anderson-Darling test		
9 A2*	0.5239	0.7428
10 P value	0.1519	0.0412
11 Passed normality test (alpha=0.05)'	Yes	No
12 P value summary	ns	*
13		
14 Shapiro-Wilk test		
15 W	0.9184	0.8965
16 P value	0.1821	0.0842
17 Passed normality test (alpha=0.05)'	Yes	Yes
18 P value summary	ns	ns
19		
20 Kolmogorov-Smirnov test		
21 KS distance	0.2204	0.2477
22 P value	0.0483	0.0138
23 Passed normality test (alpha=0.05)'	No	No
24 P value summary	*	*

图 2.4　正态性检验结果

2) 进行成组 *t* 检验

单击工具栏中的 Analyze 按钮,弹出的对话框如图 2.5（a）所示,选择 Column analyses 下的 t tests（and nonparametric tests）,单击 OK 按钮,弹出新的对话框。

❑ Experimental Design 选项卡如图 2.5（b）所示。选择 Experimental design 下的 Unpaired 单选按钮表示非配对设计。本案例的数据经正态性检验后均服从正态分布,所以在 Assume Gaussian distribution 中选择 Yes, Use parametric test 单选按钮,即 *t* 检验。在 Choose test 中默认选择 Unpaired t test. Assume both populations have the same SD 单选按钮,即先认为当前数据满足方差齐性,再根据后续的分析结果决定是否要重新选择方法。

❑ Residuals 选项卡如图 2.5（c）所示。该选项卡可以绘制残差相关图形,帮助判断数据是否服从正态分布、是否满足方差齐性。这里保持默认,不选择任何选项。

❑ Options 选项卡如图 2.5（d）所示。Calculations 下的 P value 选项选择 Two-tailed（recommended）单选按钮,即双侧检验。在 Graphing options 下勾选 Graph CI of difference between means（Estimation Plot）复选框,绘制差值及其 95%置信区间;在 Additional results 下勾选 Descriptive statistics for each data set 复选框,进行描述性统计。

❑ 最后单击 OK 按钮。

如果数据没有通过正态性检验,可以在 Assume Gaussian distribution 下选择 No, Use nonparametric test 单选按钮,进行非参数秩和检验。在 Choose test 下选择 Mann-Whitney test. Compare ranks 单选按钮,确定进行曼-惠特尼秩和检验,如图 2.6 所示。秩和检验的结果建议绘制箱线图或小提琴图。

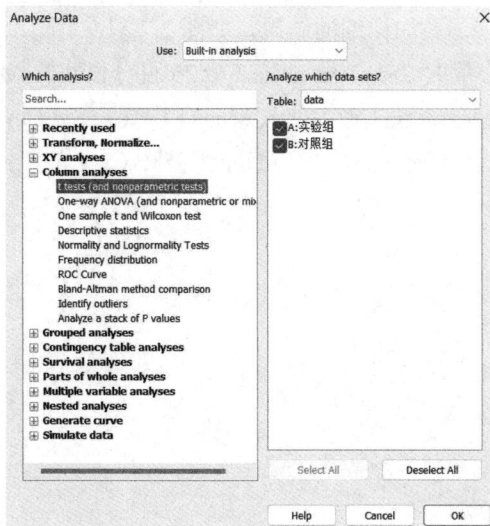

（a）

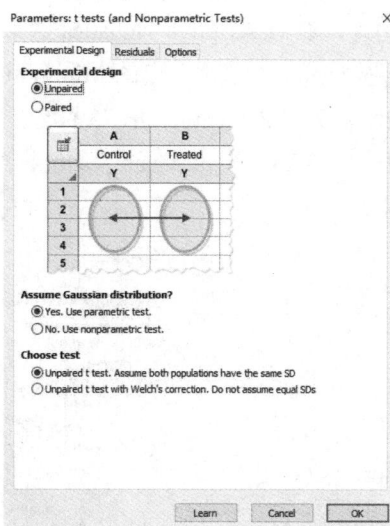

（b）

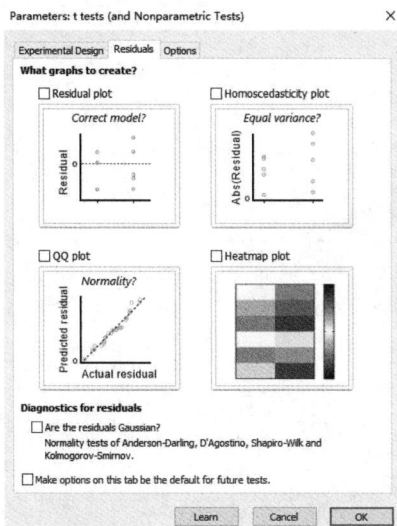

（c）

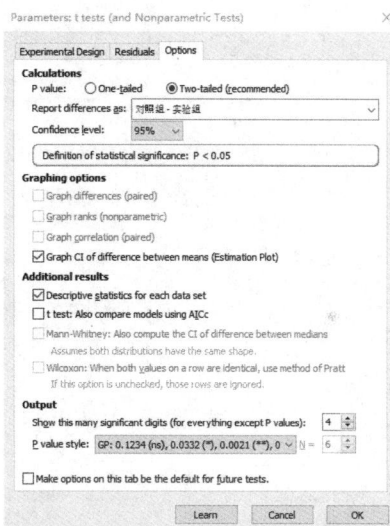

（d）

图 2.5　两独立样本 t 检验方法选择与参数设置

3）结果解释

成组 t 检验输出结果如图 2.7（a）所示。

☐ 查看当前数据是否满足方差齐性，在 F test to compare variances 结果中，P value=0.2532
　＞0.05，表明数据满足方差齐性。如果方差齐性检验没有通过，则建议使用非参数秩
　和检验，而不要进行所谓的方差不齐校正或者变量变换。

☐ 查看 t 检验结果，$t = 2.448$，P=0.0209＜0.05，即两种处理组 PCR 检测 Ct 值存在显著
　性差异。

☐ 查看描述性结果，A 列的均值为 22.67，B 列的均值为 24.60。B 列与 A 列的差值及其
　标准误为 1.933±0.7896，差值的 95%置信区间是 0.3159～3.551。

另外，在 Descriptive statistics 结果中罗列了更加详细的结果，如图 2.7（b）所示，分别提供了实验组、对照组各自的 Minimum（最小值）、25% Percentile（第 25 百分位数）、Median（中位数）、75% Percentile（第 75 百分位数）、Maximum（最大值）、Mean（均数）、Std.Deviation（标准差）、Std.Error of Mean（均值标准误）、Lower 95% CI 和 Upper 95% CI（均值 95%CI 上下限）。

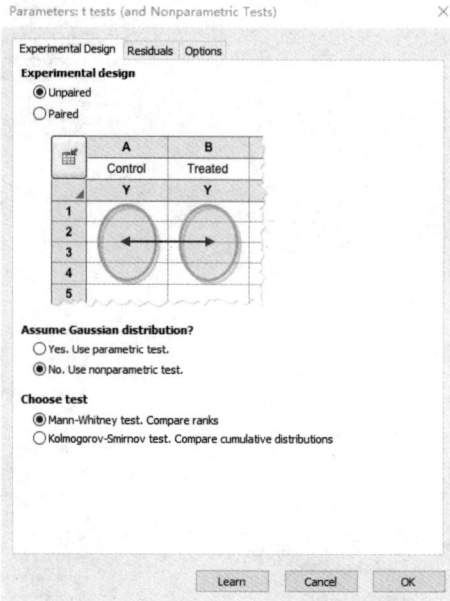

图 2.6　非正态数据的非参数检验设置

（a）

Unpaired t test Descriptive statistics	实验组	对照组
1	Number of values	15	15
2			
3	Minimum	18.00	21.00
4	25% Percentile	21.00	23.00
5	Median	23.00	24.00
6	75% Percentile	24.00	26.00
7	Maximum	26.00	27.00
8			
9	Mean	22.67	24.60
10	Std. Deviation	2.469	1.805
11	Std. Error of Mean	0.6375	0.4660
12			
13	Lower 95% CI	21.30	23.60
14	Upper 95% CI	24.03	25.60

（b）

图 2.7　成组 t 检验输出结果

Estimation Plot 结果如图 2.8 所示，差值的 95%置信区间不包含 0，亦说明两组之间存在显著性差异。如果上下误差线包含 0，则表示两组之间不存在显著性差异。

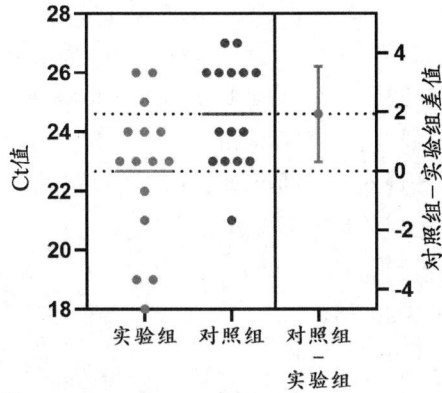

图 2.8　两样本均值差±95%置信区间

2.1.3　绘制柱状图

（1）单击图 2.2 导航栏 Graphs 下的 New Graph，弹出的对话框如图 2.9（a）所示，选择 Mean/median & error 选项卡下的第 1 个图形，在 Column bar graph 下设置 Plot 为 Mean with SD，即均数和标准差，单击 OK 按钮生成柱状图草图，如图 2.9（b）所示。

注意：图 2.9（a）中提供了多种图形，如散点图、箱式图、小提琴图、折线图等，限于篇幅无法一一罗列绘制步骤，读者在实操过程中可自行尝试，也可以参阅本书的配套视频，其中有详细介绍。

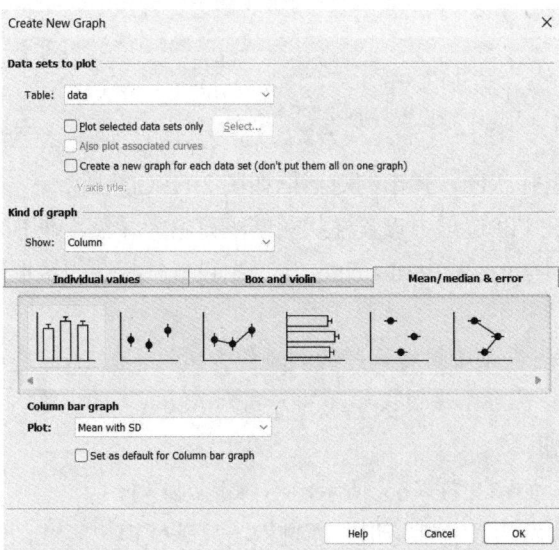

（a）

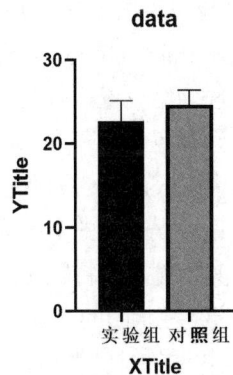

（b）

图 2.9　图形选择及柱状图草图

（2）在草图的 x 轴任意一处双击，即可弹出 x 轴的设置对话框，如图 2.10（a）所示。

❑ Automatically determine the range and interval 选项默认是被勾选的，表示自动化处理 x 轴的范围和刻度线等，此处取消勾选，进行手动设置。

❑ Ticks direction 选项设置为 Down，表示 x 轴的刻度线朝下，即在图形外部。

❑ Ticks length 表示刻度线长度的设置，此处选择 Short，即短刻度线。

❑ 其他选项保持默认即可，单击 OK 按钮。关于坐标轴的详细设置参见 1.4 节。

（3）在草图的 y 轴任意一处双击，即可弹出 y 轴的设置对话框，如图 2.10（b）所示。y 轴的设置与 x 轴的设置完全相同，此处不再过多罗列。

❑ Ticks direction 选项设置为 Left。

❑ Ticks length 选项设置为 Short。

❑ Minor ticks 选项设置为 2。

❑ 其他选项保持默认即可，单击 OK 按钮。

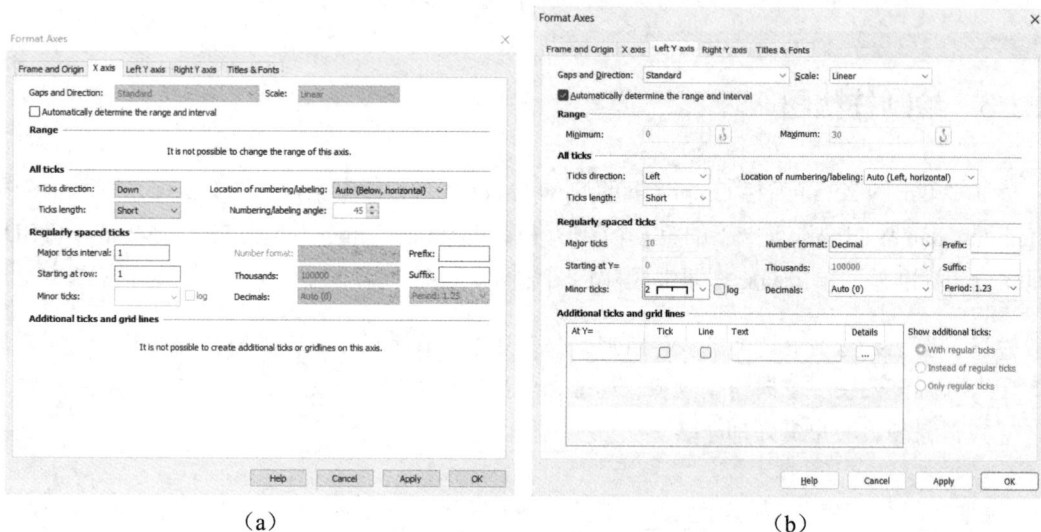

（a）　　　　　　　　　　　　　　（b）

图 2.10　x 轴、y 轴设置界面

（4）在草图中，双击图形内部实验组柱状图，弹出的对话框如图 2.11（a）所示。

❑ 在 Bars and boxes 系列选项中，在 Fill 选项中设置柱状图的填充色为绿色，在 Border 选项中设置柱状图的边框粗细为 1/4pt，在 Border color 选项中设置柱状图的边框颜色为黑色。

❑ 在 Error bars 系列选项中，在 Color 选项中设置误差线的颜色为黑色，在 Style 选项中设置误差线的类型为 T 型，在 Dir 选项中设置误差线的方向为 Above，即上方。

❑ 其他选项保持默认，单击 OK 按钮。

对照组柱状图的设置方法与此相同，如图 2.11（b）所示，不再重复罗列。

（5）单击工具栏中的 ⊥· 按钮，自动添加显著性标记。通过双击显著性标记区域，弹出的对话框如图 2.12 所示，可以对显著性标记进行优化。

❑ 在 Display options 下若选择 P value（number）and brackets，则显示显著性差异 P 值。

若选择 Asterisks（P value classification）and brackets，则用星号表示显著性。

❑ P value threshold 选项用于显著性标记绘制的筛选，如果选择 Only comparisons with P value less than or equal to 0.05，则只绘制 $P \leqslant 0.05$ 的两两比较，而对于 $P > 0.05$ 的两两比较则不绘制其显著性标记图。

此外，在 Line/bracket and text options 选项中还可以设置显著性连线的长度、形状和颜色等格式。

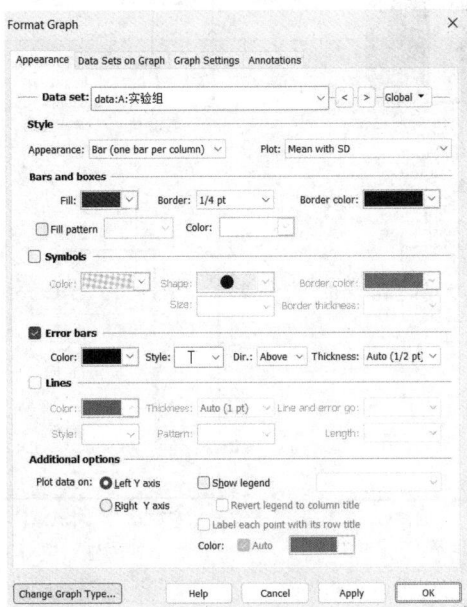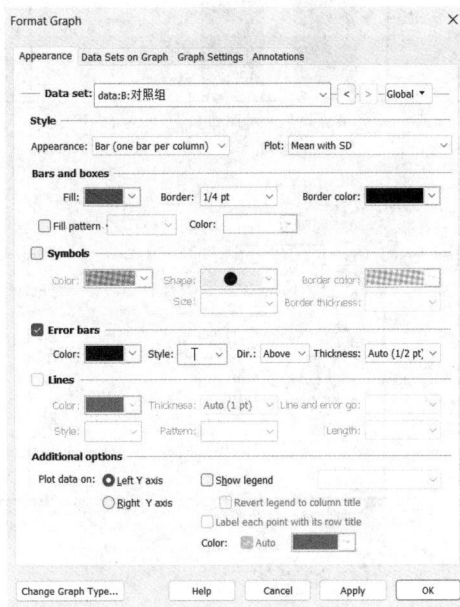

（a）　　　　　　　　　　　　　　　　（b）

图 2.11　柱状图设置界面

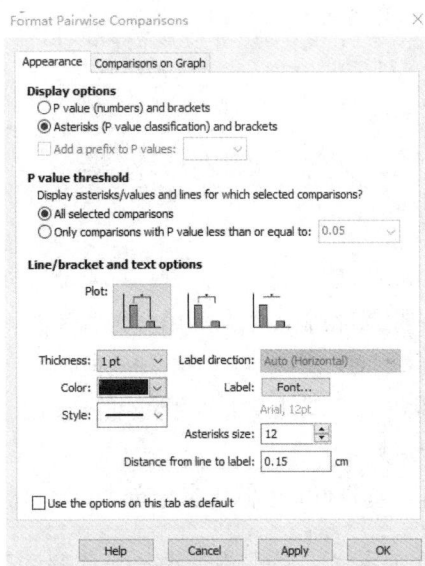

图 2.12　显著性标记绘制和修改

最终将获得如图 2.13（a）所示的效果。除了柱状图以外，还可以选择绘制其他类型的图形，如图 2.13（b）～（f）所示，这些图形的绘制步骤见配书视频教程。

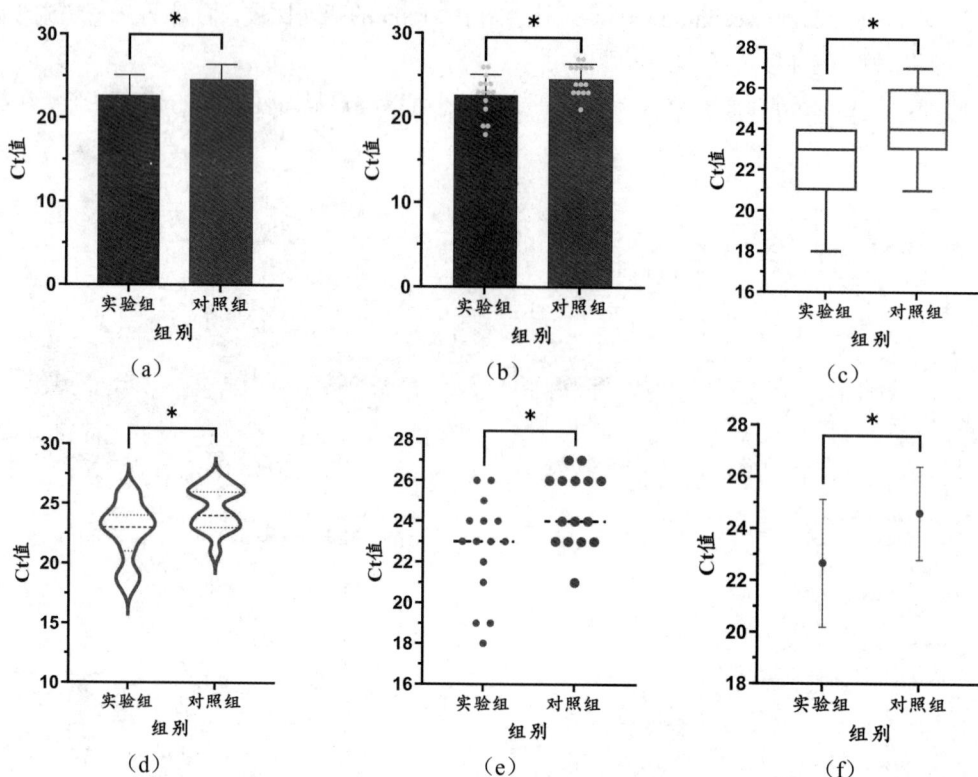

图 2.13　美化后的成组 *t* 检验图形

🔔**注意：** 在进行成组 *t* 检验时，需要满足一定的前提条件，即样本数据应来自正态分布或近似正态分布的总体，各观察对象间相互独立并且不能相互影响，两样本的方差应相等或至少相近。

2.2　配对 *t* 检验

配对 *t* 检验适用于配对设计。配对设计有两种：首先是自身配对，即同一对象接受两种处理，如同一标本同时用两种方法检验，或同一患者先后接受两种治疗方法；其次是异体配对，即将条件相近的实验对象配对，并分别给予两种处理。

在进行配对资料的 *t* 检验时，需要注意配对 *t* 检验的适用条件：

❑ 配对样本之间具有一定的相关性；

❑ 配对样本的差值来自正态分布或近似正态分布。

🔔**注意：** 如果这些适用条件不成立，则需要考虑使用其他统计方法，如非参数秩和检验等方法。

2.2.1　饮食影响甘油三酯案例

下面以对实行"斯蒂尔曼饮食"方案前后的 16 名受试者进行甘油三酯水平变化研究为例，介绍配对 t 检验的应用。收集的变量有两个，分别是 Before、After，代表饮食干预前、饮食干预后的甘油三酯值，数据见表 2.2。本案例改编自 SPSS 官网数据。

表 2.2　受试者饮食干预前后甘油三酯值（部分）

ID	Before	After	ID	Before	After
1	180	148	5	156	104
2	139	94	6	167	138
3	152	185	7	138	132
4	112	145	8	160	128

2.2.2　差异显著性分析

1．创建分析文件

（1）打开 GraphPad Prism 软件，如图 2.14 所示，在 CREATE 下选择 Column 选项。

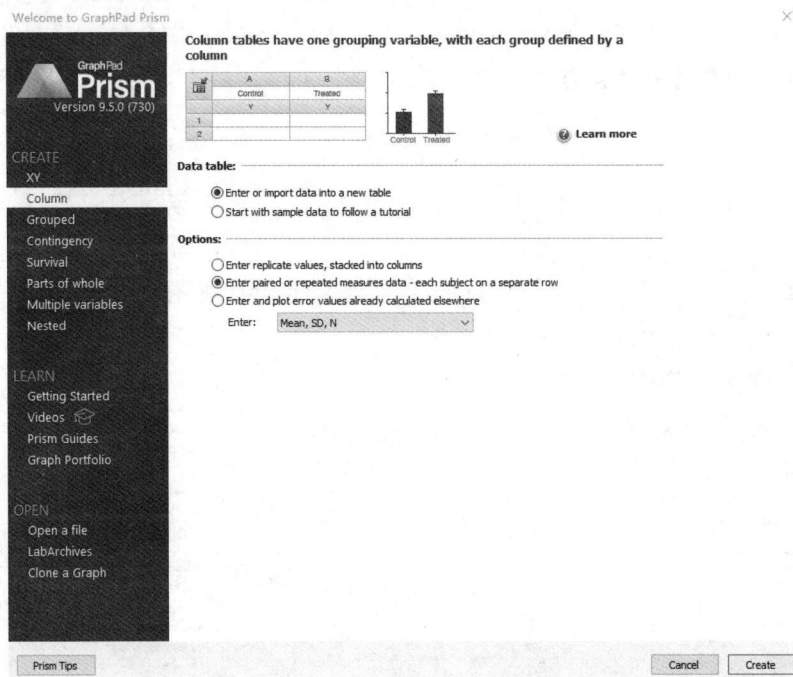

图 2.14　创建分析文件

（2）选择 Data table 下的 Enter or import data into a new table 单选按钮，再选择 Options 下的 Enter paired or repeated measures data-each subject on a separate row 单选按钮。

（3）单击 Create 按钮，完成分析文件的创建。

2．录入数据

将原始数据分别输入 Group A 和 Group B 列，差值 d 输入 Group C 列，并将它们重新命名为 Before、After 和 d。将数据表重命名为 data，如图 2.15 所示。

		Group A	Group B	Group C
		Before	After	d
1	1	180	148	32
2	2	139	94	45
3	3	152	132	20
4	4	112	105	7
5	5	156	104	52
6	6	167	138	29
7	7	138	132	6
8	8	160	128	32
9	9	107	98	9
10	10	156	103	53
11	11	94	60	34
12	12	107	93	14
13	13	145	107	38
14	14	186	142	44
15	15	112	107	5
16	16	104	103	1

图 2.15　配对 t 检验数据录入

3．开始数据分析

（1）进行正态性检验。配对 t 检验的前提条件要求差值 d 满足正态性，具体检验步骤如图 2.16（a）所示，与 2.1 节的正态性检验方法相同。检验结果如图 2.16（b）所示，4 种正态性检验方法均表明数据符合正态。

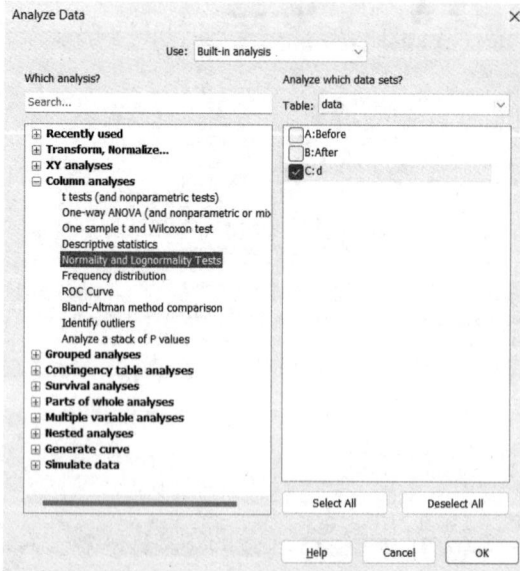

Normality and Lognormality Tests	A
	d
1	Test for normal distribution
2	D'Agostino & Pearson test
3	K2	3.667
4	P value	0.1599
5	Passed normality test (alpha=0.05)?	Yes
6	P value summary	ns
8	Anderson-Darling test
9	A2*	0.4340
10	P value	0.2639
11	Passed normality test (alpha=0.05)?	Yes
12	P value summary	ns
14	Shapiro-Wilk test
15	W	0.9248
16	P value	0.2011
17	Passed normality test (alpha=0.05)?	Yes
18	P value summary	ns
20	Kolmogorov-Smirnov test
21	KS distance	0.1492
22	P value	>0.1000
23	Passed normality test (alpha=0.05)?	Yes
24	P value summary	ns
26	Number of values	16

（a）　　　　　　　　　　　（b）

图 2.16　正态性检验结果

（2）进行配对 t 检验。单击工具栏中的 Analyze 按钮，弹出的对话框如图 2.17（a）所示，选择 Column analyses 下的 t tests（and nonparametric tests），勾选 A、B 两列数据，单击 OK 按钮。

弹出的对话框如图 2.17（b）所示，选中 Experimental design 下的 Paired 单选按钮即配对设计。由于本案例数据服从正态分布，所以在 Assume Gaussian distribution 中选中 Yes, Use parametric test 单选按钮，即参数检验。在 Choose test 中选中 Paired t test（differences between paired values are consistent）单选按钮，即配对 t 检验。然后切换至 Options 选项卡，勾选 Graphing options 下的 Graph Ci of mean of differences（Estimation Plot）复选框。

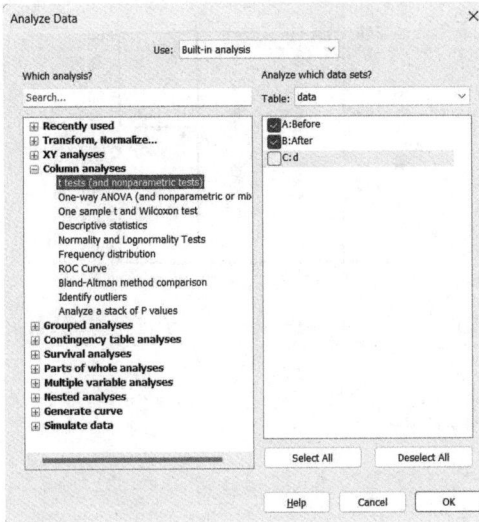
（a）

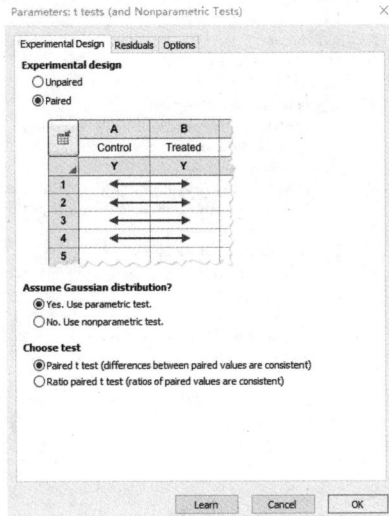
（b）

图 2.17　配对 t 检验参数设置

如果正态性检验没有通过，则对于配对设计需要采用非参数检验中的 Wilcoxon 检验法，在 Assume Gaussian distribution 中选中 No, Use nonparametric test 单选按钮，如图 2.18 所示。秩和检验的结果建议绘制箱线图或小提琴图。

（3）结果解释：本例配对 t 检验的结果如图 2.19（b）所示。

如图 2.19（a）所示，当 $t = 5.963$，$P < 0.0001$ 时，差异具有显著性意义，差值及其 95% 置信区间分别为 -26.31 及（$-35.72 \sim -16.91$），说明饮食干预后，甘油三酯水平显著低于干预前水平，采用“斯蒂尔曼饮食”可以有效降低甘油三酯。

此外，GraphPad Prism 通过计算皮尔森相关系数（r）和相应的 P 值来检验配对的效率。r 越接近于 1 说明配对效率越高；r 越接近 0 说明配对效率越低。

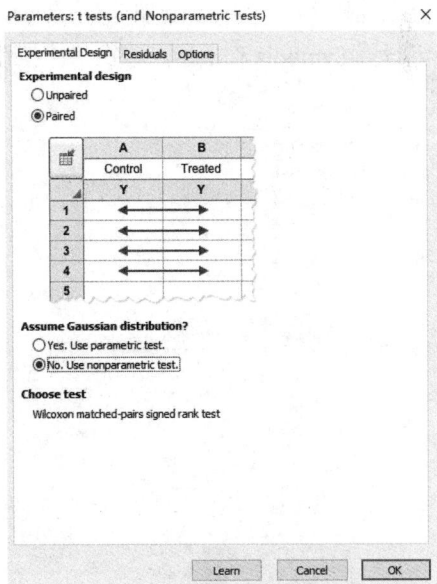

图 2.18　配对设计非参数 Wilcoxon 检验

在本例中，$r = 0.794$，$P = 0.0001$，表明本研究采用的配对设计效率较高。

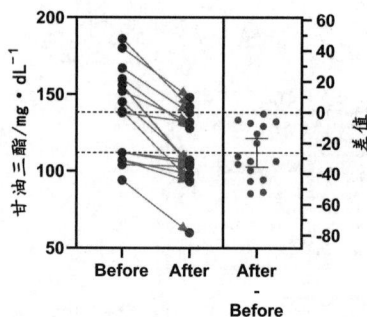

	Paired t test Tabular results	
1	Table Analyzed	配对t检验
2		
3	Column B	After
4	vs.	vs.
5	Column A	Before
6		
7	**Paired t test**	
8	P value	<0.0001
9	P value summary	****
10	Significantly different (P < 0.05)?	Yes
11	One- or two-tailed P value?	Two-tailed
12	t, df	t=5.963, df=15
13	Number of pairs	16
14		
15	**How big is the difference?**	
16	Mean of differences (B - A)	-26.31
17	SD of differences	17.65
18	SEM of differences	4.413
19	95% confidence interval	-35.72 to -16.91
20	R squared (partial eta squared)	0.7033
21		
22	**How effective was the pairing?**	
23	Correlation coefficient (r)	0.7941
24	P value (one tailed)	0.0001
25	P value summary	***
26	Was the pairing significantly effective?	Yes

（a）　　　　　　　　　　　　（b）

图 2.19　配对 t 检验结果

2.2.3　绘制连线图

（1）单击图 2.15 导航栏 Graphs 下的 New Graph，弹出的对话框如图 2.20（a）所示，Table 选项选择 data，Show 选项选择 Column，选择 Individual values 选项卡下的第 3 个图形，Plot 下设置 Symbols & lines，单击 OK 按钮生成连线图草图，如图 2.20（b）所示。

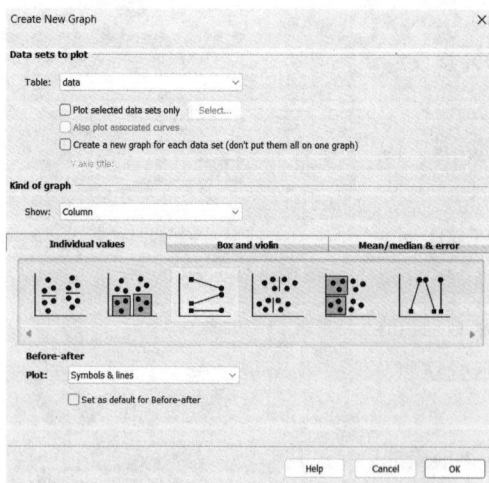

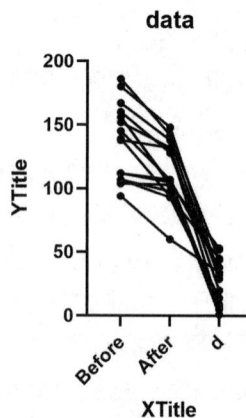

（a）　　　　　　　　　　　　（b）

图 2.20　绘制连线图草图

（2）x 轴、y 轴均保持默认，不进行修改。若要修改，请参考 2.1 节。

（3）在草图中，双击图形内 Before 的散点，弹出的对话框如图 2.21（a）所示。

❑ 在 Symbols 系列选项中，在 Color 选项中设置散点的颜色为深红色，在 Shape 选项中设置散点的形状为实心圆，在 Size 选项中设置散点大小为 3。

❑ 在 Lines 系列选项中，在 Color 选项中设置连接线的颜色为灰色，在 Thickness 选项中设置连接线的粗细为 1/2pt，在 Style 选项中设置连接线的类型为线段，在 Pattern 选项中设置连接线形式为直线。

草图中 After 的散点和连接线与 d 的散点和连接线的设置方法相同，如图 2.21（b）和图 2.21（c）所示，不再重复罗列。

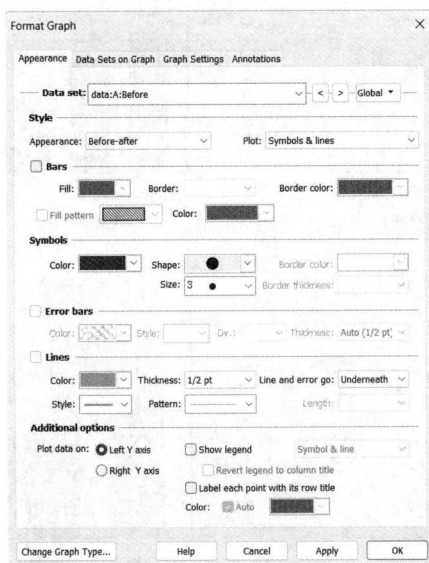

（a）

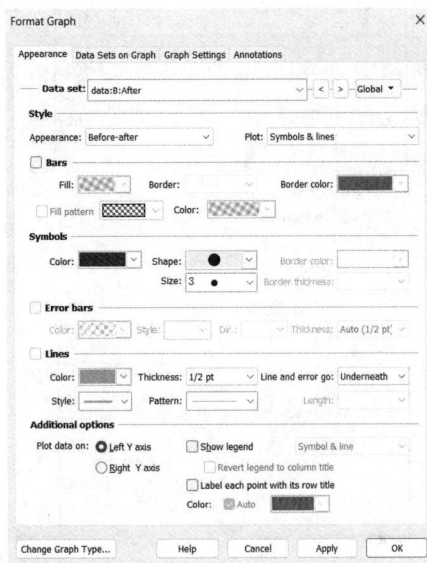

（b）

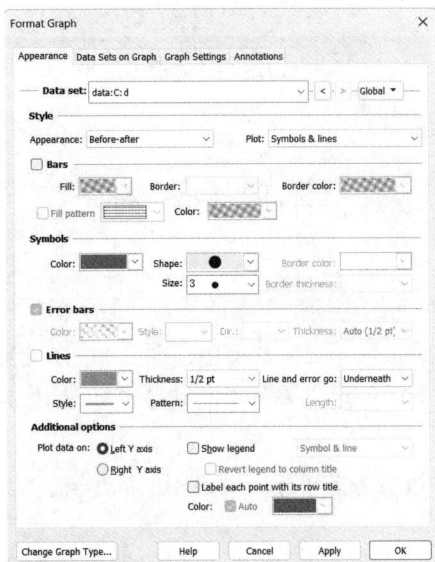

（c）

图 2.21　散点和连接线设置

（4）在草图中单击 x 轴的名称后再次单击即可修改 x 轴的名称。y 轴的名称和图的名称修改方法与此相同，不再赘述。

（5）单击工具栏中的 按钮，自动添加显著性标记。双击图中出现的显著性标记，可进一步对显著性标记进行修饰，参见 2.1.3 节。最终的图形如图 2.22（a）所示。

注意：本案例也可绘制图 2.22（b）～（f），详细步骤见配书视频。当然也可以按照 2.1 节的方法绘制箱式图、小提琴图等。

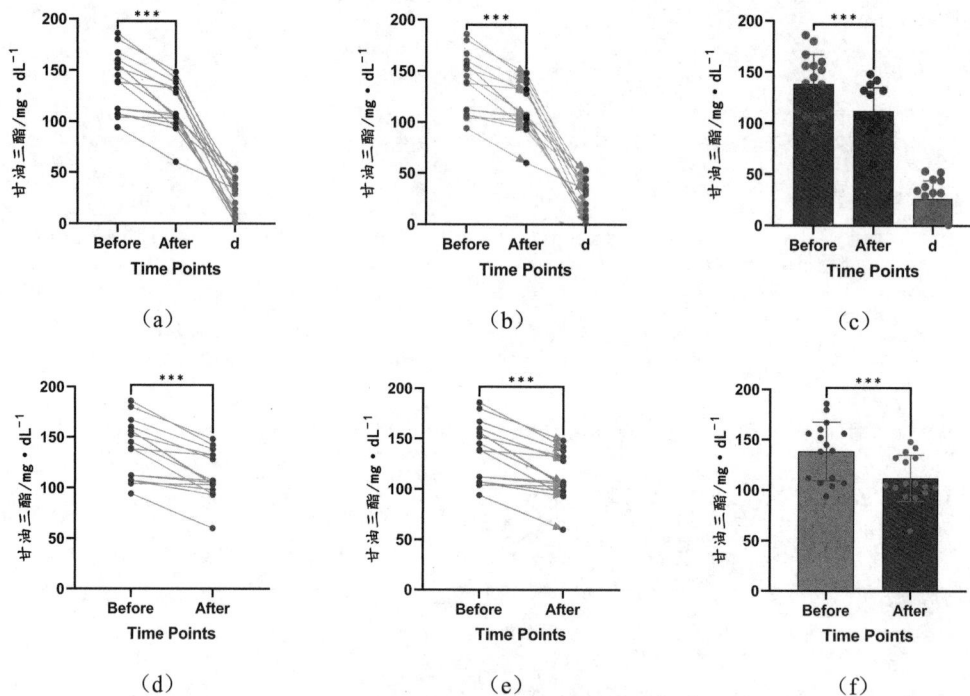

图 2.22　美化后的图

2.3　单因素方差分析

前面的 t 检验，主要针对两组连续型数据的均数比较。但当比较的组数大于 2 时，t 检验就不再适用了。因为对比的组数大于 2，若仍用前面介绍的 t 检验分别进行两两比较，会增加一些错误的风险。此时可考虑使用方差分析，其是进行多个均数比较的常用方法。

常用的基本概念如下。

☐ 因素：将试验对象随机分为若干组，加以不同的干预，称为处理因素，其是方差分析中需要检验的变量。

☐ 水平：在同一因素下的不同变量。例如，比较不同学历的幸福指数，研究因素是学历，学历下面有高中、大学、研究生 3 个水平。

在进行单因素方差分析时，需要满足一些基本假设：

❑ 每个总体均服从正态分布。
❑ 每个总体的方差相同，即方差齐性。
❑ 从每个总体中抽取的样本相互独立，不会相互影响。

2.3.1　考试成绩案例

本节模拟一项研究，将 60 名学生分成 3 组并接受不同的教学方式，分别是教学方式 A、B、C。教学结束时对学生进行测验并记录成绩，以此评估教学方式对成绩的影响。数据如表 2.3 所示，其中：

❑ A：教学方式 A 的成绩。
❑ B：教学方式 B 的成绩。
❑ C：教学方式 C 的成绩。

表 2.3　不同培训组测验成绩情况（部分）

A	B	C	A	B	C
59	75	79	66	82	87
56	89	93	51	53	58
85	82	87	62	82	88
62	73	77			

2.3.2　差异显著性分析

1. 创建分析文件

（1）打开 GraphPad Prism 软件，如图 2.23 所示，在 CREATE 下选择 Column 选项。

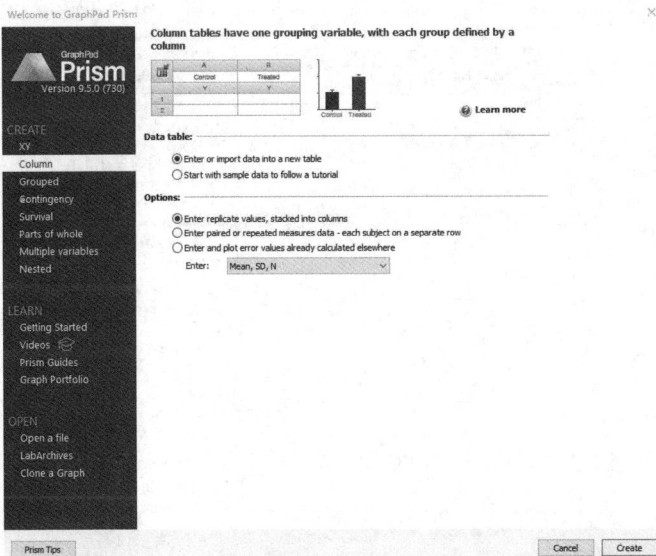

图 2.23　创建分析文件

（2）选择 Data table 下的 Enter or import data into a new table 单选按钮，再选择 Options 下的 Enter replicate values, stacked into columns 单选按钮。

（3）单击 Create 按钮，完成分析文件的创建。

2．数据录入

将原始数据录入 GraphPad Prism 中，并将数据表重新命名为 data，如图 2.24 所示。

图 2.24　单因素方差分析数据录入

3．数据分析

（1）进行正态性检验。与前面成组 t 检验所用的正态性检验方法一样，单击工具栏中的 Analyze 按钮，弹出的对话框如图 2.25（a）所示，选择 Column analyses 下的 Normality and Lognormaity Tests 选项，其他保持默认，单击 OK 按钮。

在弹出的对话框中保持默认设置，即采用 4 种正态性检验方法，如图 2.25（b）所示。

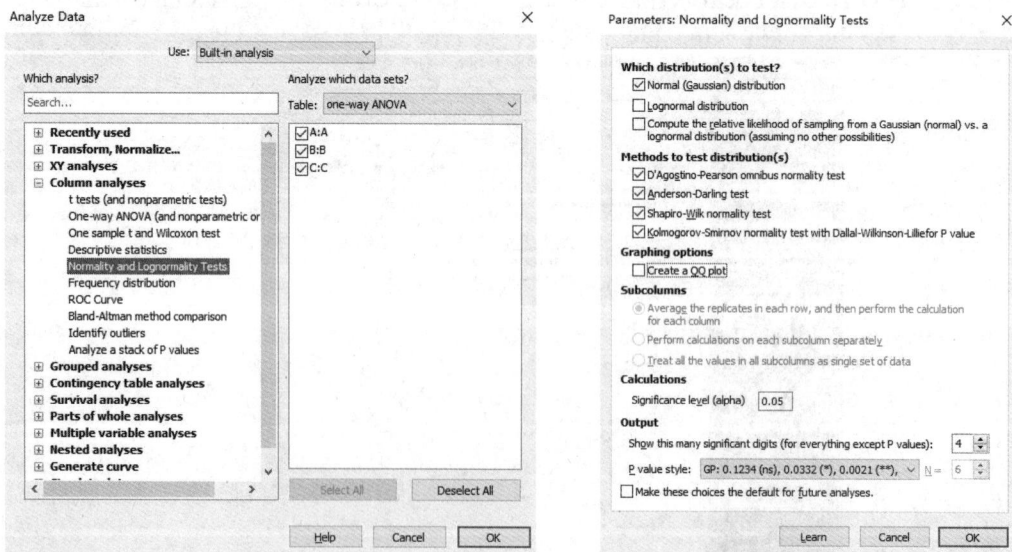

（a）　　　　　　　　　　（b）

图 2.25　正态性检验参数设置

正态性检验结果如图 2.26 所示，可以发现，4 种方法的正态性检验结果并不完全一致，GraphPad Prism 推荐以 D'Agostino & Pearson text 方法为主，此时数据满足正态性分布。

Normality and Lognormality Tests	A A	B B	C C
1 Test for normal distribution			
2 D'Agostino & Pearson test			
3 K2	4.217	2.427	2.122
4 P value	0.1214	0.2972	0.3462
5 Passed normality test (alpha=0.05)?	Yes	Yes	Yes
6 P value summary	ns	ns	ns
7			
8 Anderson-Darling test			
9 A2*	0.8544	0.3859	0.3281
10 P value	0.0228	0.3576	0.4925
11 Passed normality test (alpha=0.05)?	No	Yes	Yes
12 P value summary	*	ns	ns
13			
14 Shapiro-Wilk test			
15 W	0.9120	0.9532	0.9588
16 P value	0.0697	0.4184	0.5204
17 Passed normality test (alpha=0.05)?	Yes	Yes	Yes
18 P value summary	ns	ns	ns
19			
20 Kolmogorov-Smirnov test			
21 KS distance	0.1933	0.1329	0.1255
22 P value	0.0485	>0.1000	>0.1000
23 Passed normality test (alpha=0.05)?	No	Yes	Yes
24 P value summary	*	ns	ns
25			
26 Number of values	20	20	20

图 2.26　正态性检验结果

（2）进行单因素方差分析。单击工具栏中的 Analyze 按钮，弹出的对话框如图 2.27（a）所示，选择 Column analyses 下的 One-way ANOVA（and nonparametric or mixed），其他保持默认，单击 OK 按钮弹出新的对话框，如图 2.27（b）所示。

- 在 Experimental Design 选项卡的 Experimental design 下选择 No matching or pairing 单选按钮，表示非配对。

- 因为正态性检验已经通过，所以在 Assume Gaussian distribution of residuals 中选择 Yes, Use ANOVA 选项。如果正态性检验没通过，则选择非参数检验，GraphPad Prism 采用的是 Kruskal-Wallis test 方式，如图 2.27（c）所示。Kruskal-Wallis test 的结果建议绘制箱式图或小提琴图。

- 在 Assume equal SDs 下选择 Yes.Use ordinary ANOVA test 单选按钮，即默认当前比较的各组总体方差相等。若后续结果显示方差不齐，则建议使用秩和检验，不要使用变量变换或方差不齐的校正方法。

- 在 Multiple Comparisons 选项卡中，选中 Compare the mean of each column with the mean of every other column 单选按钮，将每列平均值均与其他列进行比较，如图 2.27（d）所示。如果选中 Compare the mean of each column with the mean of a control column 选项，则将 Control column 设置为 Column A，即将 A 列平均值与其他列进行比较。

- 如图 2.27（e）所示，在 Options 选项卡中选择多重比较的方法，在 correct for multiple 下的 Test 下拉列表框中选择 Tukey（recommended）方法。在 Graphing 中勾选 Graph confidence intervals 复选框，将返回差值的置信区间图。在 Output 中将 P value style 选项设置为 APA 格式。其他选项保持默认，单击 OK 按钮。

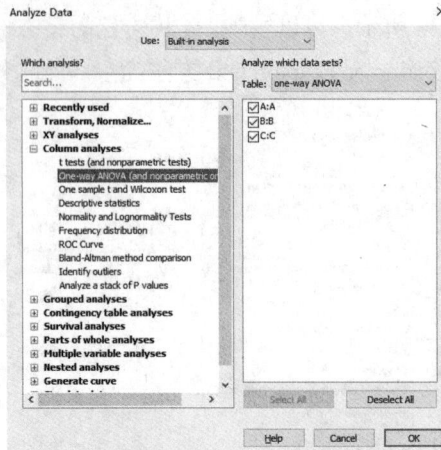

（a）

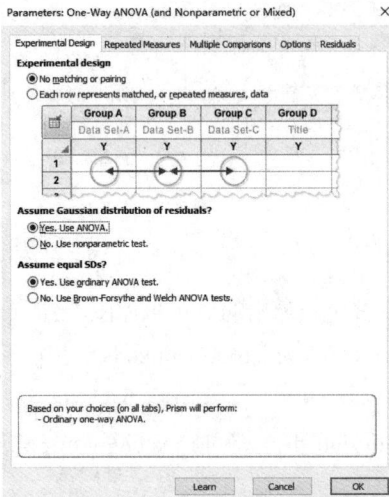

（b）

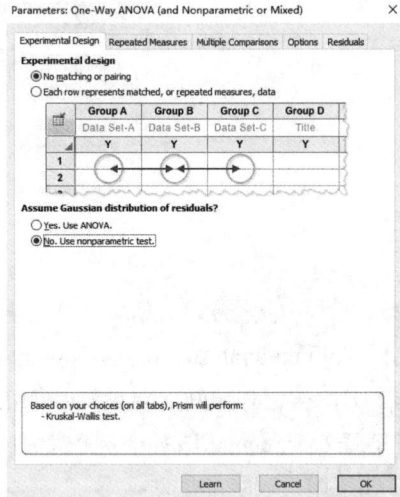

（c）

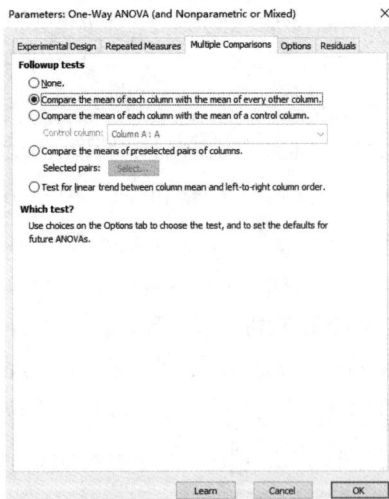

（d）

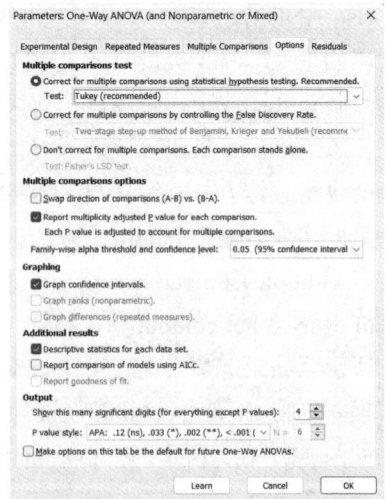

（e）

图 2.27　单因素方差分析参数设置

🔔**注意：** GraphPad Prism 提供了几种用于单因素方差分析多重比较的方法，假设方差齐时，可以使用 Tukey、Bonferroni、Sidak 和 Holm-Sidak 方法。

（3）结果解释。单因素方差分析结果如图 2.28 所示。GraphPad Prism 提供了两种方差齐性检验的方法，一种是 Brown-Forsythe test 方法，适用于数据不满足正态分布的情况，另一种是 Bartlett's test 方法，适用于数据服从正态分布的情况。本案例数据经 Brown-Forsythe test 和 Bartlett's test 方法检验 P 值均大于 0.1，说明满足方差齐性。当满足方差齐性时，才可查看单因素方差分析的结果。如果不满足方差齐性，可以在图 2.27（b）中的 Assume equal SDs 下选择 No.Use Brown-Forsythe and Welch ANOVA tests 单选按钮，进行布朗-福西斯和韦尔奇检验。

ANOVA results | Multiple comparisons | Descriptive statistics

	Ordinary one-way ANOVA ANOVA results					
1	Table Analyzed	one-way ANOVA				
2	Data sets analyzed	A-C				
3						
4	**ANOVA summary**					
5	F	21.40				
6	P value	<.001				
7	P value summary	***				
8	Significant diff. among means (P < 0.05)'	Yes				
9	R squared	0.4289				
10						
11	**Brown-Forsythe test**					
12	F (DFn, DFd)	0.01860 (2, 57)				
13	P value	.982				
14	P value summary	ns				
15	Are SDs significantly different (P < 0.05)'	No				
16						
17	**Bartlett's test**					
18	Bartlett's statistic (corrected)	0.09860				
19	P value	.952				
20	P value summary	ns				
21	Are SDs significantly different (P < 0.05)'	No				
22						
23	**ANOVA table**	**SS**	**DF**	**MS**	**F (DFn, DFd)**	**P value**
24	Treatment (between columns)	3924	2	1962	F (2, 57) = 21.40	P<.001
25	Residual (within columns)	5226	57	91.68		
26	Total	9150	59			
27						
28	**Data summary**					
29	Number of treatments (columns)	3				
30	Number of values (total)	60				

图 2.28　单因素方差分析结果

在本案例中，ANOVA summary 显示 $F=21.40$，$P<0.001$，表明方差分析存在显著性差异，即 3 种不同的教学方式的成绩存在显著性差异，如果要回答具体是哪两组之间存在显著性差异，则需要进一步查看多重比较的结果。

如图 2.29 所示，在 Multiple comparisons 分析结果中，Tukey 多重比较结果显示，A 组与 B 组的差值为-14.10，置信区间为-21.39～-6.814，存在显著性差异（Adjusted P value<0.001），A 组成绩小于 B 组。A 组与 C 组的差值为-19.10，置信区间为-26.39～-11.81，存在显著性差异（Adjusted P value<0.001），A 组成绩小于 C 组。而 B 组与 C 组的差值为-5.0，置信区间为-12.29～2.286，尚不存在显著性差异（Adjusted P value=0.233）。

如图 2.30 所示，在 Descriptive statistics 结果中，分别提供了 A、B、C 的统计数据，包括 Minimum（最小值）、25% Percentile（第 25 百分位数）、Median（中位数）、75% Percentile（第 75 百分位数）、Maximum（最大值）、Mean（均数）、Std.Deviation（标准差）、Std.Error of

Mean（均值标准误）、Lower 95% CI 和 Upper 95% CI（均值 95%CI 上下限）。

	Ordinary one-way ANOVA Multiple comparisons							
1	Number of families	1						
2	Number of comparisons per family	3						
3	Alpha	0.05						
4								
5	Tukey's multiple comparisons test	Mean Diff.	95.00% CI of diff.	Below threshold?	Summary	Adjusted P Value		
6	A vs. B	-14.10	-21.39 to -6.814	Yes	***	<.001	A-B	
7	A vs. C	-19.10	-26.39 to -11.81	Yes	***	<.001	A-C	
8	B vs. C	-5.000	-12.29 to 2.286	No	ns	.233	B-C	
9								
10	Test details	Mean 1	Mean 2	Mean Diff.	SE of diff.	n1	n2	q	DF
11	A vs. B	61.30	75.40	-14.10	3.028	20	20	6.586	57
12	A vs. C	61.30	80.40	-19.10	3.028	20	20	8.921	57
13	B vs. C	75.40	80.40	-5.000	3.028	20	20	2.335	57

图 2.29　单因素方差分析多重比较结果

		A	B	C
		A	B	C
1	Number of values	20	20	20
2				
3	Minimum	42.00	53.00	58.00
4	25% Percentile	56.00	70.25	75.25
5	Median	59.50	77.00	82.00
6	75% Percentile	63.75	82.00	87.75
7	Maximum	85.00	90.00	95.00
8				
9	Mean	61.30	75.40	80.40
10	Std. Deviation	9.974	9.349	9.389
11	Std. Error of Mean	2.230	2.091	2.099
12				
13	Lower 95% CI	56.63	71.02	76.01
14	Upper 95% CI	65.97	79.78	84.79

图 2.30　单因素方差分析统计

2.3.3　绘制柱状图

（1）单击图 2.24 导航栏 Graphs 下的 New Graph，弹出的对话框如图 2.31（a）所示。其中，Table 选项设置为 data，Show 选项设置为 Column，选择 Mean/median & error 选项卡下的第 1 个图形，其他选项保持默认，单击 OK 按钮，之后弹出柱状图草图，如图 2.31（b）所示。

（2）在草图的 x 轴任意一处双击，即可弹出 x 轴的设置对话框，如图 2.32（a）所示。

❑ Ticks direction 选项设置为 Down，表示 x 轴的刻度线朝下，即在图形外部。

❑ Ticks length 表示刻度线的长度，此处选择 Short，即短刻度线。

❑ 其他选项保持默认即可，单击 OK 按钮。关于坐标轴的详细设置可以参见 1.4 节。

（3）在草图的 y 轴任意一处双击，即可弹出 y 轴的设置对话框，如图 2.32（b）所示。y 轴的设置与 x 轴的设置完全相同，此处不再赘述。

❑ Ticks direction 选项设置为 Left。

❑ Ticks length 选项设置为 Short。

❑ Minor ticks 选项设置为 2。

❑ 其他选项保持默认即可，单击 OK 按钮。

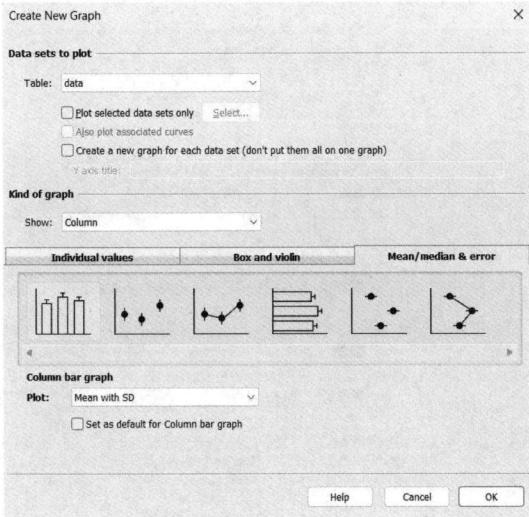
(a)

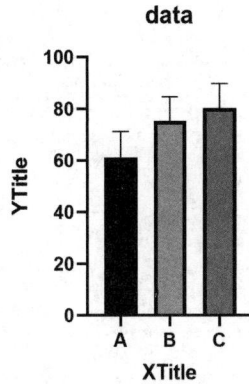
(b)

图 2.31 单因素方差分析柱状图草图

(a)

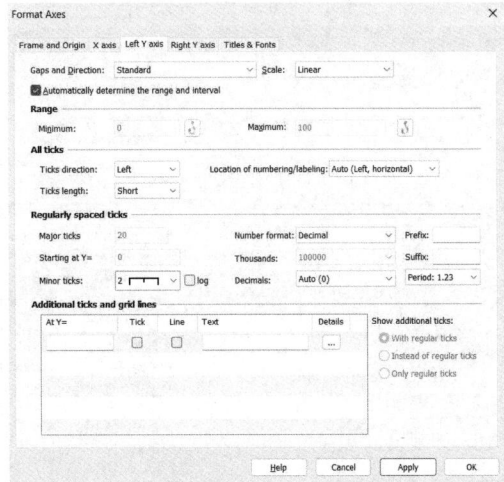
(b)

图 2.32 x 轴和 y 轴设置对话框

（4）在草图中双击图内教学方法 A 的柱状图，弹出的对话框如图 2.33（a）所示。

❑ 在 Bars and boxes 系列选项中，在 Fill 选项中设置柱状图填充颜色为浅绿色，在 Border 选项中设置柱状图边框粗细为 None，表示柱状图无边框。

❑ 在 Error bars 系列选项中，在 Color 选项中设置误差线的颜色为黑色，在 Style 选项中设置误差线的类型为 T 型，在 Dir 选项中设置误差线的方向为 Above 即上方，在

Thickness 选项中设置误差线的粗细 1/2pt。

❑ 其他选项保持默认，单击 OK 按钮。

使用相同的方法对教学方法 B、C 的柱状图进行相应设置，此处不再重复叙述，参数设置如图 2.33（b）和图 2.33（c）所示。

（a）

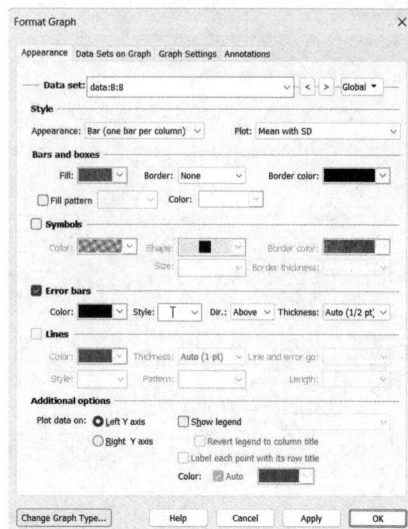
（b）

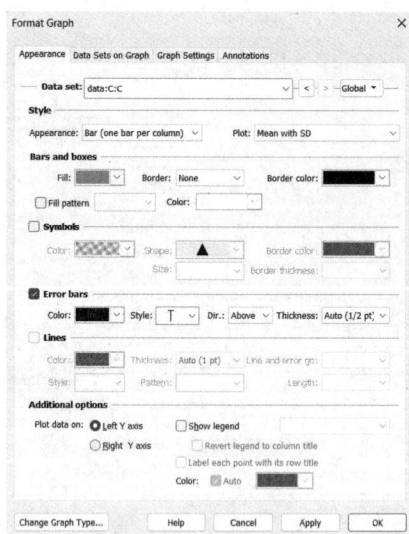
（c）

图 2.33　柱状图设置

（5）单击 x 轴名称后，再次单击即可修改 x 轴名称。y 轴名称和图名称的修改方法与此相同，不再赘述。

（6）单击工具栏中的 ⊡ 按钮，自动添加显著性标记。双击图中出现的显著性标记，可进一步对显著性标记进行修饰，参见 2.1.3 节。最终的图形如图 2.34（a）所示。图 2.34（b）～图 2.34（f）的详细步骤见配书视频，另外也可参考 2.4 节绘制折线图。

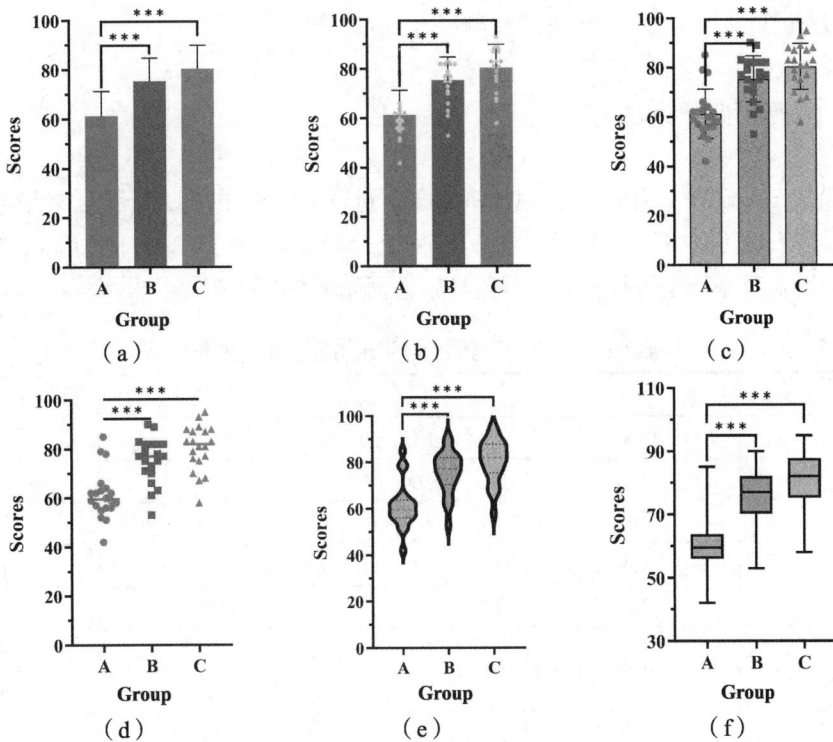

图 2.34　单因素方差分析效果图

　　方差分析对原始数据的要求与 t 检验一样，即要求数据满足独立性、正态性和方差齐性。当原始数据不满足以上条件时，建议采用非参数秩和检验。

　　关于多重比较，一般只有当方差分析的 $P<0.05$ 时，认为各组总体均数不等或不全相等，才有必要进行两两比较，否则无须进行两两比较。两两比较不能直接用 t 检验，因为此时会增加一些错误风险。

　　单因素方差分析仅考虑一个独立因素的影响。在实际研究中，可能存在其他潜在的影响因素或协变量，因此在进行单因素方差分析的结果解释时应谨慎。

2.4　单因素重复测量方差分析

　　重复测量设计是指同一受试者，在不同时间点或不同条件下被多次测量（测量次数>2）的设计方法。按此种设计方法所收集的数据称为重复测量数据。

　　单因素重复测量方差分析就是通过比较同一组个体在不同时间点或条件下的多次测量结果，判断这些测量结果是否存在显著差异。例如，患者接受降血压治疗后在不同时间点血压值是否存在差异，某种新药治疗后患者血糖水平在不同时间点是否存在差异等。

　　进行单因素重复测量方差分析时，需要满足以下假设条件。

　　❑ 重复测量设计，结果为连续型数据。

　　❑ 重复测量各水平上的数据服从正态分布。

❑ 同方差性：不同处理水平下的观测值方差应相等。

2.4.1 行为干预舒张压案例

下面模拟一项研究，招募了 15 名研究对象，进行 12 个月的行为干预，共测量了 4 次舒张压，分别是干预前（T0）、干预后 3 个月（T1）、干预后 6 个月（T2）、干预后 12 个月（T3）。试问行为干预后舒张压是否存在显著性差异？数据如表 2.4 所示。

表 2.4　不同干预时间点舒张压情况（部分数据）

ID	T0	T1	T2	T3
1	106	101	98	98
2	106	99	96	95
3	103	97	98	96
4	109	102	101	100
5	105	98	97	96
6	107	100	97	96
7	107	99	99	98
8	108	100	96	96

2.4.2 差异显著性分析

1. 创建分析文件

（1）打开 GraphPad Prism 软件，如图 2.35 所示，在 CREATE 下选择 Column 选项。

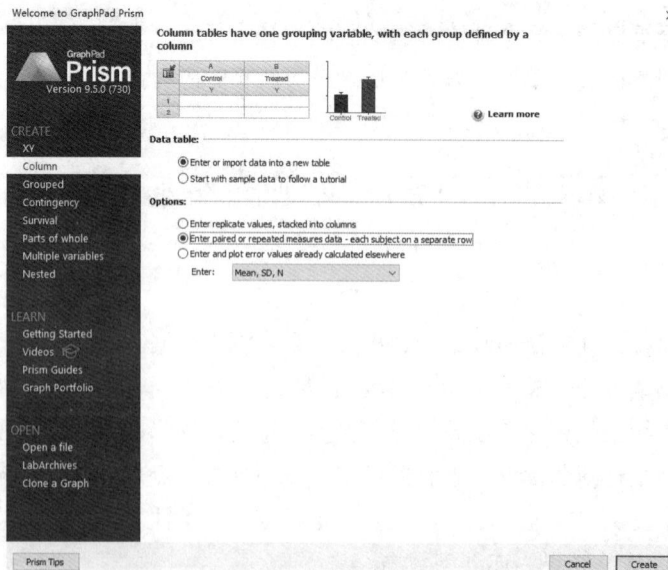

图 2.35　创建分析文件

（2）选择 Data table 下的 Enter or import data into a new table 单选按钮，再选择 Options 下的 Enter paired or repeated measures data-each subject on a separate row 单选按钮。

（3）单击 Create 按钮，完成分析文件的创建。

2．数据录入

将原始数据录入 GraphPad Prism，如图 2.36 所示。

	Group A	Group B	Group C	Group D
	T0	T1	T2	T3
1	106	101.0	98.0	98.0
2	106	99.0	96.0	95.0
3	103	97.0	98.0	96.0
4	109	102.0	101.0	100.0
5	105	98.0	97.0	96.0
6	107	100.0	97.0	96.0
7	107	99.0	99.0	98.0
8	108	100.0	96.0	96.0
9	106	100.0	98.0	97.0
10	108	101.0	100.0	99.0
11	104	102.0	96.0	95.0
12	109	98.0	99.0	98.0

图 2.36　数据录入（部分）

3．数据分析

（1）先进行正态性检验，单击工具栏中的 Analyze 按钮，弹出的对话框如图 2.37（a）所示，选择 Column analyses 下的 Normality and Lognormaity Tests 选项，其他保持默认，单击 OK 按钮，弹出的对话框如图 2.37（b）所示，保持默认设置，即采用 4 种正态性检验方法。

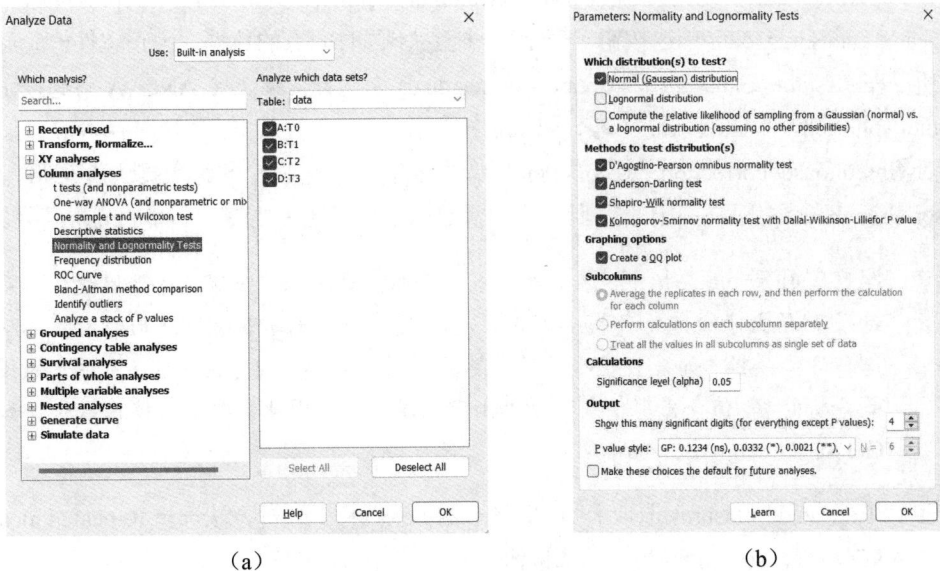

（a）　　　　　　　　　　　　　　（b）

图 2.37　正态性检验参数设置

正态性检验结果如图 2.38 所示，本例样本量为 15，为小样本（样本量<50），因此选择 Shapiro-Wilk（S-W）检验的效能更高。本例查看 S-W 检验结果，P 值均大于 0.1，提示本例

4 组数据均服从正态分布。

Tabular results

	Normality and Lognormality Tests Tabular results	A T0	B T1	C T2	D T3
1	Test for normal distribution				
2	D'Agostino & Pearson test				
3	K2	0.3749	0.1893	1.360	3.302
4	P value	0.8291	0.9097	0.5067	0.1918
5	Passed normality test (alpha=0.05)'	Yes	Yes	Yes	Yes
6	P value summary	ns	ns	ns	ns
7					
8	Anderson-Darling test				
9	A2*	0.3051	0.4086	0.4893	0.6285
10	P value	0.5261	0.3029	0.1877	0.0820
11	Passed normality test (alpha=0.05)'	Yes	Yes	Yes	Yes
12	P value summary	ns	ns	ns	ns
13					
14	Shapiro-Wilk test				
15	W	0.9524	0.9448	0.9106	0.9056
16	P value	0.5637	0.4463	0.1381	0.1160
17	Passed normality test (alpha=0.05)'	Yes	Yes	Yes	Yes
18	P value summary	ns	ns	ns	ns
19					
20	Kolmogorov-Smirnov test				
21	KS distance	0.1599	0.1934	0.1643	0.2035
22	P value	>0.1000	>0.1000	>0.1000	0.0952
23	Passed normality test (alpha=0.05)'	Yes	Yes	Yes	Yes
24	P value summary	ns	ns	ns	ns
25					
26	Number of values	15	15	15	15

图 2.38　正态性检验结果

（2）进行单因素重复测量方差分析，单击工具栏中的 Analyze 按钮，弹出的对话框如图 2.39（a）所示，选择 Column analyses 下的 One-way ANOVA（and nonparametric or mixed），其他保持默认，单击 OK 按钮，弹出如图 2.39（b）所示的对话框。

在 Experimental Design 选项卡中的 Experimental design 下选择 Each row represents matched, or repeated measures, data 单选按钮，表示每一行为不同时间点的数据。因正态性检验已经通过，所以在 Assume Gaussian distribution of residuals 中选择 Yes, Use ANOVA 单选按钮。在 Assume sphericity（equal variability of differences）球形假设检验下选择 No. Use the Geisser-Greenhouse correction. Recommend 单选按钮，即先假定各组数据为非球形，采用 Geisser-Greenhouse 校正方法计算，具体是否满足球形假设还需要查看后续的分析结果。

注意： 在重复测量方差分析中，不同时间点测量的观察指标需是满足球形假设。如果检验结果 *P* 值大于设定的显著性水平（如 0.05），则认为数据满足球形假设，可以直接进行方差分析。如果 *P* 值小于设定的显著性水平，则认为数据不满足球形假设，方差分析的 *F* 值会出现偏差，增加 I 型错误风险，因此需要采取校正措施，如使用 Geisser-Greenhouse 校正。

- 在 Repeated Measures 选项卡中，如图 2.39（c）所示，分析方法选择 Repeated measures ANOVA（based on GLM）单选按钮。
- 在 Multiple Comparisons 选项卡中，如图 2.39（d）所示，选择 Compare the mean of each column with the mean of every other column 单选按钮，即进行多重两两比较。
- 在 Options 选项卡中，Multiple comparisons test 下选择系统推荐的 Turkey 法，其他保持默认设置，单击 OK 按钮。

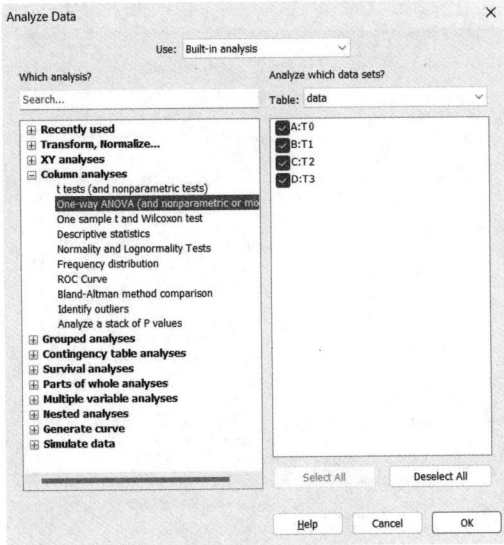

（a）

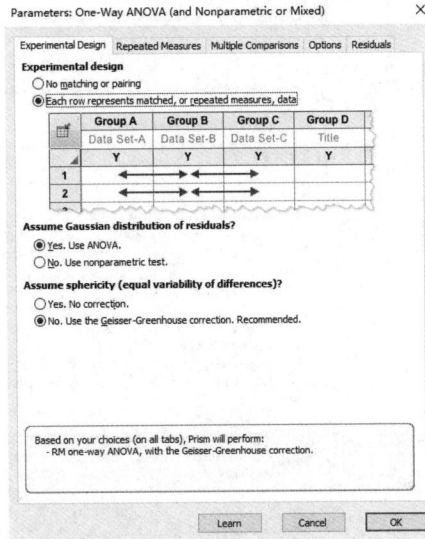

（b）

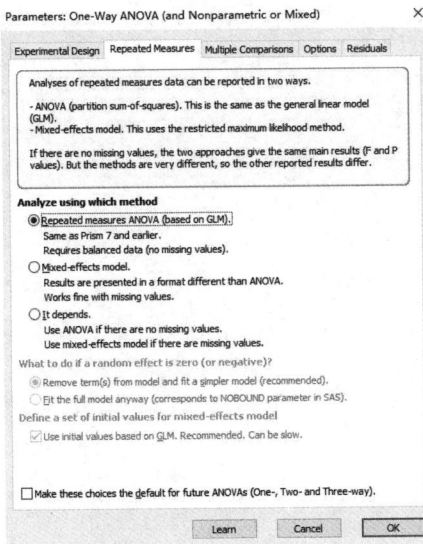

（c）

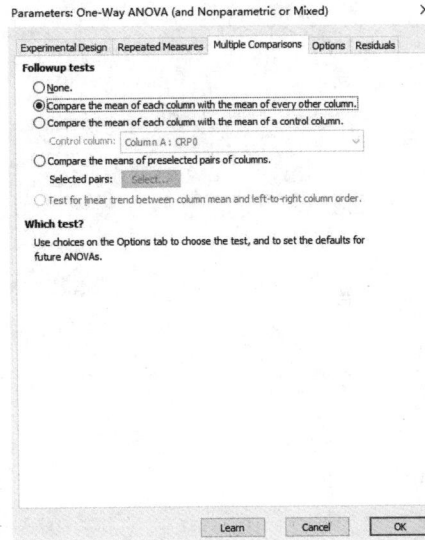

（d）

图 2.39　分析设置

（3）结果解释，重复测量单因素方差分析结果如图 2.40 所示。

❑ 球形假设检验的结果 Assume sphericity 是 NO，说明不满足球形假设。

❑ 方差分析结果表显示，Treatment 的 F=163.3，P<0.001，认为不同时间点测量的舒张压存在显著性差异，但具体哪些时间点间存在差异尚不清楚，因此需要进行事后多重比较。

❑ 多重比较结果如图 2.41 所示，T0 和 T1 之间舒张压的差值及其置信区间为 6.733（5.274～8.193），差异有统计学意义（P<0.001），另外 T0～T2 间、T0～T3 间、T1～T2、T1～T3 间舒张压亦存在显著性差异，而 T2～T3 间舒张压不存在差异，详细结果略。

	RM one-way ANOVA ANOVA results					
1	Table Analyzed	data				
2						
3	**Repeated measures ANOVA summary**					
4	Assume sphericity?	No				
5	F	163.3				
6	P value	<.001				
7	P value summary	***				
8	Statistically significant (P < 0.05)?	Yes				
9	Geisser-Greenhouse's epsilon	0.8834				
10	R squared	0.9210				
11						
12	**Was the matching effective?**					
13	F	3.539				
14	P value	<.001				
15	P value summary	***				
16	Is there significant matching (P < 0.05)?	Yes				
17	R squared	0.08523				
18						
19	**ANOVA table**	SS	DF	MS	F (DFn, DFd)	P value
20	Treatment (between columns)	778.3	3	259.4	F (2.650, 37.10) = 163.3	P<.001
21	Individual (between rows)	78.73	14	5.624	F (14, 42) = 3.539	P<.001
22	Residual (random)	66.73	42	1.589		
23	Total	923.7	59			
24						
25	**Data summary**					
26	Number of treatments (columns)	4				
27	Number of subjects (rows)	15				
28	Number of missing values	0				

图 2.40　分析结果

	RM one-way ANOVA Multiple comparisons							
1	Number of families	1						
2	Number of comparisons per family	6						
3	Alpha	0.05						
4								
5	**Tukey's multiple comparisons test**	Mean Diff.	95.00% CI of diff.	Below threshold?	Summary	Adjusted P Value		
6	T0 vs. T1	6.733	5.274 to 8.193	Yes	***	<.001	A-B	
7	T0 vs. T2	8.600	7.403 to 9.797	Yes	***	<.001	A-C	
8	T0 vs. T3	8.933	7.559 to 10.31	Yes	***	<.001	A-D	
9	T1 vs. T2	1.867	0.4522 to 3.281	Yes	**	.009	B-C	
10	T1 vs. T3	2.200	0.6937 to 3.706	Yes	**	.004	B-D	
11	T2 vs. T3	0.3333	-0.6762 to 1.343	No	ns	.774	C-D	
12								
13	**Test details**	Mean 1	Mean 2	Mean Diff.	SE of diff.	n1	n2	q	DF
14	T0 vs. T1	106.3	99.60	6.733	0.5021	15	15	18.97	14
15	T0 vs. T2	106.3	97.73	8.600	0.4117	15	15	29.54	14
16	T0 vs. T3	106.3	97.40	8.933	0.4727	15	15	26.72	14
17	T1 vs. T2	99.60	97.73	1.867	0.4866	15	15	5.425	14
18	T1 vs. T3	99.60	97.40	2.200	0.5182	15	15	6.004	14
19	T2 vs. T3	97.73	97.40	0.3333	0.3473	15	15	1.357	14

图 2.41　多重比较结果

2.4.3　绘制柱状图

（1）单击图 2.36 导航栏 Graphs 下的 New Graph，弹出的对话框如图 2.42（a）所示，Table 选项设置为 data，Show 选项设置为 Column，选择 Mean/median & error 选项卡下的第 1 个图形，其他保持默认，单击 OK 按钮。生成的柱状图草图如图 2.42（b）所示。

（2）在草图的 x 轴任意一处双击，即可弹出 x 轴的设置对话框，如图 2.43（a）所示。

❑ Ticks length 表示刻度线长度的设置，此处选择 Short，即短刻度线。

❑ 其他选项保持默认即可，单击 OK 按钮。关于坐标轴的详细设置，可参见 1.4 节。

（3）在草图的 y 轴任意一处双击，即可弹出 y 轴的设置对话框，如图 2.43（b）所示。y 轴的设置对话框与 x 轴的设置对话框的选项完全相同，此处不再过多罗列。

- ❏ 取消勾选 Automatically determine the range and interval 复选框，进行手动设置。
- ❏ Minimum 选项设置为 90，Maximum 选项设置为 110。
- ❏ Ticks direction 选项设置为 Left。
- ❏ Ticks length 选项设置为 Short。
- ❏ Major tick 选项设置为 5。
- ❏ Starting at Y 选项设置为 90。
- ❏ 其他选项保持默认即可，单击 OK 按钮。

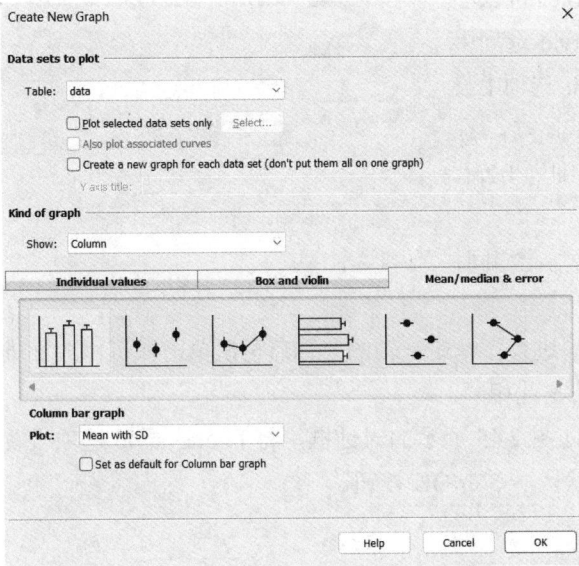

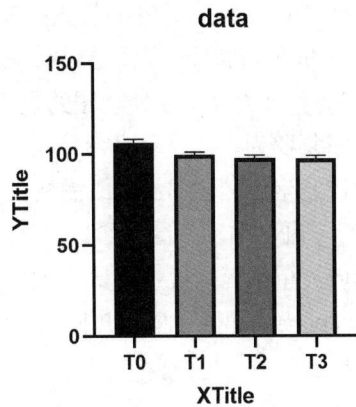

(a)　　　　　　　　　　　　　　　　　　　　(b)

图 2.42　绘制柱状图草图

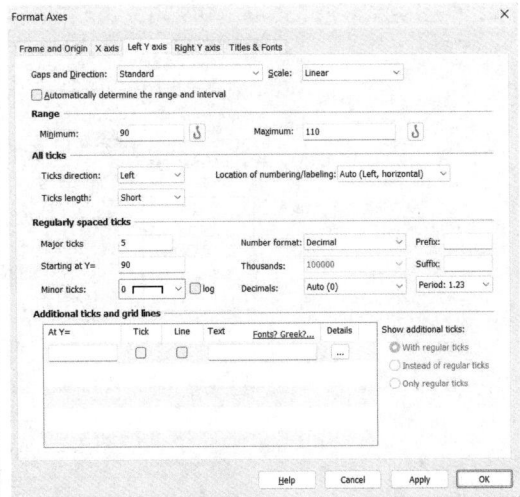

(a)　　　　　　　　　　　　　　　　　　　　(b)

图 2.43　x 轴和 y 轴设置对话框

（4）在草图内双击 T0 对应的柱状图，弹出的
对话框如图 2.44 所示。

❏ 在 Bars and boxes 系列选项中，在 Fill 选项
中设置柱状图的填充色为浅绿色，在 Border
选项中设置柱状图的边框粗细为 1/2pt，在
Border color 选项中设置柱状图的边框颜色
为黑色。

❏ 在 Error bars 系列选项中，在 Color 选项中
设置误差线的颜色为黑色，在 Style 选项中
设置误差线的类型为 T 型，在 Dir 选项中设
置误差线的方向为 Above 即上方，在
Thickness 选项中设置误差线的粗细为 1/2pt。

❏ 其他保持默认，单击 OK 按钮。

针对 T1、T2、T3 柱状图的设置方法与此相同，
不再重复罗列。

图 2.44　柱状图设置

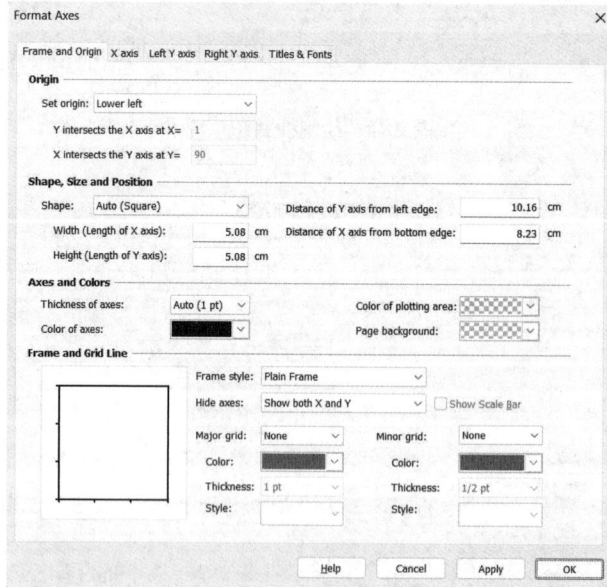

（5）坐标轴名称的修改需要在草图中进行，单击 x 轴的名称后再次单击即可修改 x 轴的
名称。y 轴的名称和图的名称的修改方法与此相同。

（6）单击工具栏中的按钮，弹出如图 2.45 所示的对话框，将 Frame style 选项设置为
Plain Frame，即四边框，其他设置保持默认，单击 OK 按钮。

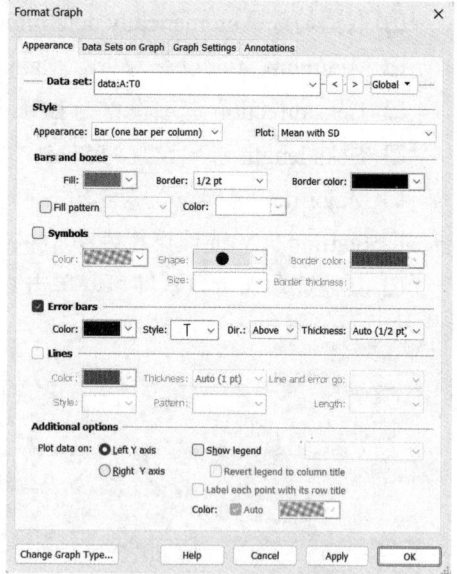

图 2.45　设置图的边框

（7）采用字母法添加显著性标记，字母相同的柱状图间不存在显著性差异，字母不同的
柱状图间存在显著性差异。单击工具栏中的 T 按钮，在柱状图上方添加相应字母。最终的图
形如图 2.46（a）所示。

注意：针对时间点较多的图形，建议使用字母法添加显著性标记，不推荐使用图示法添加显著性标记，否则图形会比较凌乱。另外，在进行两两比较时，也可以只与 T0 比较，此时可用图示法标记显著性，如图 2.46（h）所示。

　　除了柱状图以外，还可以绘制其他类型的图形，如图 2.46（b）～（h）所示。限于篇幅，这里无法一一罗列绘制步骤，图 2.46（b）～（h）的绘制步骤详见配书视频。

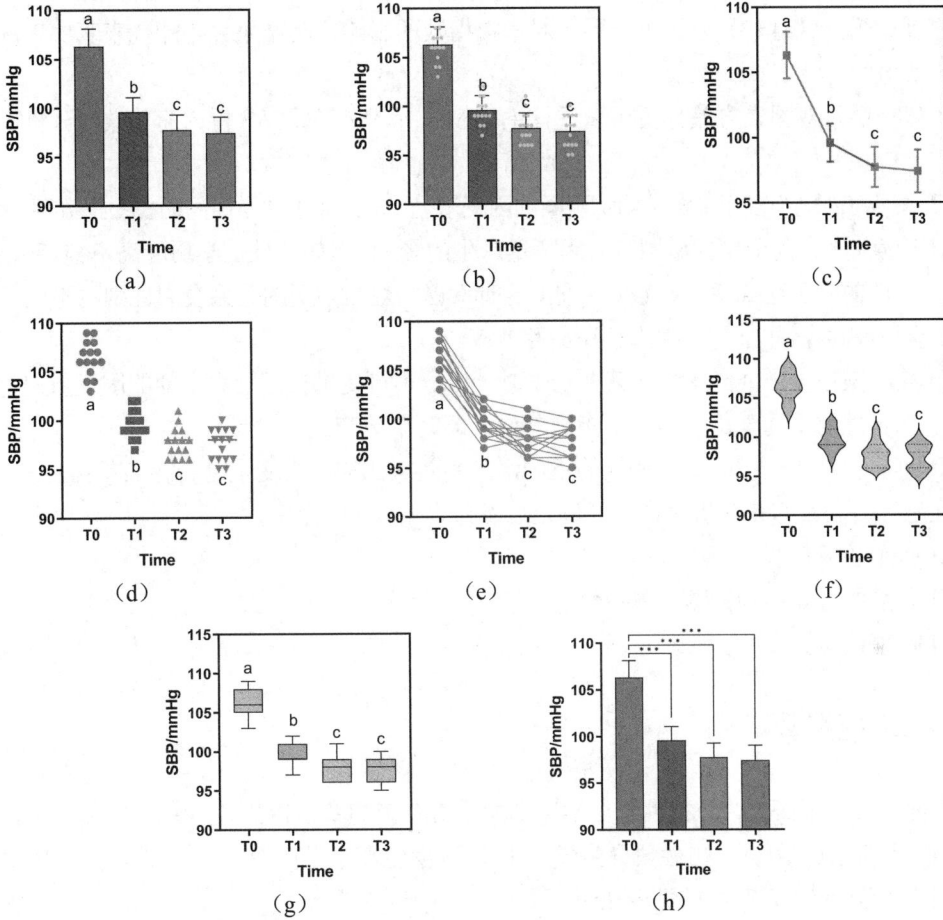

图 2.46　美化后的效果

　　另外，单因素重复测量方差分析也可以自动弹出差值的置信区间，如图 2.47 所示。

　　单因素重复方差分析仅考虑一个时间因素的影响。在实际研究中，可能存在其他潜在的影响因素或协变量。因此，在单因素重复测量方差分析的结果解释时应谨慎。关于多重比较的注意事项见 2.3 节。

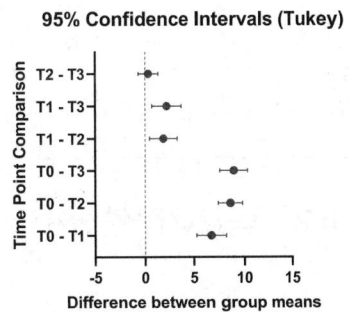

图 2.47　差值置信区间

2.5　双因素方差分析

双因素方差分析可以同时分析两个因素对连续型变量的影响，比如幸福指数有可能受到学历高低的影响，也有可能受到性别的影响。另外，学历、性别对幸福指数的影响也有可能存在交互作用，此时若只分析单一因素对幸福指数的影响，其结果并不能代表真实情况，即偏离真实值。

一般来讲，双因素方差分析可以进行主效应分析、交互效应分析、简单效应分析以及事后多重比较。

- ❏ 主效应：一个自变量在不同水平间的因变量差异。比如不同学历间的幸福指数存在差异。
- ❏ 交互效应：两个自变量同时对因变量产生的影响。比如男性的学历越高幸福指数越高，女性的学历越高幸福指数却越低，这时幸福指数与学历的关系会因性别的不同呈现不同的趋势，即学历、性别存在交互效应。
- ❏ 简单效应：一个自变量在某个水平时，另一个自变量在不同水平间的因变量差异。例如男性的不同学历间的幸福指数差异，即简单效应。
- ❏ 事后多重比较：一个自变量的不同水平间两两比较，因变量是否存在差异。

在进行双因素方差分析时，需要满足以下假设条件：

- ❏ 每个总体都服从正态分布。
- ❏ 各组的方差相同，即方差齐性。
- ❏ 观察值是独立的。

2.5.1　幸福指数案例

下面模拟一项研究，分析性别、学历不同是否会影响幸福指数。其中：男性高中学历 10 人，男性本科学历 10 人，男性研究生学历 10 人；女性高中学历 10 人，女性本科学历 10 人，女性研究生学历 10 人，数据见表 2.5。

表 2.5　幸福指数（部分）

男性			
高中	12.4	13.5	15.9
本科	20.3	23.7	22.3
研究生	28	26.3	29.5

2.5.2　差异显著性分析

1. 创建分析文件

（1）打开 GraphPad Prism 软件，如图 2.48 所示，在 CREATE 下选择 Grouped 选项。

（2）选择 Data table 下的 Enter or import data into a new table 单选按钮，再选择 Options 下的 Enter 10 replicated values in side-by-side subcolumns 单选按钮。

（3）单击 Create 按钮，完成分析文件的创建。

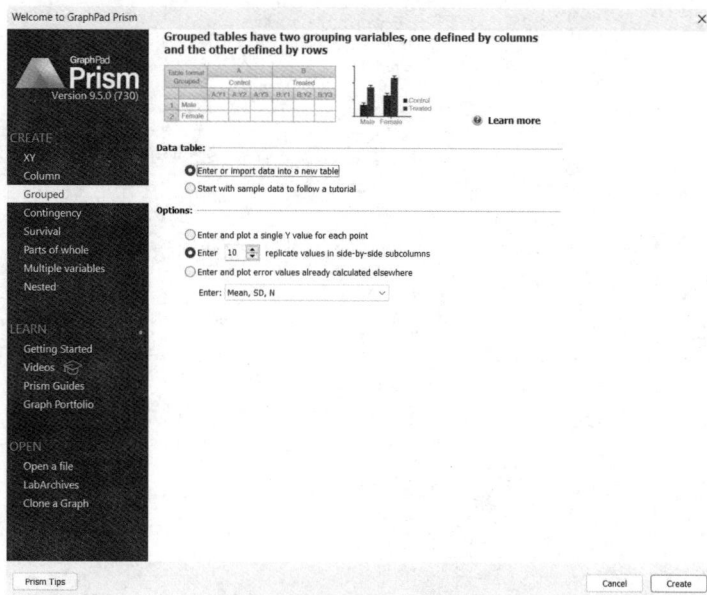

图 2.48　创建分析文件

2. 数据录入

将原始数据录入，如图 2.49 所示。

		A:1	A:2	A:3	A:4	A:5	A:6	A:7	A:8	A:9	A:10
1	高中	12.4	13.5	15.9	13.5	13.8	13.1	17.5	12.6	16.0	17.0
2	本科	20.3	23.7	22.3	25.9	23.1	24.4	22.4	19.3	21.3	24.9
3	研究生	28.0	26.3	29.5	28.9	27.0	21.9	26.8	24.3	29.3	25.5

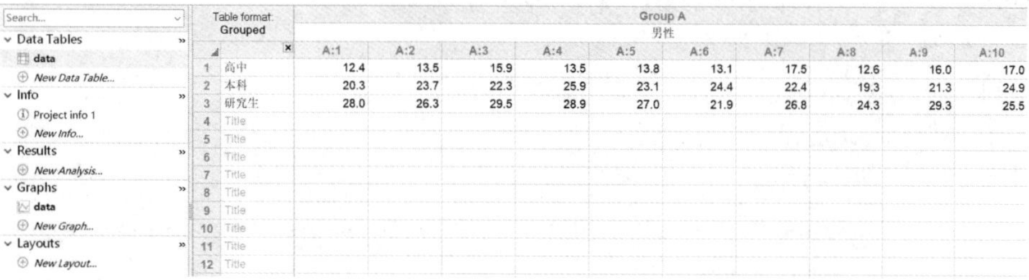

图 2.49　数据录入（部分）

3. 数据分析

（1）单击工具栏中的 Analyze 按钮，弹出的对话框如图 2.50（a）所示，选择 Grouped analyses 下的 Two-way ANOVA（or mixed model）选项，默认勾选 A、B 列数据，单击 OK 按钮，弹出的对话框如图 2.50（b）所示。

- 在 Model 选项中保持默认选项。Repeated Measures 选项卡无须设置。Options 选项卡和 Residuals 选项卡保持默认选项。
- 在 Multiple Comparisons 选项卡中可设置需要进行哪种多重比较，在 What kind of

comparison?下拉列表框中有几个常用选择：不需多重比较、比较行均数、在每一列内进行行的两两比较、在每一行内进行列的两两比较。本例选择 Within each column, compare rows(simple effects within columns)，即在每一列中对不同行进行两两比较，单击 OK 按钮。

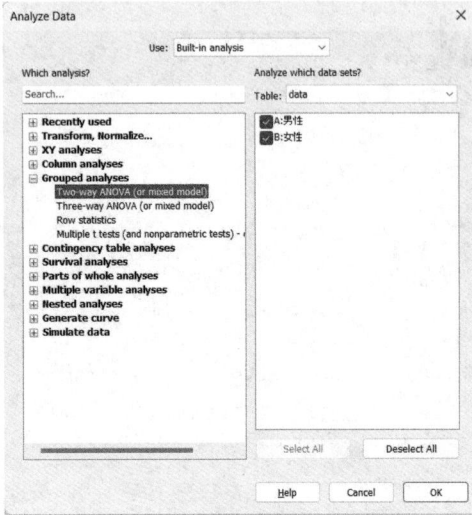

（a）　　　　　　　　　　　　　　　（b）

图 2.50　分析参数设置

（2）结果解释，双因素方差分析结果如图 2.51 所示。

❑ Row Factor 显示不同学历之间幸福指数存在显著性差异，$F=12.17$，$P<0.001$。

❑ Column Factor 显示不同性别之间幸福指数存在显著性差异，$F=23.79$，$P<0.001$。

❑ 交互效应 $F=61.71$，$P<0.001$，存在显著性意义。

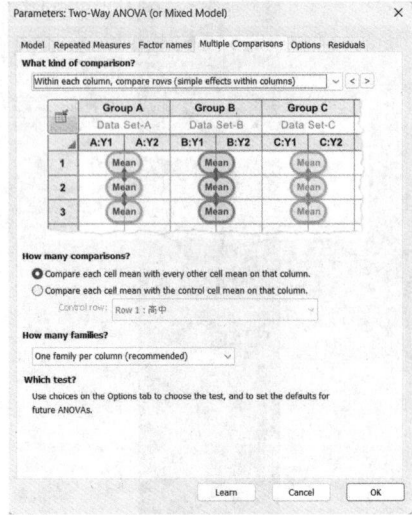

图 2.51　方差分析结果

多重比较结果如图 2.52 所示，罗列了男性不同学历间幸福指数的两两比较，女性不同学历间幸福指数的两两比较。例如男性的高中-本科比较，幸福指数的差值及其 95%置信区间分别为-8.230 和（-10.90～-5.563），$P<0.001$，存在显著性差异。其他两两比较结果解读方法与此相同，不再赘述。

图 2.52　多重比较结果（部分）

2.5.3　绘制折线图

（1）单击图 2.49 导航栏 Graphs 下的 New Graph，弹出的对话框如图 2.53（a）所示，选择 Summary data 下的折线图，单击 OK 按钮生成折线图草图，如图 2.53（b）所示。

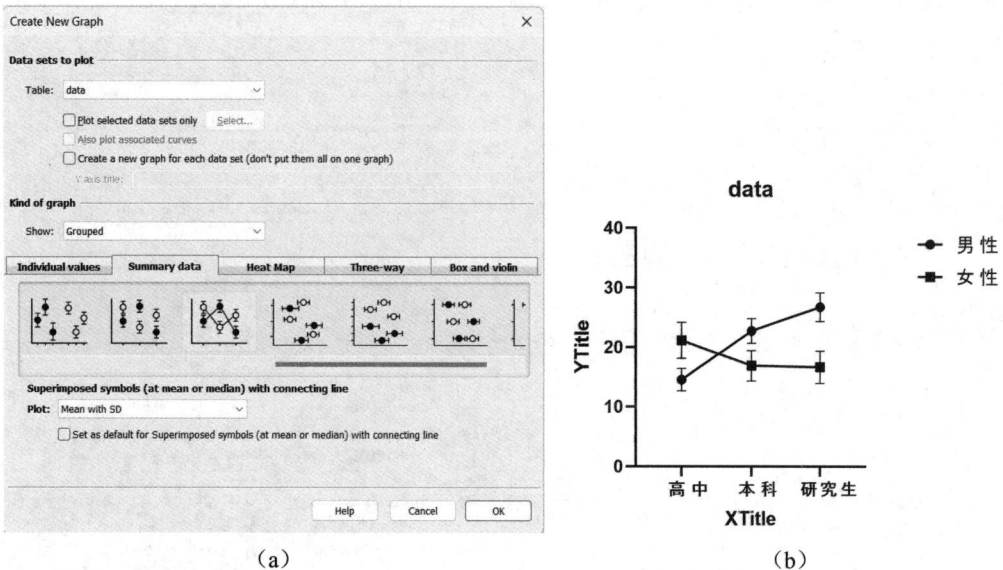

(a)　　　　　　　　(b)

图 2.53　绘制折线图草图

（2）单击工具栏中的 按钮，弹出的对话框如图 2.54 所示，将 Frame style 选项设置为 Plain Frame，即四边框，其他保持默认，单击 OK 按钮。

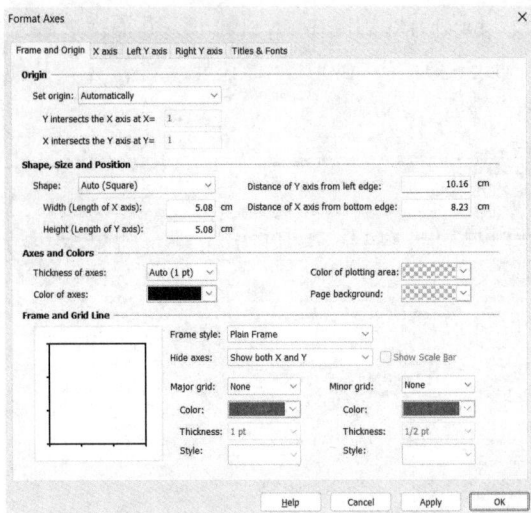

图 2.54　设置图边框

（3）双击草图中男性的图例，弹出的对话框如图 2.55（a）所示。

❑ 在 Symbols 系列选项中，在 Color 选项中设置散点的颜色为浅绿色，在 Shape 选项中设置散点的形状为实心圆，在 Size 选项中设置散点的大小为 4。

❑ 在 Error bars 系列选项中，在 Color 选项中设置误差线的颜色为浅绿色，在 Style 选项中设置误差线的形状为 T 型，在 Dir 选项中设置误差线的方向为 Both 即上下均有，在 Thickness 选项中设置误差线的粗细为 1/2pt。

❑ 在 Lines 系列选项中，在 Color 选项中设置折线的颜色为浅绿色，在 Thickness 选项中设置折线的粗细为 1pt，在 Pattern 选项中设置折线的形状为直线。其他保持默认，单击 OK 按钮。

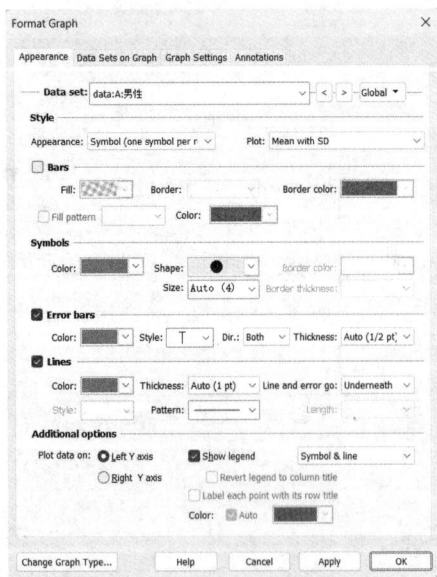

（a）

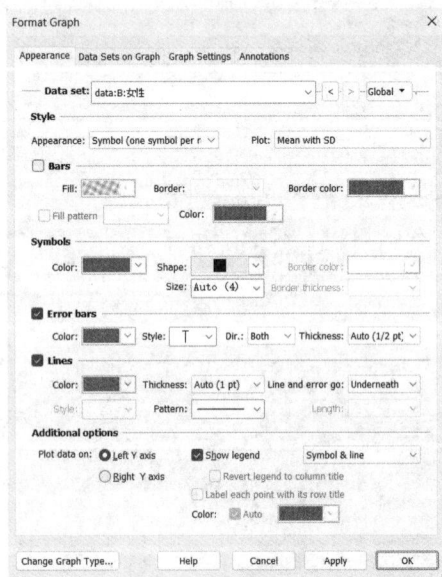

（b）

图 2.55　折线的设置

□ 女性图例的设置方法与此相同,如图 2.55(b)所示,不再重复罗列。

(4)坐标轴名称的修改只需要在草图中单击 x 轴的名称,在弹出的文本框中进行修改即可。y 轴的名称、图的名称的修改方法与此相同。另外,可通过工具栏中的 Text 系列图标修改字体类型、大小、颜色和粗细等。

(5)采用字母标记法添加显著性标记,单击工具栏中的 T 图标,在图内适当位置添加相应字母,并修改字母的颜色和大小等。红色字母表示女性的学历间两两比较的结果,字母相同表示无显著差异,字母不同表示存在显著差异。绿色的字母表示男性的学历间两两比较的结果。

(6)通过鼠标将图例移动至图内的适当位置,最终图形如图 2.56(a)所示。除此之外,还可以绘制 2.56(b)~(h)图形,步骤与图 2.56(a)相似,限于篇幅无法一一罗列,详见配书视频。当然,本案例也可绘制其他类型的图形,读者可自行尝试。

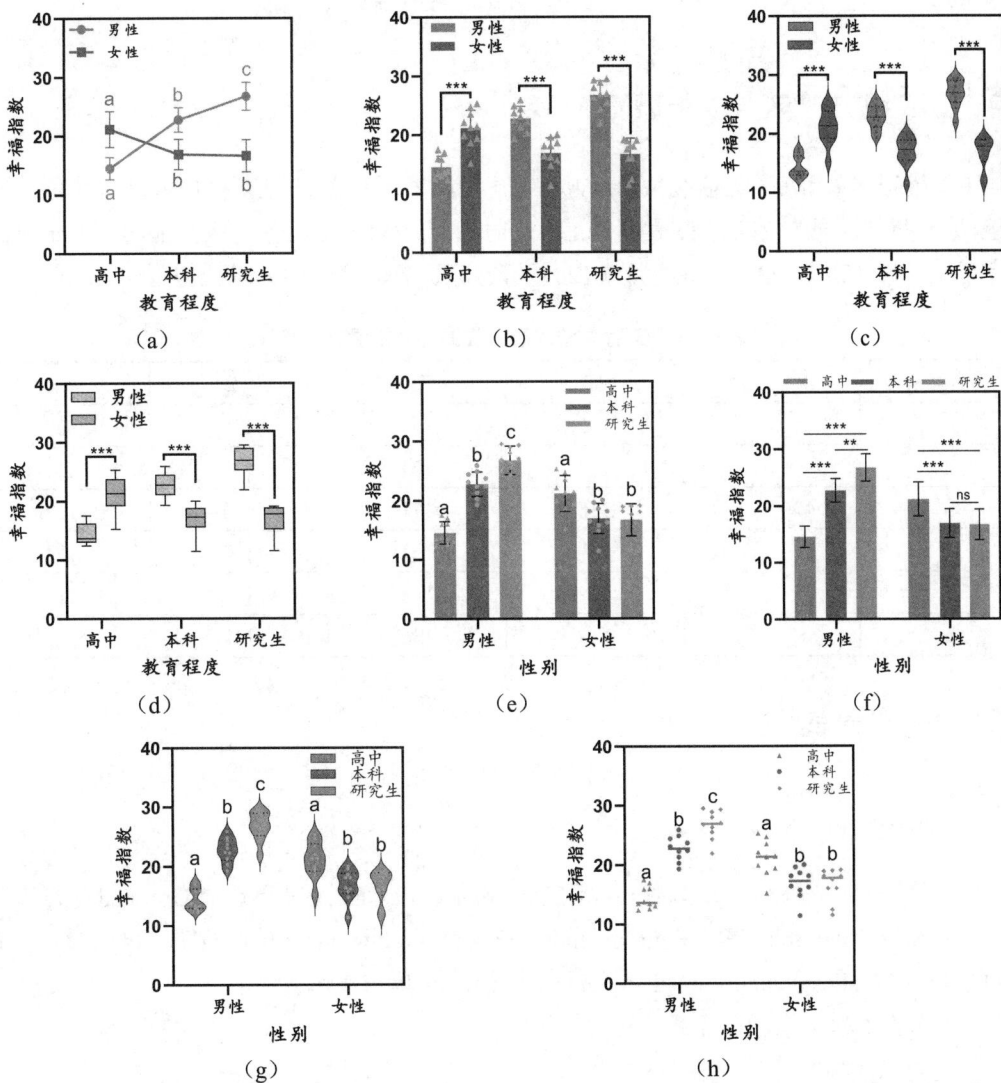

图 2.56　美化后的效果图

2.6 双因素重复测量方差分析

双因素重复测量方差分析适用于具有两个自变量的实验设计，其中一个自变量有多个水平，而同一研究对象在此变量的不同水平上进行了多次测量。例如，使用 3 种方法治疗病人，观测病人的体温情况，收集病人在不同时间点的体温值。

注意：这里的双因素重复测量方差分析仅针对 1 个主体内、1 个主体间的设计。对于 2 个主体内的设计暂不涉及。

进行双因素重复测量方差分析时，需要满足的假设条件有正态性、方差齐性、球形假设。

2.6.1 药物干预收缩压案例

下面模拟一项研究，评估两种治疗方法对患者收缩压的影响，选取 30 名患者，随机分为两组，施加两种不同的治疗方法，测量患者 4 个时间点的收缩压，分别是治疗前的收缩压（T0）、治疗后 3 个月（T1）、治疗后 6 个月（T2）及治疗后 12 个月（T3）。数据见表 2.6。

表 2.6　不同治疗方法的患者收缩压变化情况（部分）

患者编号	组　别	T0	T1	T2	T3
1	1	176	139	127	127
2	1	180	161	145	115
3	1	136	171	134	127
4	2	151	161	137	134
5	2	156	148	123	111
6	2	133	136	142	128

2.6.2 差异显著性分析

1. 创建分析文件

（1）打开 GraphPad Prism 软件，如图 2.57 所示，在 CREATE 下选择 Grouped 选项。

（2）选择 Data table 下的 Enter or import data into a new table 单选按钮，再选择 Options 下的 Enter 15 replicate values in side-by-side subcolumns 单选按钮。

（3）单击 Create 按钮，完成分析文件的创建。

2. 数据录入

将原始数据录入 GraphPad Prism，如图 2.58 所示。

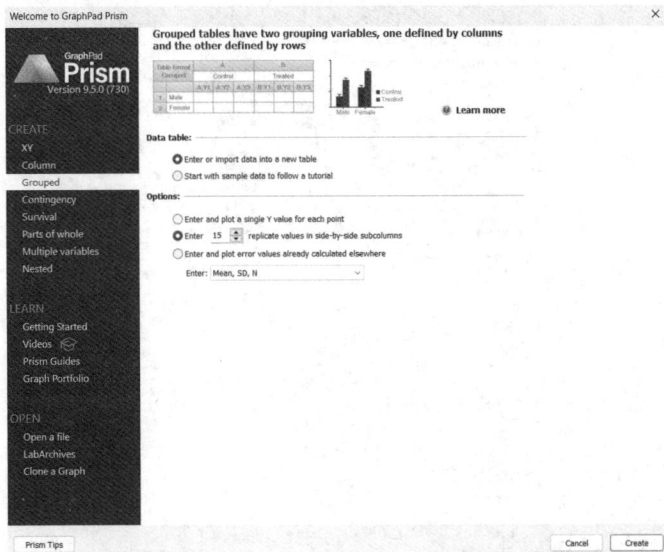

图 2.57　创建分析文件

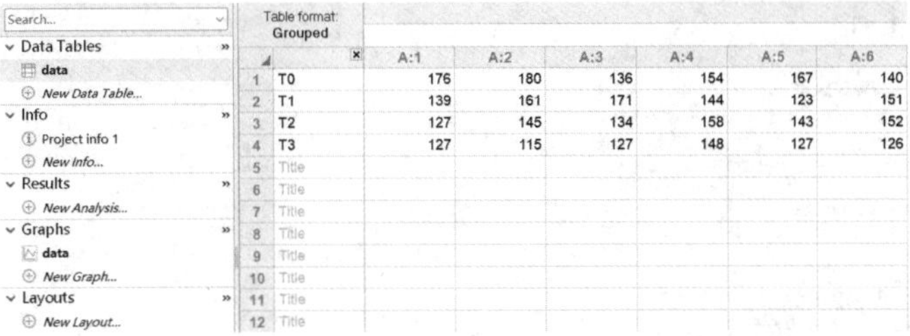

图 2.58　数据录入

3．数据分析

（1）单击工具栏中的 [≡Analyze] 按钮，弹出的对话框如图 2.59（a）所示。选择 Grouped analyses 下的 Two-way ANOVA（or mixed model）选项，默认勾选 A、B 两列数据，单击 OK 按钮弹出新的对话框。

❑ 在 Model 选项卡中，如图 2.59（b）所示，选择 Each row represents a different time point, so matched values are stacked into a subcolumn 复选框表示每行代表不同的时间点，其他保持默认。

❑ 切换至 Repeated Measures 选项卡，如图 2.59（c）所示，选择 Repeated measures ANOVA（based on GLM）选项表示进行重复测量方差分析，其他保持默认。

❑ 切换至 Multiple Comparisons 选项卡，如图 2.59（d）所示，在 What kind of comparison? 下拉列表框中常用的选择有：不需多重比较、比较行均数、在每一列内进行行的两两比较、在每一行内进行列的两两比较。本例中选择 Compare each cell mean with the other cell mean in that row，即在每一行内比较列效应。

❑ 切换至 Options 选项卡，如图 2.59（e）所示，勾选 Graph confidence intervals 复选框，表示绘制差值的置信区间图，其他保持默认，最后单击 OK 按钮。

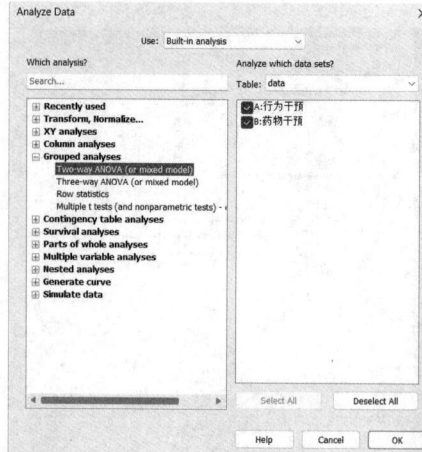

（a）

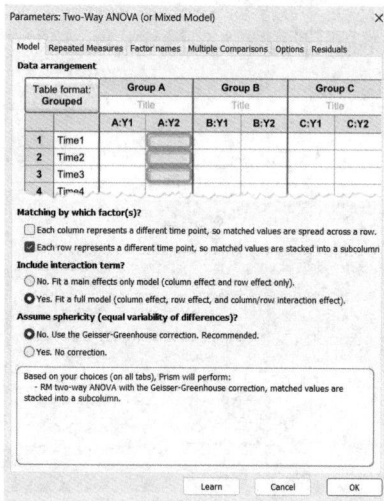

（b）

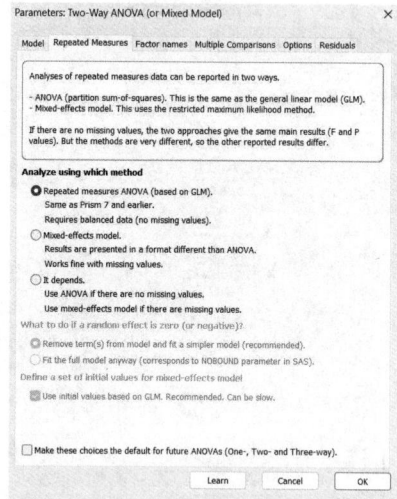

（c）

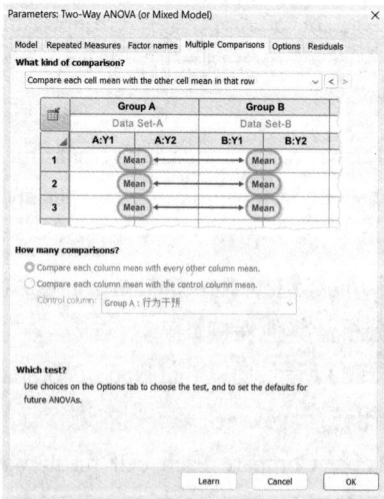

（d）

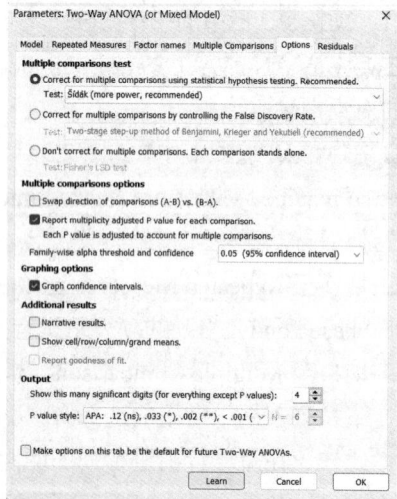

（e）

图 2.59　分析参数设置

（2）结果如图 2.60 所示，时间的主效应 $F=53.25$，$P<0.001$，存在显著性差异。组别的主效应 $F=29.97$，$P<0.001$，存在显著性差异。时间与组别的交互效应 $F=2.516$，$P=0.064$，不存在显著性差异。

2way ANOVA ANOVA results					
1 Table Analyzed	data				
2					
3 Two-way RM ANOVA	Matching: Stacked				
4 Assume sphericity?	No				
5 Alpha	0.05				
6					
7 Source of Variation	% of total variation	P value	P value summary	Significant?	Geisser-Greenhouse's epsilon
8 Time x Column Factor	2.464	.064	ns	No	
9 Time	52.16	<.001	***	Yes	0.8248
10 Column Factor	9.282	<.001	***	Yes	
11 Subject	8.671	.547	ns	No	
12					
13 ANOVA table	SS	DF	MS	F (DFn, DFd)	P value
14 Time x Column Factor	1075	3	358.3	F (3, 84) = 2.516	P=.064
15 Time	22748	3	7583	F (2.474, 69.28) = 53.25	P<.001
16 Column Factor	4048	1	4048	F (1, 28) = 29.97	P<.001
17 Subject	3782	28	135.1	F (28, 84) = 0.9485	P=.547

图 2.60　方差分析主要结果

多重比较结果如图 2.61 所示，给出了在每个测量时间点上两种治疗方法的比较。在 T0 时间点上，两种方法之间差异无统计学意义，$P=0.990$；在 T1～T3 时间点上，两种方法之间差异具有统计学意义，P 值均 <0.05。除此之外也罗列了两组差值及其置信区间。

2way ANOVA Multiple comparisons					
1 Compare each cell mean with the other cell mean in that row					
2					
3 Number of families	1				
4 Number of comparisons per family	4				
5 Alpha	0.05				
6					
7 Šidák's multiple comparisons test	Mean Diff.	95.00% CI of diff.	Below threshold?	Summary	Adjusted P Value
8					
9 行为干预 - 药物干预					
10 T0	2.200	-12.14 to 16.54	No	ns	.990
11 T1	16.13	5.323 to 26.94	Yes	**	.002
12 T2	17.40	6.176 to 28.62	Yes	**	.001
13 T3	10.73	1.446 to 20.02	Yes	*	.019

图 2.61　多重比较结果 1

另一个方向上的多重比较如图 2.62 所示。罗列了各组 4 个时间点的两两比较。实现方法见配书视频。

2way ANOVA Multiple comparisons					
4 Number of comparisons per family	6				
5 Alpha	0.05				
6					
7 Tukey's multiple comparisons	Mean Diff.	95.00% CI of diff.	Below threshold?	Summary	Adjusted P Value
8					
9 行为干预					
10 T0 vs. T1	10.00	-7.750 to 27.75	No	ns	.391
11 T0 vs. T2	19.73	4.441 to 35.03	Yes	*	.010
12 T0 vs. T3	32.93	18.67 to 47.20	Yes	***	<.001
13 T1 vs. T2	9.733	-3.482 to 22.95	No	ns	.188
14 T1 vs. T3	22.93	10.04 to 35.83	Yes	***	<.001
15 T2 vs. T3	13.20	1.982 to 24.42	Yes	*	.019
16					
17 药物干预					
18 T0 vs. T1	23.93	11.53 to 36.34	Yes	***	<.001
19 T0 vs. T2	34.93	21.21 to 48.65	Yes	***	<.001
20 T0 vs. T3	41.47	29.41 to 53.52	Yes	***	<.001
21 T1 vs. T2	11.00	0.4819 to 21.52	Yes	*	.039
22 T1 vs. T3	17.53	9.506 to 25.56	Yes	***	<.001
23 T2 vs. T3	6.533	-0.02060 to 13.09	No	ns	.051

图 2.62　多重比较结果 2

2.6.3 绘制柱状图

（1）单击图 2.58 导航栏 Graphs 下的 New Graph，弹出的对话框如图 2.63（a）所示，Table 选项选择 data，表示针对 data 数据进行绘图，Show 选项选择 Grouped，选择 Summary data 选项卡下的第 1 个图形，其他保持默认，单击 OK 按钮，生成柱状图草图，如图 2.63（b）所示。

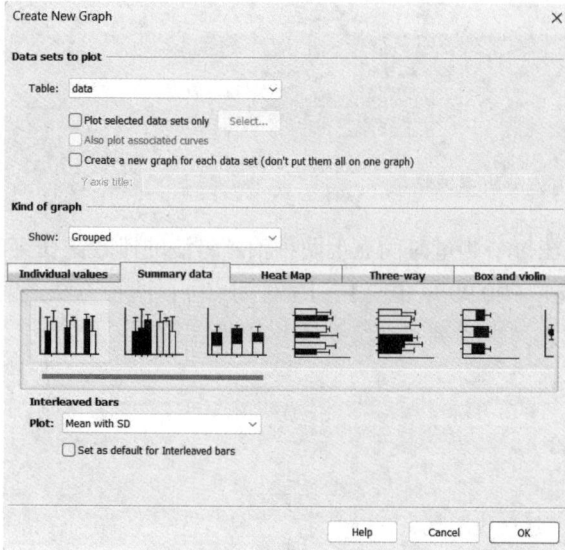
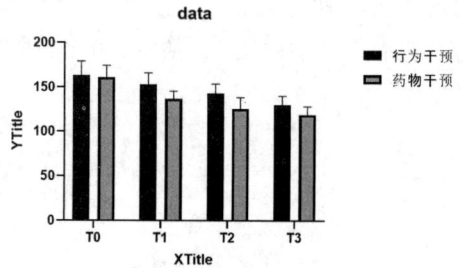

（a）   （b）

图 2.63　绘制柱状图草图

（2）x 轴保持默认。在草图的 y 轴任意一处双击，即可弹出 y 轴的设置对话框，如图 2.64（a）所示。

❏ 取消勾选 Automatically determine the range and interval 复选框，进行手动设置。

❏ Minimum 选项设置为 100，Maximum 选项设置为 200。

❏ Major ticks 选项设置为 20。

❏ Starting at Y 选项设置为 100。

❏ 其他选项保持默认即可，单击 OK 按钮。关于坐标轴的详细设置，参见 1.4 节。

（3）单击工具栏中的 按钮，弹出的对话框如图 2.64（b）所示。Shape 选项设置为 Square，表示图框为正方形，Width（Length of X axis）设置 x 轴宽为 8，Height（Length of Y axis）设置 y 轴高为 8。Frame style 选项设置为 Plain Frame，即四边框，单击 OK 按钮。

（4）在草图中双击行为干预的柱状图，弹出的对话框如图 2.65（a）所示。

❏ 在 Bars and boxes 系列选项中，在 Fill 选项中设置柱状图填充色为浅绿色，在 Border 选项中设置柱状图边框粗细为 1/4pt，在 Border color 选项中设置柱状图边框颜色为黑色。

❏ 在 Symbols 系列选项中，在 Color 选项中设置散点图颜色为灰色，在 Shape 选项中设置散点图形状为倒三角形，在 Size 选项中设置散点图大小为 2。

❑ 在 Error bars 系列选项中，在 Color 选项中设置误差线的颜色为黑色，在 Style 选项中设置误差线的类型为 T 型，在 Dir 选项中设置误差线的方向为 Above 即上方，在 Thickness 选项中设置误差线的粗细为 1pt。

❑ 其他保持默认，单击 OK 按钮。

药物干预的柱状图设置方法与此相同，如图 2.65（b）所示，不再重复罗列。

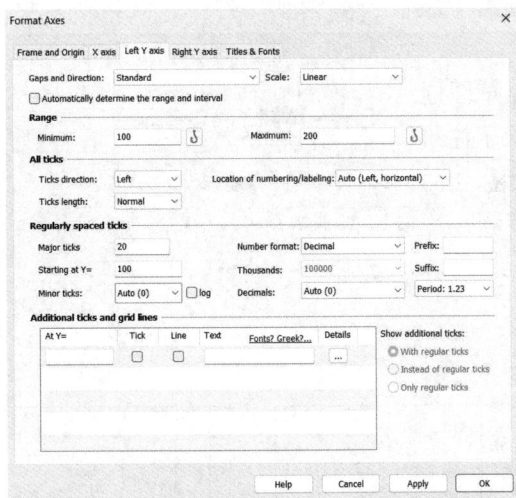
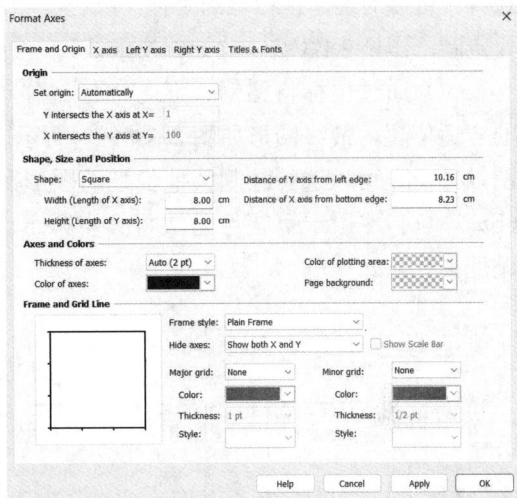

（a）　　　　　　　　　　　　　　　　（b）

图 2.64　设置 y 轴和图的边框

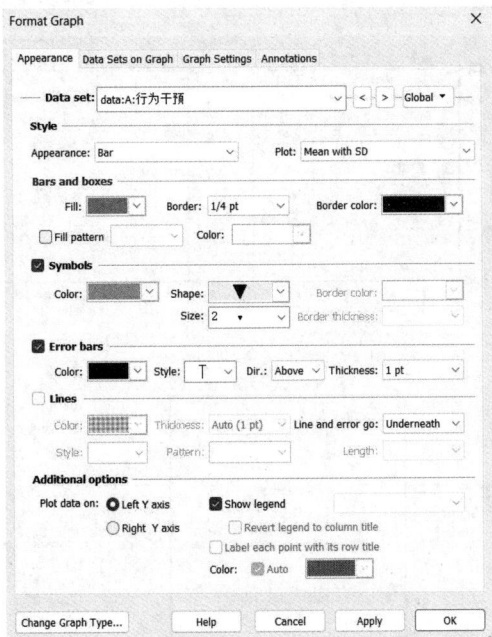
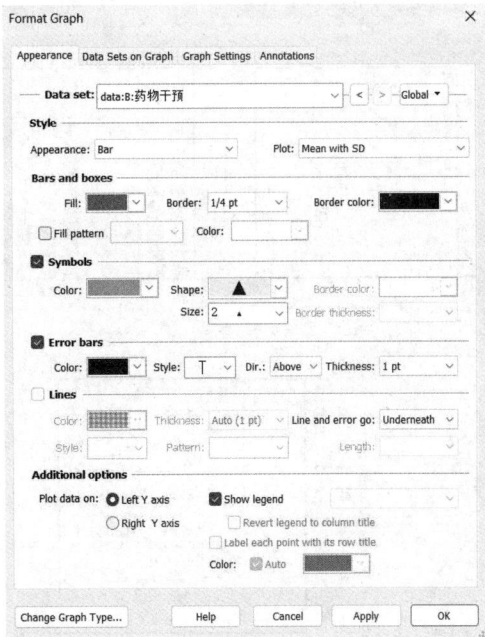

（a）　　　　　　　　　　　　　　　　（b）

图 2.65　设置柱状图

（5）单击 x 轴名称后，再次单击即可在文本框内修改其名称。y 轴名称、图的名称、图例名称修改方法与此相同。

（6）单击工具栏中的 按钮，自动添加显著性标记。双击出现的显著性标记，弹出的对话框如图 2.66 所示，在其中可以对显著性标记的字体、颜色、图示进行个性化定制，详见 2.1.3 节，此处保持默认。

（7）通过鼠标将图例、显著性标记移动至草图内的合适位置，最终图形如图 2.67（a）所示。除了柱状图以外，还可以选择绘制其他类型的图形，如图 2.67（b）～（j），限于篇幅，无法将其步骤一一罗列，详见配书视频。

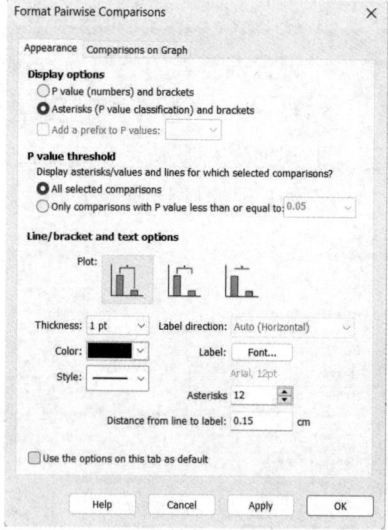

图 2.66　显著性标记

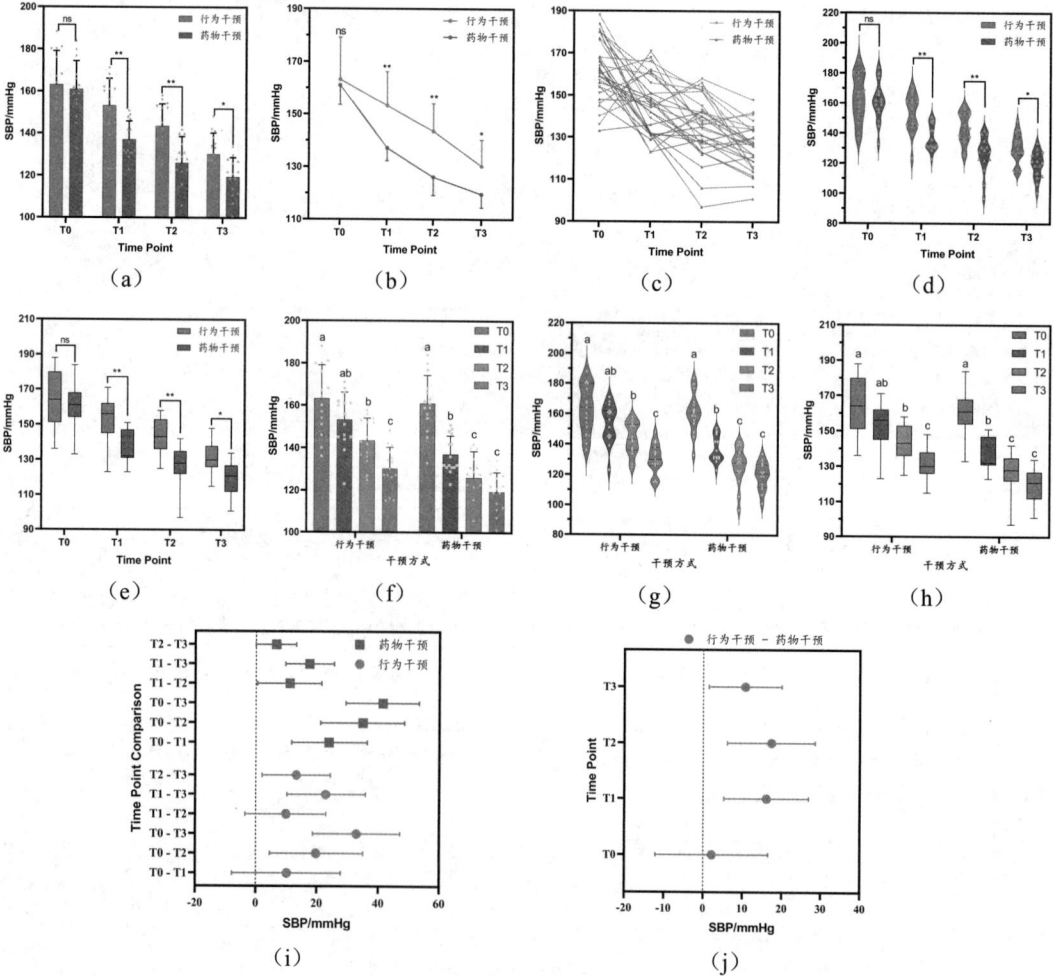

图 2.67　美化后的效果

2.7　三因素方差分析

三因素方差分析可用于分析三个自变量对一个连续型因变量的影响。除了可以分析每个自变量的主效应之外,还可以分析两个自变量的一阶交互作用或三个自变量的二阶交互作用。比较可惜的是,在 GraphPad Prism 中,三因素方差分析仅针对 $2 \times 2 \times k$ 的形式（$k \geq 2$）,即三个自变量的水平只能分别是 2 水平、2 水平、k 水平。

2.7.1　小鼠体重分析案例

模拟一项研究,分析不同饲料喂养小鼠对其体重的影响,同时考虑性别、小鼠种类,共纳入 96 只小鼠,每种情况为 4 只,如雄性 KM 小鼠喂养 A 饲料共 4 只。数据见表 2.7。

表 2.7　小鼠体重数据（部分）

饲　　料	种　　类	性　　别	体　　重
A	KM小鼠	雄性	86.83
A	SD大鼠	雄性	76.32
B	KM小鼠	雄性	65.69
B	SD大鼠	雄性	55.54
C	KM小鼠	雄性	23.31
C	SD大鼠	雄性	55.96
A	KM小鼠	雌性	83.4
A	SD大鼠	雌性	68.52
B	KM小鼠	雌性	60.77
B	SD大鼠	雌性	51.54
C	KM小鼠	雌性	16.79
C	SD大鼠	雌性	53.78

2.7.2　差异显著性分析

1. 创建分析文件

（1）打开 GraphPad Prism 软件,如图 2.68 所示,在 CREATE 下选择 Grouped 选项。

（2）选择 Data table 下的 Enter or import data into a new table 单选按钮,再选择 Options 下的 Enter 4 replicate values in side-by-side subcolumns 单选按钮。

（3）单击 Create 按钮,完成分析文件的创建。

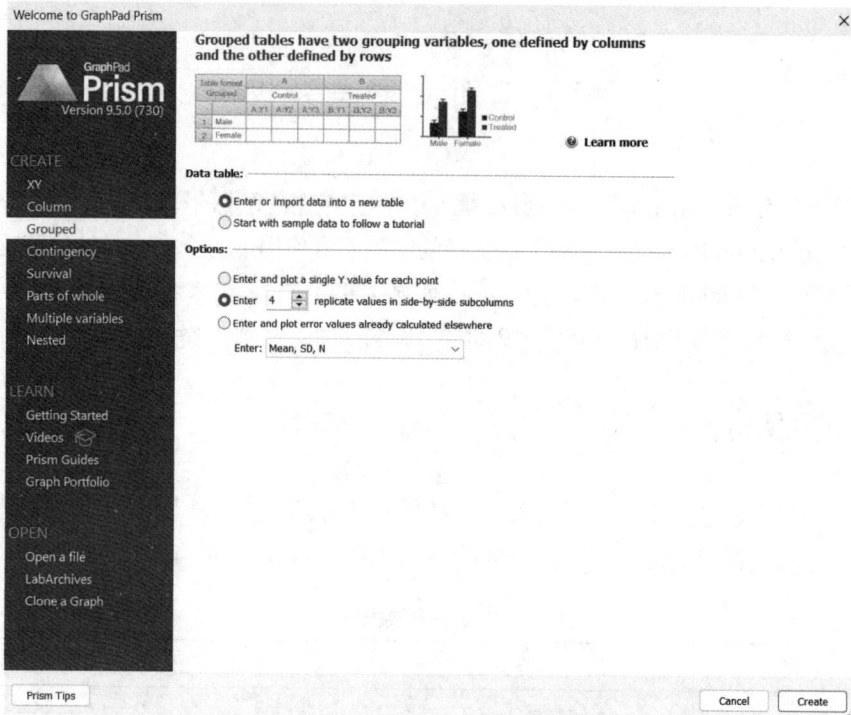

图 2.68　创建分析文件

2．数据录入

将原始数据录入 GraphPad Prism，如图 2.69 所示。

Table format: Grouped	Group A 雄性 KM小鼠				Group B 雄性 SD大鼠			
	A:1	A:2	A:3	A:4	B:1	B:2	B:3	B:4
1 A	86.83	108.00	95.09	93.88	76.32	82.51	75.30	61.76
2 B	65.69	76.41	85.36	75.01	55.54	69.02	51.25	46.63
3 C	23.31	34.22	45.43	34.29	55.96	56.16	77.50	54.39

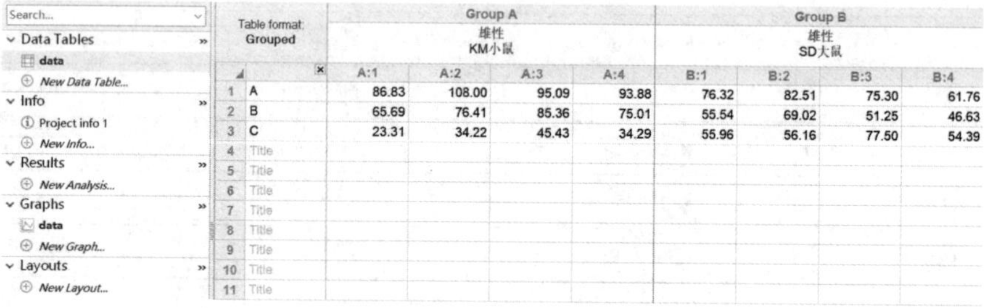

图 2.69　数据录入（部分）

3．开始数据分析

（1）单击工具栏中的 Analyze 按钮，弹出的对话框如图 2.70（a）所示，选择 Grouped analyses 下的 Three-way ANOVA（or mixed model）选项，默认勾选 A、B、C、D 四列数据，单击 OK 按钮，弹出新的对话框，如图 2.70（b）所示。

- 在 Factor names 选项中，将 Factor names 分别命名为性别、鼠种、饲料。
- 切换至 Multiple Comparisons 选项卡，如图 2.70（c）所示，选择第二项多重比较方式，即所有组两两比较。

□ 切换至 Options 选项卡，如图 2.70（d）所示，勾选 Graph confidence intervals 复选框表示绘制差值的置信区间图，其他保持默认，单击 OK 按钮。

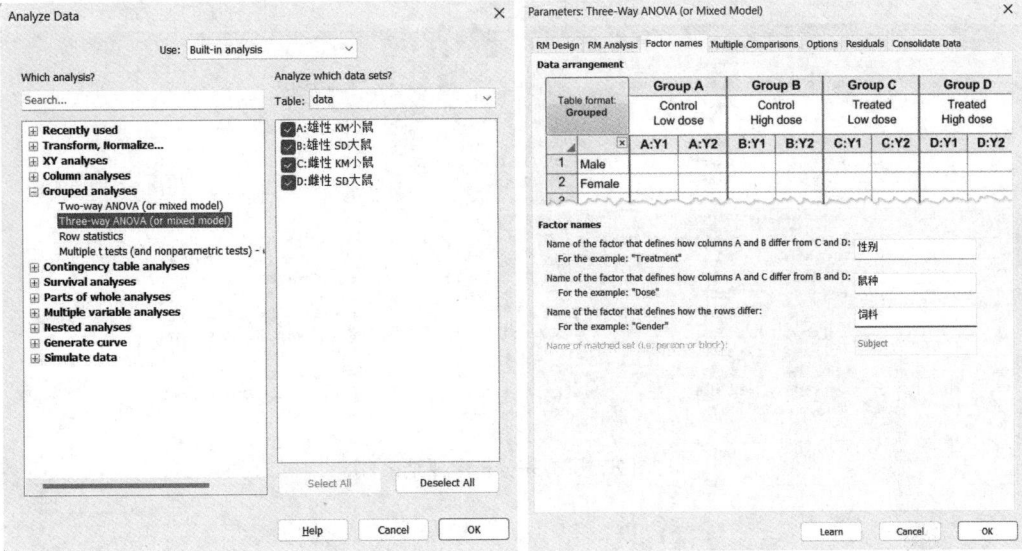

（a）　　　　　　　　　　　　　　　（b）

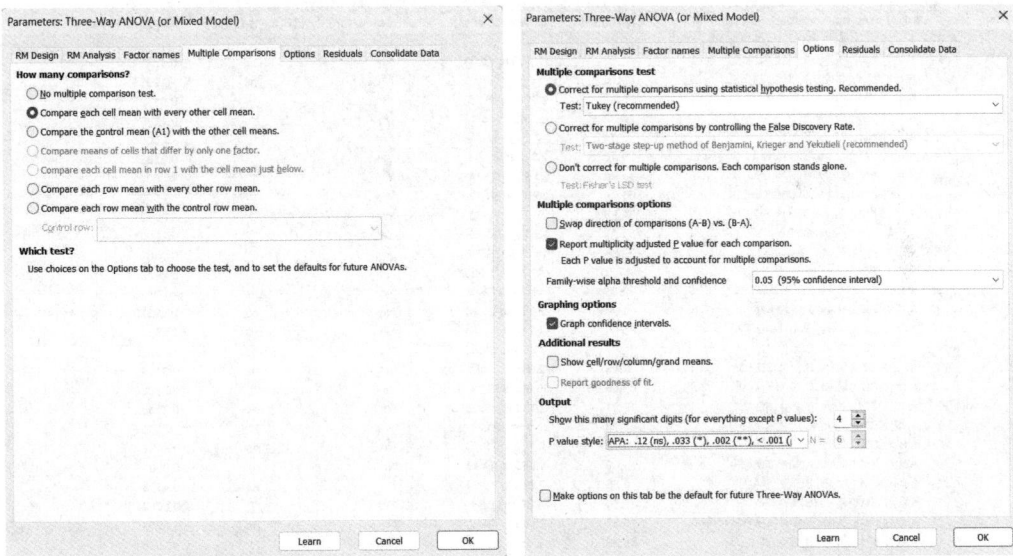

（c）　　　　　　　　　　　　　　　（d）

图 2.70　分析参数设置

（2）结果如图 2.71 所示，饲料的主效应 $F=61.86$，$P<0.0001$，存在显著性差异。性别的主效应 $F=2.075$，$P=0.1583>0.05$，不存在显著性差异。鼠种主效应 $F=2.969$，$P=0.0935>0.05$，不存在显著性差异。饲料与性别的交互效应 $F=0.02246$，$P=0.9778>0.05$，不存在显著性差异。其他结果的解读方法与此相同，不再重复罗列。

多重比较结果如图 2.72 所示，若 Adjusted P Value<0.05，则存在显著性差异，若 Adjusted P Value>0.05，则不存在显著性差异，具体结果解读省略。

	3way ANOVA ANOVA results					
1	Table Analyzed	data				
2						
3	Three-way ANOVA	Ordinary				
4	Alpha	0.05				
5						
6	Source of Variation	% of total variation	P value	P value summary	Significant?	
7	饲料	52.87	<0.0001	****	Yes	
8	性别	0.8870	0.1583	ns	No	
9	鼠种	1.269	0.0935	ns	No	
10	饲料 x 性别	0.01920	0.9778	ns	No	
11	饲料 x 鼠种	29.55	<0.0001	****	Yes	
12	性别 x 鼠种	0.01170	0.8695	ns	No	
13	饲料 x 性别 x 鼠种	0.001537	0.9982	ns	No	
14						
15	ANOVA table	SS	DF	MS	F (DFn, DFd)	P value
16	饲料	10820	2	5410	F (2, 36) = 61.86	P<0.0001
17	性别	181.5	1	181.5	F (1, 36) = 2.075	P=0.1583
18	鼠种	259.7	1	259.7	F (1, 36) = 2.969	P=0.0935
19	饲料 x 性别	3.929	2	1.965	F (2, 36) = 0.02246	P=0.9778
20	饲料 x 鼠种	6048	2	3024	F (2, 36) = 34.58	P<0.0001
21	性别 x 鼠种	2.394	1	2.394	F (1, 36) = 0.02738	P=0.8695
22	饲料 x 性别 x 鼠种	0.3146	2	0.1573	F (2, 36) = 0.001799	P=0.9982
23	Residual	3148	36	87.45		

图 2.71　方差分析主要结果

	3way ANOVA Multiple comparisons					
7	Tukey's multiple comparisons test	Mean Diff.	95.00% CI of diff.	Below threshold?	Summary	Adjusted P Value
8						
9	A:雄性 KM小鼠 vs. A:雄性 SD大鼠	21.98	-1.103 to 45.06	No	ns	0.0741
10	A:雄性 KM小鼠 vs. A:雌性 KM小鼠	4.478	-18.60 to 27.56	No	ns	>0.9999
11	A:雄性 KM小鼠 vs. A:雌性 SD大鼠	25.87	2.792 to 48.95	Yes	*	0.0172
12	A:雄性 KM小鼠 vs. B:雄性 KM小鼠	20.33	-2.748 to 43.41	No	ns	0.1285
13	A:雄性 KM小鼠 vs. B:雄性 SD大鼠	40.34	17.26 to 63.42	Yes	****	<0.0001
14	A:雄性 KM小鼠 vs. B:雌性 KM小鼠	25.40	2.315 to 48.48	Yes	*	0.0208
15	A:雄性 KM小鼠 vs. B:雌性 SD大鼠	44.06	20.98 to 67.14	Yes	****	<0.0001
16	A:雄性 KM小鼠 vs. C:雄性 KM小鼠	61.64	38.56 to 84.72	Yes	****	<0.0001
17	A:雄性 KM小鼠 vs. C:雄性 SD大鼠	34.95	11.87 to 58.03	Yes	***	0.0003
18	A:雄性 KM小鼠 vs. C:雌性 KM小鼠	65.11	42.02 to 88.19	Yes	****	<0.0001
19	A:雄性 KM小鼠 vs. C:雌性 SD大鼠	37.66	14.58 to 60.74	Yes	***	0.0001
20	A:雄性 SD大鼠 vs. A:雌性 KM小鼠	-17.50	-40.58 to 5.580	No	ns	0.2928
21	A:雄性 SD大鼠 vs. A:雌性 SD大鼠	3.895	-19.19 to 26.98	No	ns	>0.9999
22	A:雄性 SD大鼠 vs. B:雄性 KM小鼠	-1.645	-24.73 to 21.44	No	ns	>0.9999
23	A:雄性 SD大鼠 vs. B:雄性 SD大鼠	18.36	-4.718 to 41.44	No	ns	0.2322
24	A:雄性 SD大鼠 vs. B:雌性 KM小鼠	3.417	-19.66 to 26.50	No	ns	>0.9999
25	A:雄性 SD大鼠 vs. B:雌性 SD大鼠	22.09	-0.9954 to 45.17	No	ns	0.0714
26	A:雄性 SD大鼠 vs. C:雄性 KM小鼠	39.66	16.58 to 62.74	Yes	****	<0.0001
27	A:雄性 SD大鼠 vs. C:雄性 SD大鼠	12.97	-10.11 to 36.05	No	ns	0.7145
28	A:雄性 SD大鼠 vs. C:雌性 KM小鼠	43.13	20.05 to 66.21	Yes	****	<0.0001
29	A:雄性 SD大鼠 vs. C:雌性 SD大鼠	15.68	-7.400 to 38.76	No	ns	0.4493
30	A:雌性 KM小鼠 vs. A:雌性 SD大鼠	21.40	-1.685 to 44.48	No	ns	0.0905
31	A:雌性 KM小鼠 vs. B:雄性 KM小鼠	15.86	-7.225 to 38.94	No	ns	0.4328
32	A:雌性 KM小鼠 vs. B:雄性 SD大鼠	35.86	12.78 to 58.94	Yes	***	0.0002
33	A:雌性 KM小鼠 vs. B:雌性 KM小鼠	20.92	-2.163 to 44.00	No	ns	0.1062
34	A:雌性 KM小鼠 vs. B:雌性 SD大鼠	39.59	16.50 to 62.67	Yes	****	<0.0001
35	A:雌性 KM小鼠 vs. C:雄性 KM小鼠	57.16	34.08 to 80.24	Yes	****	<0.0001
36	A:雌性 KM小鼠 vs. C:雄性 SD大鼠	30.47	7.390 to 53.55	Yes	**	0.0025

图 2.72　多重比较结果（部分）

2.7.3　绘制柱状图

（1）单击图 2.69 导航栏 Graphs 下的 New Graph，弹出的对话框如图 2.73（a）所示，Table 选项选择 data 表示针对 data 数据进行绘图，Show 选项选择 Grouped，选择 Three-way 选项卡 下的第 1 个图形，其他保持默认，单击 OK 按钮生成柱状图草图，如图 2.73（b）所示。

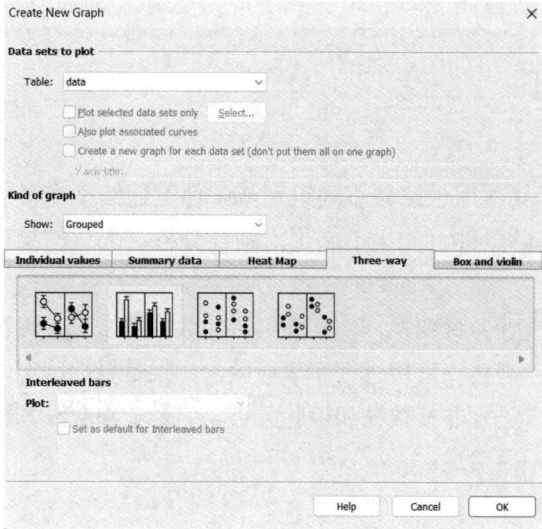

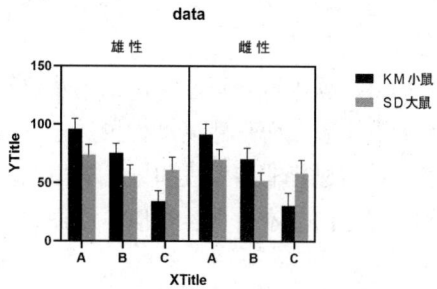

（a）　　　　　　　　　　　　　　　（b）

图 2.73　绘制柱状图草图

（2）在草图的基础上进一步对图形进行修饰。最终的图形如图 2.74（a）所示。除此之外，尚可绘制图 2.74（b）、图 2.74（c），限于篇幅无法一一罗列，详见配书视频。另外，图 2.74（c）过于庞大，仅截取部分。

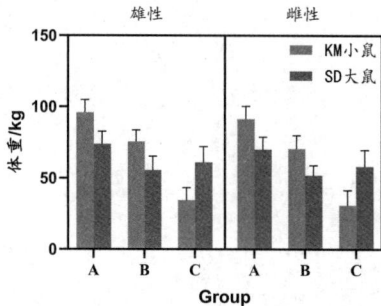

（a）

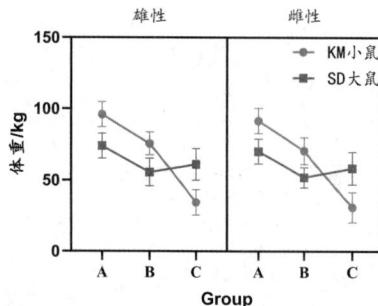

（b）

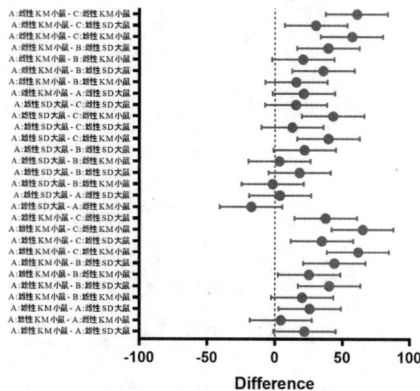

（c）

图 2.74　修饰后的效果

2.8 小　　结

　　均数比较是统计学中至关重要的部分，其适用于比较不同组别或条件下连续型变量的差异。在进行均数比较时数据需要满足一定的条件，如果不满足而强行分析，那么结果可能有误。

　　如果数据不符合正态性，则不建议对其进行各种变换，使其变换后的数据符合正态性再进行参数检验。而是建议，如果是轻微偏态，则建议直接进行参数检验，如果是极端偏态，则建议直接进行非参数秩和检验。虽然本章未进行非参数秩和检验分析，但是非参数秩和检验的实现方法与本章内容相似，已经说过，不再赘述。

第 3 章 相关性分析与线性回归

相关性分析与线性回归是常见的分析变量间关系的统计分析方法，相关可以分析相关关系，而线性回归可以分析依存关系。本章的相关与回归只涉及连续型数据的分析，不涉及分类数据。线性回归又可以分为简单线性回归和多重线性回归，其区别是自变量个数的多少，如果只有一个自变量则称为简单线性回归，如果自变量有多个则称为多重线性回归。

本章的知识点如下：

❑ 常用术语；

❑ 相关性分析；

❑ 简单线性回归；

❑ 分层线性回归；

❑ 结果的合理解读。

⌨注意：学习本章内容的前提需要理解相关系数、回归系数及偏回归系数的含义。

3.1 相关性分析

本节首先介绍相关性分析的基本概念，理解这些概念是学习和使用相关性分析的基础。除此之外，对于相关性分析的适用条件也应当清楚，如果数据不符合相关性分析的适用条件而强行进行分析，那么得到的统计结果可能不可靠，甚至出现违背常识的结论。

3.1.1 相关性分析的基本概念

首先了解一个常用术语，相关。

在真实世界的研究中充满了相关的事例，如体重一般随着身高的增加而增加、肺活量一般随着胸围的增加而增加、健康状况水平一般随着不良行为习惯的增加而降低。还有另外一种事例，如圆的周长随着直径的增加而增加。前者是一种不确定性的相关关系，而后者是一种确定性的数学函数关系。通常对于未知事物的探索，一般是从研究不确定性的相关关系开始，后续才有可能逐步完善为确定性的数学函数关系。

什么是不确定性的关系？即两个变量在宏观上存在关系，但并未精确到可以通过数学函数关系来表达。变量 Y 的具体取值不能由变量 X 确定，即变量 X 取某值时变量 Y 的取值具有不确定性。虽然如此，但变量 Y 的取值并不是毫无规律，我们可以通过变量 X 的取值估计出

变量 Y 的范围。例如，相同身高的人体重可能不同，但身高越高的人，体重往往越重。

🔔**注意**：这个简单的小例子就是我们要讲的精髓所在，深刻理解这个例子，有助于厘清相关性分析与线性回归的思想。

至此，我们可以得到相关关系的定义，即当变量 X 增加时，变量 Y 也随着增加或减少，这种现象称为相关，说明两变量间存在相关关系。相关可以分为正相关（Positive Correlation）、负相关（Negative Correlation）、零相关（Zero Correlation）：正相关是指两变量的数值或等级同时增加或同时减小；负相关是指两变量的数值或等级变化趋势相反，其中一个变量增加（减小），另一个变量反而减小（增加）；零相关是指两个变量间无相关，即一个变量的数值或等级变化时，另一个变量的数值或等级无变化或者其变化毫无规律可言。

可以使用相关系数 r 衡量相关的大小和方向。相关系数 r 的范围为 $-1 \sim 1$。$r>0$ 表示两变量间为正相关，$r<0$ 表示两变量间为负相关，$r=0$ 表示两变量间为零相关或无相关。相关系数 r 绝对值越大，说明两变量间相关程度越密切；相关系数 r 越接近于 0，表示两变量间相关程度越不密切。

🔔**注意**：一般认为，若相关系数 r 的绝对值大于 0.7 表示高度相关，0.4～0.7 表示中等程度相关，小于 0.4 表示低相关。

如图 3.1 所示，罗列了相关的几种图示。

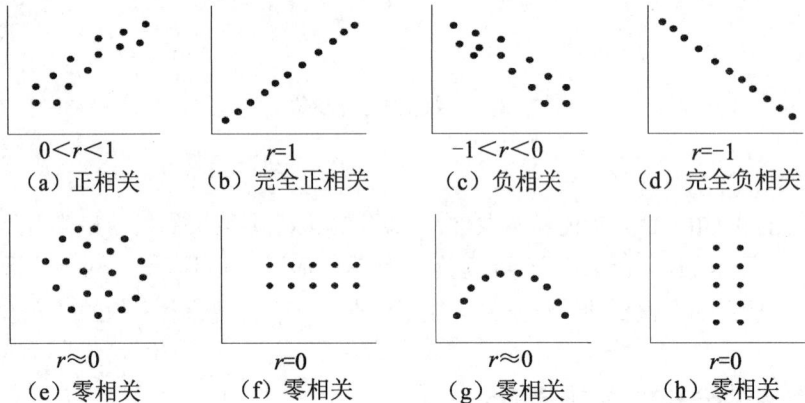

图 3.1　相关分析的几种图示

图 3.1（a）和图 3.1（b）为正相关，其中，图 3.1（b）为完全正相关（Perfect Positive Correlation），此时 $r=1$；图 3.1（c）和图 3.1（d）为负相关，其中，图 3.1（d）为完全负相关（Perfect Negative Correlation），此时 $r=-1$；完全正相关或完全负相关的散点均在直线上。

相关的正确应用：相关关系不等于因果关系（Causality）；相关系数的大小只是衡量变量间的相关程度，因此弱相关不一定表明变量间没有关系；极端值对相关系数的影响比较大；注意相关关系成立的数据范围，在数据范围之外进行外推应谨慎，通常可内推；注意数据的间杂性，可能存在虚假相关。

间杂性如图 3.2 所示：

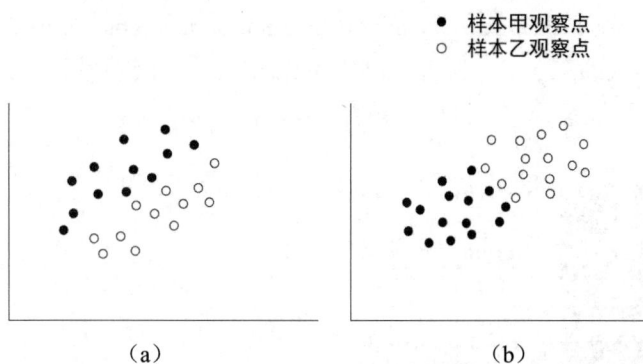

图 3.2　间杂性对相关关系的影响

图 3.2（a）中，无论样本甲还是样本乙，两变量均存在正相关，但样本甲、乙混合在一起，将显示出两变量无相关的假象。在图 3.2（b）中，无论样本甲还是样本乙，两变量均无相关，但样本甲、乙混合在一起，将显示出两变量存在正相关的假象。

3.1.2　腰围与体脂案例

下面分析腰围大小与体脂含量的关系，变量信息如表 3.1 所示。

❑ ID：受试者编号。

❑ waistcirc：腰围大小，连续性变量。

❑ fat：体脂含量，连续性变量。

表 3.1　整理后的数据格式（部分数据）

ID	waistcirc	fat
1	100	41.68
2	99.5	43.29
3	96	35.41
4	72	22.79
5	89.5	36.42
6	83.5	24.13
7	81	29.83
8	89	35.96
9	80	23.69
10	79	22.71

3.1.3　相关性检验

1. 创建分析文件

（1）打开 GraphPad Prism 软件，如图 3.3 所示，在 CREATE 下选择 XY 选项。

（2）选择 Data table 下的 Enter or import data into a new table 单选按钮，再选择 Options 下的 Numbers 和 Enter and plot a single Y value for each point 单选按钮。

（3）单击 Create 按钮，完成分析文件的创建。

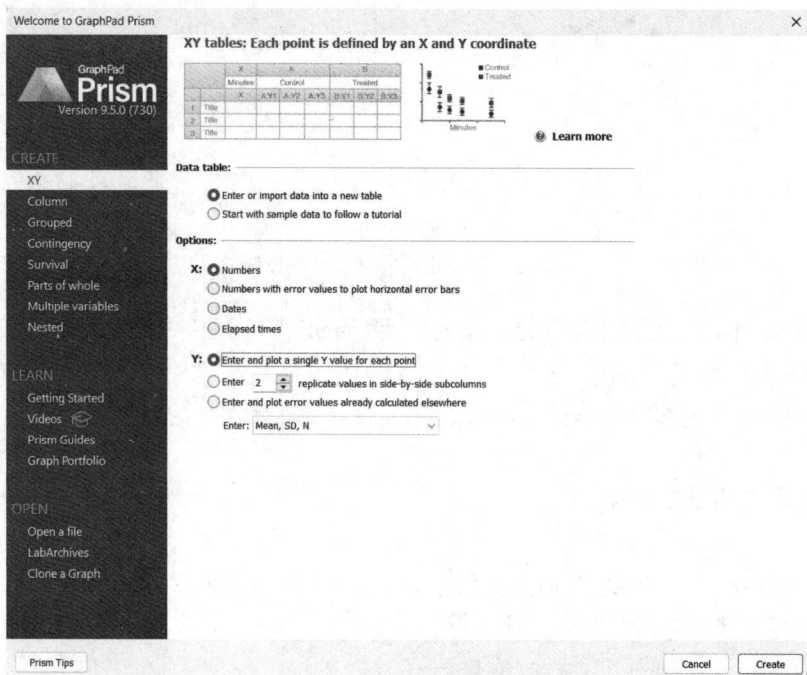

图 3.3　创建分析文件

2. 导入数据

将在 Excel 中整理好的数据直接复制，此处仅罗列部分数据如图 3.4 所示。

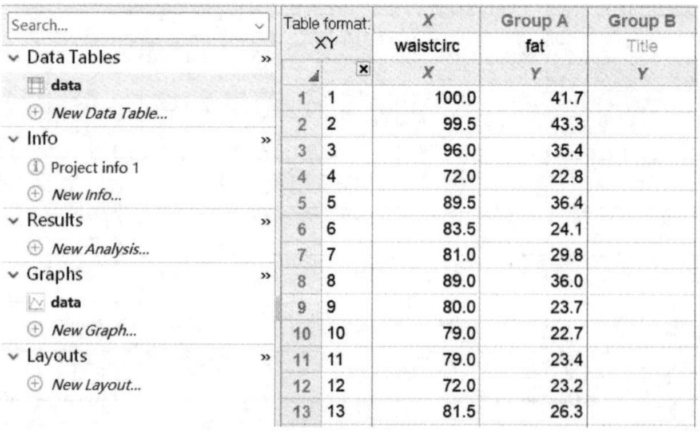

图 3.4　数据复制

3. 相关性分析

在图 3.4 中，导航栏中的 Data Tables 表示数据对话框，将本次的数据命名为 data。导航栏中的 Results 表示统计分析结果对话框，如果单击 New Analysis，将开始相关性分析，弹出新的对话框。导航栏中的 Graphs 表示统计图形绘制对话框，如果单击 New Graph，将开始绘制散点图，弹出新的对话框。

（1）单击图 3.4 中导航栏 Results 下的 New Analysis，弹出数据分析对话框，如图 3.5（a）所示，在 XY analyses 下选择 Correlation，其他设置保持默认，单击 OK 按钮，弹出如图 3.5（b）所示对话框。

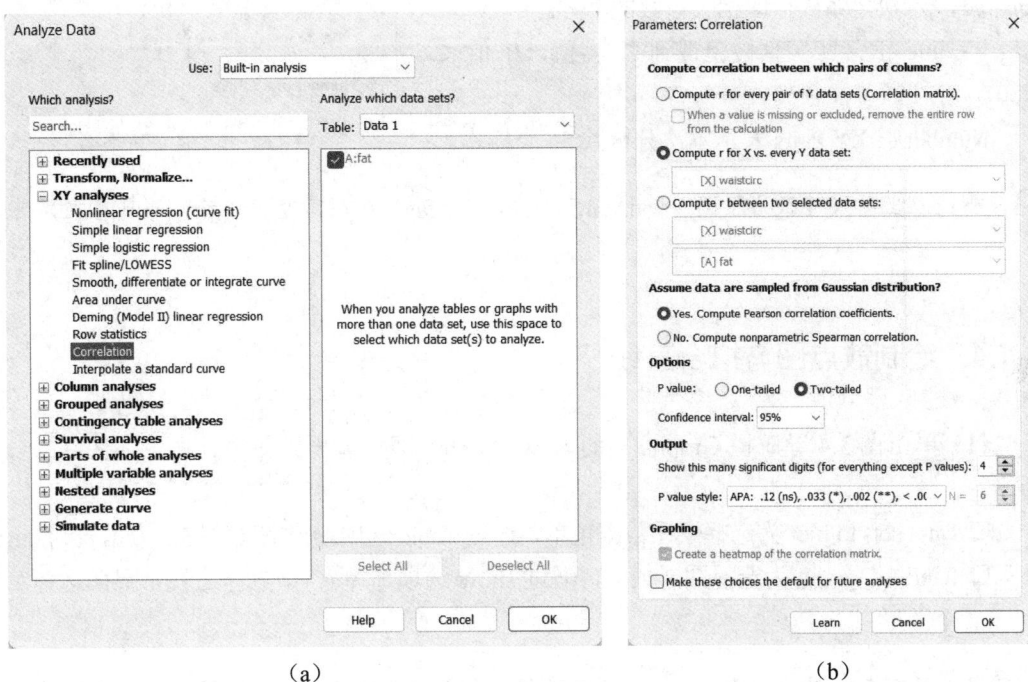

（a）　　　　　　　　　　　　　　　　（b）

图 3.5　数据分析及参数设置对话框

（2）在弹出的对话框中设置参数

❑ Compute correlation between which pairs of columns 选项表示选择哪些列进行相关性检验。Compute r for X vs. every Y data set 表示数据表中的所有 Y 列均与 X 列进行相关性检验。Compute r between two selected data sets 表示仅针对选中的两列数据进行相关性检验。此处我们保持默认即可。

❑ Assume data are sampled from Gaussian distribution 选项表示数据是否源自正态分布的总体。如果选择 Yes，则计算皮尔森相关系数；如果选择 No，则计算斯皮尔曼等级相关系数。此处选择 Yes。

❑ Options 选项可以设定单尾检验、双尾检验及置信区间，保持默认即可。

❑ Output 为显示风格设置，如 P 值的小数点位数及其风格。其中，P 值的风格推荐使用 APA 格式或者 NEJM 格式，即***表示 $P < 0.001$，**表示 $P < 0.01$，*表示 $P < 0.05$，ns 表示 $P \geq 0.05$。

（3）单击 OK 按钮弹出相应的结果。

4．相关性分析结果解读

在图 3.6 中罗列了相关性分析的结果。

Pearson r 表示计算的是皮尔森相关系数。r 表示相关系数大小为 0.8608，95% confidence interval 表示相关系数的 95% 置信区间为 0.7717～0.9167。R squared 表示决定系数，即相关系数的平方。

P value 表示相关性检验得到的 P 值，P 值＜0.001，存在显著性意义。

Number of XY Pairs 表示本次分析共 55 个样本。

Correlation	A waistcirc vs. fat
1　Pearson r	
2　r	0.8608
3　95% confidence interval	0.7717 to 0.9167
4　R squared	0.7409
6　P value	
7　P (two-tailed)	<.001
8　P value summary	***
9　Significant? (alpha = 0.05	Yes
10	
11　Number of XY Pairs	55

图 3.6　相关性分析结果

🔔**注意**：以上结果可认为腰围（waistcirc）与体脂（fat）存在高度正相关，并且存在显著性差异。

3.1.4　绘制散点图与拟合直线

（1）单击图 3.4 导航栏 Graphs 下的 New Graph，即可调出绘图对话框，如图 3.7（a）所示。

❏ Data sets to plot 为选择绘图数据菜单，通过 Table 选项选择需要绘图的数据表为 data。

❏ Kind of graph 为选择图形菜单，通过 show 选项选择 XY。在下方图形界面选择第 1 个图形。

🔔**注意**：共有 5 个图形可供选择，在实操过程中每个图形均可尝试，观察最终图形的样式是否满足个性化需求。

❏ 单击 OK 按钮即出现相关性草图，如图 3.7（b）所示。

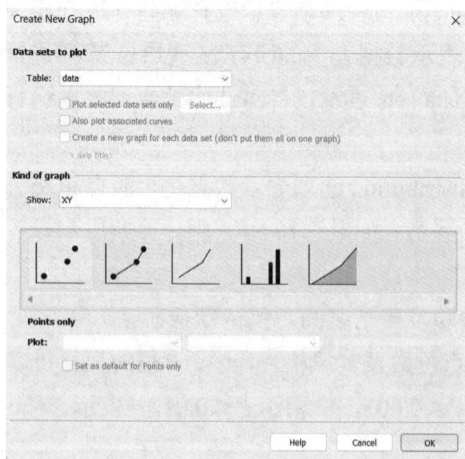

（a）

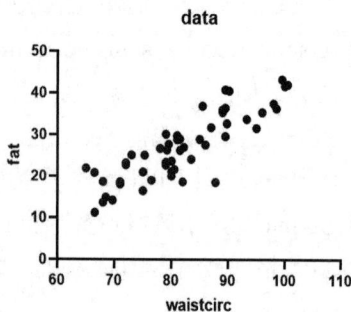

（b）

图 3.7　选择图形及草图效果

（2）在图 3.7（b）的基础上进一步对图形进行美化。在草图的 x 轴任意处双击，即可弹出 x 轴的设置对话框，如图 3.8（a）所示。单击工具栏中的 按钮，或者单击菜单栏中 Change 下的 X Axis 亦可弹出图 3.8（a）。

注意：为叙述方便，后面针对同一功能不再罗列其多种实现方法。感兴趣的读者可参考第 1 章。

- 取消勾选 Automatically determine the range and interval 复选框，进行手动设置。
- Minimum 选项表示 x 轴的最小值，此处设置为 60。Maximum 选项表示 x 轴的最大值，此处设置为 110。
- Ticks direction 选项设置为 Up，表示 x 轴的刻度线朝上，即在图形内部。
- Ticks length 表示刻度线长度的设置，此处选择 Short，即短刻度线。
- Major ticks 选项表示主刻度线的间隔，此处设置为 10。
- Starting at X=选项表示 x 轴刻度线的起始值，此处设置为 60。
- Minor ticks 选项表示次刻度线，此处选择 2，表示次刻度线将主刻度间隔为 2 段。
- 其他选项保持默认即可，单击 OK 按钮。关于坐标轴的详细设置参见第 1 章。

（3）在草图的 y 轴任意一处双击，即可弹出 y 轴的设置对话框，如图 3.8（b）所示。y 轴与 x 轴设置对话框的菜单完全相同，此处不再过多罗列。

- 取消勾选 Automatically determine the range and interval 复选框，进行手动设置。
- Minimum 选项设置为 0，Maximum 选项设置为 50。
- Ticks direction 选项设置为 Right。
- Ticks length 选项设置为 Short。
- Major ticks 选项设置为 10。
- Starting at Y=选项设置为 0。

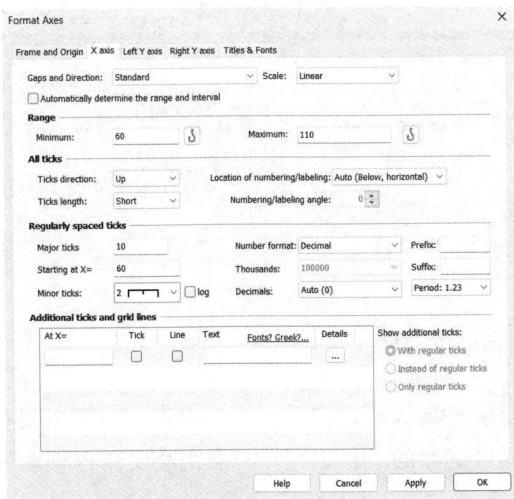
（a）

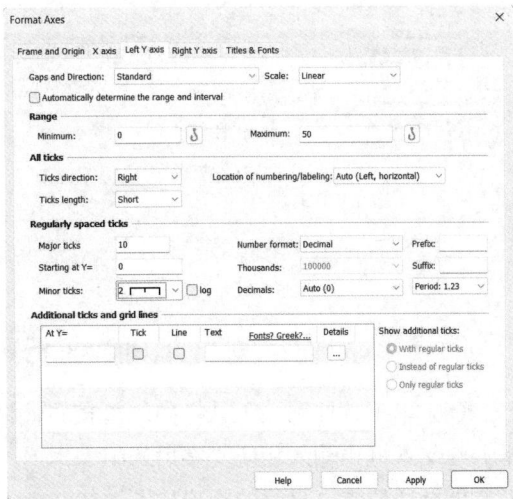
（b）

图 3.8　x 轴和 y 轴设置对话框

❑ Minor ticks 选项设置为 2。

❑ 其他选项保持默认即可，单击 OK 按钮。

（4）坐标轴名称的修改只需要在草图中单击 x 轴的名称，在弹出的文本框中再单击一次 x 轴的名称即可修改。y 轴的名称、图的名称的修改方法与此相同。

（5）在草图中双击散点，弹出散点的设置对话框，如图 3.9（a）所示，在其中可以设置散点的类型、颜色和大小等。选中 Show symbols 系列选项，在 Color 选项中设置散点的颜色为姜黄色，在 Shape 选项中设置散点为三角形，在 Size 选项中设置散点的大小为 3。其他保持默认，单击 OK 按钮。

（6）单击软件顶端工具栏中的 按钮，添加拟合直线，在弹出的新对话框中直接单击 OK 按钮。

（7）在草图中双击出现的直线，弹出新的对话框，如图 3.9（b）所示。通过 Show connecting line/curve 系列选项设置拟合线的特征，在 Color 选项中设置线的颜色为暗红色，在 Thickness 选项中设置线的粗细为 1pt，在 Style 选项中设置线的形式为线段，在 Pattern 选项中设置线的类型为实线。其他保持默认，单击 OK 按钮。

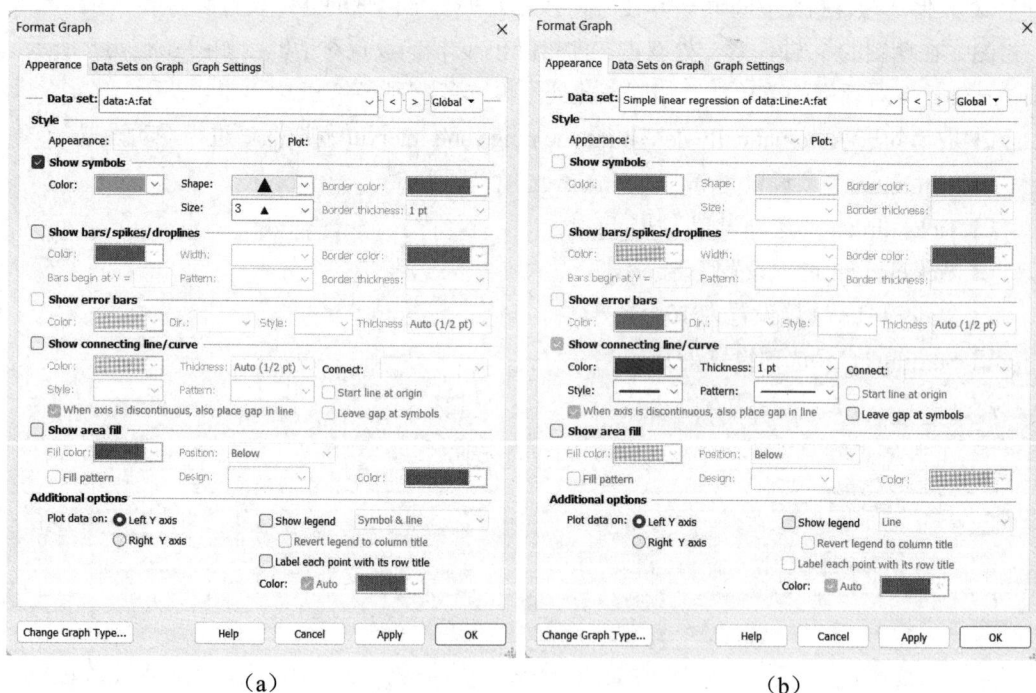

（a）　　　　　　　　　　　　　（b）

图 3.9　设置散点和拟合线

（8）单击软件顶端工具栏中的 T 按钮，将鼠标移动到草图内部，再次单击，即调出文本框。在文本框中输入相应文字后选中文本框，通过键盘的上、下、左、右键将文本框移动至草图的合适位置，最终的图形如图 3.10（a）所示。

注意：读者可尝试绘制带有置信区间阴影的图 3.10（b），详细步骤见配书视频。

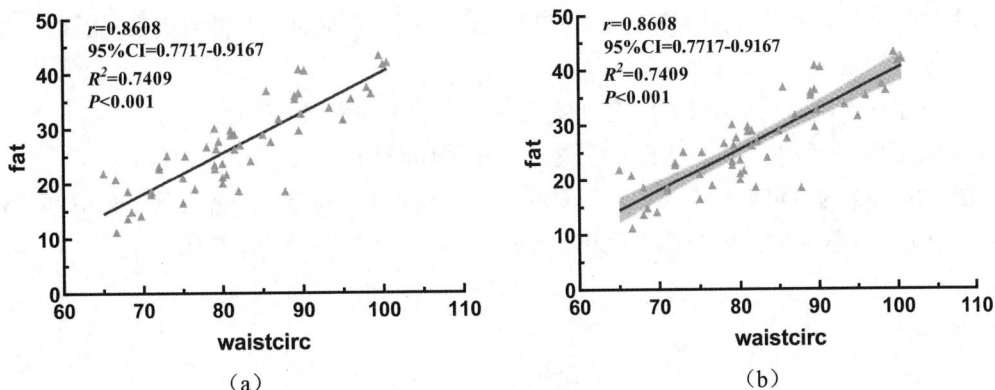

图 3.10　美化后的散点图+拟合线

3.2　简单线性回归

根据自变量 X（Independent Variable）的数目多少，线性回归（Linear Regression）又可分为简单线性回归（Simple Linear Regression）、多重线性回归（Multiple Linear Regression）。例如分析体重与身高之间的关系，就可以使用线性回归，这时只有一个自变量 X，我们称之为简单线性回归。

3.2.1　线性回归简介

回归是用回归方程表示变量间的依存关系：

$$\hat{Y} = a + bX$$

上述公式表述的是简单线性回归，使用了最小二乘法（Ordinary Least Squares，OLS），所以简单线性回归也被称为 OLS，其中，a、b 的含义如下：

❑ a 是指当自变量 X=0 时，因变量 Y 的估计值大小，即截距（Intercept）。a 的单位与因变量 Y 相同。一般来讲截距 a 没有任何实际意义，因为在实际研究中自变量 X 大多不取 0，如身高、体重、生理生化指标不可能取 0。

❑ b 是指斜率（Slope），也称为回归系数（Regression Coefficient），表示自变量 X 每增加 1 个单位，因变量 Y 平均增加 b 个单位。

❑ $\hat{y}$ 表示给定自变量 X 时，因变量 Y 的估计值，也可以写成 Y hat，是条件均数（Conditional Mean）。

要想进行简单线性回归分析，数据必须满足以下 4 个条件：

❑ 正态性，给定自变量 X，因变量 Y 符合正态分布（Normal Distribution），即双变量正态分布（Bivariate Normal Distribution），或者检验模型残差是否符合正态性。

❑ 独立性，各观测的因变量 Y 值之间应符合独立性，需要注意传染病相关研究通常不符合独立性。

❑ 线性，自变量 X 与因变量 Y 之间应符合线性关系，可通过绘制散点图来判断是否符合线性假设。

❑ 方差齐性，即因变量 Y 的方差不会随着自变量 X 的变化而变化。

如果违背以上假设，那么所拟合模型的结果就不准确！

图 3.11（a）为给定自变量 X 时，因变量 Y 是正态分布且符合方差齐性的示意图，图 3.11（b）为给定自变量 X 时，因变量 Y 是正态分布但不符合方差齐性的示意图。

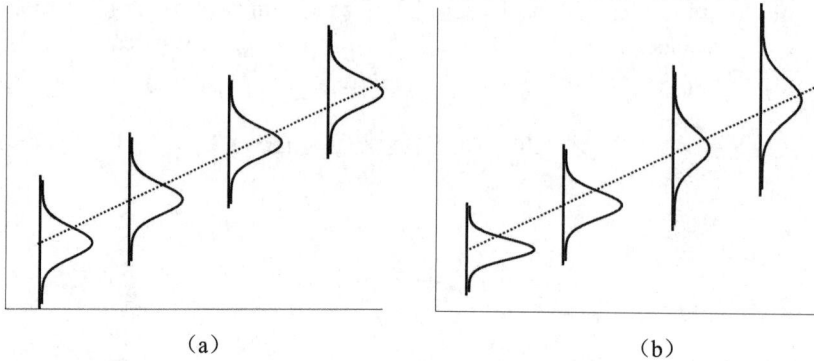

（a）　　　　　　　　　（b）

图 3.11　正态性与方差齐性示意

3.2.2　心率与电机械收缩时间案例

本例改编自相关资料，研究心率和电机械收缩时间的关系。变量信息如表 3.2 所示。

❑ ID：研究对象的编号。

❑ Rate：每分钟心率。

❑ Time：电机械收缩时间，单位为毫秒。

表 3.2　整理后数据格式（部分数据）

ID	Rate	Time
1	56	405
2	62	393
3	64	397
4	65	400
5	67	381
6	68	383
7	69	377
8	71	382
9	75	388

3.2.3　回归分析

1．创建分析文件

（1）打开 GraphPad Prism 软件，如图 3.12 所示，在 CREATE 下选择 XY 选项。

（2）选择 Data table 下的 Enter or import data into a new table 单选按钮，再选择 Options 下的 Numbers 和 Enter and plot a single Y value for each point 单选按钮。

（3）单击 Create 按钮，完成分析文件的创建。

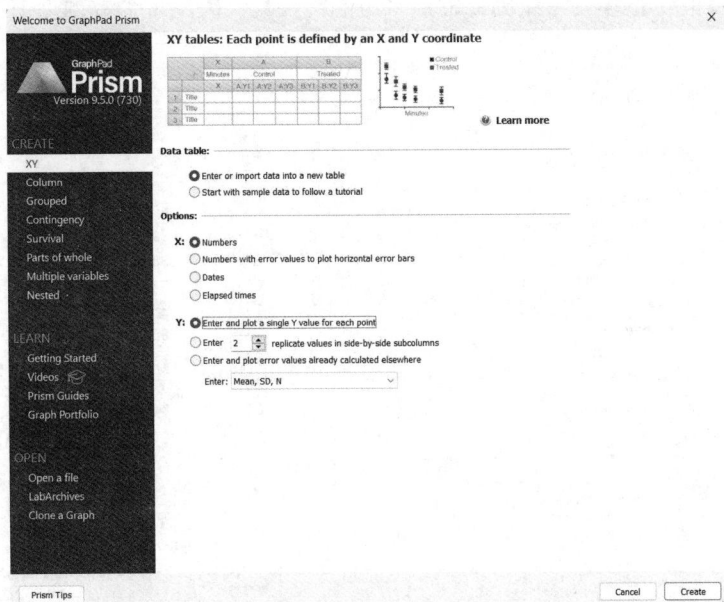

图 3.12　创建分析文件

2．导入数据

将在 Excel 中整理好的数据直接复制过来，此处仅罗列 3 列数据，分别是 ID、Rate 和 Time，如图 3.13 所示。

3．回归分析

在图 3.13 中，Data Tables 表示数据界面，将本次的数据命名为 data。

（1）单击图 3.13 导航栏 Results 下的 New Analysis，弹出数据分析对话框，如图 3.14（a）所示，在 XY analyses 下选择 Simple linear regression，其他设置保持默认，单击 OK 按钮弹出图 3.14（b）。

（2）在图 3.14（b）中保持默认即可，单击 OK 按钮弹出相应的结果。下面将具体参数选项介绍如下。

❑ Interpolate unknowns from standard curve 选项表示可以利用已知标准曲线来估算未知

数据点的值。

❑ Test whether slopes and intercepts are significantly different 选项可以比较两个回归方程，判断其斜率、截距是否存在显著性差异。

❑ Graphing options 选项为图形系列选项。Show the 95% confidence bands of the best-fit line 选项表示绘制拟合直线的 95%置信区间。Residual plot 选项表示绘制残差图。

❑ Constrain 选项可以约束回归方程拟合时，回归直线必须经过坐标轴上某定点，通过 X=选项、Y=选项设置定点的坐标。

❑ Replicates 选项用于以下情况，当数据表中有多个 Y 时，究竟是 Consider each replicate Y value as an individual point，还是 Only consider the mean Y value of each point，即将每个重复的 Y 值作为一个独立的点来考虑，还是仅关注每个数据点中 Y 值的均值。

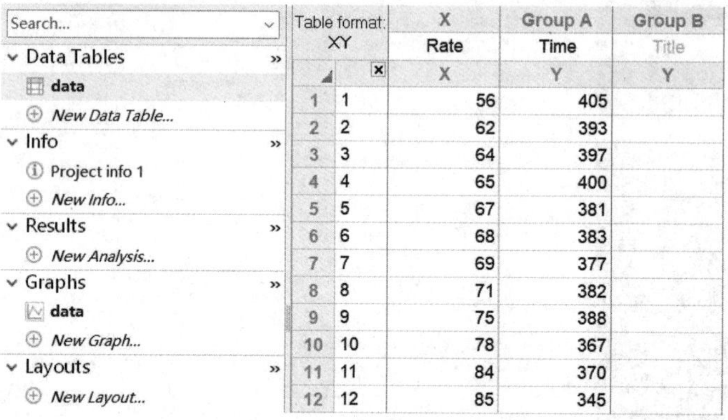

图 3.13　数据复制

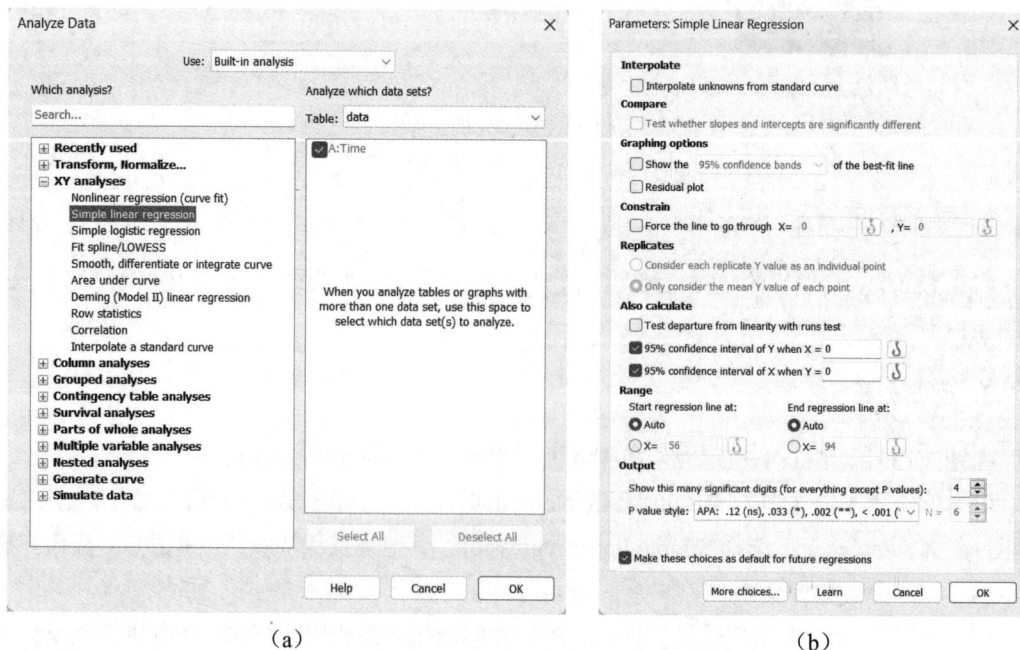

（a）　　　　　　　　　　　　　（b）

图 3.14　数据分析和参数设置对话框

❏ Also calculate 选项可以计算某个 X 或 Y 对应的预测值的 95%置信区间。

❏ Range 选项可以设定图形横坐标的范围。

❏ Output 选项可以设置显示风格,如 P 值的小数点位数及其风格。其中,P 值的风格推荐使用 APA 格式或者 NEJM 格式,即***表示 $P<0.001$,**表示 $P<0.01$,*表示 $P<0.05$,ns 表示 $P\geqslant0.05$。

4. 回归分析结果解读

在图 3.15 中罗列了回归分析的主要结果。

Best-fit values 表示最小二乘法得到的回归结果。其中,Slope 表示斜率大小为-1.735,也称为回归系数。Y-intercept 表示 y 轴的截距为 501.9,即直线与 y 轴交点。X-intercept 表示 x 轴的截距为 289.3,即直线与 x 轴的交点。1/slope 表示斜率的倒数。

Std.Error 表示标准误,Slope 的标准误为 0.1842,即斜率的标准误或者称之为回归系数的标准误。y 轴截距的标准误为 13.22。

95% Confidence Intervals 表示 95%置信区间。其中,斜率的 95%置信区间为-2.117～-1.353,y 轴截距的 95%置信区间为 474.5～529.4,x 轴截距的 95%置信区间为 249.9～350.9。

Goodness of Fit 表示拟合精度,R squared 表示决定系数为 0.8013,拟合精度较好。S_{yx} 表示剩余标准差为 8.653。剩余标准差越小越好。

	Simple linear regression Tabular results	A Time
1	**Best-fit values**	
2	Slope	-1.735
3	Y-intercept	501.9
4	X-intercept	289.3
5	1/slope	-0.5763
6		
7	**Std. Error**	
8	Slope	0.1842
9	Y-intercept	13.22
10		
11	**95% Confidence Intervals**	
12	Slope	-2.117 to -1.353
13	Y-intercept	474.5 to 529.4
14	X-intercept	249.9 to 350.9
15		
16	**Goodness of Fit**	
17	R squared	0.8013
18	Sy.x	8.653
19		
20	**Is slope significantly non-zero?**	
21	F	88.73
22	DFn, DFd	1, 22
23	P value	<.001
24	Deviation from zero?	Significant
25		
26	**Equation**	Y = -1.735*X + 501.9

图 3.15　回归分析结果

🔔注意:决定系数的取值范围为 0～1,当为 1 时,表示拟合精度完美;当为 0 时,表示拟合精度为 0。决定系数越接近 1 则拟合精度越好;越接近 0 则拟合精度越差。

Is slope significantly non-zero 表示斜率的假设检验结果。F 值为 88.73,自由度为(1,22),$P<0.001$,存在显著性差异。

最终的回归方程式为 $Y=-1.735*X+501.9$,其中,Y 表示电机械收缩时间 Time,X 表示心率 Rate。心率 Rate 每增加 1 次,电机械收缩时间 Time 平均降低 1.735 毫秒,并且存在显著性意义。

3.2.4　绘制散点图与拟合直线

(1)单击图 3.13 导航栏 Graphs 下的 New Graph,即可调出绘图对话框,如图 3.16(a)所示。

❏ Data sets to plot 为选择绘图数据菜单,通过 Table 选项选择需要绘图的数据表为 data。

通过 Also plot associated curves 选项添加拟合直线。

❑ Kind of graph 为选择图形菜单，通过 show 选项选择 XY。在下方图形框中选择第 1 个图形。

🔔 **注意：** 共有 5 个图形可供选择，在实操过程中每个图形均可尝试，观察最终图形的样式是否满足个性化需求。

❑ 单击 OK 按钮，即出现回归分析草图，如图 3.16（b）所示。

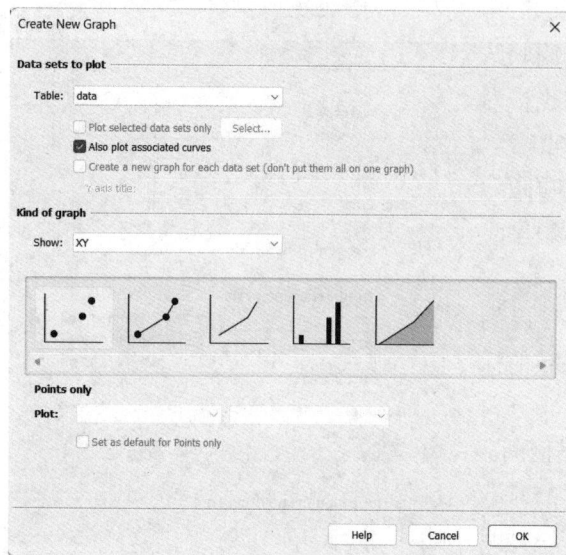 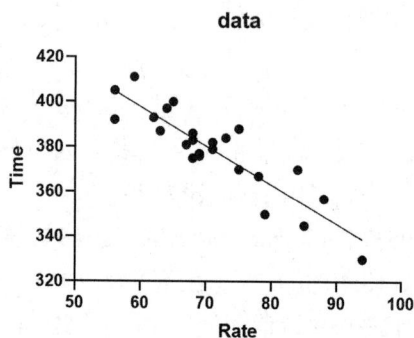

(a)   (b)

图 3.16 选择图形并绘制回归分析草图

（2）在图 3.16（b）的基础上，进一步对图形进行美化。在草图的 x 轴任意一处双击，即可弹出 x 轴的设置界面，如图 3.17（a）所示。

❑ Automatically determine the range and interval 复选框默认是勾选的，表示自动化处理 x 轴的范围、刻度线等，此处取消勾选，进行手动设置。

❑ Minimum 选项表示 x 轴的最小值，此处设置为 50；Maximum 表示 x 轴的最大值，此处设置为 100。

❑ Ticks direction 选项设置为 Up，表示 x 轴的刻度线朝上，即在图形内部。

❑ Ticks length 表示刻度线的长度，此处选择 Short，即短刻度线。

❑ Regularly spaced ticks 选项表示 x 轴刻度线的间隔设置；Major ticks 选项表示主刻度线的间隔，此处设置为 10。

❑ Starting at X=选项表示 x 轴刻度线的起始值，此处设置为 50。

❑ Minor ticks 选项表示次刻度线，选择 2 表示次刻度线将主刻度间隔分成 2 节。

❑ 其他选项保持默认即可，单击 OK 按钮。关于坐标轴的详细设置可参考 1.4 节。

（3）在草图的 y 轴任意处双击，即可弹出 y 轴的设置对话框，如图 3.17（b）所示。y 轴与 x 轴的设置菜单完全相同，此处不再过多罗列。

- ❏ 取消勾选 Automatically determine the range and interval 复选框，进行手动设置。
- ❏ Minimum 选项设置为 320，Maximum 选项设置为 420。
- ❏ Ticks direction 选项设置为 Right。
- ❏ Ticks length 选项设置为 Short。
- ❏ Major ticks 选项设置为 20。
- ❏ Starting at Y=选项设置为 320。
- ❏ Minor ticks 选项设置为 2。
- ❏ 其他选项保持默认即可，单击 OK 按钮。

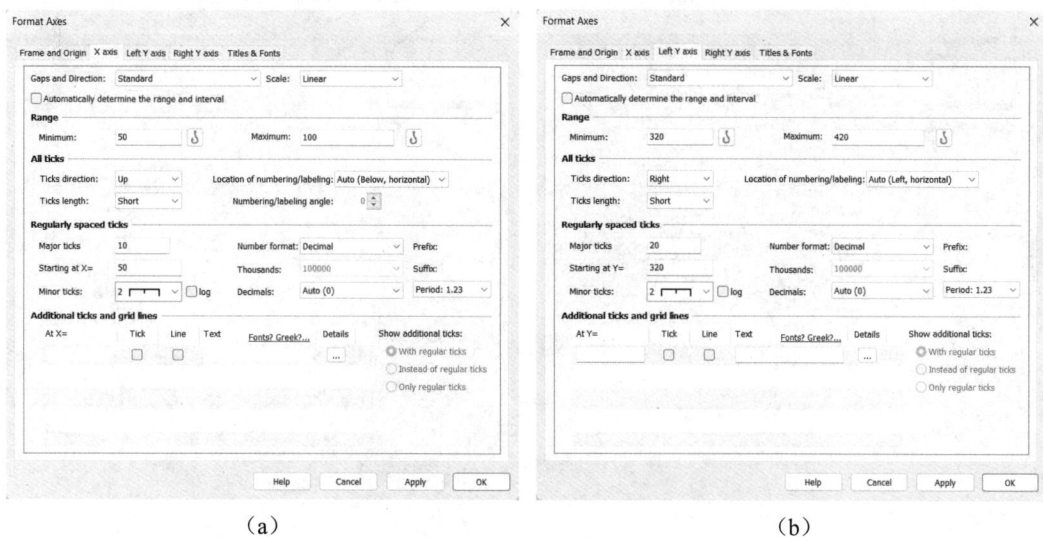

(a)　　　　　　　　　　　(b)

图 3.17　x 轴和 y 轴设置对话框

（4）坐标轴名称的修改只需要在草图中单击 x 轴的名称 Rate，在弹出的文本框中再单击一次 x 轴的名称即可修改。y 轴的名称、图的名称的修改方法与此相同。

（5）在草图中双击散点，弹出散点的设置对话框，如图 3.18（a）所示，在其中可设置散点的类型、颜色和大小等。选中 Show symbols 系列选项，在 Color 选项中设置散点颜色为灰色，在 Shape 选项中设置散点为三角形，在 Size 选项中设置散点的大小为 3，在 Border color 选项中设置散点的边框颜色为黑色，在 Border thickness 选项中设置散点边框的粗细为 1/2pt，其他保持默认，单击 OK 按钮。

（6）在草图中双击直线，弹出新的对话框，如图 3.18（b）所示。通过 Show connecting line/curve 系列选项中设置拟合线的特征，在 Color 选项中设置线的颜色为暗红色，在 Thickness 选项中设置线的粗细为 1pt，在 Style 选项中设置线的形式为线段，在 Pattern 选项中设置线的类型为实线。其他设置保持默认，单击 OK 按钮。

（7）单击工具栏中的 按钮，弹出的对话框如图 3.19 所示。将 Frame and Grid Line 系列选项中的 Frame style 选项设置为 Plain Frame，即图形有四边框。其他设置保持默认，单击 OK 按钮。

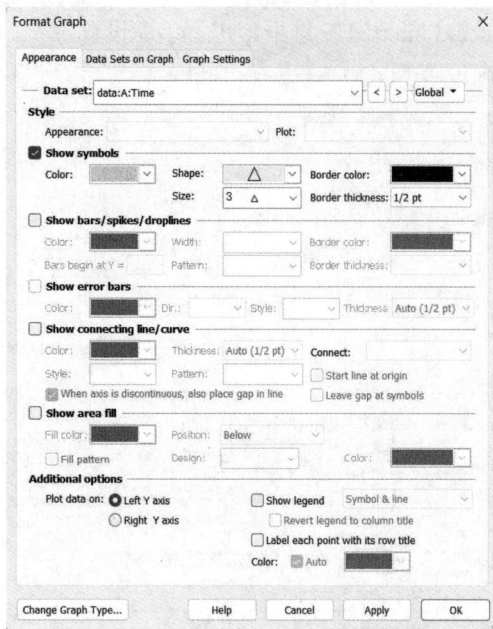 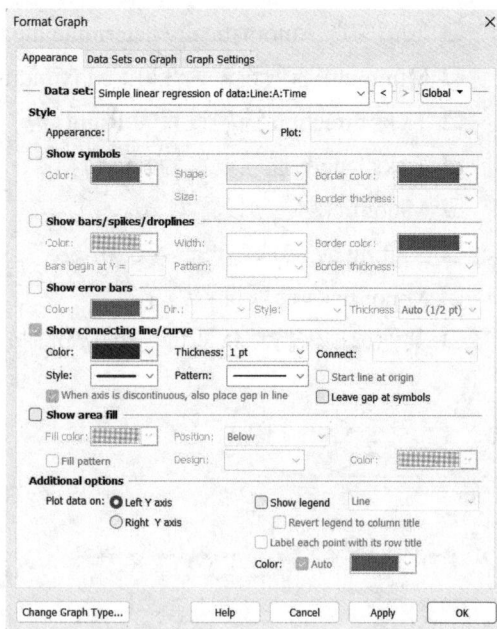

（a） （b）

图 3.18　设置散点和拟合线

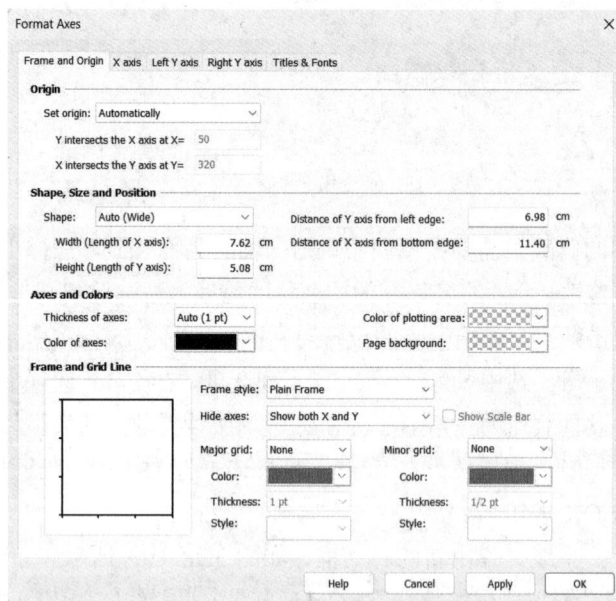

图 3.19　设置图的边框

（8）单击工具栏中的 T 按钮，将鼠标移动到草图内部，再次单击即调出文本框。在文本框中输入相应文字后选中文本框，通过键盘的上、下、左、右键将文本框移动至图内的合适位置，最终的图形如图 3.20（a）所示。

🔔**注意：** 读者可尝试绘制带有置信区间阴影的图，如图 3.20（b），其步骤详见配书视频。

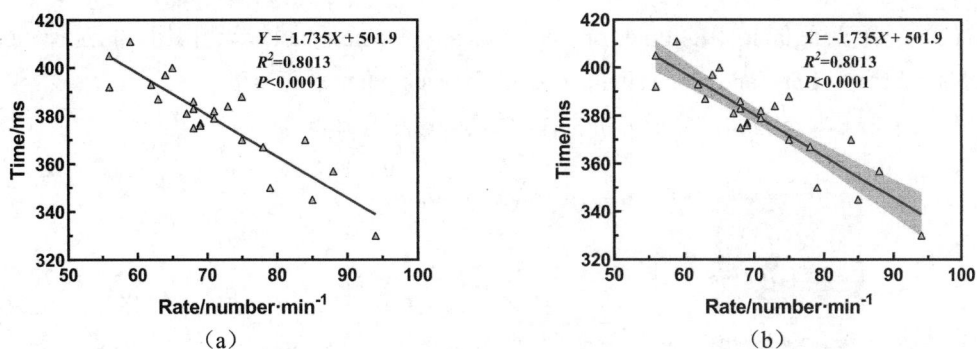

图 3.20 美化后的简单线性回归图

3.3 分层线性回归

分层线性回归即按照人群特征不同，在各组人群中分别做线性回归分析。例如按照性别不同，在男性人群中进行心率与电机械收缩时间的简单线性回归分析，在女性人群中亦分析二者的线性回归。在男、女两组人群中，心率与电机械收缩时间的关系有可能不同。

3.3.1 不同性别的回归分析案例

本例改编自相关资料，研究心率和电机械收缩时间的关系。变量信息如表 3.3 所示。

❑ Rate：每分钟心率。

❑ Male：男性的电机械收缩时间，单位为毫秒。

❑ Female：女性的电机械收缩时间，单位为毫秒。

表 3.3 整理后数据格式（部分数据）

Rate	Male	Female
56	405	
62	393	
65	400	
67	381	
56		392
59		411
68		375
68		386

3.3.2 分层分析

1. 创建分析文件

（1）打开 GraphPad Prism 软件，如图 3.21 所示，在 CREATE 下选择 XY 选项。

（2）选择 Data table 下的 Enter or import data into a new table 单选按钮，再选择 Options 下的 Numbers 和 Enter and plot a single Y value for each point 单选按钮。

（3）单击 Create 按钮，完成分析文件的创建。

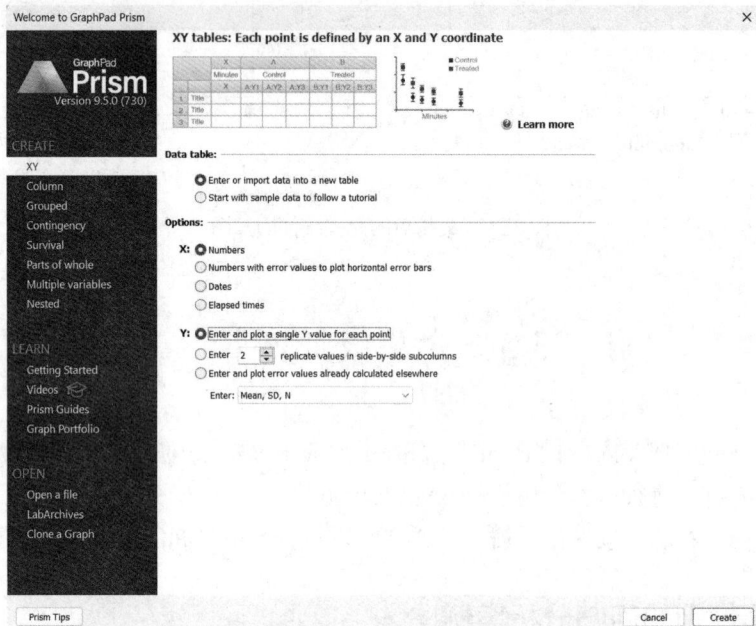

图 3.21　创建分析文件

2．导入数据

直接复制在 Excel 中整理好的数据，此处仅罗列 3 列数据，分别是 Rate、Male 和 Female，如图 3.22 所示。

Table format: XY	X Rate	Group A Male	Group B Female
	X	Y	Y
1 Title	56	405	
2 Title	62	393	
3 Title	64	397	
4 Title	65	400	
5 Title	67	381	
6 Title	68	383	
7 Title	69	377	
8 Title	71	382	
9 Title	75	388	
10 Title	78	367	
11 Title	84	370	
12 Title	85	345	
13 Title	56		392
14 Title	59		411
15 Title	63		387
16 Title	68		375
17 Title	68		386
18 Title	69		376
19 Title	71		379
20 Title	73		384
21 Title	75		370
22 Title	79		350
23 Title	88		357
24 Title	94		330

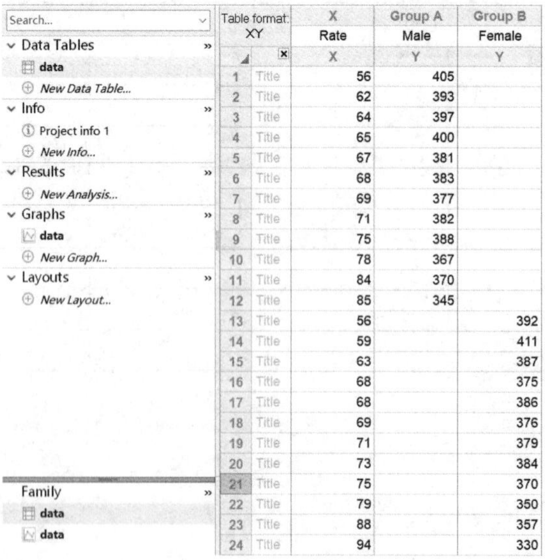

图 3.22　数据复制

3．开始分层分析

在图 3.22 所示的导航栏中，Data Tables 表示数据界面，将本次的数据命名为 data。Results 表示统计分析结果界面，如果单击 New Analysis，将开始分层分析并弹出新的对话框。Graphs 表示统计图形绘制界面，如果单击 New Graph，将开始绘制散点图并弹出新的对话框。

（1）单击图 3.22 导航栏 Results 下的 New Analysis，弹出数据分析界面，如图 3.23（a）所示，在 XY analyses 菜单处选择 Simple linear regression，其他设置保持默认，单击 OK 按钮，弹出图 3.23（b）。

（2）在图 3.23（b）中设置参数，勾选 Test whether slopes and intercepts are significantly different 选项，比较两个回归方程的斜率、截距是否存在显著性差异。其他保持默认即可，单击 OK 按钮，弹出相应的结果。

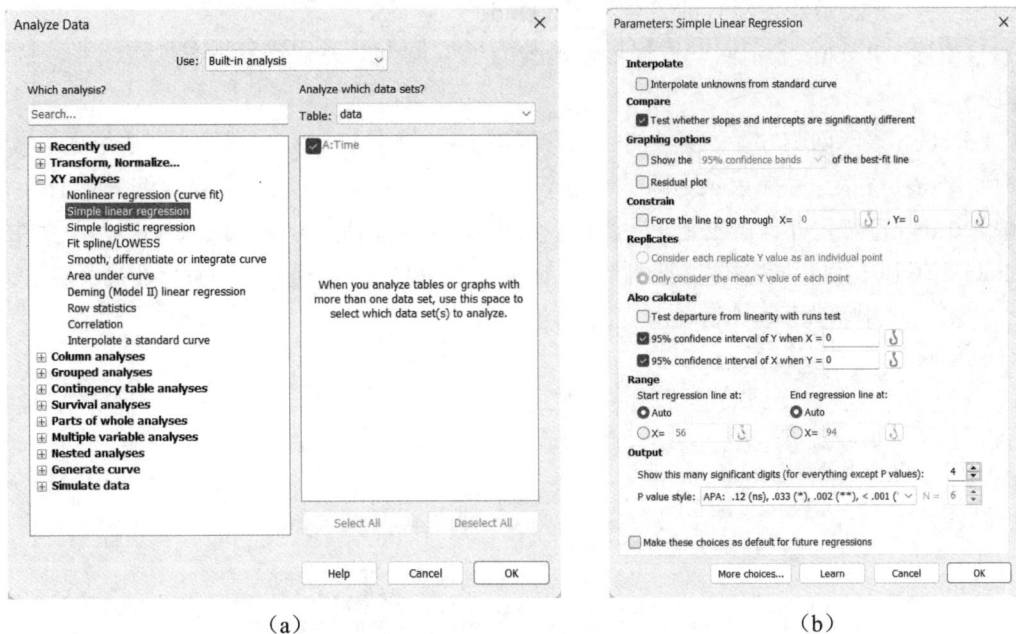

（a）　　　　　　　　　（b）

图 3.23　数据分析和参数设置对话框

注意：图 3.23（b）中其他选项的介绍参见 3.2.3 节，不再重复罗列。

4．分层分析结果解读

在图 3.24 中罗列了回归分析的主要结果。Male 列表示男性的心率与电机械收缩时间的回归结果，Female 列表示女性的心率与电机械收缩时间的回归结果。

Best-fit values 表示最小二乘法得到的回归结果。其中：Slope 表示斜率大小，也称为回归系数；Y-intercept 表示 y 轴的截距，即直线与 y 轴交点；X-intercept 表示 x 轴的截距，即直线与 x 轴的交点；1/slope 表示斜率的倒数。

Std.Error 表示标准误，Slope 表示斜率的标准误，也称为回归系数的标准误。Y-intercept 表示 y 轴截距的标准误。

95% Confidence Intervals 表示 95%置信区间。其中，Slope 表示斜率的 95%置信区间，Y-intercept 表示 y 轴截距的 95%置信区间，X-intercept 表示 x 轴截距的 95%置信区间。

Goodness of Fit 表示拟合精度，R square 表示决定系数。决定系数的取值范围为 0～1，当为 1 时，表示拟合精度完美；当为 0 时，表示拟合精度为 0。决定系数越接近 1，拟合精度越好；越接近 0，拟合精度越差。$S_{y.x}$ 表示剩余标准差。剩余标准差越小越好。

Is slope significantly non-zero 表示斜率的假设检验结果。F 表示假设检验的 F 值，DFn,DFd 表示自由度，P value 表示回归方程假设检验的 P 值。

	Simple linear regression Tabular results	A Male	B Female
1	**Best-fit values**		
2	Slope	-1.655	-1.751
3	Y-intercept	498.8	500.7
4	X-intercept	301.3	286.0
5	1/slope	-0.6041	-0.5712
6			
7	**Std. Error**		
8	Slope	0.2845	0.2463
9	Y-intercept	20.15	17.91
10			
11	**95% Confidence Intervals**		
12	Slope	-2.289 to -1.022	-2.300 to -1.202
13	Y-intercept	453.9 to 543.7	460.8 to 540.6
14	X-intercept	237.3 to 444.7	234.8 to 383.8
15			
16	**Goodness of Fit**		
17	R squared	0.7720	0.8348
18	Sy.x	8.269	9.040
19			
20	**Is slope significantly non-zero?**		
21	F	33.86	50.52
22	DFn, DFd	1, 10	1, 10
23	P value	<.001	<.001
24	Deviation from zero?	Significant	Significant
25			
26	**Equation**	Y = -1.655*X + 498.8	Y = -1.751*X + 500.7

图 3.24　回归分析结果

Equation 表示回归方程，男性的回归方程是 $Y=-1.655*X+498.8$，其中，Y 表示电机械收缩时间 Time，X 表示心率 Rate，即男性心率 Rate 每增加 1 次，男性电机械收缩时间 Time 平均降低 1.655 毫秒，并且存在显著性意义。女性的回归方程是 $Y=-1.751*X+500.7$，即女性心率 Rate 每增加 1 次，女性电机械收缩时间 Time 平均降低 1.751 毫秒，并且存在显著性意义。

在图 3.25 中罗列了两个回归方程比较的结果。

Are the slopes equal?
F = 0.06290. DFn = 1, DFd = 20
P=.805

If the overall slopes were identical, there is a 80.45% chance of randomly choosing data points with slopes this different. You can conclude that the differences between the slopes are not significant.

Since the slopes are not significantly different, it is possible to calculate one slope for all the data. The pooled slope equals -1.714.

Are the elevations or intercepts equal?
F = 1.971. DFn = 1, DFd = 21
P=.175

If the overall elevations were identical, there is a 17.5% chance of randomly choosing data points with elevations this different. You can conclude that the differences between the elevations are not significant.

Since the Y intercepts are not significantly different, it is possible to calculate one Y intercept for all the data. The pooled intercept equals 500.5.

图 3.25　回归方程比较

Are the slopes equal 表示两个回归方程的斜率是否存在统计学差异。此处得到的 F 值为 0.0629，自由度 DFn 为 1，DFd 为 20，P 值为 0.805＞0.05，可以认为男性、女性的回归方程的斜率没有显著性差异，即电机械收缩时间与心率的关系，不会因为性别的不同而不同。

Are the elevations or intercepts equal 表示两个回归方程的截距是否存在显著性差异。可忽略。

3.3.3　绘制散点图与拟合直线

（1）单击图 3.22 导航栏 Graphs 下的 New Graph，即可调出绘图对话框，如图 3.26（a）

所示。

- ❑ Data sets to plot 为选择绘图数据菜单，通过 Table 选项选择需要绘图的数据表为 data。通过 Also plot associated curves 选项添加拟合直线。
- ❑ Kind of graph 为选择图形菜单，通过 Show 选项选择 XY。在下方图形界面选择第 1 个图形。

注意： 共有 5 个图形可供选择，在实操过程中每个图均尝试，观察最终图形的样式是否满足个性化需求。

- ❑ 单击 OK 按钮，即出现回归分析草图，如图 3.26（b）所示。

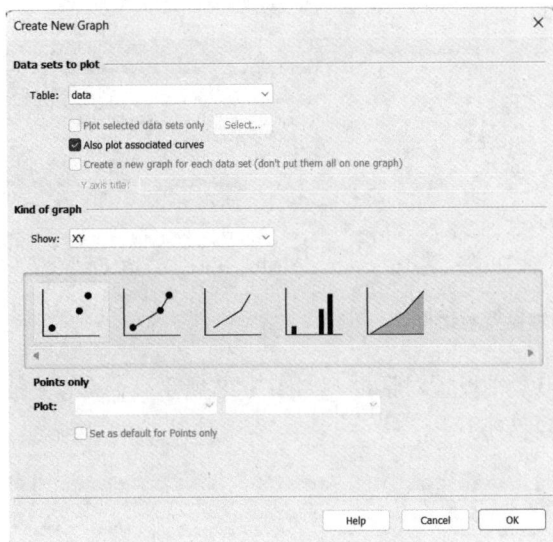
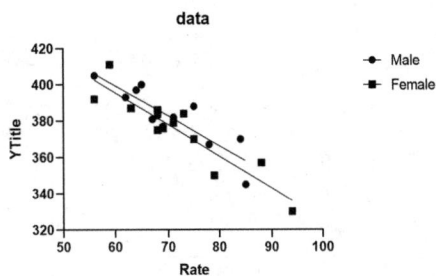

（a）　　　　　　　　　　　　　　　　　（b）

图 3.26　图形选择和回归分析草图

（2）在图 3.26（b）的基础上，进一步对图形进行美化。在草图的 x 轴任意一处双击，即可弹出 x 轴设置对话框，如图 3.27 所示。

- ❑ Gaps and Direction 选项表示是否将 x 轴分成多段或逆转，此处将 x 轴拆分成两段，选择 Two segments。
- ❑ Scale 选项表示 x 轴的尺度，选择 Linear 即可。
- ❑ Segment Left 选项表示设置 x 轴的左半段，利用 Length 选项将左半段的长度设置为 x 轴的 4%，Minimum 选项设置最小值为 0，Maximum 选项设置最大值为 45。Ticks direction 选项设置为 Up，表示 x 轴的刻度线朝上。Ticks length 选项设置为 Short，即短刻度线。Major ticks 选项表示主刻度线的间隔，此处设置为 50。Starting at X= 选项表示 x 轴刻度线的起始值，此处设置为 0。Minor ticks 选项表示次刻度线，选择 0 则表示无次刻度线。
- ❑ Segment Right 系列选项表示设置 x 轴的右半段，利用 Length 选项将左半段的长度设置为 x 轴的 96%，Minimum 选项设置最小值为 51，Maximum 选项设置最大值为 95。

Ticks direction 选项设置为 Up，Ticks length 选项设置为 Short，Major ticks 选项设置为 5，Starting at X=选项设置为 55。Minor ticks 选项设置为 2。

❏ 其他选项保持默认即可，单击 OK 按钮。

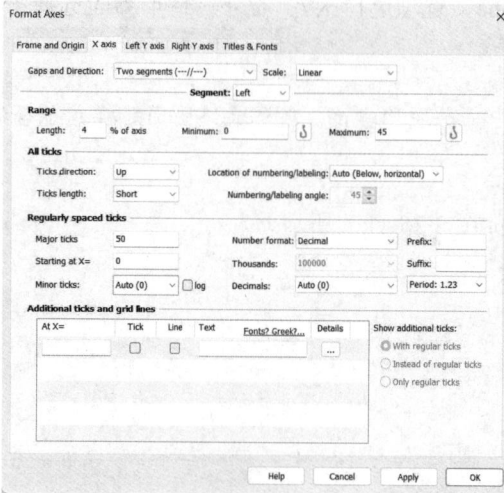
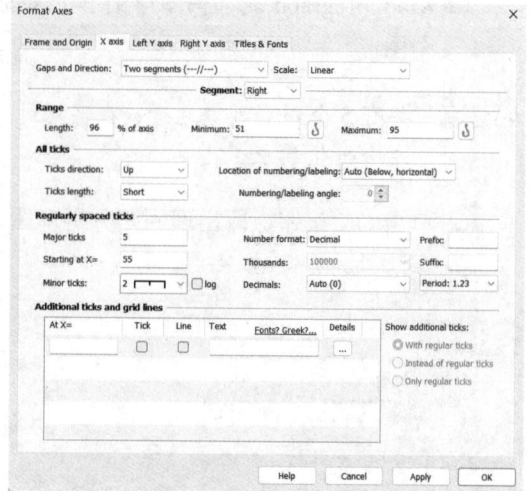

(a)   (b)

图 3.27   x 轴设置对话框

（3）在草图的 y 轴任意处双击，即可弹出 y 轴设置对话框，如图 3.28 所示。y 轴与 x 轴的设置对话框的菜单完全相同，此处不再过多罗列。

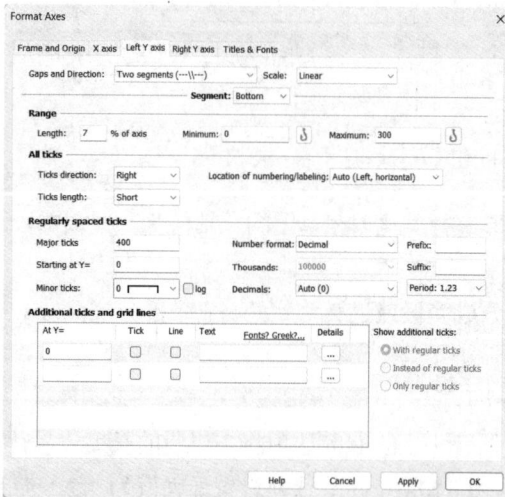
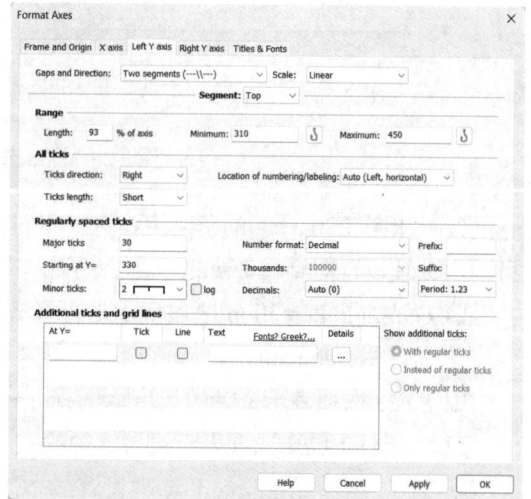

(a)   (b)

图 3.28   y 轴设置对话框

❏ Segments Bottom、Segments Top 分别设置 y 轴的下半段、上半段。

❏ Length 选项用于设置每段的长度，Minimum 选项用于设置最小值。Maximum 选项用于设置最大值。

❑ Ticks direction 选项用于设置刻度线方向。

❑ Ticks length 选项用于设置为刻度线长短。

❑ Major ticks 选项用于设置为主刻度线。

❑ Starting at Y=选项用于设置刻度线起点。

❑ Minor ticks 选项用于设置次刻度线。

（4）坐标轴名称的修改只需要在草图中单击 x 轴的名称 Rate 即弹出文本框，在文本框中再单击一次，即可修改 x 轴的名称。y 轴的名称、图名称的修改方法与此相同。

（5）双击草图中的散点，弹出散点设置对话框，如图 3.29 所示。在其中可设置散点的类型、颜色和大小等。选中 Show symbols 系列选项，Color 选项用于设置散点颜色，Shape 选项用于设置散点形状，Size 选项用于设置散点的大小，其他保持默认，单击 OK 按钮。

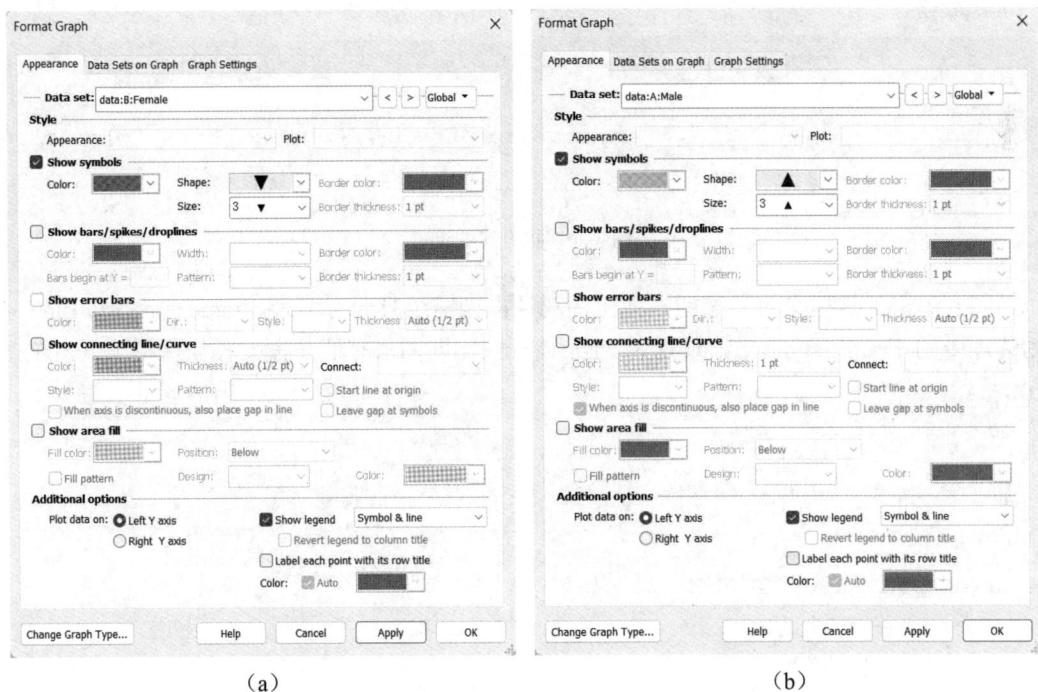

（a）　　　　　　　　　　　　（b）

图 3.29　散点设置对话框

注意：男性、女性的散点需要分别设置。

（6）在草图中双击直线，弹出新的对话框，如图 3.30 所示。通过 Show connecting line/curve 系列选项设置线的特征，Color 选项用于设置线的颜色，Thickness 选项用于设置线的粗细，Style 选项用于设置线的形式，Pattern 选项用于设置线的类型。其他选项保持默认，单击 OK 按钮。

注意：男性、女性的直线需要分别设置。

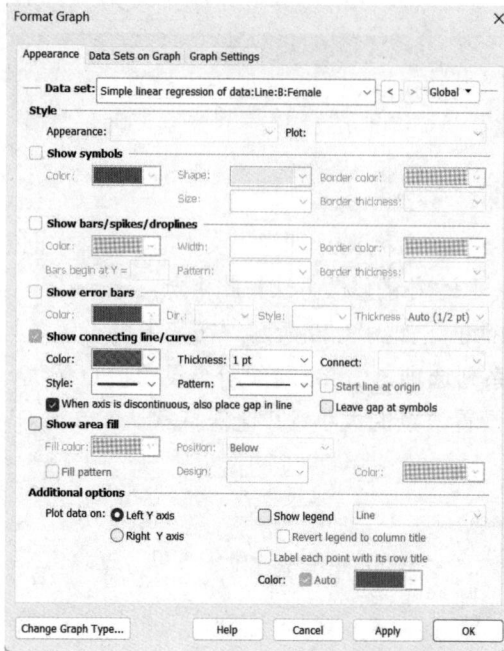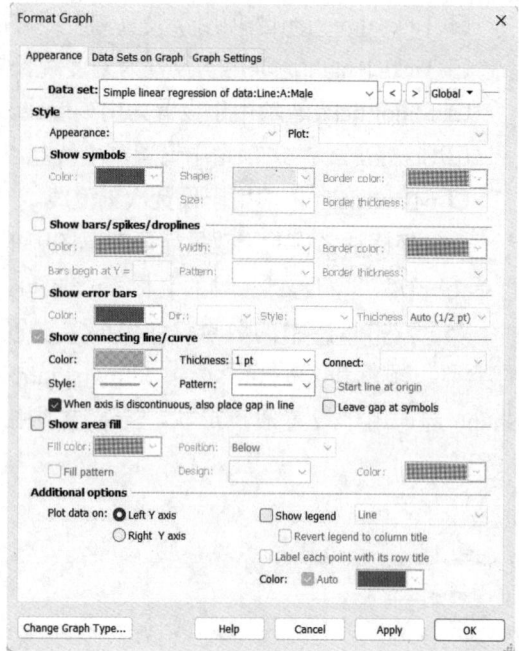

（a） （b）

图 3.30 拟合线的设置

（7）单击工具栏中的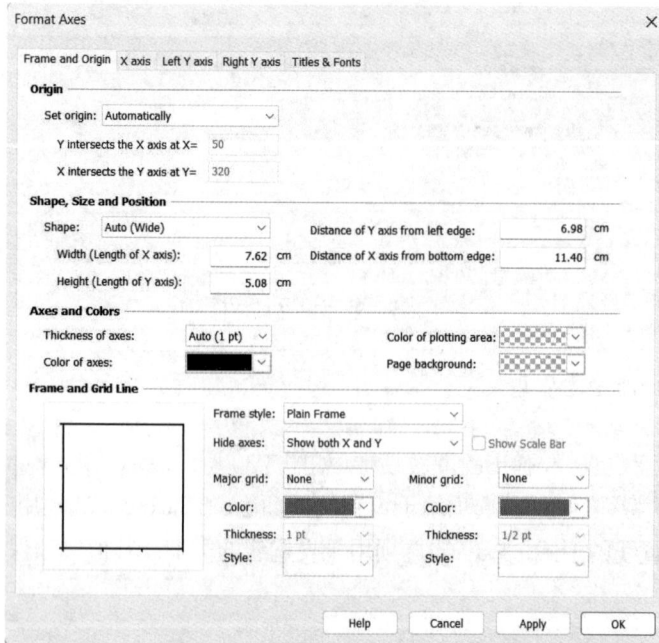按钮，弹出的对话框如图 3.31 所示。将 Frame and Grid Line 系列选项中的 Frame style 选项设置为 Plain Frame，即图形有四边框。其他保持默认。单击 OK 按钮。

图 3.31 设置图的边框

（8）单击工具栏中的 **T** 按钮，将鼠标移动到草图内部，再次单击，即调出文本框。在文本框中输入相应文字后选中文本框，通过键盘的上、下、左、右键将文本框移动至图内的合适位置，最终图形如图 3.32（a）所示。

🔔**注意**：读者可尝试绘制图 3.32（b），详细步骤见配书视频教程资源。

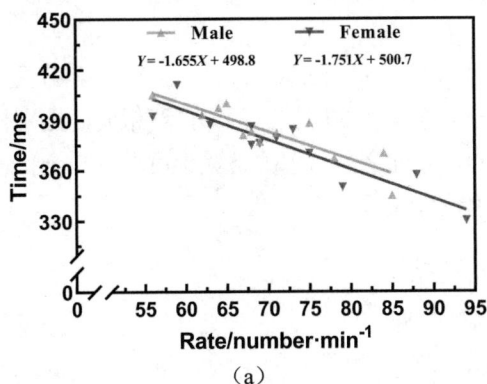

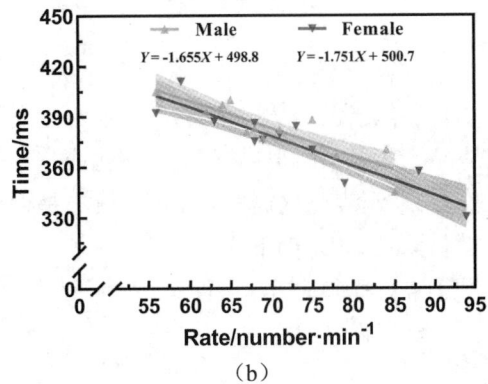

图 3.32　美化后的分层线性回归图

3.4　小　　结

相关与线性回归除了可以利用本章介绍的方法进行分析和绘图外，也可以利用非线性回归里面的直线功能进行分析，其罗列的结果更加详细，绘图元素更加丰富。为什么相关与线性回归可以使用非线性回归进行分析呢?因为线性关系是非线性关系的特殊形式。

第4章 卡方检验

卡方检验是一种非参数检验方法，主要用于分类变量间的比较。例如，两组间的性别构成是否有差异、不同地区间的血型构成是否有差异。除此之外，卡方检验也可进行拟合优度检验，如检验某地区居民的年龄段分布是否符合理论分布。

本章的知识点如下：

❑ 卡方检验的适用条件；

❑ 结果详细解读。

🔔注意：本章内容较为简单。

4.1 卡方检验的适用条件

在实际的工作中，并不是所有分类资料都可以进行卡方检验。卡方检验有一定的适用条件，若不满足适用条件，则不能进行卡方检验。

针对四格表卡方检验，适用的条件如下：

❑ 观测值之间相互独立，不会相互影响。举一个简单的例子，张三的血型不会受到李四血型的影响，即满足独立性。

❑ 总样本量需大于或等于40。

❑ 每个单元格的理论频数应大于或等于5。

如果不满足上述要求，则不能进行卡方检验，应该考虑校正卡方检验或使用 Fisher 确切概率法。

❑ 如果总样本量大于40，但有理论频数在1～5之间，则可以使用校正卡方检验。

❑ 如果总样本量小于40，或有理论频数小于1，则可以使用 Fisher 确切概率法。

针对列联表卡方检验，适用的条件如下：

❑ 观测值之间相互独立。

❑ 列联表中理论数小于5的格子不能超过1/5。

❑ 不能有小于1的理论数。

如果不满足上述要求，则不能进行卡方检验，应该考虑 Fisher 确切概率法。

4.2　列联表卡方检验

本节介绍列联表卡方检验在 GraphPad Prism 中的实现，四格表卡方检验、趋势卡方检验的实现方法与之相同，不再重复介绍。

4.2.1　腰损伤穴位针刺治疗效果研究案例

这里模拟一项研究，某医院研究 3 种不同穴位针刺（穴位 A、穴位 B、穴位 C）对急性腰损伤的治疗效果，随机选择了 300 名患者进行试验，并记录每位患者的治疗效果（治愈或未愈），试分析 3 种穴位针刺的治疗效果是否存在差异，变量信息如表 4.1 所示。

❑ acupoint：穴位。

❑ Yes：治愈人数。

❑ No：未治愈人数。

表 4.1　整理后数据格式

acupoint	Yes	No
A	90	30
B	113	22
C	75	45

4.2.2　卡方检验分析

1．创建分析文件

（1）打开 GraphPad Prism 软件，如图 4.1 所示，在 CREATE 下选择 Contingency 选项。

（2）选择 Data table 下的 Enter or import data into a new table 单选按钮。

（3）单击 Create 按钮，完成分析文件的创建。

2．导入数据

直接复制在 Excel 中整理好的数据，此处仅罗列 3 列数据，依次表示不同的穴位、治愈人数、未愈人数，如图 4.2 所示。

3．分析数据

在图 4.2 所示的导航栏中，Data Tables 表示数据界面，将本次的数据命名为 data。Results 表示统计分析结果界面，如果单击 New Analysis 按钮，将开始卡方检验分析并弹出新的对话框。Graphs 表示统计图形绘制界面，如果单击 New Graph 按钮，将开始绘制图形并弹出新的对话框。

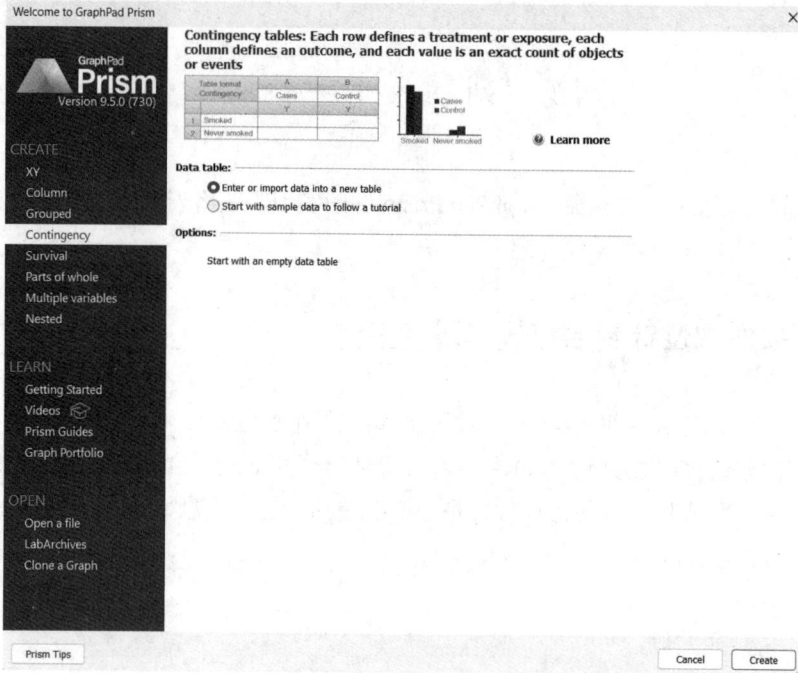

图 4.1　创建分析文件

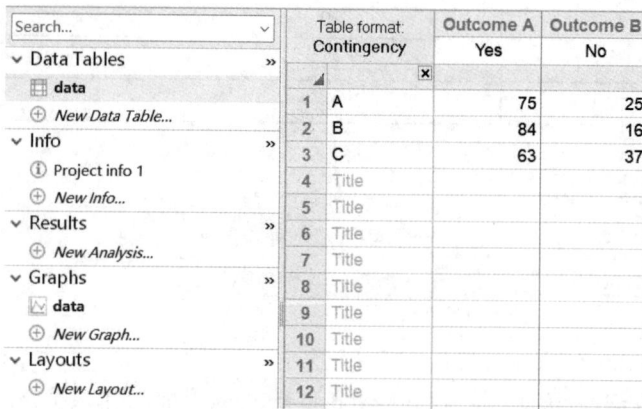

图 4.2　数据复制

（1）单击图 4.2 导航栏 Results 下的 New Analysis，弹出数据分析对话框，如图 4.3（a）所示，在 Contingency table analyses 下选择 Chi-square(and Fisher's exact) test，其他设置保持默认，单击 OK 按钮，弹出对话框如图 4.3（b）所示。

（2）在弹出的对话框中设置参数，如图 4.3（b）所示。

❑ 在 Main Calculations 选项卡中，Effect sizes to report 系列选项可用于计算相对危险度 RR、绝对危险度 AR 等指标，需要注意的是，Effect sizes to report 系列选项仅针对四格表可用。

❑ 在 Main Calculations 选项卡中，Method to compute the P value 系列选项用于选择使用哪些方法进行统计分析。Fisher's exact test 表示确切概率法，Yates' continuity corrected chi-square test 表示校正卡方检验，Chi-square test 表示卡方检验，Chi-square test for trend 表示趋势卡方检验。此处我们选择 Chi-square test。

- ❑ 在 Options 选项卡中，可以设定单尾检验、双尾检验以及置信区间、显示风格设置等，保持默认即可。

（3）单击 OK 按钮，弹出相应的结果界面。

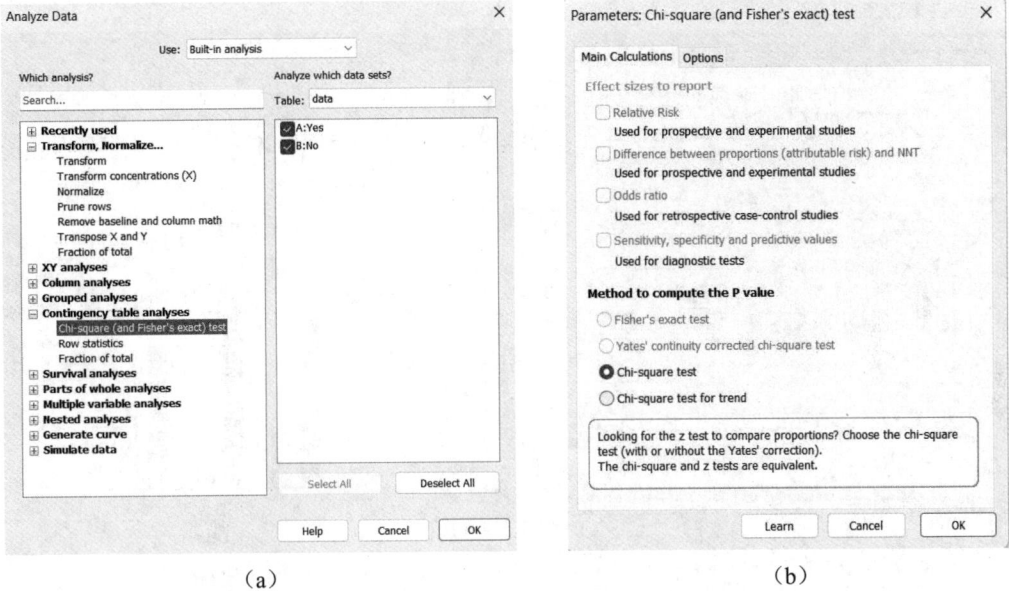

（a）　　　　　　　　　　　　　（b）

图 4.3　数据分析和参数设置

4．卡方检验结果解读

如图 4.4 所示为卡方检验的结果。

Chi-square 和 df 分别表示卡方值和自由度。卡方值为 11.54，自由度为 2。

P value 表示卡方检验得到的 P 值，P 值=0.0031＜0.05，存在显著性意义，即不同穴位针刺法治疗腰损伤的疗效存在差异。

Number of rows、Number of columns 表示本次分析的数据为 3 行 2 列。

	Contingency	A
1	Table Analyzed	data
2		
3	P value and statistical significance	
4	Test	Chi-square
5	Chi-square, df	11.54, 2
6	P value	0.0031
7	P value summary	**
8	One- or two-sided	NA
9	Statistically significant (P < 0.05)?	Yes
10		
11	Data analyzed	
12	Number of rows	3
13	Number of columns	2

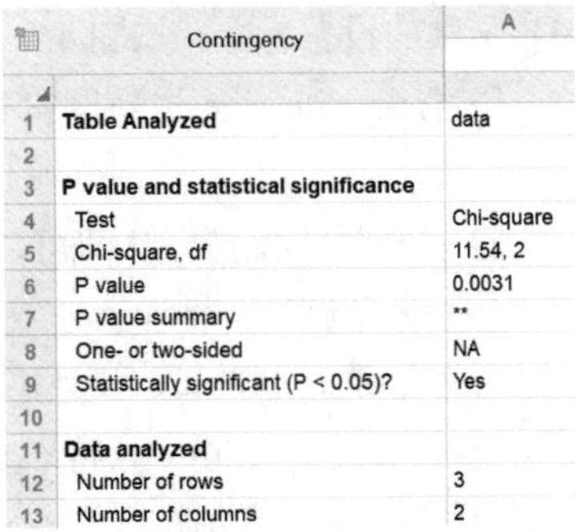

图 4.4　卡方检验结果

4.2.3　图形绘制

（1）单击图 4.2 导航栏 Graphs 下的 New Graph，即可调出绘图对话框，如图 4.5（a）所示。

- ❑ Data sets to plot 为选择绘图数据菜单，通过 Table 选项选择需要绘图的数据表为 data。
- ❑ Kind of graph 为选择图形菜单，通过 Show 选项选择 Contingency。在下方图形中选择第 1 个图形。

🔔**注意**：共有 6 个图形可供选择，在实操过程中每个图形均可尝试，以观察最终图形的样式
是否满足个性化需求。

❏ 其他保持默认，单击 OK 按钮即出现图形，如图 4.5（b）所示。

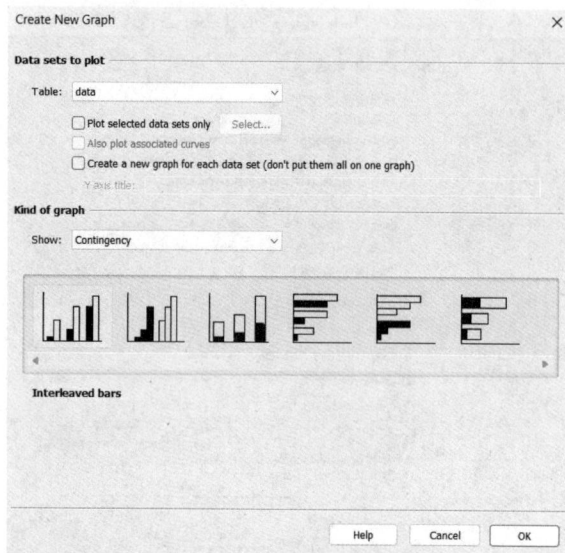
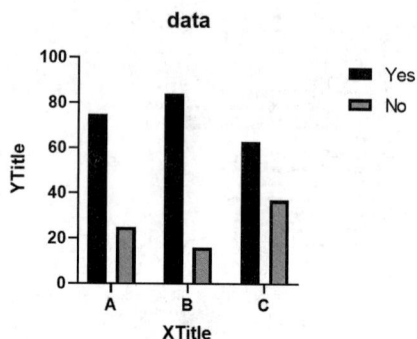

（a）　　　　　　　　　　　　　　　（b）

图 4.5　选择图形并绘制草图

（2）在图 4.5（b）的基础上，进一步对图形进行美化。在草图的 x 轴任意处双击，即可
弹出 x 轴的设置界面，如图 4.6（a）所示。

❏ Ticks direction 选项设置 None，表示 x 轴不显示刻度线。

❏ Ticks length 表示刻度线长度的设置，此处选择 Short，即短刻度线。

❏ 其他选项保持默认即可，单击 OK 按钮。

（3）在草图的 y 轴任意处双击，即可弹出 y 轴设置对话框，如图 4.6（b）所示。y 轴与 x
轴的设置菜单完全相同，此处不再过多罗列。

❏ 取消勾选 Automatically determine the range and interval 复选框，进行手动设置。

❏ Minimum 选项设置为 0，Maximum 选项设置为 120。

❏ Ticks direction 选项设置为 Right。

❏ Ticks length 选项设置为 Short。

❏ Major ticks 选项设置为 30。

❏ Starting at Y=选项设置为 0。

❏ Minor ticks 选项设置为 2。

❏ 其他选项保持默认即可。

（4）坐标轴名称的修改只需要在草图中，单击 x 轴的名称 XTitle 即弹出文本框，在文本
框中再单击一次，即可修改 x 轴名称。y 轴的名称和图名称的修改方法与此相同。

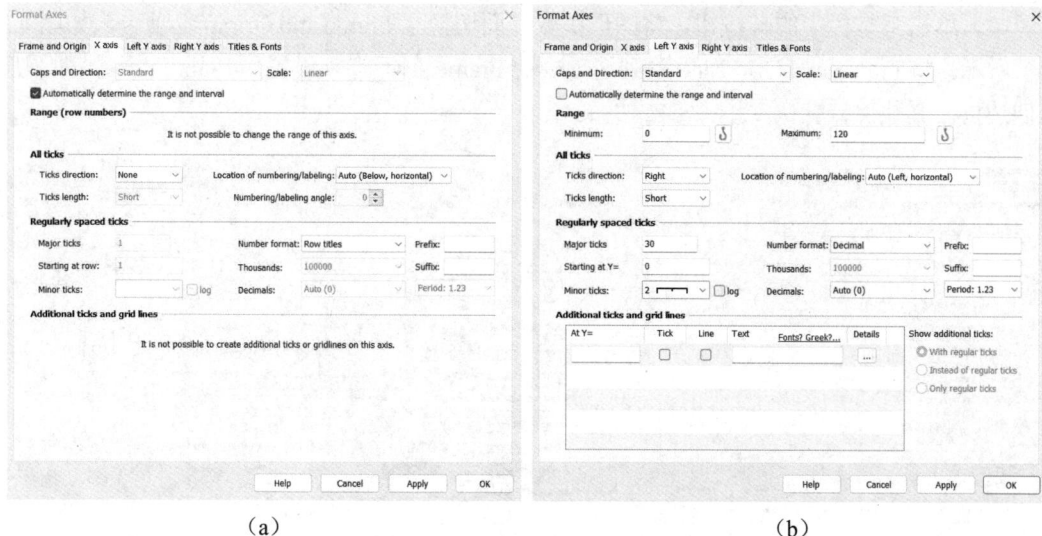

（a）　　　　　　　　　　　　　　　　（b）

图 4.6　x 轴和 y 轴设置对话框

（5）在草图中双击条形图，弹出条形图的设置对话框，如图 4.7 所示。在其中可设置条形图的颜色和边框等。在 Bars and boxes 系列选项中，Fill 选项用于设置条形图的填充色，Border 选项用于设置条形图的边框粗细，Border color 选项用于设置条形图的边框颜色。其他保持默认，单击 OK 按钮。

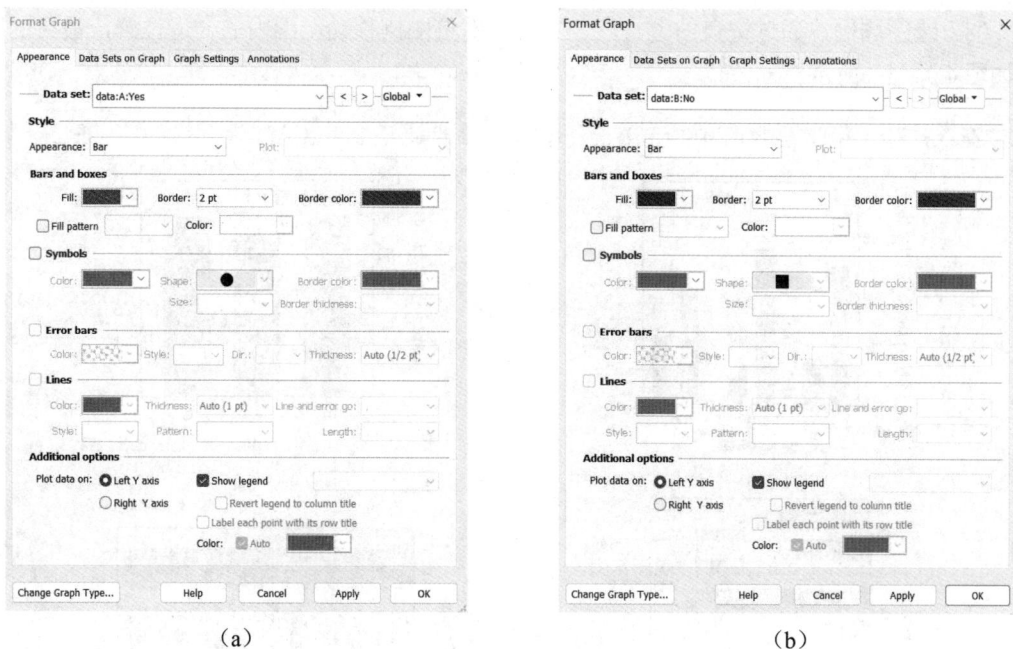

（a）　　　　　　　　　　　　　　　　（b）

图 4.7　治愈条图和未治愈条图设置对话框

（6）单击工具栏中的 按钮，切换至 Annotations 选项卡，如图 4.8（a）所示。选择 Plotted value(mean,median…)选项，表示标记条形图代表的人数。通过 Font 选项、Color 选项设置数字的字体及颜色。

（7）单击工具栏中的 按钮，将图形参数界面切换至 Frame and Origin 选项卡，如图 4.8（b）所示。将 Frame and Grid Line 系列选项中的 Frame style 选项设置为 Plain Frame，即图形有四边框。其他保持默认，单击 OK 按钮。

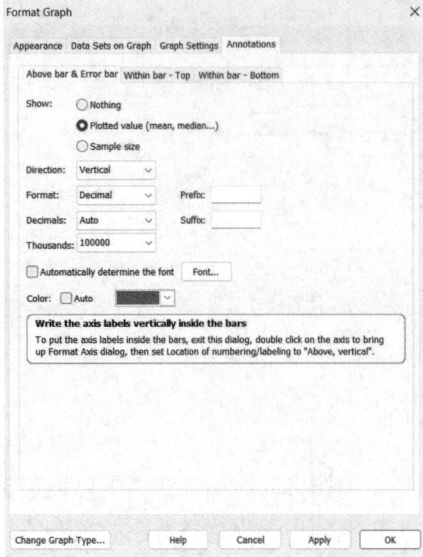 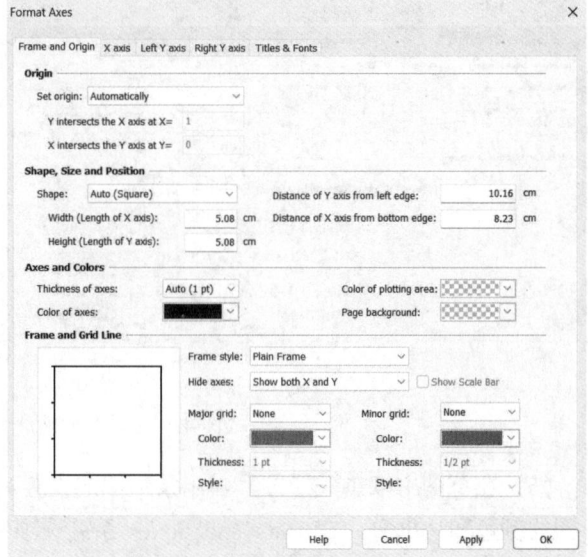

（a）　　　　　　　　　　　　　（b）

图 4.8　Annotations 选项卡及图的边框设置

（8）选中图例，通过键盘的上、下、左、右键将图例移动至图内的合适位置，最终的图形如图 4.9（a）所示。

注意：读者可尝试绘制图 4.9（b）～（d），详细步骤见配书视频。

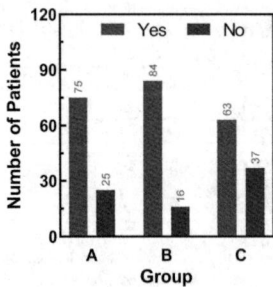 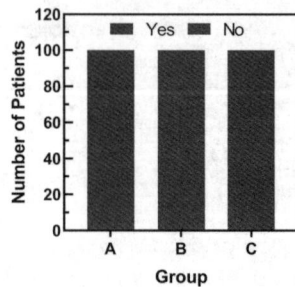

（a）　　　　　　　　　　　　　（b）

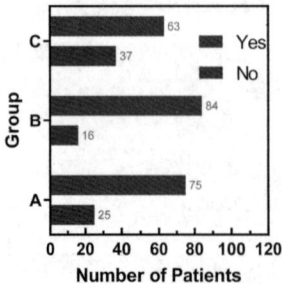 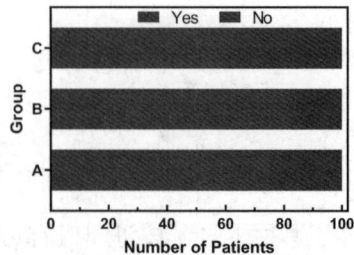

（c）　　　　　　　　　　　　　（d）

图 4.9　美化后的条形图

4.3　筛检指标计算

筛检试验中涉及多个指标的计算。例如，可以评价筛检试验真实性的指标有灵敏度、特异度等，评价筛检试验可靠性的指标有符合率、kappa 值等，评价筛检试验收益的指标有阳性预测值、阴性预测值。

4.3.1　心肌梗塞筛检案例

模拟一项研究，某医院心内科共收治 400 名病人，经临床金标准诊断，确诊 260 名病人患有心肌梗塞。同时针对 400 名病人进行肌酸磷酸激酶筛检，结果见表 4.2，试评价肌酸磷酸激酶筛检心肌梗塞的效果。

表 4.2　整理后的数据格式

	金标准判断为病人	金标准判断为非病人
筛检阳性	230	20
筛检阴性	30	120

从表 4.2 中可以知道，在被金标准判断为病人的群体中，有 230 人被筛检为阳性，30 人被筛检为阴性。在被金标准判断为非病人的群体中，有 20 人被筛检为阳性，120 人被筛检为阴性。

4.3.2　筛检指标计算

1．创建分析文件

（1）打开 GraphPad Prism 软件，如图 4.10 所示，在 CREATE 下选择 Contingency 选项。

（2）选择 Data table 下的 Enter or import data into a new table 单选按钮。

（3）单击 Create 按钮，完成分析文件的创建。

2．导入数据

直接复制在 Excel 中整理好的数据，此处仅列出 2 列数据，如图 4.11 所示。

3．开始分析

在图 4.11 所示的导航栏中，Data Tables 表示数据界面，将本次的数据命名为 Data。Results 表示统计分析结果界面，如果单击 New Analysis，将开始检验分析并弹出新的对话框。

（1）单击图 4.11 导航栏 Results 下的 New Analysis，弹出数据分析对话框，如图 4.12（a）

所示，在 Contingency table analyses 中选择 Chi-square(and Fisher's exact) test，其他设置保持默认，单击 OK 按钮，弹出的对话框如图 4.12（b）所示。

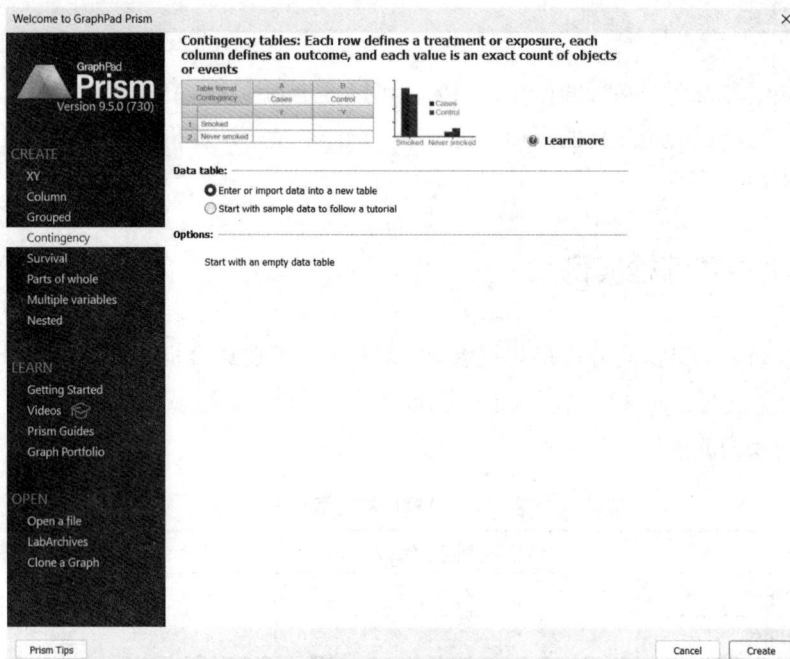

图 4.10　创建分析文件

图 4.11　数据复制

（2）在弹出的对话框中设置参数，如图 4.12（b）所示。

❑ 在 Main Calculations 选项卡中，在 Effect sizes to report 系列选项中选择第 4 个即 Sensitivity,specificity and predictive values Used for diagnostic tests 复选框，用于计算灵敏度、特异度等指标。

❑ 在 Main Calculations 选项卡中，Method to compute the P value 系列选项用于选择使用哪些方法进行统计分析。Fisher's exact test 表示确切概率法，Yates' continuity corrected chi-square test 表示校正卡方检验，Chi-square test 表示卡方检验，Chi-square test for trend

表示趋势卡方检验。此处我们选择 Chi-square test 单选按钮。

❑ 在 Options 选项卡中，可以设定单尾检验、双尾检验及置信区间、显示风格设置等，保持默认即可。

（3）单击 OK 按钮，弹出相应的结果。

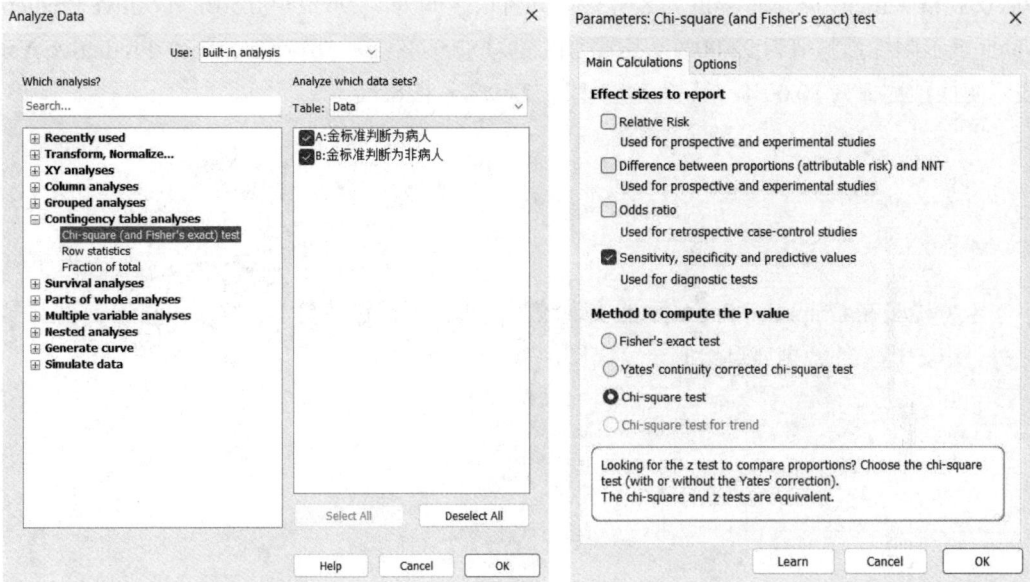

（a）　　　　　　　　　　　　　　（b）

图 4.12　数据分析和参数设置对话框

4. 结果解读

在图 4.13 中罗列了部分结果。

Contingency	A	B
1 Table Analyzed	Data	
2		
3 **P value and statistical significance**		
4 Test	Chi-square	
5 Chi-square, df	213.6, 1	
6 z	14.62	
7 P value	<0.0001	
8 P value summary	****	
9 One- or two-sided	Two-sided	
10 Statistically significant (P < 0.05)?	Yes	
11		
12 **Effect size**	**Value**	**95% CI**
13 Sensitivity	0.8846	0.8401 to 0.9180
14 Specificity	0.8571	0.7896 to 0.9056
15 Positive Predictive Value	0.9200	0.8797 to 0.9476
16 Negative Predictive Value	0.8000	0.7289 to 0.8562
17 Likelihood Ratio	6.192	
18		
19 **Methods used to compute CIs**		
20 Sensitivity, specificity, etc.	Wilson-Brown	

图 4.13　筛检结果

首先是卡方检验的结果。Chi-square 和 df 分别表示卡方值和自由度。卡方值为 213.6，自由度为 1。P value 表示卡方检验得到的 P 值，$P<0.0001$，存在显著性意义，即存在统计学差异。

其次是筛检试验的结果。Sensitivity 表示灵敏度为 88.46%，其置信区间为 84.01%～91.80%。Specificity 表示特异度为 85.71%，其置信区间为 78.96%～90.56%。Positive Predictive Value 表示阳性预测值为 92.00%，其置信区间为 87.97%～94.76%。Negative Predictive Value 表示阴性预测值为 80.00%，其置信区间为 72.89%～85.62%。

4.4 小　　结

卡方检验在 GraphPad Prism 中的实现较为简单，不再过多赘述。除了可以绘制以上图形之外，卡方检验的数据亦可绘制金字塔图。

第 5 章 ROC 曲线绘制与分析

ROC 曲线的全称为受试者工作特征曲线（Receiver Operating Characteristic Curve），以真阳性率即灵敏度为 y 轴，假阳性率即 1-特异度为 x 轴，评估某方法的诊断价值。本章的知识点如下：

❑ ROC 相关指标；
❑ ROC 曲线分析；
❑ ROC 曲线绘制。

5.1 单变量 ROC 曲线的绘制与分析

本节首先介绍 ROC 曲线的相关指标，了解这些指标是学习如何使用 ROC 曲线的基础，然后介绍如何进行数据整理，以及如何用 GraphPad Prism 进行单变量 ROC 分析。

5.1.1 ROC 曲线的相关指标

1. 真阳性率

真阳性率（True Positive Rate，TPR）也称灵敏度（Sensitivity），指实际阳性的样本中被确定为阳性样本所占的比例。计算公式为 TPR = TP / (TP + FN)×100%，其中，TP 表示真阳性人数（True Positive），FN 表示假阴性人数（False Negative）。

2. 假阳性率

假阳性率（False Positive Rate，FPR）也称为 1-特异度（1-Specificity），指实际阴性的样本中被确定为阳性样本所占的比例。计算公式为 FPR = FP / (FP + TN)×100%，其中，FP 表示假阳性人数（False Positive），TN 表示真阴性人数（True Negative）。

3. AUC

ROC 曲线下面积（Area Under Curve，AUC），即 ROC 曲线下与 x 轴围成区域的面积，AUC 的取值范围为 0.5～1。AUC 越接近 1.0，真实性越高；AUC 越接近 0.5，真实性越低。如果 AUC 大于 0.7，则认为真实性较高，如果 AUC 大于 0.9，则表示真实性非常好。

5.1.2　原发性胆汁肝硬化研究案例

本例改编自相关资料，分析血清胆红素水平与原发性胆汁肝硬化的关系，变量如下：

❑ hepatocirrhosis：是否为肝硬化患者，二分类变量，0 表示否，1 表示是，即此案例中的 0 表示正常人，1 表示肝硬化患者。

❑ bilirubin：表示血清胆红素水平，为连续变量。

常见的数据格式见表 5.1，需要进一步整理成可以满足 GraphPad Prism 的 ROC 曲线绘制及分析要求的数据格式。

表 5.1　常见的数据格式（前 10 行数据）

hepatocirrhosis	bilirubin（mg/dL）
1	15.5
0	1.1
1	2.4
1	2.8
0	3.4
1	1.8
0	1.0
1	1.3
1	4.2
1	13.6

之后将表 5.1 整理成如表 5.2 所示的格式。数据共两列，其中，control 表示正常人，patient 表示肝硬化患者。以第 1 行数据为例，正常人胆红素为 1.1mg/dL，患者胆红素为 15.5mg/dL。

表 5.2　常见的数据格式（其中的 10 行数据）

control	patient
1.1	15.5
3.4	2.4
1.0	2.8
0.7	1.8
0.7	1.3
0.7	4.2
0.6	13.6
0.7	2.4
0.7	4.6
1.8	1.8

5.1.3　ROC 曲线分析

1．创建分析文件

（1）打开 GraphPad Prism 软件，如图 5.1 所示，在 CREATE 下选择 Column 选项。

（2）选择 Data table 下的 Enter or import data into a new table 单选按钮，再选择 Options 下的 Enter replicate values, stacked into columns 单选按钮。

（3）单击 Create 按钮，完成分析文件的创建。

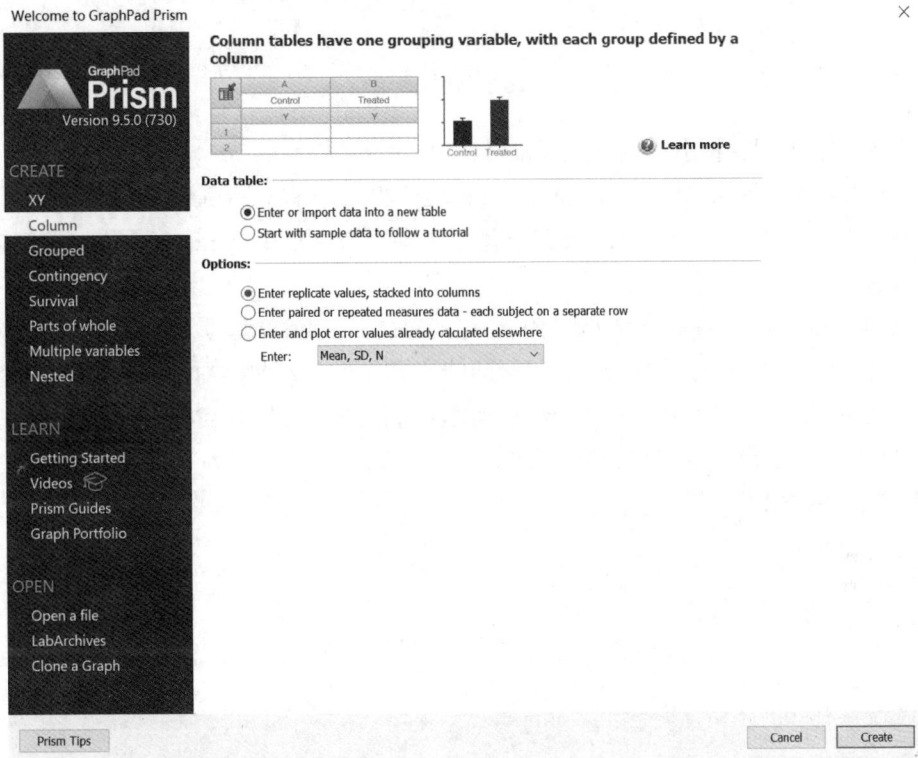

图 5.1　创建分析文件

2．导入数据

将在 Excel 中整理好的数据（表 5.2）直接复制过来，共有 2 列，分别是 control 和 patient，如图 5.2 所示（此处仅罗列部分数据）。

3．ROC曲线分析

（1）在图 5.2 左侧的导航栏中，Data Tables 表示数据界面，将本次的数据命名为 Data。单击图 5.2 左侧导航栏 Results 下的 New Analysis，弹出数据分析对话框，如图 5.3 所示，在 Column analyses 下选择 ROC Curve，其他设置保持默认，单击 OK 按钮。

图 5.2　数据复制

（2）在弹出的对话框中设置参数，如图 5.4 所示。

☐ 在 Data sets 系列选项中，Control values 选项用于设置对照组为 A: control，即图 5.2 中的 A 列数据，Patient values 选项用于设置病例组为 B: patient，即图 5.2 中的 B 列数据。

☐ 在 Confidence intervals 系列选项中，Confidence Interval 选项通常选择 95%，即 95% 置信区间。Method 选项表示置信区间的计算方法，保持默认即可。

☐ 在 Results 系列选项中，Fraction 表示坐标刻度以小数显示，Percentage 表示坐标刻度以百分比显示，此处保持默认即可。

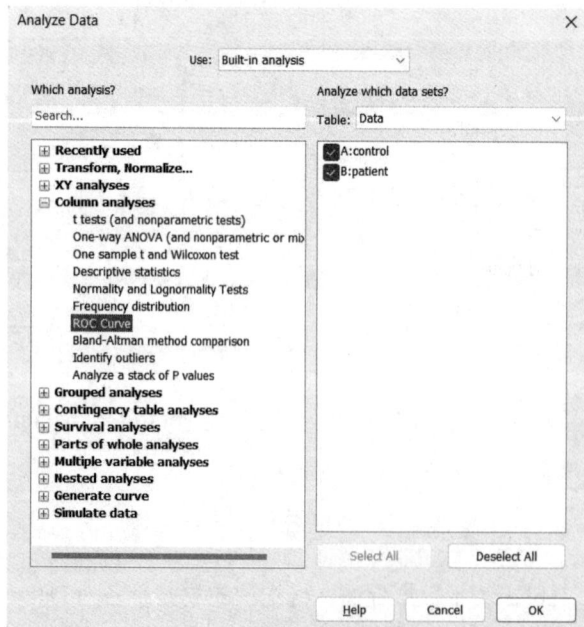

☐ 单击 OK 按钮。

图 5.3　数据分析对话框

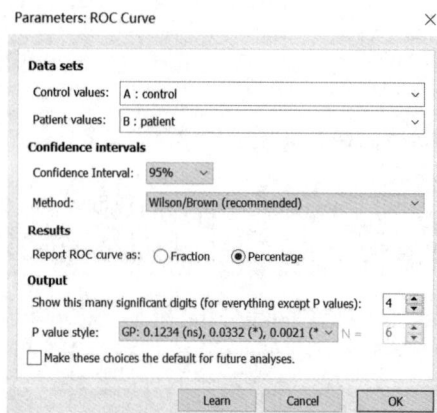

图 5.4　设置参数

4．ROC曲线分析结果解读

弹出的结果有 2 个，分别是 Area 和 Sensitivity & Specificity。

（1）在图 5.5（a）中罗列了 Area 的结果。Area under the ROC curve（AUC）表示 ROC 曲线下的面积，Std. Error 表示标准误，95% confidence interval 表示 95%置信区间，P value 即 P 值。此处，AUC=0.8295，标准误=0.03281，P 值小于 0.0001，存在统计学意义。此处，AUC 大于 0.7，说明胆红素指标对肝硬化结果预测的真实性较好，并且有统计学意义。Data 罗列了两组人的例数，此处 Controls 组有 85 人，Patients 组有 68 人，两组均无缺失值。

（2）图 5.5（b）中显示的是 Sensitivity & Specificity 的结果，其中包含灵敏度（Sensitivity）和特异度（Specificity）及其各自对应的 95%置信区间（95%CI），以及似然比（Likelihood ratio，LR），似然比是一个同时反映灵敏度和特异度的综合指标。可以利用该页面结果进一步计算约登指数和最佳截断值。

	ROC	
	Area	
1	Area under the ROC curve	
2	Area	0.8295
3	Std. Error	0.03281
4	95% confidence interval	0.7652 to 0.8938
5	P value	<0.0001
6		
7	Data	
8	Controls	85
9	Patients	68
10	Missing Controls	0
11	Missing Patients	0

（a）

		Sensitivity%	95% CI	Specificity%	95% CI	Likelihood ratio
1	> 0.3500	98.53	92.13% to 99.92%	1.176	0.06035% to 6.367%	0.9970
2	> 0.4500	98.53	92.13% to 99.92%	5.882	2.539% to 13.04%	1.047
3	> 0.5500	98.53	92.13% to 99.92%	17.65	11.00% to 27.10%	1.196
4	> 0.6500	98.53	92.13% to 99.92%	31.76	22.84% to 42.27%	1.444
5	> 0.7500	95.59	87.81% to 98.80%	38.82	29.16% to 49.45%	1.563
6	> 0.8500	94.12	85.83% to 97.69%	43.53	33.50% to 54.12%	1.667
7	> 0.9500	94.12	85.83% to 97.69%	45.88	35.70% to 56.42%	1.739
8	> 1.050	92.65	83.91% to 96.82%	52.94	42.43% to 63.19%	1.969
9	> 1.150	89.71	80.24% to 94.92%	60.00	49.37% to 69.76%	2.243
10	> 1.250	89.71	80.24% to 94.92%	65.88	55.31% to 75.08%	2.629
11	> 1.350	83.82	73.31% to 90.72%	68.24	57.73% to 77.16%	2.639
12	> 1.450	79.41	68.36% to 87.32%	68.24	57.73% to 77.16%	2.500
13	> 1.550	79.41	68.36% to 87.32%	69.41	58.95% to 78.19%	2.596
14	> 1.700	79.41	68.36% to 87.32%	71.76	61.42% to 80.23%	2.813
15	> 1.850	79.41	68.36% to 87.32%	72.94	62.66% to 81.24%	2.935

（b）

图 5.5　结果展示

按照如上步骤完成 ROC 曲线分析后会自动生成一条 ROC 曲线，在图 5.2 左侧导航栏下的 Graphs 中出现的 ROC Curve: ROC of Data，表示针对刚才的数据表 Data 分析得到的图形结果，如图 5.6 所示，x 轴表示 1-特异度，y 轴表示灵敏度。

5. 优化ROC图形

在图 5.6 的基础上进一步对图形进行美化，步骤如下：

（1）在工具栏中单击 按钮，弹出 Format Axes 对话框，切换到 Frame and Origin 选项卡，如图 5.7 所示。

图 5.6　胆红素 ROC 曲线草图

❑ 在 Shape, Size and Position 系列选项中，Shape 选项用于设置图框为 Square 即方形。Width（Length of X axis）选项用于设置 x 轴宽度为 7.00cm；Height（Length of Y axis）选项用于设置 y 轴高度为 7.00cm。

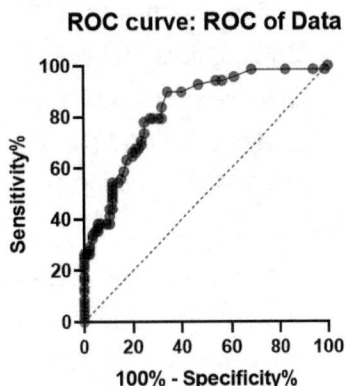

❑ 在 Axes and Colors 系列选项中，Thickness of axes 选项用于设置坐标轴粗细为 1/2 pt。

❑ 在 Frame and Grid Line 系列选项中，Frame style 选项用于设置为 Plain Frame 即四边框。

❑ 其他选项保持默认即可，单击 Apply 按钮。

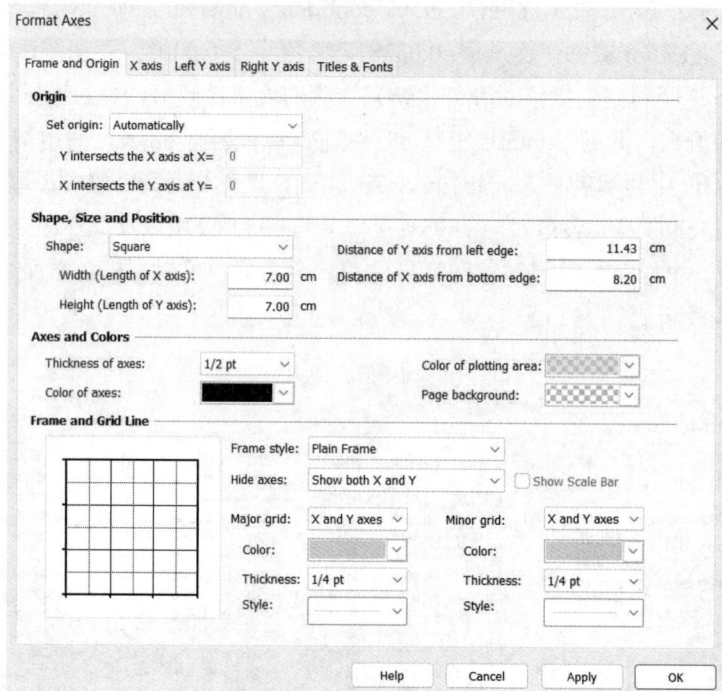

图 5.7　边框设置对话框

（2）从图 5.7 的 Frame and Origin 选项卡切换至 X axis 选项卡，即可对 x 轴参数进行设置，如图 5.8（a）所示。

❑ Ticks direction 选项此处选择 Up，即刻度线位于 x 轴上方。

❑ Major ticks 选项表示主刻度线的间隔，此处默认设置为 20。

❑ Minor ticks 选项表示次刻度线，此处选择 0。

❑ 其他选项保持默认即可。单击 OK 按钮。

（3）从图 5.8（a）的 X axis 选项卡切换到 Left Y axis 选项卡，即可对 y 轴参数进行设置，如图 5.8（b）所示。

❑ Minor ticks 选项设置为 0。

❑ 其他选项保持默认即可，单击 OK 按钮。

（4）坐标轴名称的修改只需要在草图中，单击 x 轴的名称 100% - Specificity%即弹出文本框，在文本框中再单击一次，即可修改 x 轴的名称。y 轴名称、图名称的修改方法与此相同。

（5）单击工具栏中的■按钮，弹出 Format Graph 对话框，切换到 Appearance 选项卡，如图 5.9（a）所示，在其中可以设置图形的线型和颜色等。此处将 ROC 曲线颜色改为绿色。

❑ 在 Show symbols 系列选项中，Color 选项设置为绿色，Shape 选项默认为黑色实心圆圈，Size 选项设置圆圈的大小为 1。

❑ 在 Show connecting line/curve 系列选项中，Color 选项用于设置曲线的颜色为绿色，Pattern 选项用于设置曲线的线型为实线，Thickness 选项用于设置曲线的宽度为 1pt。

❑ 其他选项保持默认即可，单击 Apply 按钮。

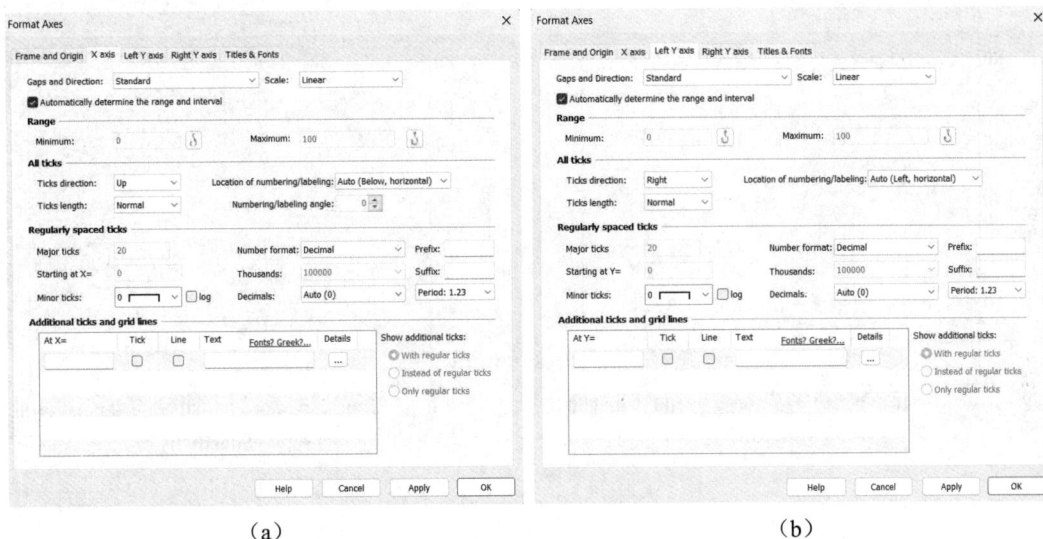

（a）　　　　　　　　　　　　　　（b）

图 5.8　坐标轴设置

（6）从图 5.9（a）的 Appearance 选项卡切换到 Graph Settings 选项卡，将红色辅助线改为黑色，如图 5.9（b）所示，单击 OK 按钮。

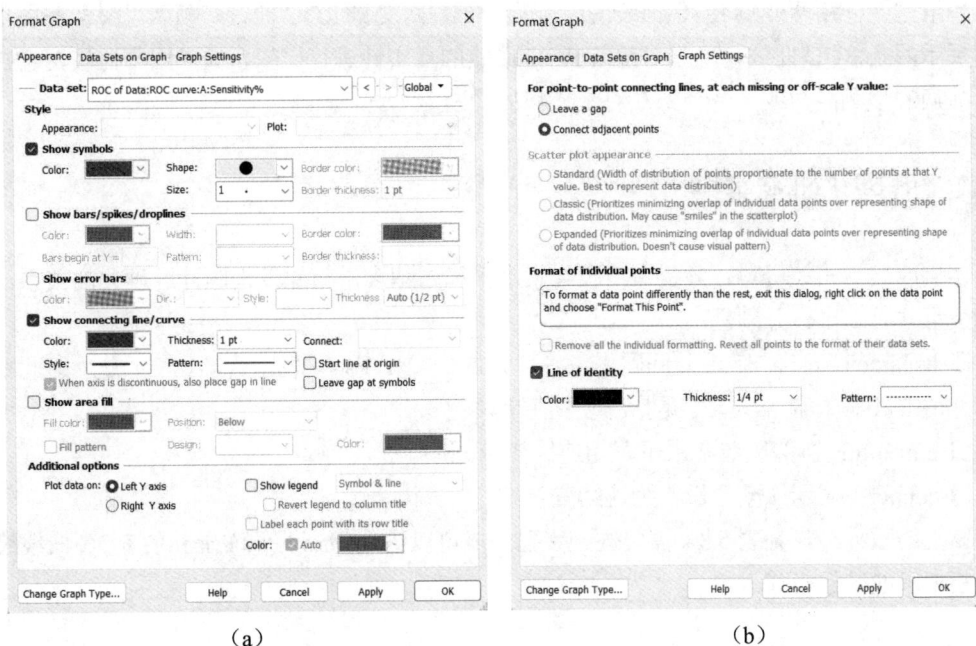

（a）　　　　　　　　　　　　　　（b）

图 5.9　图外观设置对话框

（7）单击草图上方的 ROC curve: ROC of Data，按 Enter 键删除图标题。

（8）选中图中数字和文字部分，调整字体和字号、调整图的背景色、添加网格线。另外，也可通过添加文本框的形式，在图上添加文字，如添加"AUC=0.8295"，形成最终的图形，如图 5.10 所示。

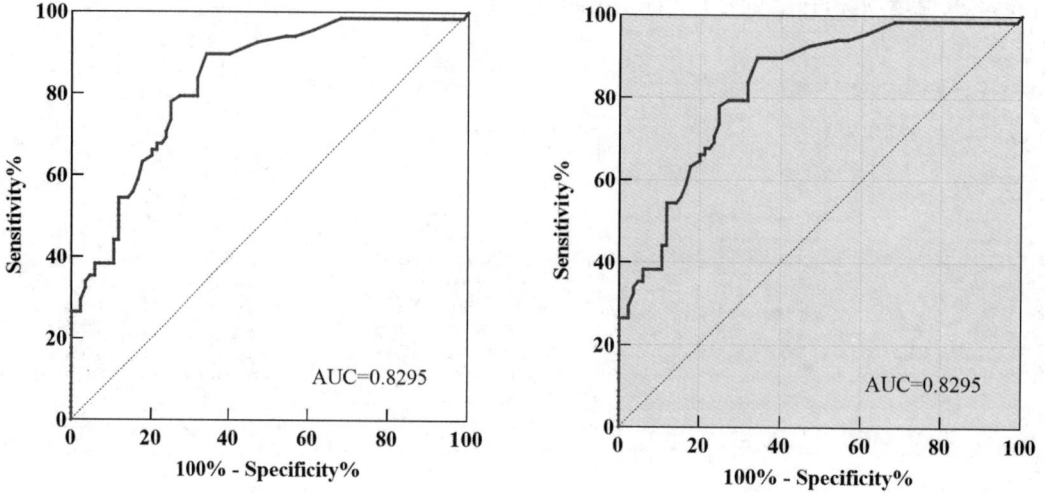

图 5.10　ROC 曲线

5.2　两变量 ROC 曲线的绘制与分析

本节主要介绍两变量 ROC 曲线的绘制与分析，两变量 ROC 曲线，顾名思义即在图形中同时展示两条 ROC 曲线，可以对两条 ROC 曲线的真实性进行比较，通常用来比较两个指标对于疾病的预测能力或者两种方法对于疾病的诊断能力。

5.2.1　肝硬化研究案例

本例改编自相关资料，分析血清胆红素水平和尿酮含量与原发性胆汁肝硬化的关系，收集的变量共有 3 个，分别是：

❑ hepatocirrhosis：是否为肝硬化患者，为二分类变量，0 表示否，1 表示是，即此案例中的 0 是指正常人，1 是指肝硬化患者。

❑ bilirubin：血清胆红素水平，为连续变量。

❑ copper：表示尿酮含量，为连续变量。

常见的数据格式见表 5.3，需要进一步整理成可以满足 GraphPad Prism 的 ROC 曲线绘制及分析要求的数据格式。

表 5.3　常见的数据格式（部分数据）

hepatocirrhosis	bilirubin	copper
1	15.5	156
0	1.1	54
1	2.4	210
1	2.8	64
0	3.4	143
1	1.8	50
0	1.0	52

之后将表 5.3 整理成如表 5.4 所示的格式。数据共 4 列，左边两列是胆红素数据，右边两列是尿酮数据。control 表示正常人，patient 表示肝硬化患者。以第 1 行数据为例，正常人胆红素为 1.1mg/dL，尿酮含量为 54 ug/day；患者胆红素为 15.5mg/dL，尿酮含量为 156 ug/day。

表 5.4　常见的数据格式（部分数据）

bilirubin		copper	
control1	patient1	control2	patient2
1.1	15.5	54	156
0.7	0.3	52	84
0.7	12.6	40	56
0.3	11.4	24	94
1.1	17.4	91	153
1.9	21.6	233	159
0.9	3.6	112	140

5.2.2　ROC 曲线分析

1. 创建分析文件

（1）打开 GraphPad Prism 软件，如图 5.11 所示，在 CREATE 下选择 Column 选项。

（2）选择 Data table 下的 Enter or import data into a new table 单选按钮，再选择 Options 下的 Enter replicate values, stacked into columns 单选按钮。

（3）单击 Create 按钮，完成分析文件的创建。

2. 导入数据

将在 Excel 中整理好的数据（表 5.4）直接复制过来。共有 4 列数据，分别是 control1、patient1 和 control2、patient2，如图 5.12 所示（罗列部分数据）。

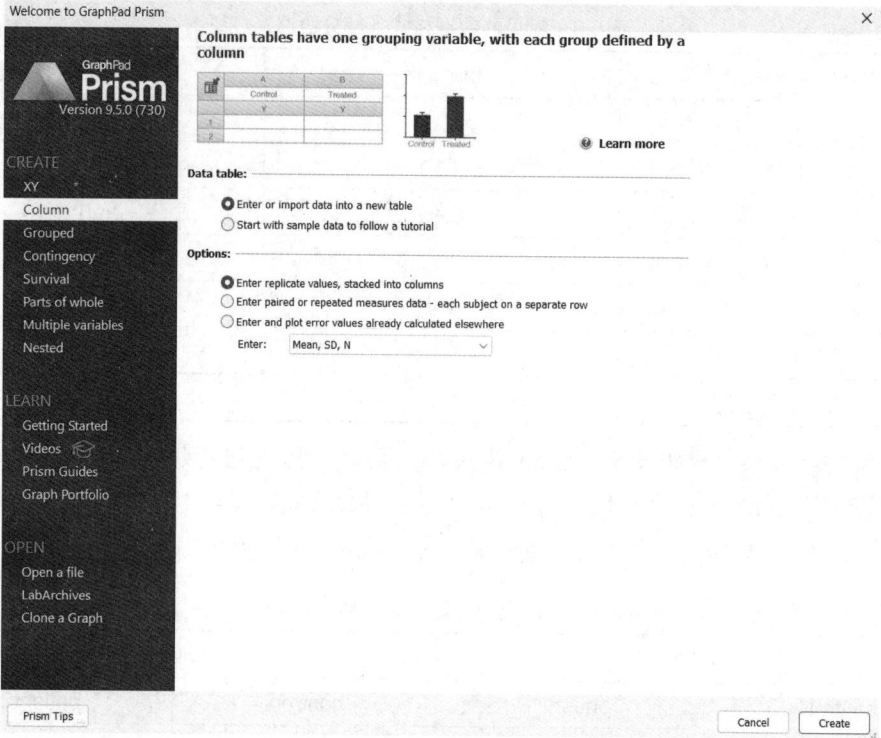

图 5.11　创建分析文件

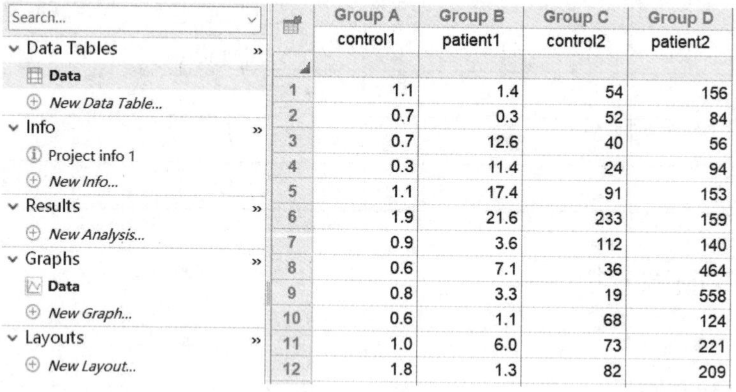

图 5.12　数据复制

3．ROC曲线分析

将本次的数据命名为 Data。单击图 5.12 左侧导航栏 Results 下的 New Analysis 或者直接单击工具栏中的 ▣Analyze，开始进行 ROC 曲线分析，弹出的对话框如图 5.13（a）所示。

（1）在图 5.13（a）中的 Column analyses 下选择 ROC Curve，再选中 A:control1 和 B:patient1 复选框，单击 OK 按钮。

（2）在弹出的对话框中设置参数，如图 5.13（b）所示。该对话框中的各选项保持默认即可，单击 OK 按钮。

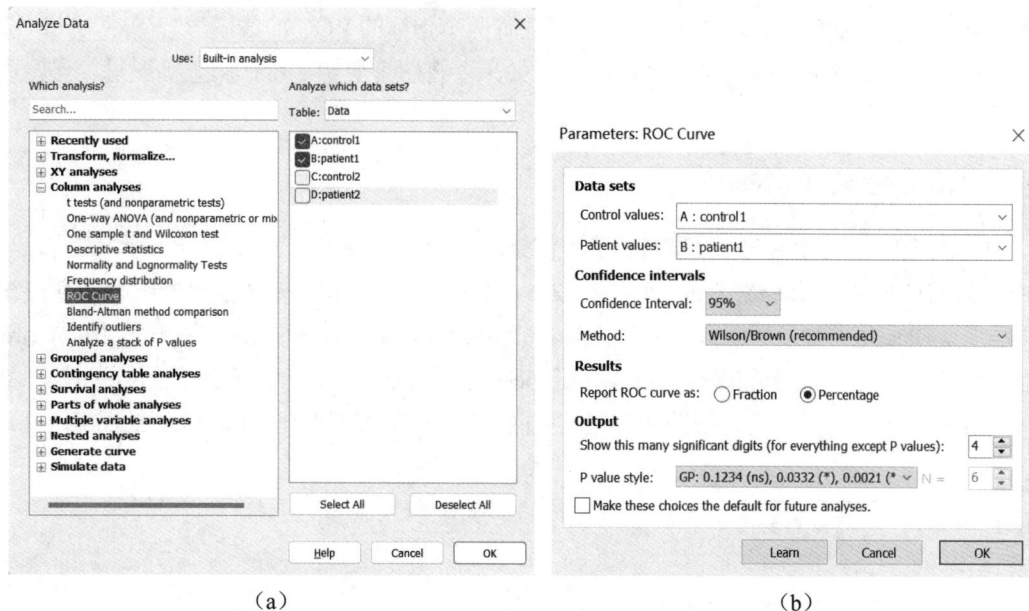

(a)　　　　　　　　　　　　　　(b)

图 5.13　数据分析对话框

（3）再次单击图 5.12 左侧导航栏 Results 下的 New Analysis，弹出数据分析对话框，在 Column analyses 下选择 ROC Curve，此次选中 control2 和 patient2 复选框，单击 OK 按钮，如图 5.14（a）所示。在弹出的对话框中可设置参数，如图 5.14（b）所示。该对话框中的各选项保持默认即可，单击 OK 按钮。

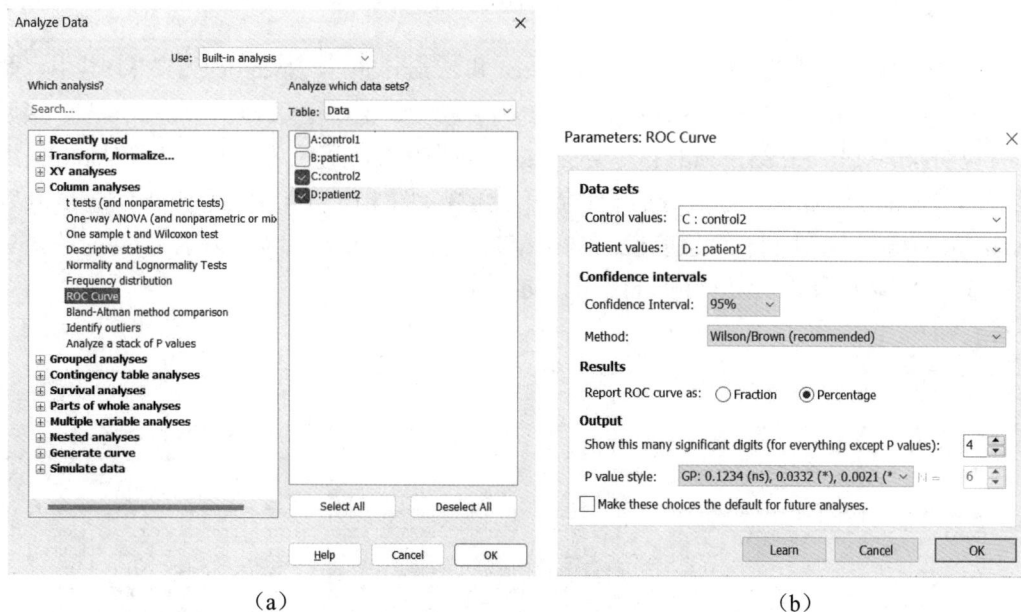

(a)　　　　　　　　　　　　　　(b)

图 5.14　数据分析对话框

至此，两变量 ROC 曲线分析结果都已做出了，可以在图 5.12 左侧导航栏 Results 下的 ROC of Data 下查看两个变量的结果，包括 Area 和 Sensitivity & Specificity 结果。在左侧导航栏 Graphs 下的 ROC Curve: ROC of Data 中可查看两个指标的 ROC 曲线图形。当然，此时两个变量的 ROC 曲线是分别放在两幅图里的，如果要将两个变量显示在同一幅图里，需要进一步操作。

4．ROC曲线分析结果解读

（1）图 5.15（a）和（b）分别显示了胆红素的 Area 和 Sensitivity & Specificity 的结果。其中，图 5.15（a）显示胆红素的 AUC=0.8295，标准误=0.03281，P 值小于 0.0001，存在统计学意义。Data 里罗列了两组人的例数，Controls 组有 85 人，Patients 组有 68 人，两组均无缺失值。图 5.15（b）中显示的是 Sensitivity & Specificity 的结果，包含灵敏度（Sensitivity）、特异度（Specificity）及其各自对应的 95%置信区间（95%CI）和似然比（Likelihood ratio，LR）。

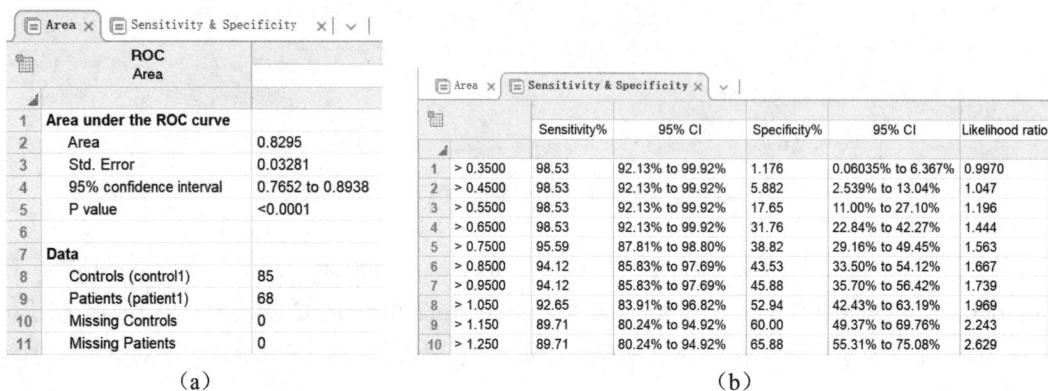

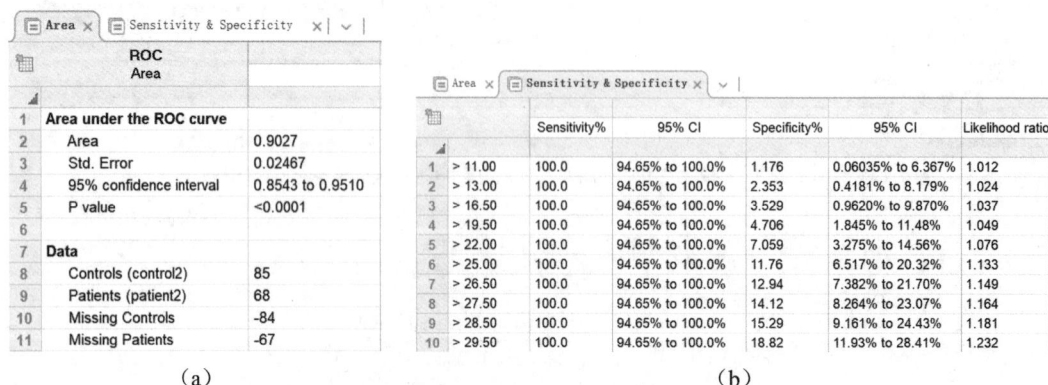

	ROC Area	
1	Area under the ROC curve	
2	Area	0.8295
3	Std. Error	0.03281
4	95% confidence interval	0.7652 to 0.8938
5	P value	<0.0001
6		
7	Data	
8	Controls (control1)	85
9	Patients (patient1)	68
10	Missing Controls	0
11	Missing Patients	0

（a）

		Sensitivity%	95% CI	Specificity%	95% CI	Likelihood ratio
1	> 0.3500	98.53	92.13% to 99.92%	1.176	0.06035% to 6.367%	0.9970
2	> 0.4500	98.53	92.13% to 99.92%	5.882	2.539% to 13.04%	1.047
3	> 0.5500	98.53	92.13% to 99.92%	17.65	11.00% to 27.10%	1.196
4	> 0.6500	98.53	92.13% to 99.92%	31.76	22.84% to 42.27%	1.444
5	> 0.7500	95.59	87.81% to 98.80%	38.82	29.16% to 49.45%	1.563
6	> 0.8500	94.12	85.83% to 97.69%	43.53	33.50% to 54.12%	1.667
7	> 0.9500	94.12	85.83% to 97.69%	45.88	35.70% to 56.42%	1.739
8	> 1.050	92.65	83.91% to 96.82%	52.94	42.43% to 63.19%	1.969
9	> 1.150	89.71	80.24% to 94.92%	60.00	49.37% to 69.76%	2.243
10	> 1.250	89.71	80.24% to 94.92%	65.88	55.31% to 75.08%	2.629

（b）

图 5.15　胆红素结果

（2）图 5.16（a）和（b）罗列了尿酮的 Area 和 Sensitivity & Specificity 结果。其中，图 5.16（a）中显示尿酮的 AUC=0.9027，标准误=0.02467，P 值小于 0.0001。此处，AUC 接近于 1，说明尿酮对肝硬化结果预测的真实性较好，并且有统计学意义。Data 显示 Controls 组有 85 人，Patients 组有 68 人，此处的缺失值可以无视。图 5.16（b）中显示的是 Sensitivity & Specificity 的结果，其中包含灵敏度（Sensitivity）、特异度（Specificity）及其各自对应的 95% 置信区间（95%CI）和似然比（Likelihood ratio，LR）。

	ROC Area	
1	Area under the ROC curve	
2	Area	0.9027
3	Std. Error	0.02467
4	95% confidence interval	0.8543 to 0.9510
5	P value	<0.0001
6		
7	Data	
8	Controls (control2)	85
9	Patients (patient2)	68
10	Missing Controls	-84
11	Missing Patients	-67

（a）

		Sensitivity%	95% CI	Specificity%	95% CI	Likelihood ratio
1	> 11.00	100.0	94.65% to 100.0%	1.176	0.06035% to 6.367%	1.012
2	> 13.00	100.0	94.65% to 100.0%	2.353	0.4181% to 8.179%	1.024
3	> 16.50	100.0	94.65% to 100.0%	3.529	0.9620% to 9.870%	1.037
4	> 19.50	100.0	94.65% to 100.0%	4.706	1.845% to 11.48%	1.049
5	> 22.00	100.0	94.65% to 100.0%	7.059	3.275% to 14.56%	1.076
6	> 25.00	100.0	94.65% to 100.0%	11.76	6.517% to 20.32%	1.133
7	> 26.50	100.0	94.65% to 100.0%	12.94	7.382% to 21.70%	1.149
8	> 27.50	100.0	94.65% to 100.0%	14.12	8.264% to 23.07%	1.164
9	> 28.50	100.0	94.65% to 100.0%	15.29	9.161% to 24.43%	1.181
10	> 29.50	100.0	94.65% to 100.0%	18.82	11.93% to 28.41%	1.232

（b）

图 5.16　尿酮结果

　　在图 5.12 左侧导航栏 Graphs 中出现的 ROC Curve: ROC of Data，就是针对刚才的数据表 Data 分析得到的图形结果，如图 5.17 所示，x 轴表示 1-特异度，y 轴表示灵敏度。图 5.17（a）为胆红素的 ROC 曲线，图 5.17（b）为尿酮的 ROC 曲线。

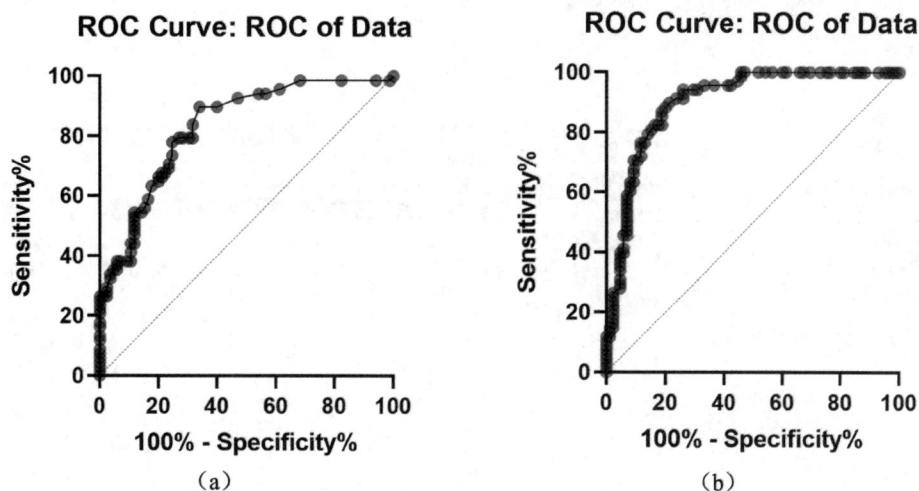

图 5.17　胆红素和尿酮的 ROC 曲线草图

5. 两个变量ROC图形绘制与美化

　　（1）单击图 5.17(b)的 ROC 曲线图形绘制或者单击工具栏中的 按钮，弹出 Format Graph 对话框，切换至 Data Sets on Graph 选项卡，在 Data on graph 下单击 Add 按钮，如图 5.18 所示。

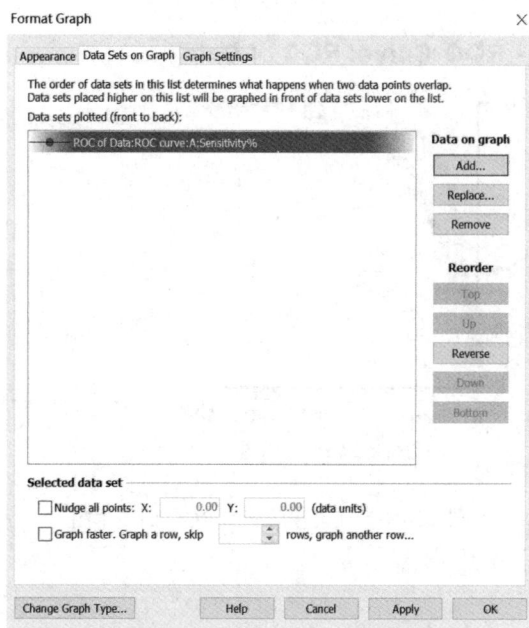

图 5.18　图形处理对话框

（2）此时将会弹出添加图形对话框，在 Select 下选择图 5.17（a）的图形结果 ROC Curve:
ROC of Data，之后单击 OK 按钮，如图 5.19（a）所示。

（3）此时将会弹出如图 5.19（b）所示的对话框，单击 OK 按钮，即可弹出胆红素和尿酮
这两个变量的 ROC 曲线图，如图 5.20 所示。

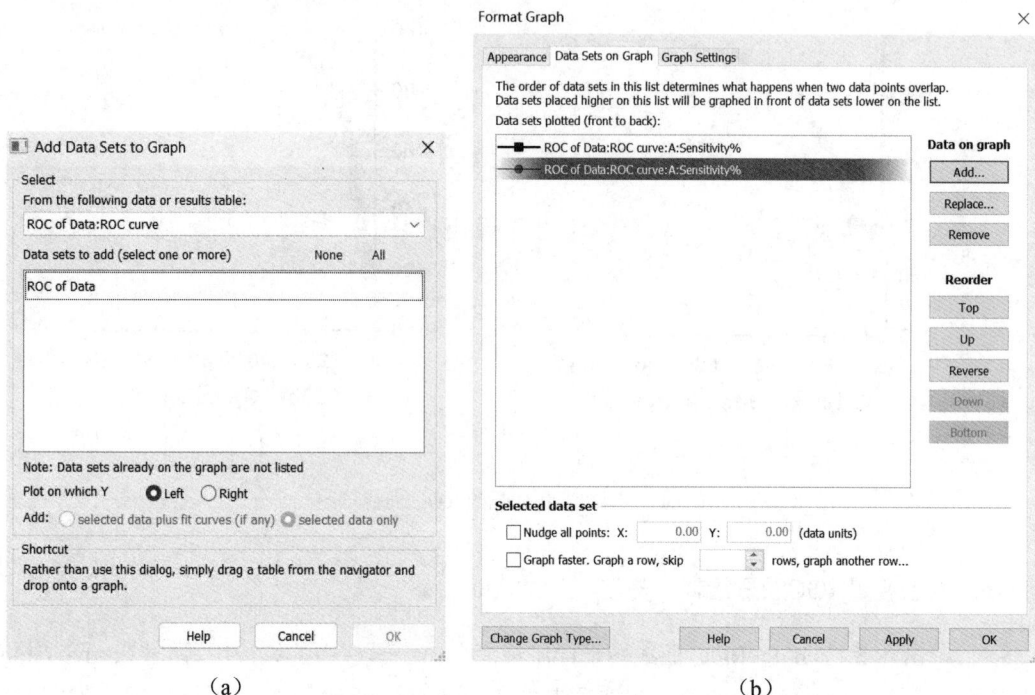

（a）　　　　　　　　　　　　　　（b）

图 5.19　图形添加对话框

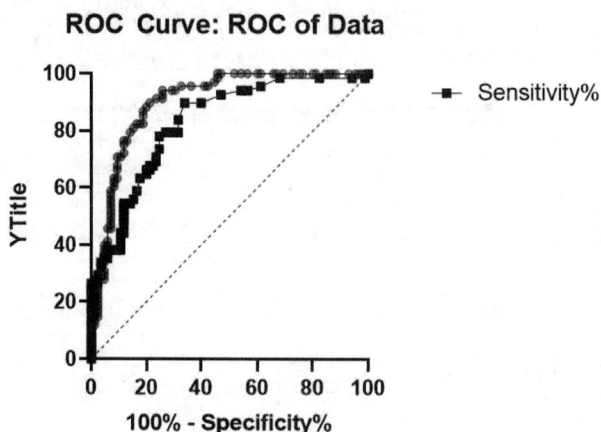

图 5.20　胆红素和尿酮的 ROC 曲线草图

6. 优化ROC图形

在图 5.20 的基础上可以进一步对图形进行美化，步骤如下：

（1）在工具栏中单击 按钮，弹出 Format Axes 对话框，切换到 Frame and Origin 选项卡，如图 5.21 所示。

❑ 在 Shape, Size and Position 系列选项中，Shape 选项用于设置图框为 Square 即方形。Width（Length of X axis）选项用于设置 x 轴宽度为 7.00cm；Height（Length of Y axis）选项用于设置 y 轴高度为 7.00cm。

❑ 在 Axes and Colors 系列选项中，将 Thickness of axes 选项设置为 1/2 pt，即坐标轴粗细为 1/2pt。

❑ Frame and Grid Line 系列选项可以设置图形边框，是否显示坐标轴等。此处将 Frame style 选项设置为 Plain Frame，即四边框。

❑ 其他选项设置默认即可，单击 OK 按钮。

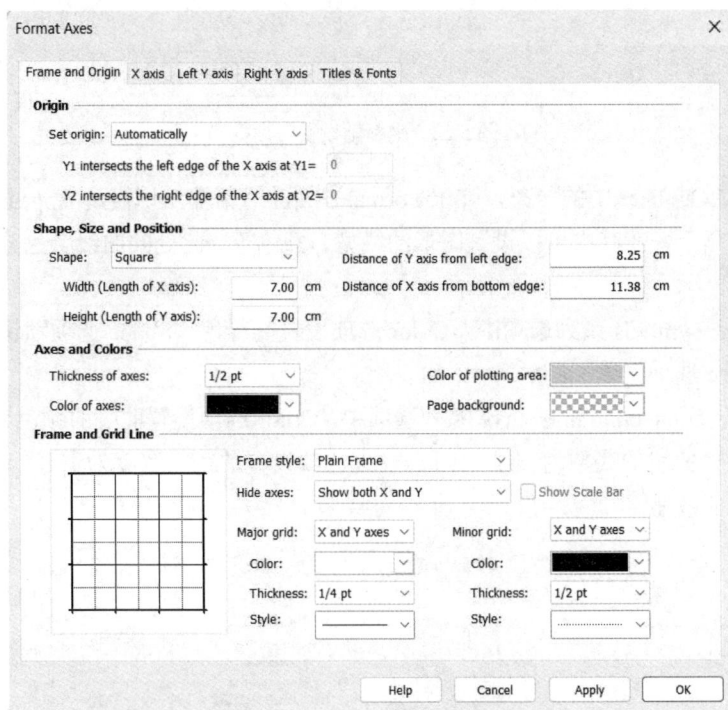

图 5.21 边框设置对话框

（2）在草图的 x 轴任意一处双击，即可弹出 x 轴的设置对话框，如图 5.22（a）所示。

❑ 将 All ticks 设置下的 Ticks direction 选项设置为 Up。

❑ Regularly spaced ticks 下的 Minor ticks 次刻度线设置为 0。

❑ 其他选项保持默认即可，单击 OK 按钮。

（3）在草图 y 轴的任意一处双击，即可弹出 y 轴的设置界面，如图 5.22（b）所示。

❑ Ticks direction 选项设置为 Right。

❑ Minor ticks 选项设置为 0。

❑ 其他选项保持默认即可，单击 OK 按钮。

（4）将 y 轴的名称改为 Sensitivity%，调整字体、字号。

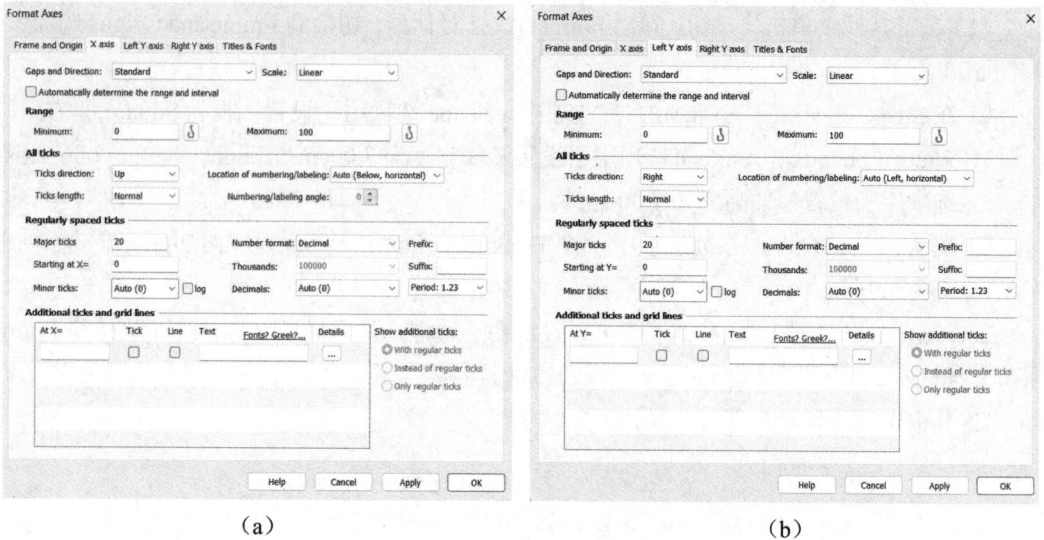

（a）　　　　　　　　　　　　　　　（b）

图 5.22　坐标轴设置对话框

（5）单击 ROC 曲线中的一条，弹出 Format Graph 对话框，切换到 Appearance 选项卡，如图 5.23（a）所示。在其中可以设置图形的线型、颜色等。此处的曲线颜色分别设置为绿色系和红色系。

❏ 在 Show symbols 系列选项中，Color 选项设置为绿色，Shape 选项默认为黑色实心圆圈，Size 选项设置圆圈的大小为 1。

❏ 在 Show connecting line/curve 系列选项中，Color 选项设置曲线的颜色为绿色，Pattern 选项设置曲线的线型为实线，Thickness 选项设置曲线的宽度为 1pt。

❏ 单击 OK 按钮。

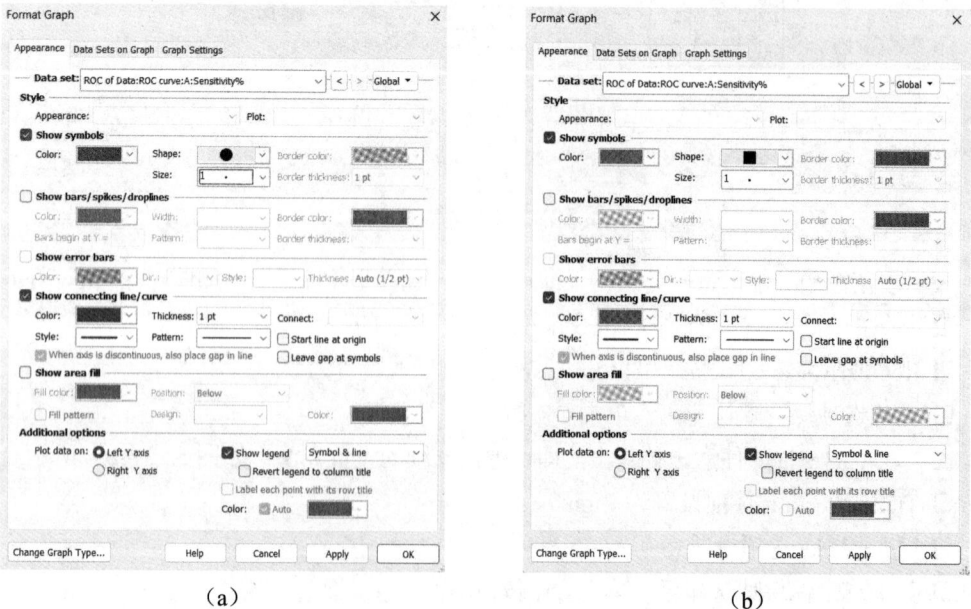

（a）　　　　　　　　　　　　　　　（b）

图 5.23　图外观设置对话框

（6）双击另一条 ROC 曲线，进行参数设置，如图 5.23（b）所示。

❏ 在 Show symbols 系列选项中，Color 选项设置为红色，Shape 选项默认为黑色实心方块，Size 选项设置为 1。

❏ 在 Show connecting line/curve 系列选项中，Color 选项设置曲线的颜色为红色，Pattern 选项设置曲线的线型为实线，Thickness 选项设置曲线的宽度为 1pt。

❏ Additional options 为附加选项菜单，勾选 Show legend 复选框。

❏ 其他选项设置默认即可，单击 OK 按钮。

（7）单击图上方的 ROC Curve: ROC of Data，按 Enter 键删除图标题。双击草图上的红色辅助线，将红色改为黑色。

（8）将图形周围多余的字和线条删除；对右侧图例进行修改，将绿色线条标记为尿酮 copper，红色线条标记为胆红素 bilirubin。将图例拖到 ROC 曲线的右下角位置，并在每一行图例后面添加 AUC=0.9027、AUC=0.8295 的文字，形成最终的图形如图 5.24 所示。

🔔 **注意**：此处的线型、颜色及坐标轴的设置可以根据自己的审美和投稿要求进行设置。

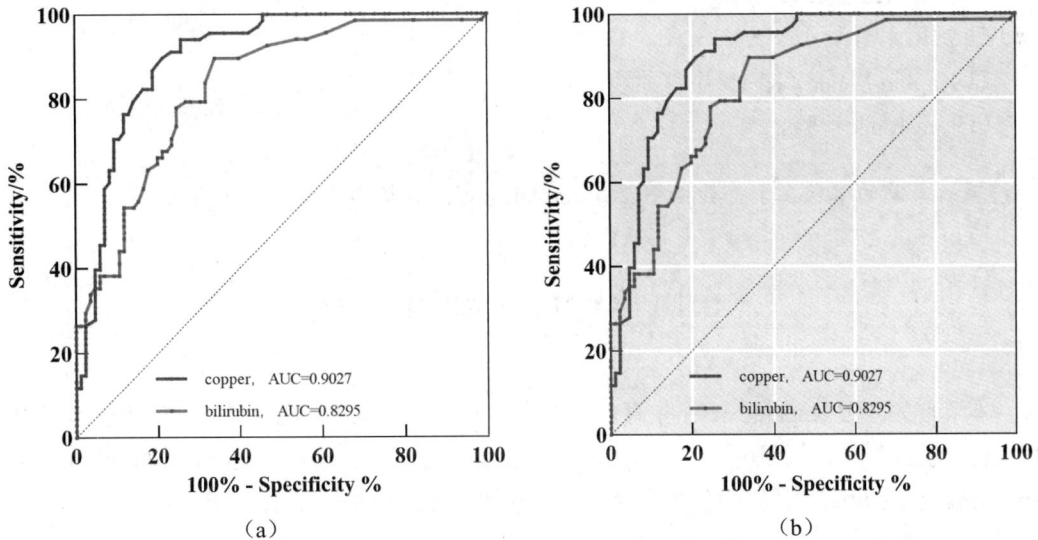

图 5.24　ROC 曲线图

5.3　小　　结

本章介绍了单变量 ROC 曲线和两变量 ROC 曲线的绘制和分析方法，并对结果部分进行了展示和解读。虽然 ROC 曲线和 AUC 可以评估模型的整体性能，但是在评估模型的预测能力时，还需要结合其他工具和方法进行综合分析。

第 6 章　Kaplan-Meier 曲线及其生存分析

在生存分析中，往往需要观察多组间在不同时间点的生存率（或其他结局事件的发生频率），此时可以利用寿命表进行分析，计算各组在不同时间点的生存率。但寿命表分析不够直观和形象，数据庞杂晦涩，难以让人快速了解研究结果。可以考虑将生存结果图形化展示，也就是本章将要介绍的 Kaplan-Meier 曲线。

本章的知识点如下：

❑ 常用术语；

❑ Kaplan-Meier（KM）生存曲线；

❑ Log-Rank 检验。

🔔注意：本章的难点在于将数据整理成 Kaplan-Meier 分析的格式。

6.1　Kaplan-Meier 曲线

本节首先介绍 Kaplan-Meier 生存曲线的常用术语，了解这些概念是学习使用生存资料进行统计分析的基础，从而可以用 GraphPad Prism 进行 Kaplan-Meier 曲线的绘制，并进行生存分析 Log-Rank 检验，计算中位生存时间、风险比（Hazard Ratio，HR）等指标。

6.1.1　Kaplan-Meier 曲线的常用术语

下面介绍生存资料的常用术语。

1. 失效事件

失效事件（Failure Event）也称为"死亡"事件或失败事件，表示研究对象出现了研究者期望观察到的结局事件。

2. 删失值

删失值（Censored Value）表示在随访过程中，研究对象未发生结局事件。出现删失值的可能性包括 3 种形式：一是研究对象中途失访，包括拒绝访问、失去联系或中途退出试验；

二是研究对象死于其他与研究无关的原因，如胃癌患者死于心机梗塞、自杀或车祸；三是随访截止，即整个研究结束时研究对象仍然存活。

3. 生存时间

生存时间（Survival Time）表示随访观察持续的时间，按失效事件发生或者失访前最后一次的随访时间，常用符号 t 表示。

4. 生存函数

生存函数（Survival Distribution Function）也称生存率（Survival Rate），指某个观察对象活过 t 时刻的概率，它是一个非负值，范围为 0~1，常用 $P(T > t)$ 表示。根据失效事件的定义，生存率可以是缓解率、有效率等。当 $t=0$ 时，生存率为 100%，当 t 逐步增加时，生存率逐步减小。

5. 风险函数

生存函数和风险函数（Hazard Function）可以描述生存时间的分布形式。对风险函数的估计容易受到机遇的影响，而对生存函数估计相对稳健。

对于生存函数的估计，常用的方法是寿命表法和 Kaplan-Meier 法，它们均属于非参数方法。由于寿命表法使用得不多，这里不讨论。利用 Kaplan-Meier 法可以实现多组间的生存概率比较，并判断其生存状况是否存在统计学上的差异，在比较时，使用较多的方法是 Log-Rank 检验，也称为对数秩检验。

Kaplan-Meier 法适用于小样本研究，且失效事件与删失值的时间记录较为准确。若这些时间记录不全，则不能进行 Kaplan-Meier 生存分析，这时可退一步，仅利用是否发生结局资料进行 Logistic 回归分析。

Kaplan-Meier 曲线的 x 轴表示时间 t，y 轴表示生存率，该曲线表示时间与生存率的关系。由 Kaplan-Meier 曲线图可以直观地分析和比较各样本的生存曲线，也可以对某个病例在某一时刻的生存率进行估计，反之也可以由生存率估计生存时间。

🔔**注意**：理解常用术语中的失效事件、删失值和生存时间至关重要，其他概念可以不掌握。

6.1.2　基因表达水平与死亡关系的研究案例

本例参考相关资料模拟一项研究，分析某基因表达水平与癌症患者术后生存情况间的关系，收集的变量有 3 个，分别是生存时间（Days），生存结局（Status），基因表达水平（Expression）。

❑ Days：生存时间，为连续变量。

❑ Status：生存结局，为二分类变量，0 表示删失值，1 表示失效事件。此案例中的失效事件是指患者因癌症死亡，即患者术后是否因癌症发生死亡，而患者存活、失访或死于其他原因等就是删失。

❑ Expression：基因表达水平，为二分类变量，0 表示低表达，1 表示高表达。

常见的数据格式见表 6.1，但其并不满足 GraphPad Prism 进行 Kaplan-Meier 曲线绘制及生存分析的要求，需要进一步整理。

表 6.1　常见的数据格式（前 10 行数据）

Days	Status	Expression
69	0	1
66	0	0
67	0	0
43	1	0
65	0	0
65	0	1
38	1	0
64	0	0
8	1	1
9	1	0

我们以第 1 行的研究对象为例，随访至第 69 天，患者的 Status 为 0，表示其在此时间点仍然存活，但在后续的时间并未随访到其是否发生因癌症死亡的事件。为什么没随访到？可能是因为患者发生失访，也有可能是其死于其他原因，还有可能是整个研究截止了患者还未死亡。需要注意的是，如果患者不出现上述情况，那么对其一直随访，患者仍然有可能是因癌症而死亡的。另外，第一行的研究对象的基因表达水平是高表达。

以第 4 行研究对象为例，随访至第 43 天，患者的 Status 为 1，表示在此时间点其因癌症死亡，其基因表达水平是低表达。

之后将表 6.1 整理成如表 6.2 所示的格式。第 1 列 Days 表示生存时间；第 2 列 Low Expression 表示基因低表达的患者结局，第 3 列 High Expression 表示基因高表达的患者结局，0 表示删失，1 表示患者因癌症死亡。需要特别注意的是，第 2 列 Low expression 与第 3 列 High expression 的单元格是不存在交叉重复的。

表 6.2　整理后的数据格式（其中的 10 行数据）

Days	Low expression（低表达）	High expression（高表达）
69		0
66	0	
67	0	
43	1	
65	0	
65		0
38	1	
64	0	
8		1
9	1	

以第 1 行数据为例，患者随访至第 69 天，其结局是删失，基因表达水平是高表达。

以第 4 行数据为例，患者随访至第 43 天，其结局是因癌症死亡，基因表达水平是低表达。

至此，数据整理完成。

6.1.3　Kaplan-Meier 生存分析

1. 创建分析文件

（1）打开 GraphPad Prism 软件，如图 6.1 所示，在 CREATE 下选择 Survival 选项。

（2）选择 Data table 下的 Enter or import data into a new table 单选按钮，再选择 Options 下的 Enter elapsed time as number of days(or months...)单选按钮。

（3）单击 Create 按钮，完成分析文件的创建。

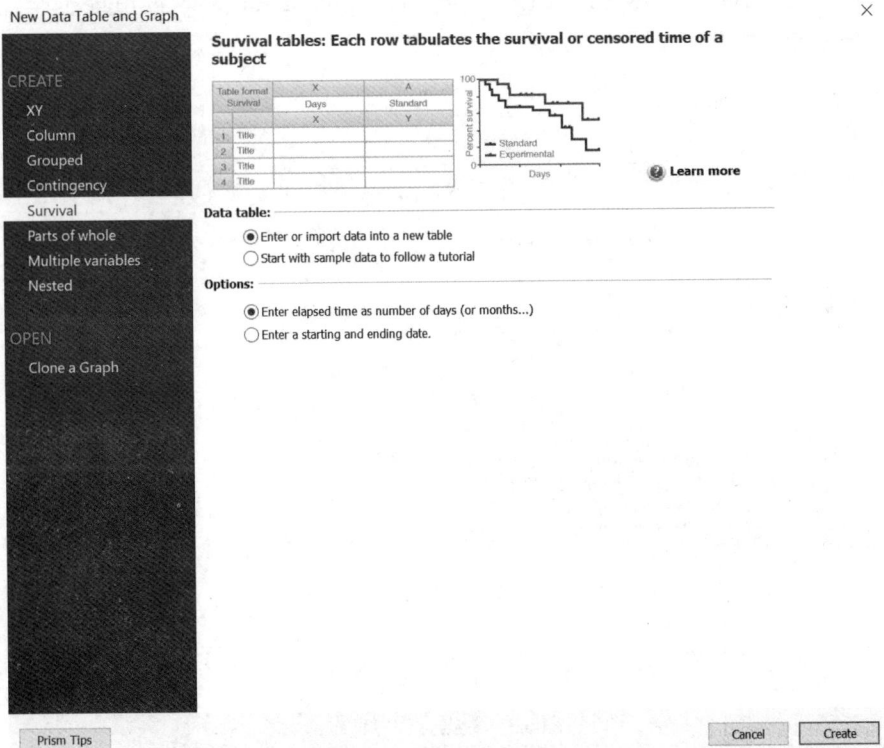

图 6.1　创建分析文件

2. 导入数据

将在 Excel 中整理好的数据直接复制过来，共有 3 列，分别是 Days（生存时间）、Low expression（基因低表达的结局）和 High expression（基因高表达的结局），如图 6.2 所示（此处仅展部分数据）。

Table format: XY	X Days	Group A Low expression	Group B High expression
	X	Y	Y
1 Title	69		0
2 Title	66	0	
3 Title	67	0	
4 Title	43	1	
5 Title	65	0	
6 Title	65		0
7 Title	38	1	
8 Title	64	0	
9 Title	8		1
10 Title	9	1	
11 Title	36		1
12 Title	20		1

图 6.2　数据复制

3. 进行Kaplan-Meier生存分析

（1）在图 6.2 左侧导航栏中，将本次的数据命名为 Data。单击 New Analysis，弹出数据分析对话框，在 Survival analyses 下选择 Simple survival analysis(Kaplan-Meier)，其他设置保持默认，单击 OK 按钮，如图 6.3 所示。

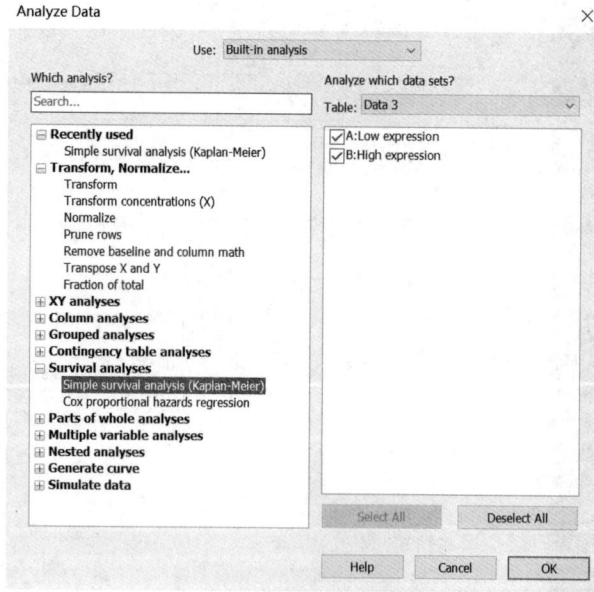

图 6.3　数据分析对话框

（2）在弹出的对话框中设置参数，如图 6.4 所示。

☐ Death/Event 表示结局事件发生的值，此处为 1；Censored subject 表示删失值，此处为 0。

☐ Curve comparison 为生存曲线比较的设置，一般保持默认即可。需要注意的是，一般使用 Logrank 检验，也就是对数秩检验。本案例为两组间比较，如果为多组间比较，可能会涉及 Logrank test for trend，也就是趋势性检验。如果不需要进行趋势性检验，可忽略此处。

❑ Style　为图形风格设置。Tabulate probability of 选项可设置为 Survival(Percent)、Death(Percent)、Survival(Fraction)和 Death(Fraction)，其中，Survival 和 Death 分别对应的纵坐标为生存和死亡，Percent 表示纵坐标采用百分数表示，Fraction 表示纵坐标不采用百分数表示，对应的纵坐标刻度分别为 0～100 和 0～1。Express fraction survival error bars as 处可设置生存曲线的误差，默认是 None，如果不选择 None，请选择 95%CI，即 95%置信区间，但不要选择 SE，因为其表示标准误。

❑ Output　为显示风格设置，如 P 值的小数点位数及其风格。其中，P 值的风格推荐使用 APA 格式或者 NEJM 格式，即***表示 $P<0.001$，**表示 $P<0.01$，*表示 $P<0.05$，ns 表示 $P\geq0.05$。

（3）单击 OK 按钮，完成设置。

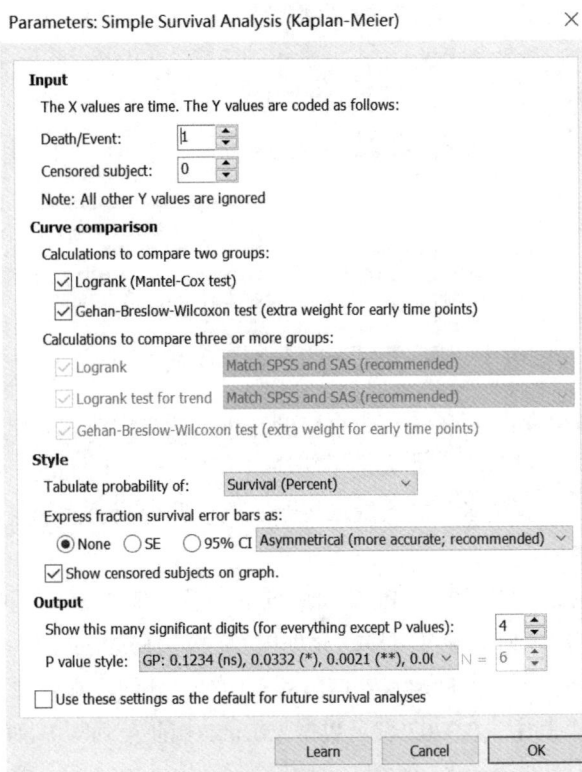

图 6.4　参数设置

4．Kaplan-Meier生存分析结果解读

在弹出的对话框中有 3 个结果，分别是#at risk、Curve comparison 和 Data summary。其中，#at risk 和 Data summary 选项卡中的结果并不是我们所需要的。

在图 6.5 中罗列了 Curve comparison 的结果。Log-rank（Mantel-Cox）test 即为对数秩检验，Chi square 表示卡方值，df 表示自由度，P value 即 P 值。此处卡方值为 19.69，自由度为 1，P 值小于 0.0001，存在统计学差异，即可认为基因低表达和基因高表达两组癌症患者术后的生存情况存在统计学差异。

at risk | Curve comparison | Data summary

	Survival Curve comparison	A	B
1	**Comparison of Survival Curves**		
2			
3	**Log-rank (Mantel-Cox) test**		
4	Chi square	19.69	
5	df	1	
6	P value	<0.0001	
7	P value summary	****	
8	Are the survival curves sig different?	Yes	
9			
10	**Gehan-Breslow-Wilcoxon test**		
11	Chi square	14.42	
12	df	1	
13	P value	0.0001	
14	P value summary	***	
15	Are the survival curves sig different?	Yes	
16			
17	**Median survival**		
18	Low expression	Undefined	
19	High expression	44.00	
20			
21	**Hazard Ratio (Mantel-Haenszel)**	**A/B**	**B/A**
22	Ratio (and its reciprocal)	0.3702	2.701
23	95% CI of ratio	0.2387 to 0.5742	1.742 to 4.190
24			
25	**Hazard Ratio (logrank)**	**A/B**	**B/A**
26	Ratio (and its reciprocal)	0.3727	2.683
27	95% CI of ratio	0.2415 to 0.5751	1.739 to 4.141

图 6.5　Curve comparison 界面

Median survival 会罗列两组的中位生存时间，以及两组中位生存时间的比值。需要注意的是，如果死亡人数未超过一半，那么是无法计算出中位生存时间的，所以此处无结果是正常现象。本案例中基因低表达者死亡人数未过半，所以此处只有基因高表达者的中位生存时间为 44 天。

最后是 Hazard Ratio，即风险比 HR 值。此处罗列了两种方法，一种是 Mantel-Haenszel，另一种是 Logrank，使用任何一种都可以。此处以 Mantel-Haenszel 法为例进行讲解。

Mantel-Haenszel 法得到的 HR 及其置信区间有两个，分别是 0.3702（0.2387～0.5742）和 2.701（1.742～4.190）。其中：0.3702 表示数据表 Data 中的 A 列与 B 列相比，即基因低表达者与高表达者相比，基因低表达者死亡风险是高表达者的 0.3702 倍；而 2.701 是 B 列与 A 列相比，即基因高表达者与低表达者相比，基因高表达者死亡风险是低表达者的 2.701 倍。

关于基因表达的比较，读者或许会疑惑为何时而提及基因低表达与高表达对比，时而又提及基因高表达与低表达对比，似乎有些冗余。然而，事实并非如此。在实际的分析进程中，我们并非预先设定了某一特定的对比模式，而是基于临床解读的便捷性，将各种可能的结果均罗列在 GraphPad Prism 中加以呈现。此举旨在提供更为全面和详尽的数据支持，以便于临床解读和后续研究深入。

按照以上步骤完成 Kaplan-Meier 生存分析后会自动生成一条 Kaplan-Meier 生存曲线，在左侧导航栏 Graphs 中会出现 Survival proportions: Survivals of Data，就是针对刚才的数据表 Data 分析得到的图形结果。

　　图 6.6 是在图 6.4 中将 Tabulate probability of 处设置为 Survival(Percent)，即纵坐标为生存风险的结果，图 6.7 是在 Tabulate probability of 处设置为 Death(Percent)，即纵坐标为死亡风险的结果。图中的实线为两组的生存或死亡风险，虚线为其 95% 置信区间。我们仍需要更改实线的颜色或线型以区分两组，否则无法得知两条曲线各自代表的是哪组患者。

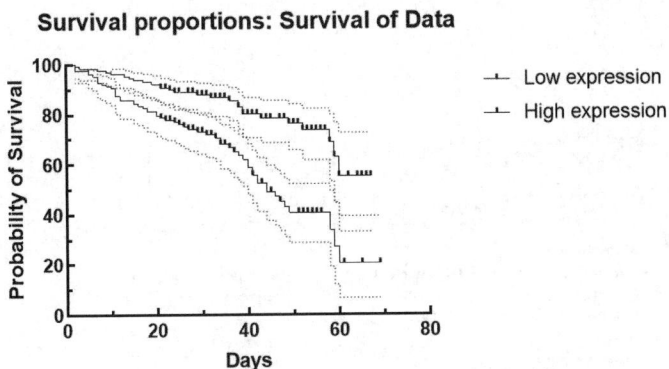

图 6.6　Kaplan-Meier 生存曲线草图（纵坐标为生存率）

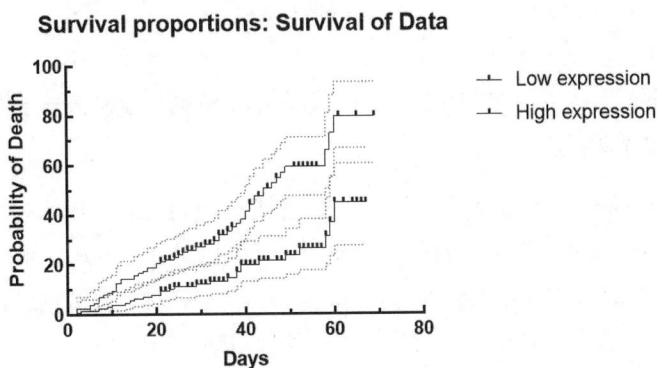

图 6.7　Kaplan-Meier 生存曲线草图（纵坐标为死亡率）

5. 绘制及美化Kaplan-Meier图形

在图 6.6 与图 6.7 的基础上可以进一步对图形进行美化，步骤如下：

（1）除了可以在生存分析的过程中自动生成图形外，也可以单独绘制 Kaplan-Meier 生存曲线。单击左侧导航栏 Graphs 菜单下的 New Graph，即可调出绘图界面，如图 6.8 所示。

❑ Data sets to plot 为选择绘图数据菜单，Table 选项通常选择需要绘图的数据表为 data。
另外，可以使用 Plot selected data sets only 复选框，选择数据表 Data 中的某几列进行
绘图。

❑ Kind of graph 为选择图形菜单，通过 Show 选项选择 Survival。如果在下方图形中选
择第一个图形，则此时纵坐标表示生存率。如果选择第 5 个图形，则纵坐标表示死亡
率。此处选择第 1 个图形，其他图形不再重复罗列，仅将绘制的可编辑文件放在配书
资料中供读者调用。

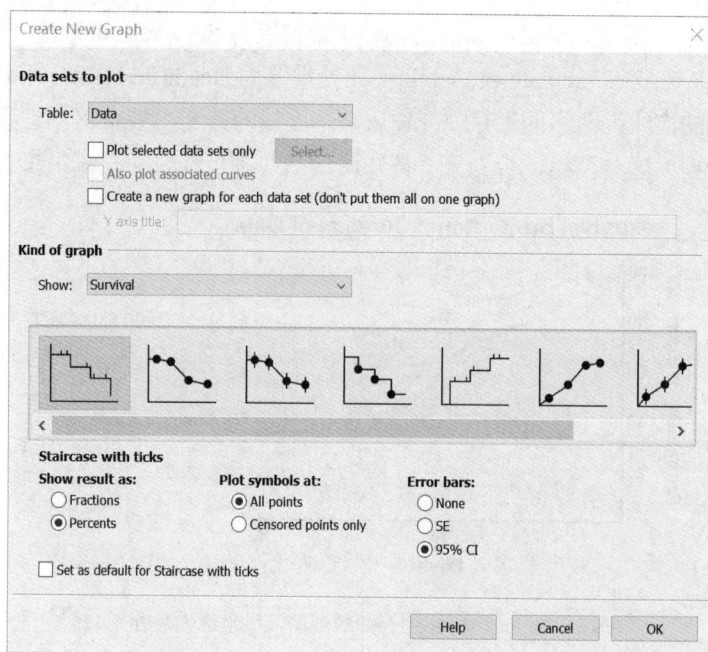

图 6.8　绘图对话框

🔔**注意**：共有 8 个图形，在本案例中，第 1 至第 4 个图形的纵坐标表示生存率，第 5 至第 8
个图形的纵坐标表示死亡率。

- ❏ Show results as 选项表示设置纵坐标刻度，如果选择 Fractions 则纵坐标的范围是 0～1。
  如果选择 Percents 则纵坐标用百分数表示，其范围是 0～100%。此处选择 Percents。
- ❏ Plot symbols at 选项表示绘制符号，All points 表示针对所有数据进行绘制，Censored
  points only 表示仅针对删失值进行绘制。此处选择 All points。
- ❏ Error bars 选项表示绘制纵坐标的误差，若选择 None 则不绘制误差线，若选择 SE 则
  表示绘制标准误，若选择 95%CI 则表示绘制 95% 置信区间。此处通常选择 None 或
  95%CI，而 SE 很少使用。这里以 95%CI 为例进行讲解。
- ❏ Set as default for...选项表示是否将上述 Show results as、Plot symbols at、Error bars 选
  项的设置定义为默认情形，可以不勾选。
- ❏ 单击 OK 按钮即出现图形，如图 6.6 相同。

（2）在图 6.6 的基础上进一步对图形进行美化。在图 6.6 的 x 轴任意一处双击，即可弹出
x 轴的设置界面 X axis，如图 6.9（a）所示。

- ❏ Ticks direction 选项用于设置刻度线方向，这里为 Up。
- ❏ Ticks length 表示刻度线长度，此处选择 Short，即短刻度线。
- ❏ Minor ticks 选项表示次刻度线，此处选择 2。
- ❏ 其他选项保持默认即可。

（3）在图 6.6 的 y 轴任意一处双击，即可弹出 y 轴的设置界面，如图 6.9（b）所示。

- ❏ 取消勾选 Automatically determine the range and interval 复选框，进行手动设置。

❑ Minimum 选项设置为 0，Maximum 选项设置为 100。

❑ Ticks direction 选项设置为 Right。

❑ Ticks length 选项设置为 Short。

❑ Major ticks interval 选项设置为 20。

❑ Starting at Y=选项设置为 0。

❑ Minor ticks 选项设置为 2。

❑ Additional ticks and grid lines 下的 At Y=添加一个 Y=50 的辅助线（也可以不添加），
并在 Details 里调整颜色和线形。

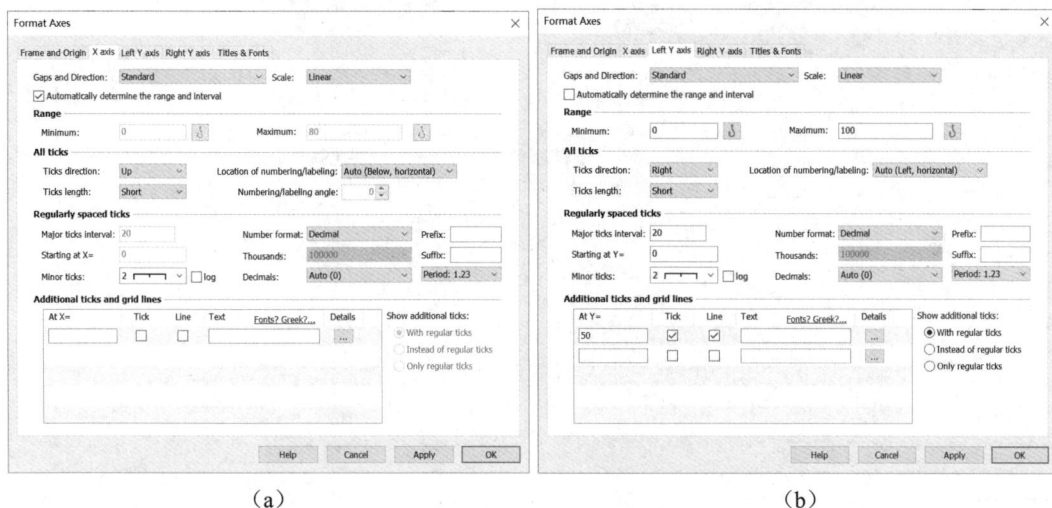

（a）　　　　　　　　　　　　　　　　（b）

图 6.9　坐标轴设置界面

（4）单击工具栏中的 按钮，弹出 Format Axes 对话框，切换到 Frame and Origin 选项卡，
如图 6.10 所示。

❑ 在 Axes and Colors 系列选项中，将 Thickness of axes 选项设置为 1/2 pt，其他选项默
认即可，单击 OK 按钮。

（5）坐标轴名称的修改只需要在图 6.6 中，单击 x 轴的名称 Days 即弹出文本框，在文本
框中再单击一次，即可修改 x 轴名称。y 轴的名称、图名称的修改方法与此相同。

（6）对图 6.6 图例中的 Low expression 图形部分进行双击，弹出 Low expression 图形外观
设置对话框，如图 6.11（a）所示，在其中可设置图形置信区间的线型、颜色等。此处的颜色
选择蓝色系，相同颜色用不同透明度加以区分。

❑ 选中 Show symbols 系列选项，其中，Color 选项、Shape 选项已被禁止操作。Border color
选项设置删失值形状的颜色为蓝色，Size 选项用于设置删失值形状的大小为默认形
状，Border thickness 选项用于设置删失值形状的边框宽度为 1pt。

❑ Error bars 系列选项用于设置误差线的特征，其中，Color 选项用于设置误差线的颜色，
Dir 选项用于设置为 Both 表示上下误差线均有，Style 选项用于设置误差线的线型为
实线，thickness 选项用于设置误差线的宽度为 1/4pt。

❑ 在 Show connecting line 系列选项中，Color 选项用于设置曲线的颜色为蓝色，Pattern

选项用于设置曲线的线型为实线，thickness 选项用于设置曲线的宽度为 1pt。

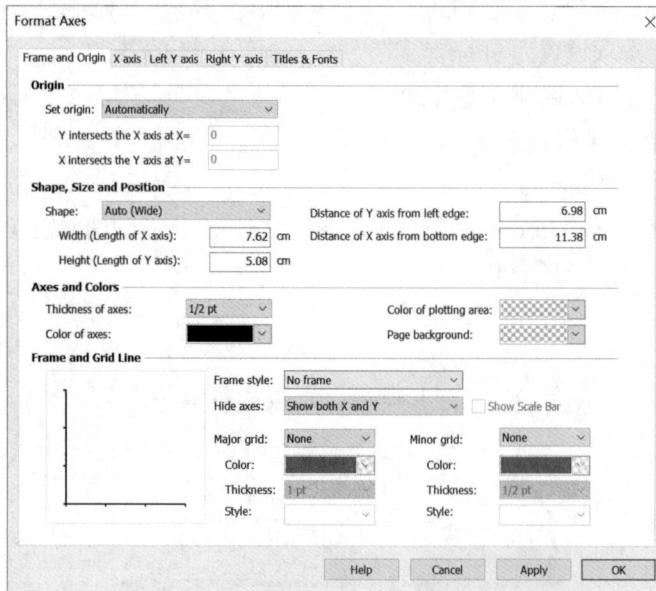

图 6.10　设置边框

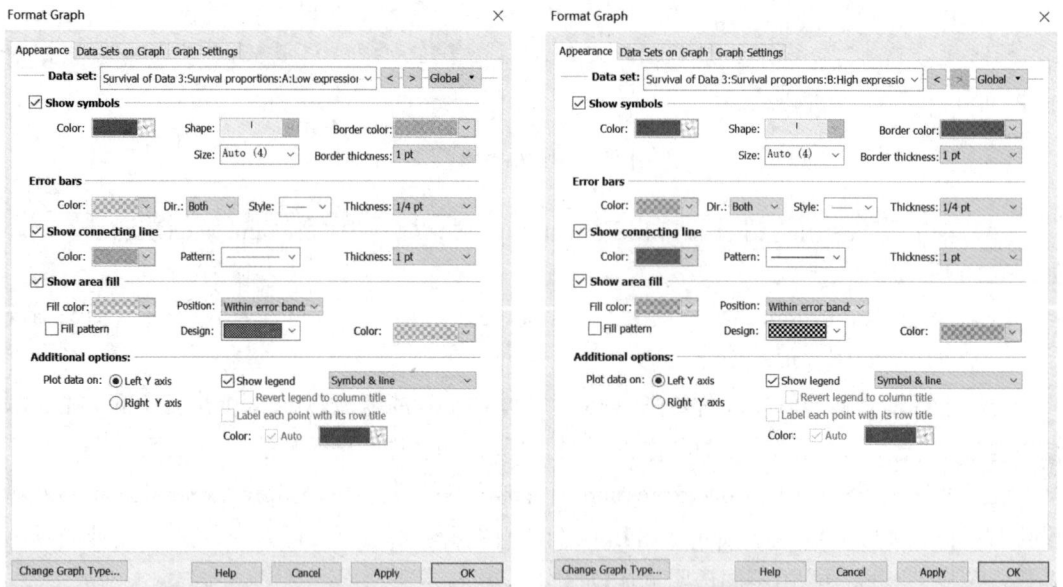

（a）　　　　　　　　　　　　　（b）

图 6.11　基因表达置信区间设置

📖**注意**：此处的线型和颜色的设置原则上与 Show symbols 复选框下的 Border color 选项、Border thickness 选项设置相同。

❑ 选中 Show area fill 复选框设置置信区间特征，其中，Fill color 选项表示设置置信区间的填充色为蓝色，Position 选项设置为 Within error bands 用于填充的区域为上下误差线的内部区域。剩下 3 个选项 Fill pattern、Design、Color 用于设置是否填充形状、填充形状的类型、填充形状的颜色，此处可忽略。

🔔**注意**：此处的填充色的设置原则上与 Error bars 选项中的 Color 选项设置相同。

❑ Additional options 为附加选项菜单。其中，Plot data on 选项默认为 Left Y axis，即表示绘制左侧 y 轴。Show legend 选项默认为 Symbol & line，表示图例中的曲线包含删失值符号。

❑ 单击 OK 按钮。

（7）在图 6.6 中 High expression 的图形部分双击，弹出 High expression 图例设置对话框，如图 6.11（b）所示，High expression 图例的设置界面与 Low expression 图例设置对话框完全相同，不再重复罗列。此处的颜色选择为红色系，相同颜色用不同透明度加以区分。

（8）选中全部图例，然后将其放至合适位置。另外，也可通过添加文本框的形式在图上添加文字，如添加 "Log rank $P<0.001$"，也可单击图上方自带图表题，按 Enter 键删除，最终的如图 6.12（a）所示。其中，蓝色系表示基因低表达患者的生存情况，红色系表示基因高表达患者的生存情况。

（9）也可对图 6.7 按照以上参数进行设置，或者单击工具栏的魔法棒 ✏ 按钮，复制图 6.12（a），生成图 6.12（b），添加 "Log rank $P<0.001$"。

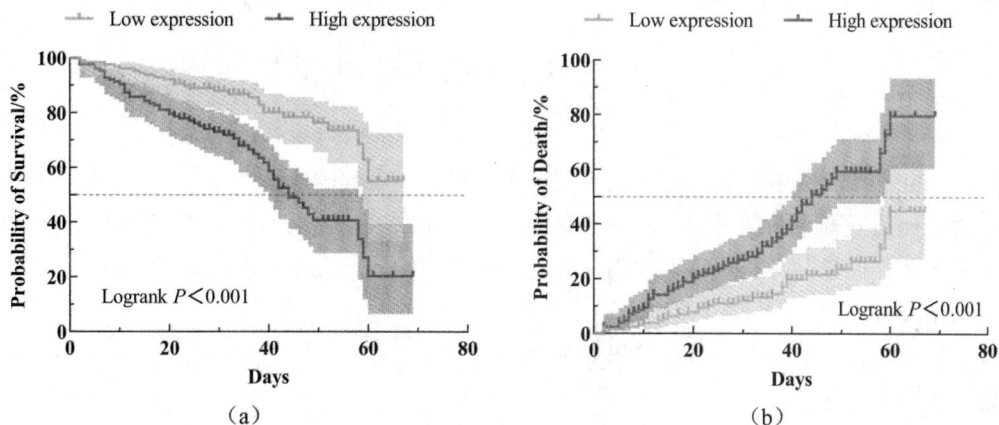

图 6.12　Kaplan-Meier 生存曲线

6.2　小　　结

本章介绍了 Kaplan-Meier 曲线的绘制方法，生存曲线的呈现方式较为直观，便于理解和比较不同组别或不同条件下的生存差异。Kaplan-Meier 曲线的分析方法是一种非参数估计方法，分析时无须对生存时间的分布做任何假设，因此 Kaplan-Meier 曲线具有广泛的适用性。除此之外，也可以利用 Log-rank 等方法比较不同组之间的生存曲线是否存在显著性差异。

第 7 章　非线性回归

两个连续型变量间有可能呈曲线关系，即非线性关系。而传统的相关系数如皮尔森相关系数，主要衡量的是线性关系，对于非线性关系可能无法准确描述。

本章的知识点如下：

❑ 二项式曲线；

❑ 如何计算 EC_{50}、IC_{50} 等；

❑ 剂量-反应曲线；

❑ 酶动力学-米氏方程。

🔔注意：非线性回归曲线类型较多，且特定非线性回归曲线又可分为不同形式，限于篇幅，无法一一举例。本章尽可能通过常见的非线性回归曲线的讲解，使读者融会贯通的同时，对于其他未讲解的内容做到举一反三、触类旁通。

7.1　非线性回归的常用模型

GraphPad Prism 中的非线性回归模型较多，对于大多数的非线性回归，需要指定模型的初始值，而后进行不断地迭代，以确定最佳拟合曲线。虽然模型初始值的选择对于非线性回归非常重要，但是并不需要特别准确，因为不同的初始值一般最终都会趋于一致，得到相差无几的结果。

虽然非线性回归模型较多，显得复杂而晦涩，但是也有一定的规律可循，并且常用模型有限，简要介绍如下。

❑ Standard curves to interpolate：标准曲线插值，通过已知的标准品浓度和对应的测量值来创建标准曲线，并通过标准曲线来插值或者预测未知样本的浓度。

❑ Dose-response-Stimulation：主要用于分析和绘制变量 X（药物或激素等）与变量 Y（激动反应）之间的关系。本选项适用于随着变量 X 的增加，变量 Y 不断增加的情形。此时变量 X 称为激动剂。

❑ Dose-response-Inhibition：主要用于分析和绘制变量 X（药物或激素等）与变量 Y（抑制反应）之间的关系。本选项适用于随着变量 X 的增加，变量 Y 不断降低的情形。此时变量 X 称为抑制剂。

❑ Dose-response-Special (X is Concentration)：在拟合剂量-反应关系时，如果数据不符合常见曲线形状可使用此菜单，此处提供了几种特殊模型，如不对称剂量-反应、钟形剂量-反应、双相剂量-反应等。另外，本菜单适用于当 x 轴（即药物或激素等的浓度）不是以对数形式表示，而是直接以浓度值表示时的情况。

❑ Dose-response-Special (X is Log[Concentration])：含义与 Dose-response-Special (X is Concentration)相同。另外，本菜单适用于 x 轴（即药物或激素等的浓度）以对数形式表示的情况。

❑ Binding-Saturation：受体结合-饱和模型，主要用于描述分子间相互作用达到饱和状态的分析模型。

❑ Binding-Competitive：受体结合-竞争性模型，主要用于分析和拟合竞争性结合的数据。

❑ Binding-Kinetics：受体结合-动力学模型，研究受体与配体之间随时间变化相互作用的情况。

❑ Enzyme kinetics-Inhibition：酶动力学中的抑制作用，许多药物通过抑制酶活性发挥作用。为确定酶抑制模型及抑制剂的抑制常数 Ki，在不同种浓度抑制剂的情况下测量底物-速率曲线。在 GraphPad Prism 中可进行 6 种酶抑制模型：竞争、非竞争、无竞争、混合、底物抑制、严格抑制。

❑ Enzyme kinetics-Velocity as a function of substrate：酶动力学-速度与底物呈函数关系，酶动力学实验是测量不同底物浓度下的酶促反应速度，以拟合底物速度曲线。其中最常用的是米氏方程。

❑ Exponential：指数模型，如果某事发生的速率取决于存在的数量，则遵循指数模型。例如我们熟知的兔子的繁殖案例，就属于指数模型。

❑ Lines：非线性回归可将数据拟合至任何模型，甚至是线性模型。因此，线性回归只是非线性回归的特例。需要注意的是此菜单下包含节段线性回归。

❑ Polynomial：多项式模型。

❑ Gaussian：可拟合高斯钟形曲线及累积高斯 S 形曲线。

❑ Sine waves：正弦波，可描述振荡现象。

❑ Growth curves：生长曲线，主要涉及对生物体（如细胞、植物、动物等）生长数据的拟合。较常用的如 Logistic 生长曲线和 Gompertz 生长曲线等。

❑ Linear-quadratic curves：二项式曲线，用于特殊案例情况下曲线的拟合，比如因变量 Y 是细胞生存数、死亡数等。

❑ Classic equations from old versions of Prism：旧版本中的经典曲线，不过多介绍。

7.2　二项式回归

二项式回归是一种多项式回归，用于描述因变量 Y 与自变量 X 之间的非线性关系，其中，因变量 Y 与自变量 X 之间的关系用二次函数表示。二项式回归模型的基本形式为 $Y=aX^2+bX+c$，其中，a、b 和 c 是常数，X 是自变量，Y 是因变量。

🔔注意：关于其他多项式回归，如三次项回归，步骤与二项式相似，不再举例。

7.2.1 住院天数与焦虑评分案例

本例分析住院天数与焦虑评分的关系，如表 7.1 所示，其中：

❑ ID：受试者编号。

❑ Days：住院天数，为连续性变量。

❑ Score：焦虑评分，为连续型变量。

🔔注意：焦虑评分不可能随着住院天数的增加而一直增加，一般是随着住院天数的增加，先快速增加，后缓慢增加，直至达到平台期，故本例拟合线性回归显然不合适，应考虑非线性回归中的二项式回归。建议读者做统计分析前应结合专业背景及理论知识，选择合适的分析方法，否则结论可能不可靠。

表 7.1 整理后的数据格式（部分数据）

ID	Days	Score
1	10	86
2	4	30
3	8	75
4	9	87
5	6	60

7.2.2 二项式回归分析

1. 创建分析文件

（1）打开 GraphPad Prism 软件，如图 7.1 所示，在 CREATE 下选择 XY 选项。

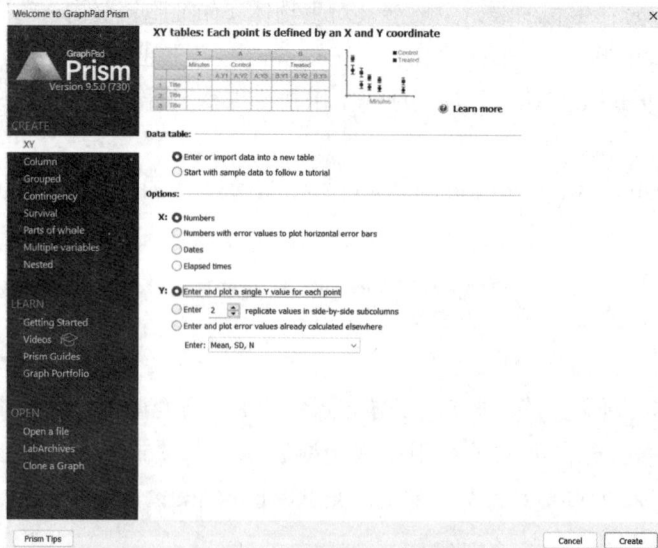

图 7.1 创建分析文件

（2）选择 Data table 下的 Enter or import data into a new table 单选按钮，再选择 Options 下的 Numbers 和 Enter and plot a single Y value for each point 单选按钮。

（3）单击 Create 按钮，完成分析文件的创建。

2．导入数据

复制在 Excel 中整理好的数据，共有 3 列，分别是 *XY*、Days 和 Score，如图 7.2 所示。

Search...		X	Group A	Group B
XY		Days	Score	Title
		X	Y	Y
1	1	10	86.00	
2	2	4	30.00	
3	3	8	75.00	
4	4	9	87.00	
5	5	6	60.00	
6	6	3	24.00	
7	7	5	42.00	
8	8	11	86.00	
9	9	7	71.00	
10	10	12	92.00	
11	11	2	12.00	
12	12	1	8.00	
13	Title			

图 7.2　数据复制

3．二项式回归分析

在图 7.2 所示的导航栏中，Data Tables 表示数据界面，将本次的数据命名为 data。需要注意的是，Data Tables 中可以放置多个数据，单击 New Data Table 即可。Results 为统计分析结果对话框，如果单击 New Analysis，将开始分析并弹出新的对话框。Graphs 表示统计图形绘制对话框，如果单击 New Graph，将开始绘制散点图并弹出新的对话框。

（1）单击图 7.2 导航栏 Results 下的 New Analysis，弹出数据分析对话框，如图 7.3（a）所示。在 XY analyses 下选择 Nonlinear regression(curve fit)，其他设置保持默认，单击 OK 按钮，弹出的对话框如图 7.3（b）所示。

（2）在图 7.3（b）中，选择 Polynomial 下的 Second order polynomial(quadratic)选项，表示二项式回归。

注意：Third order polynomial(cubic)选项表示三项式回归。单击图 7.3（b）中的 Details 按钮与 Learn about this equation 可查看每个选项的详细功能及官方教程。

（3）单击 OK 按钮，弹出二项式回归的详细结果。

4．二项式回归分析结果解读

如图 7.4 所示为二项式回归分析的详细结果。

❑ B0 表示截距大小为-13.34，B1 表示一次项系数大小为 14.65，B2 表示二项式系数大小为-0.4763。

❑ 95%CI 表示上述指标的 95%置信区间。

❑ Goodness of Fit 表示模型的拟合精度，其中，Degrees of Freedom 表示自由度为 9。R squared 表示决定系数为 0.9757，拟合精度较好。Sum of Squares 表示平方和为 262.2。$S_{y.x}$ 表示剩余标准差为 5.397。剩余标准差越小越好。

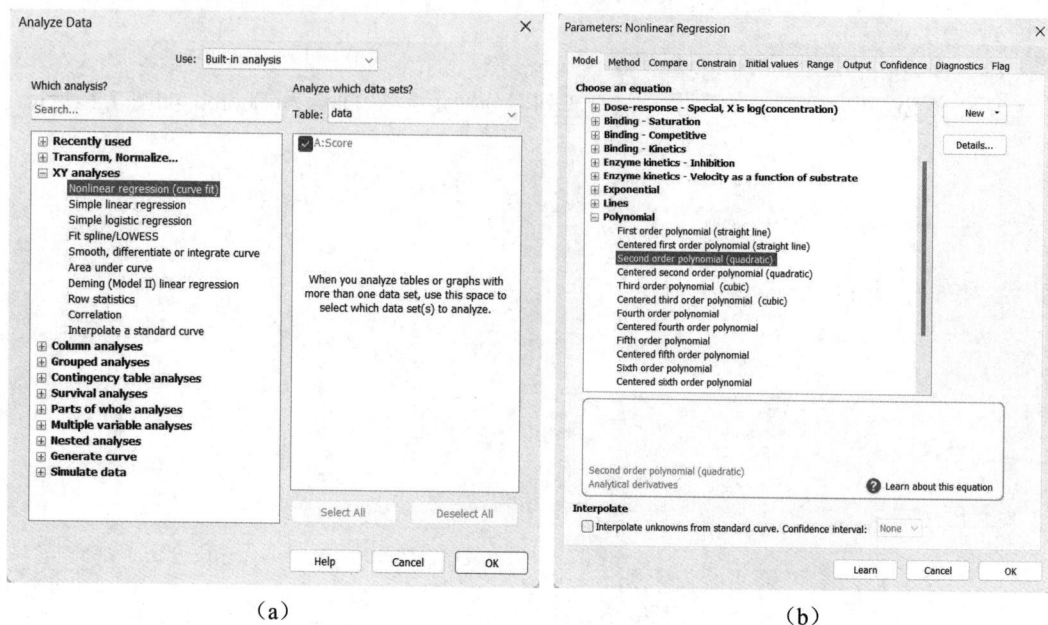

（a）　　　　　　　　　　　　　（b）

图 7.3　数据分析和方法选择对话框

图 7.4　二项式回归分析结果

7.2.3　绘制散点图与拟合曲线

（1）单击图 7.2 导航栏 Graphs 下的 New Graph，即可调出绘图对话框，如图 7.5（a）所示。

☐ Data sets to plot 用于选择绘图数据，通过 Table 选项选择需要绘图的数据表为 data，
Also plot associated curves 选项表示绘制拟合曲线。

☐ Kind of graph 用于选择图形，通过 show 选项选择 XY。在下方图形中选择第 1 个图形。
此处共有 5 个图形可供选择，在实操过程中每个图形均可尝试，观察最终图形的样式
是否满足个性化需求。

☐ 单击 OK 按钮即出现草图，如图 7.5（b）所示。

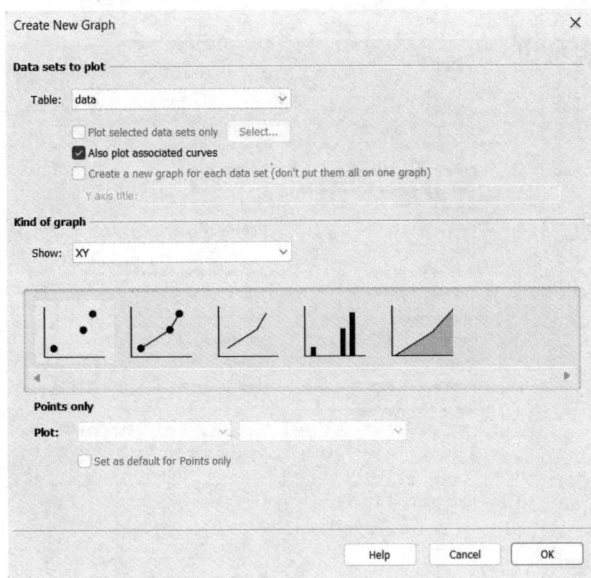
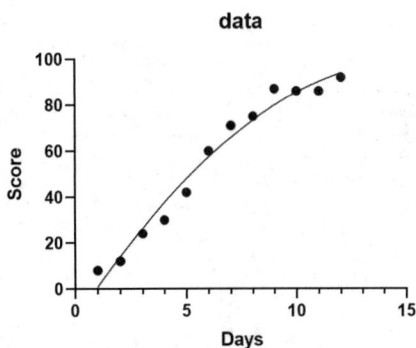

（a）　　　　　　　　　　　　　　　　　　　　（b）

图 7.5　选择图形并绘制相关性分析草图

（2）在图 7.5（b）的基础上，进一步对图形进行美化。在草图的 x 轴任意处双击，即可
弹出 x 轴的设置对话框，如图 7.6（a）所示。

☐ Automatically determine the range and interval 选项默认是勾选的，表示自动化处理 x 轴
的范围和刻度线等，此处取消勾选，进行手动设置。

☐ Range 系列选项表示坐标轴的范围，Minimum 选项表示 x 轴的最小值，此处设置为 0，
Maximum 选项表示 x 轴的最大值，此处设置为 13。

☐ Ticks direction 选项设置为 Up，表示 x 轴的刻度线朝上，即在图形内部。

☐ Ticks length 表示刻度线长度的设置，此处选择 Short，即短刻度线。

☐ Regularly spaced ticks 系列选项表示 x 轴刻度线的间隔设置。Major ticks 选项表示主刻
度线的间隔，此处设置为 2。

☐ Starting at X= 选项表示 x 轴刻度线的起始值，此处设置为 0。

☐ Minor ticks 选项表示次刻度线，选择 2 则次刻度线将主刻度间隔分成 2 段。

☐ 其他选项保持默认即可，单击 OK 按钮。

（3）在草图的 y 轴任意处双击，即可弹出 y 轴的设置界面，如图 7.6（b）所示。y 轴与 x
轴的设置菜单完全相同，此处不再赘述。

❑ 取消勾选 Automatically determine the range and interval 复选框，进行手动设置。

❑ Minimum 选项设置为 0，Maximum 选项设置为 100。

❑ Ticks direction 选项设置为 Right。

❑ Ticks length 选项设置为 Short。

❑ Major ticks 选项设置为 20。

❑ Starting at Y=选项设置为 0。

❑ Minor ticks 选项设置为 2。

❑ 其他选项保持默认即可，单击 OK 按钮。

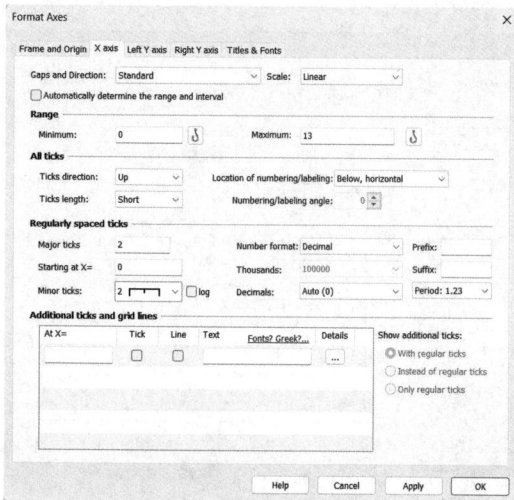 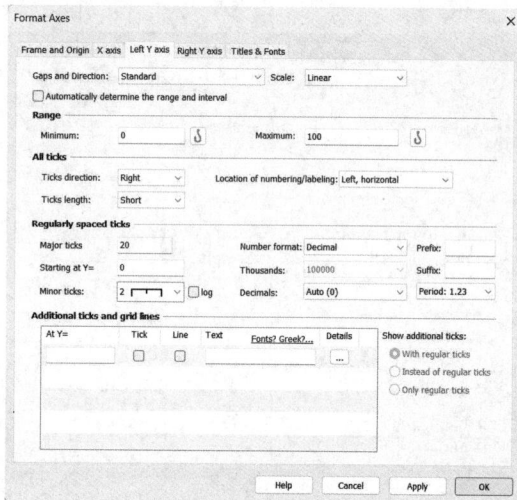

（a）　　　　　　　　　　　　　　　　（b）

图 7.6　x 轴和 y 轴的设置

（4）坐标轴名称的修改只需要在草图中单击 x 轴的名称 Days，在弹出的文本框中再单击一次 x 轴的名称即可修改。y 轴的名称、图的名称修改方法与此相同。

（5）在草图中双击散点，弹出散点的设置对话框，如图 7.7（a）所示，在其中可以设置散点的类型、颜色和大小等。在 Show symbols 系列选项中，Color 选项设置散点颜色为姜黄色，Shape 选项设置散点实心圆，Size 选项设置散点的大小为 3。其他选项保持默认，单击 OK 按钮。

（6）在草图中双击曲线，弹出新的对话框，如图 7.7（b）所示。通过 Show connecting line/curve 系列选项设置线的特征，其中，Color 选项设置线的颜色为暗红色，Thickness 选项设置线的粗细为 1pt，Style 选项设置线的形式为普通线段，Pattern 选项设置线的类型为实线。其他选项保持默认，单击 OK 按钮。

（7）单击工具栏中的 按钮，弹出 Format Axes 对话框。切换到 Frame and Origin 选项卡，如图 7.8 所示。将 Frame and Grid Line 系列选项中的 Frame style 选项设置为 Plain Frame，即图形有四边框。其他选项保持默认，单击 OK 按钮。

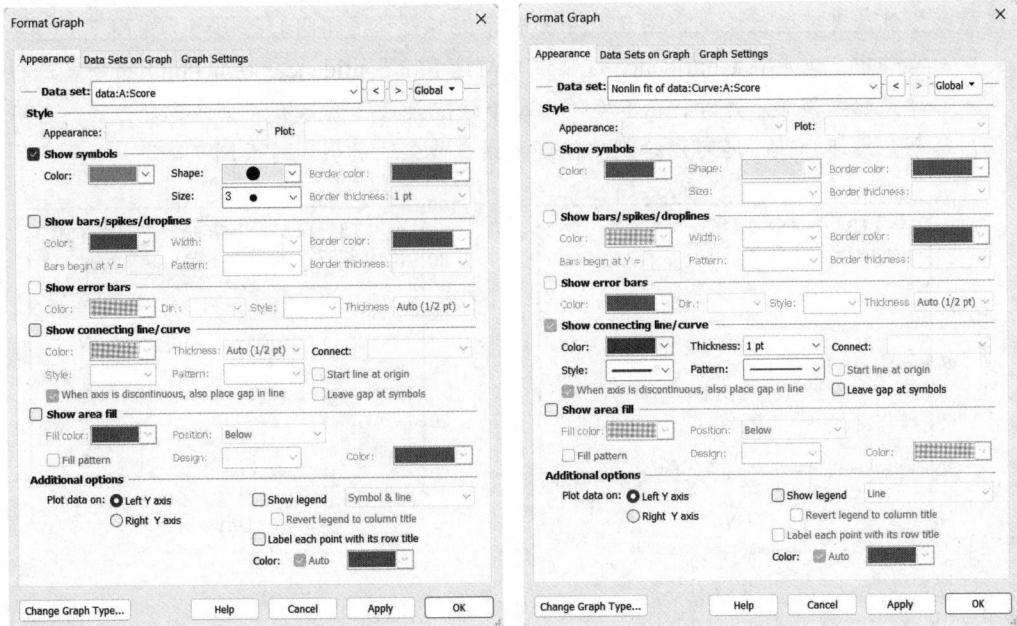

（a）　　　　　　　　　　　　　　　　　　（b）

图 7.7　散点和拟合线设置对话框

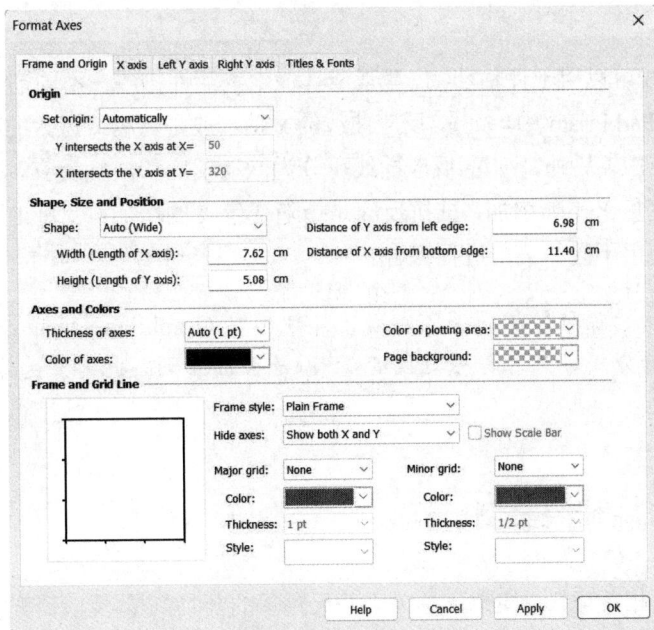

图 7.8　设置图的边框

（8）单击工具栏中的 **T** 按钮，将鼠标移动到草图内部再次单击，即调出文本框。在文本框中输入相应文字后选中文本框，通过键盘的上、下、左、右键将文本框移动至图内的合适位置，最终的图形如图 7.9（a）所示。

🔔**注意**：各位读者可尝试绘制出图 7.9（b）带有 95% 置信区间阴影的图形。在图 7.3（b）的操作中，需要在 Confidence 选项卡中勾选 Plot confidence/prediction bands 复选框，详见配书视频。另外，在本案例中每个住院天数下面只有一个焦虑评分值，若有多个焦虑评分值，还可以绘制均值误差线，此方法的实现可参阅 7.4 节。

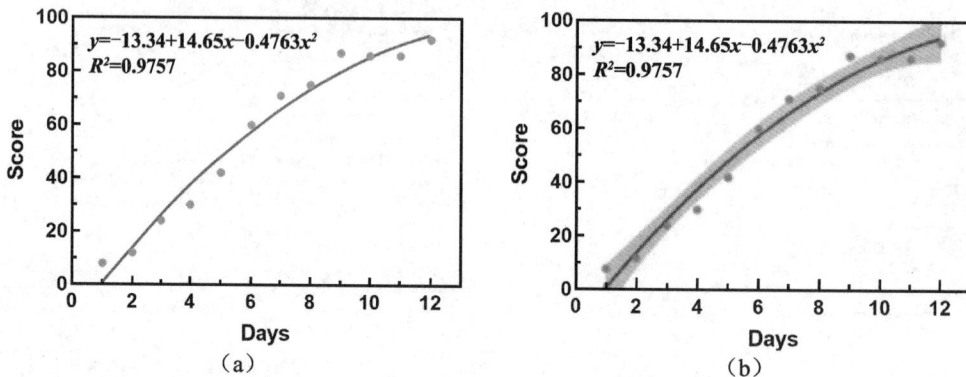

$y=-13.34+14.65x-0.4763x^2$
$R^2=0.9757$

（a）

$y=-13.34+14.65x-0.4763x^2$
$R^2=0.9757$

（b）

图 7.9　美化后的散点图及拟合线

7.3　剂量-反应曲线 1

剂量-反应曲线可以用于评估药物、激素或其他生物活性物质在不同剂量下对生物体产生的效应。在 GraphPad Prism 中，剂量-反应曲线的 x 轴一般是药物或激素的对数刻度，而 y 轴表示生物效应或反应。另外，剂量-反应曲线可分为激动反应和拮抗反应。激动反应是指随着变量 X 的增加，变量 Y 不断增加，拮抗反应是指随变量 X 的增加，变量 Y 不断降低，激动反应和拮抗反应需使用不同的菜单进行拟合。

🔔**注意**：根据药物的原始数据是否已对数化处理，在 GraphPad Prism 中需要选择不同的选项进行分析。另外，根据因变量 Y 是否标准化，也需要选择不同的选项进行分析。

7.3.1　药物 EC_{50} 研究案例

本案例改编自相关资料，模拟一项关于杀灭跳蚤的药物剂量-反应研究。每个剂量对应的跳蚤为 500 只，观察被杀灭数量，估计其 EC_{50} 值。数据见表 7.2。其中：

❑ Dose：药物的剂量，单位为 g。
❑ Response：被杀死的跳蚤数量。

🔔**注意**：本案例中每个剂量下面只有一个观测值，若有多个观测值，实现方法可参阅 7.4 节。

表 7.2　整理后的数据格式（部分数据）

Dose	Response
0.000000001	28
0.00000001	69
0.00000003	31
0.0000001	54
0.0000003	157

7.3.2　剂量-反应分析

1. 创建分析文件

（1）打开 GraphPad Prism 软件，如图 7.10 所示，在 CREATE 下选择 XY 选项。

（2）选择 Data table 下的 Enter or import data into a new table 单选按钮，再选择 Options 下的 Number 和 Enter and plot a single Y value for each point 单选按钮。

（3）单击 Create 按钮，完成分析文件的创建。

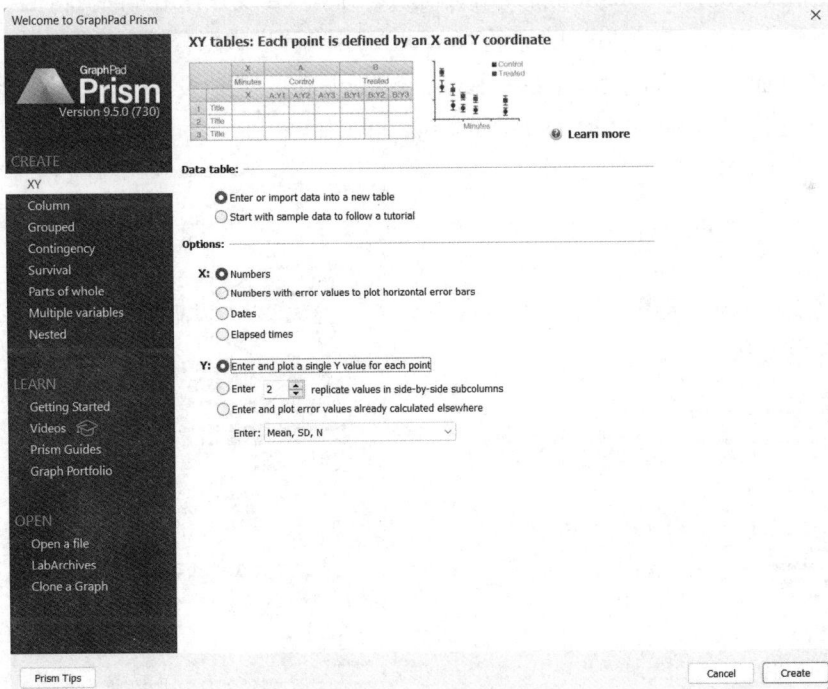

图 7.10　创建分析文件

2. 导入数据

直接复制在 Excel 中整理好的数据，共有 2 列，分别是 Dose 和 Response，如图 7.11 所示。其中，1.000000e-009 表示 1×10^{-9}，即 0.000000001。

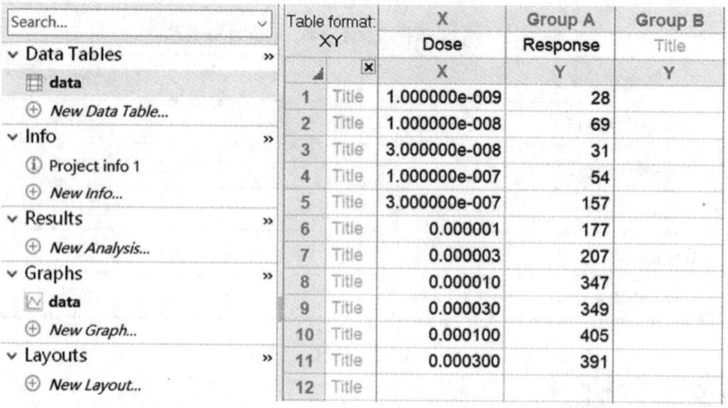

图 7.11　数据复制

3. 剂量-反应分析

在图 7.11 所示的导航栏中，Data Tables 表示数据界面，将本次的数据命名为 data。需要注意的是，Data Tables 中可以放置多个数据，单击 New Data Table 即可。Results 表示统计分析结果界面，如果单击 New Analysis，将开始分析并弹出新的对话框。Graphs 表示统计图形绘制界面，如果单击 New Graph，将开始绘制散点图和拟合线并弹出新的对话框。

（1）单击图 7.11 导航栏 Results 下的 New Analysis，弹出数据分析对话框，如图 7.12（a）所示。在 XY analyses 下选择 Nonlinear regression(curve fit)，其他设置保持默认，单击 OK 按钮，弹出新的对话框，如图 7.12（b）所示。

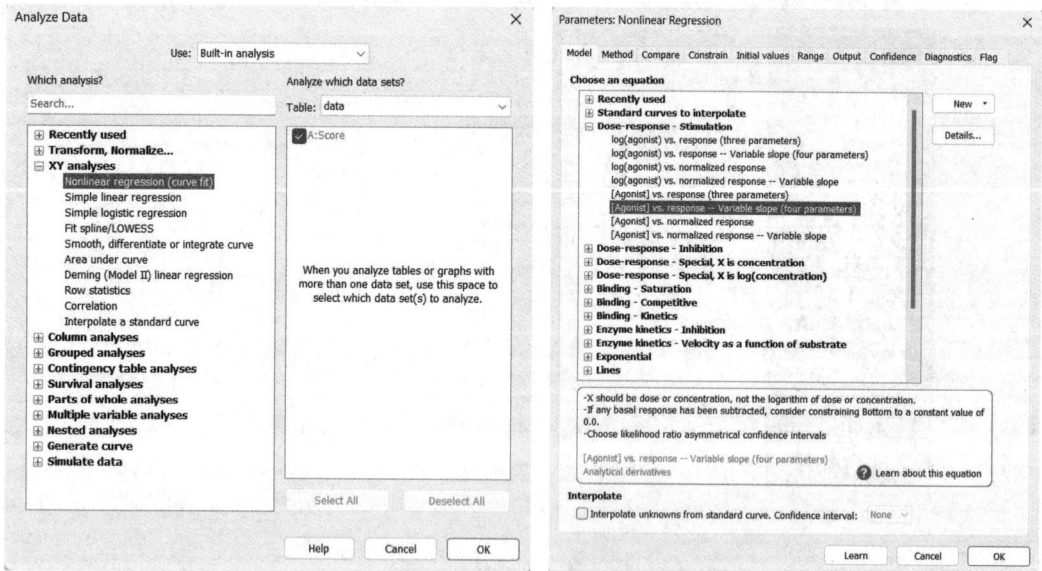

（a）　　　　　　　　　　　（b）

图 7.12　数据分析和方法选择对话框

（2）在图 7.12（b）中选择 Dose-response-Stimulation 下的[Agonist] vs. response--Variable slope(four parameters)选项，此选项表示[激动剂] vs. 反应-可变斜率。

注意：在本案例中，随着剂量 Dose 的不断增加，杀死跳蚤数量 Response 也不断增加，属于激动反应，因此在图 7.12（b）中选择 Dose-response-Stimulation；如果随着剂量 Dose 的不断增加，杀死跳蚤数量 Response 不断降低，则应选择 Dose-response-Inhibition。其次，本案例的药物浓度未经对数化处理，因此选择[Agonist]，如果经过对数化处理，则选择 log[Agonist]。另外，如果 Response 已经标准化为 0～100%，则选用 Normalized 的选项，本案例中显然未对 Response 标准化，一般也不建议标准化，因此选用不带有 Normalized 的选项。最后，如果选项带有 Variable Slope，则表示可变斜率，未带有 Variable Slope，则为标准斜率，即 Hill 斜率等于 1.0，一般都选可变斜率。

（3）单击 OK 按钮，弹出相应的结果。

4. 剂量-反应分析结果解读

在图 7.13 中罗列了剂量-反应分析的结果。

	Nonlin fit Table of results	A Response
1	[Agonist] vs. response -- Variable slope (four parameters)	
2	**Best-fit values**	
3	Bottom	31.50
4	Hillslope	0.6510
5	Top	419.4
6	EC50	2.176e-006
7	logEC50	-5.662
8	Span	387.9
9	**95% CI (profile likelihood)**	
10	Bottom	-70.04 to 81.25
11	Hillslope	0.2606 to 1.286
12	Top	356.0 to 654.2
13	EC50	7.004e-007 to 1.853e-005
14	logEC50	-6.155 to -4.732
15	**Goodness of Fit**	
16	Degrees of Freedom	7
17	R squared	0.9701
18	Sum of Squares	6624
19	Sy.x	30.76
20	**Constraints**	
21	EC50	EC50 > 0
22		
23	**Number of points**	
24	# of X values	11
25	# Y values analyzed	11

图 7.13　剂量-反应分析结果

Best-fit values 表示拟合的最佳结果。其中：Bottom 表示底部值为 31.50，Hillslope 表示 Hill 斜率为 0.6510，Top 表示顶部为 419.4，EC_{50} 表示半数有效浓度为 2.176e-006，$logEC_{50}$ 表示半数有效浓度的对数为-5.662，Span 表示 Top 与 Bottom 的差值。

注意：如果是拮抗的剂量-反应分析，此处计算半数有效浓度称为 IC_{50}。虽然 EC_{50} 与 IC_{50} 的名称不同，但是二者的本质相同。

95%CI 表示上述指标的 95%置信区间。

Goodness of Fit 表示模型的拟合精度。其中：Degrees of Freedom 表示自由度为 7，R squared 表示决定系数为 0.9701，拟合精度较好，Sum of Squares 表示平方和为 6624，$S_{y.x}$ 表示剩余标准差为 30.76。

7.3.3 绘制剂量-反应曲线

（1）单击图 7.11 导航栏 Graphs 下的 New Graph，即可调出绘图对话框，如图 7.14（a）所示。

- Data sets to plot 为选择绘图数据菜单，通过 Table 选项选择需要绘图的数据表为 data。Also plot associated curves 选项表示绘制拟合曲线。
- Kind of graph 用于选择图形，通过 show 选项选择 XY。在下方的图形中选择第 1 个图形。共有 5 个图形可供选择，在实操过程中每个图形均可以尝试，观察最终图形的样式是否满足个性化需求。
- 单击 OK 按钮即出现图形，如图 7.14（b）所示。

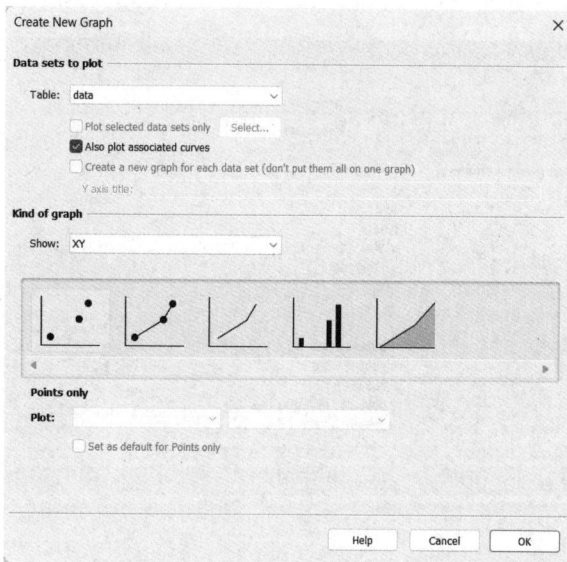 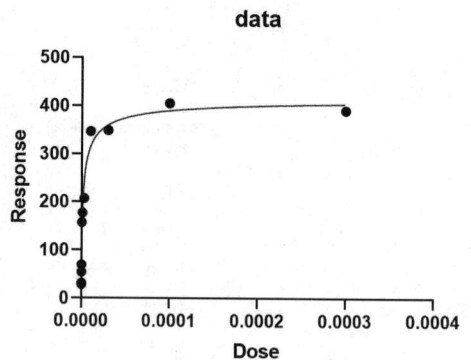

（a）　　　　　　　　　　　　　　　（b）

图 7.14　图形选择界面、剂量-反应分析草图

（2）在图 7.14（b）的基础上，进一步对图形进行修饰与美化。在草图的 x 轴任意一处双击，即可弹出 x 轴的设置对话框。切换到 X axis 选项卡，如图 7.15（a）所示。

- Scale 选项表示 x 轴的尺度，此处我们需要将坐标轴进行对数化处理，选择 Log 10。
- Automatically determine the range and interval 选项默认是勾选的，表示自动化处理 x 轴的范围和刻度线等，此处取消勾选，进行手动设置。
- Minimum 选项表示 x 轴的最小值，此处设置为 1e-009。Maximum 选项表示 x 轴的最大值，此处设置为 0.001。
- Ticks direction 选项设置为 Up，表示 x 轴的刻度线朝上，即在图形内部。
- Ticks length 表示刻度线长度的设置，此处选择 Short，即短刻度线。
- Major ticks 选项表示主刻度线的间隔，此处设置为 1。
- Starting at X=选项表示 x 轴刻度线的起始值，此处设置为 1e-009。

❑ Minor ticks 选项表示次刻度线，如果选择 9，则次刻度线将主刻度间隔分成 9 节。

❑ 勾选 log 复选框，表示 x 轴的次刻度是对数化。

❑ 其他选项保持默认即可，单击 OK 按钮。

（3）在草图的 y 轴任意一处双击，即可弹出 y 轴的设置对话框，如图 7.15（b）所示。y 轴与 x 轴的设置对话框相同，此处不再赘述。

❑ 取消勾选 Automatically determine the range and interval 复选框，进行手动设置。

❑ Minimum 选项设置为 0，Maximum 选项设置为 500。

❑ Ticks direction 选项设置为 Right。

❑ Ticks length 选项设置为 Short。

❑ Major ticks 选项设置为 100。

❑ Starting at Y=选项设置为 0。

❑ Minor ticks 选项设置为 2。

❑ 其他选项保持默认即可，单击 OK 按钮。

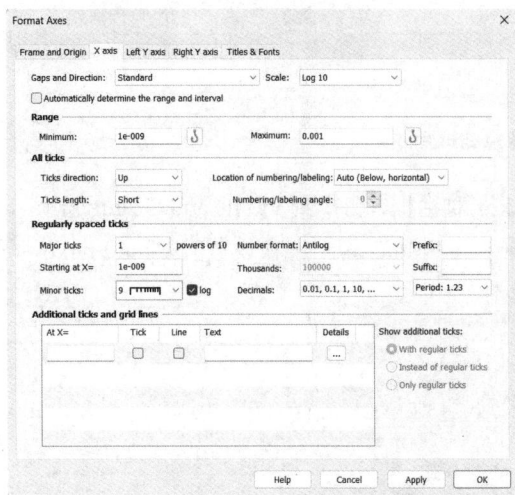 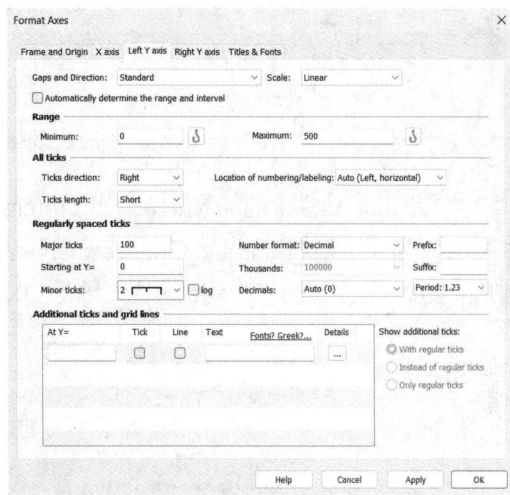

| (a) | (b) |

图 7.15　x 轴和 y 轴设置对话框

（4）坐标轴名称的修改只需要在草图中，单击 x 轴的名称 Dose 即弹出文本框，在文本框中再单击一次，即可修改 x 轴的名称，y 轴的名称、图名称的修改方法与其相同。

（5）在草图中双击散点，弹出散点设置对话框，如图 7.16（a）所示，在其中可设置散点的类型、颜色、大小等。在 Show symbols 系列选项中，Color 选项设置颜色为水绿色，Shape 选项设置散点实心圆，Size 选项设置散点的大小为 3。其他选项保持默认，单击 OK 按钮。

（6）在草图中双击曲线，弹出新的对话框，如图 7.16（b）所示。通过 Show connecting line/curve 系列选项设置线的特征，Color 选项用于设置线的颜色为暗红色，Thickness 选项用于设置线的粗细为 1pt，Style 选项用于设置线的形式为普通线段，Pattern 选项用于设置线的类型为实线。其他选项保持默认，单击 OK 按钮。

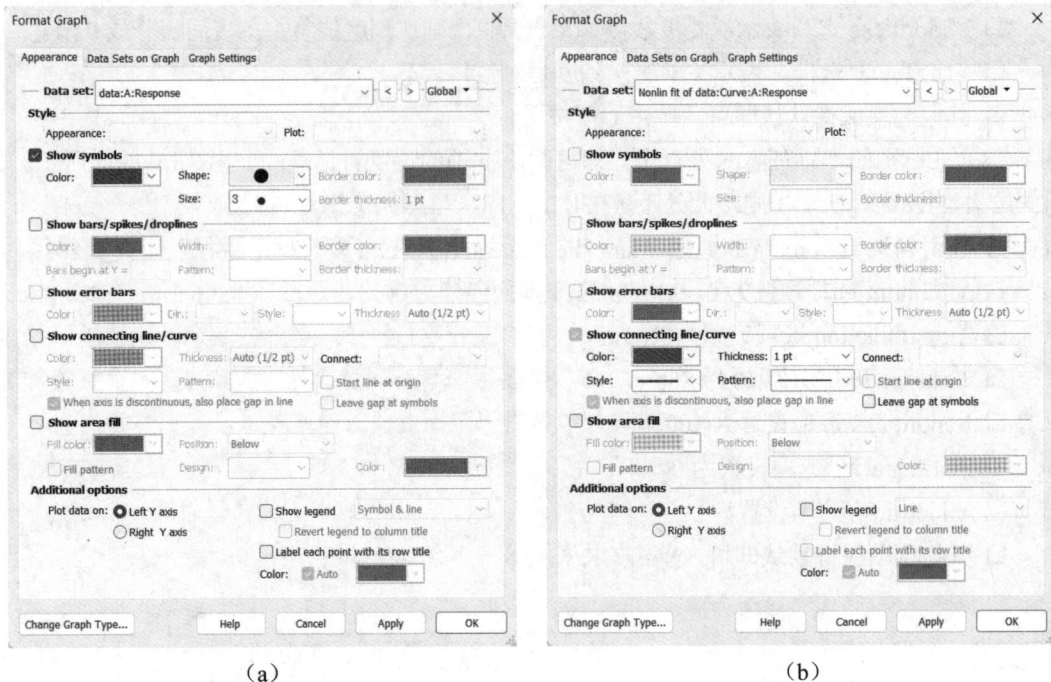

（a）　　　　　　　　　　　　　　　（b）

图 7.16　设置散点和拟合线

（7）单击工具栏中的 ⌐ 按钮，弹出 Format Axes 对话框，切换到 Frame and Origin 选项卡，如图 7.17 所示。将 Frame and Grid Line 系列选项中的 Frame style 选项设置为 Plain Frame，即图形有四边框，其他选项保持默认，单击 OK 按钮。

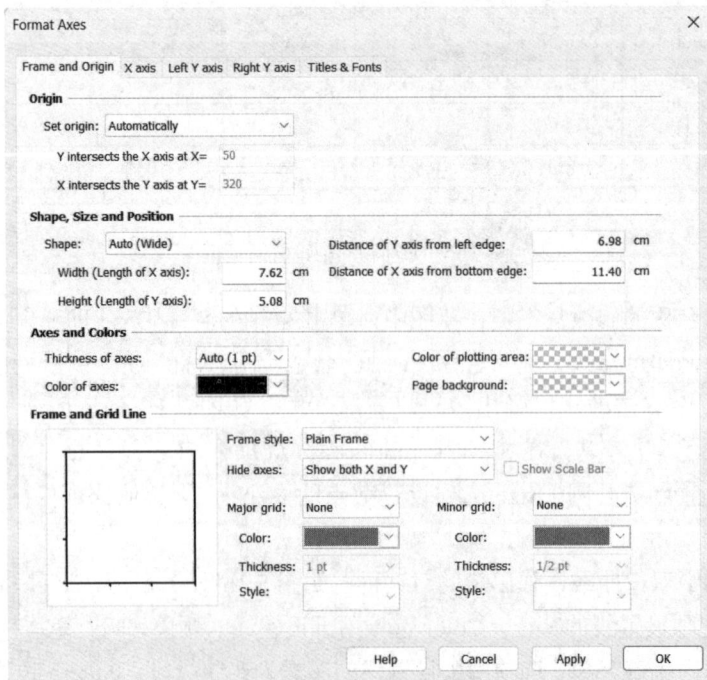

图 7.17　图的边框设置

（8）单击工具栏中的 T 按钮，将鼠标移动到草图内部再次单击，即调出文本框。在文本框中输入相应文字后选中文本框，通过键盘的上、下、左、右键将文本框移动至图内的合适位置，最终的图形如图 7.18（a）所示。

注意：读者可以尝试绘制图 7.18（b）所示的带有 95% 置信区间阴影的图形。在图 7.12（b）的操作中，需要在 Confidence 选项卡中勾选 Plot confidence/prediction bands 选项，详见配书视频。另外，本案例中每个剂量下面只有一个观测值，若有多个观测值，图中还可绘制均值误差线，此方法的实现可参阅 7.4 节。

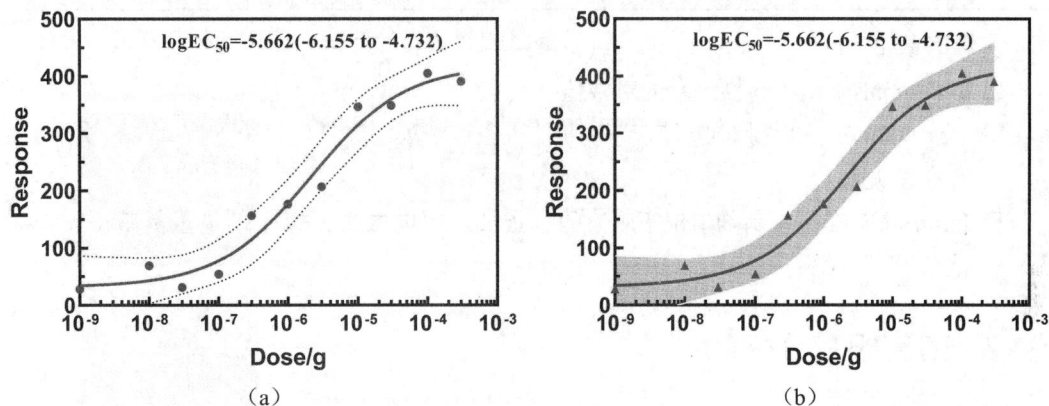

图 7.18　美化后的剂量-反应曲线

7.4　剂量-反应曲线 2

7.3 节的案例较为简单，本节分析两组间的剂量-反应曲线，并且观测每个剂量下多个值。其他非线性回归中的多组间且多个观测值的分析步骤与本节相似，不再赘述。

7.4.1　两条曲线 EC_{50} 研究案例

本案例参考相关资料模拟一项关于杀灭跳蚤的药物剂量-反应研究，观察 500 只跳蚤中被消灭的跳蚤数量，估计其 EC_{50} 值，数据如表 7.3 所示。

表 7.3　整理后的数据格式

log[Agonist], M	No inhibitor			Inhibitor		
−10	7	9	13	4	6	5
−8	11	33	25			
−7.5	125	141	160	11	25	28
−7	190	219	197	52	55	61
−6.5	258	289	346	80	77	45

续表

log[Agonist], M	No inhibitor			Inhibitor		
−6	322	354	329	172	195	247
−5.5	355	359	370	289	230	243
−5	348	298	373	272	333	311
−4.5				360	307	297
−4	412	378	400	352	320	365
−3.5				389	339	

变量信息如下：

- log[Agonist], M：药物剂量的对数值。
- No inhibitor：在无抑制剂情况下观察的跳蚤被消灭的数量，每个剂量重复 3 次，个别存在缺失值。
- Inhibitor：在有抑制剂情况下观察的跳蚤被消灭的数量，每个剂量重复 3 次，存在缺失值。

7.4.2　剂量-反应分析

1. 创建分析文件

（1）打开 GraphPad Prism 软件，如图 7.19 所示，在 CREATE 下选择 XY 选项。

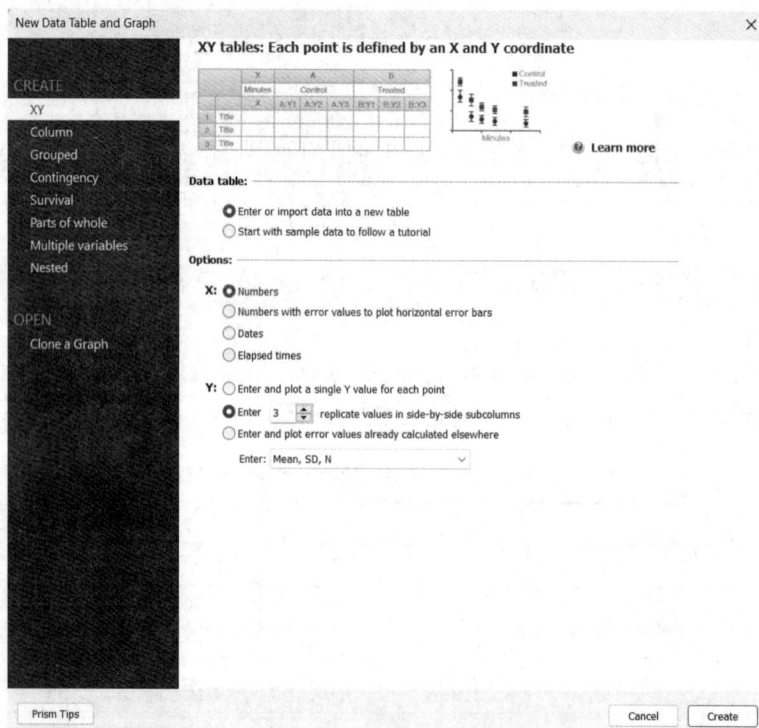

图 7.19　创建分析文件

（2）选择 Data table 下的 Enter or import data into a new table 单选按钮，再选择 Options 下的 Numbers 和 Enter 3 replicate values in side-by-side subcolumns 单选按钮。因为每个剂量下有 3 次实验，即 3 个数值，所以此处输入 3。

（3）单击 Create 按钮，完成分析文件的创建。

2．导入数据

直接复制在 Excel 中整理好的数据，共有 3 列，分别是 log[Agonist], M、No inhibitor 和 Inhibitor，如图 7.20 所示。

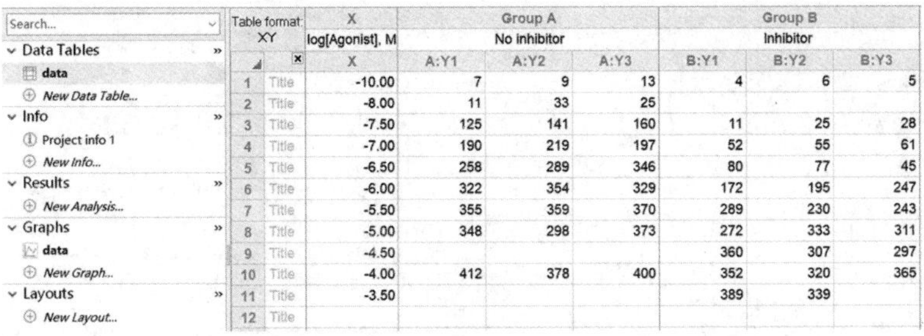

Search...	Table format	X	Group A No inhibitor			Group B Inhibitor		
	XY	log[Agonist], M	A:Y1	A:Y2	A:Y3	B:Y1	B:Y2	B:Y3
˅ Data Tables		X						
data	1 　Title	-10.00	7	9	13	4	6	5
New Data Table...	2 　Title	-8.00	11	33	25			
˅ Info	3 　Title	-7.50	125	141	160	11	25	28
Project info 1	4 　Title	-7.00	190	219	197	52	55	61
New Info...	5 　Title	-6.50	258	289	346	80	77	45
˅ Results	6 　Title	-6.00	322	354	329	172	195	247
New Analysis...	7 　Title	-5.50	355	359	370	289	230	243
˅ Graphs	8 　Title	-5.00	348	298	373	272	333	311
data	9 　Title	-4.50				360	307	297
New Graph...	10 　Title	-4.00	412	378	400	352	320	365
˅ Layouts	11 　Title	-3.50				389	339	
New Layout...	12 　Title							

图 7.20　数据复制

3．剂量-反应分析

在图 7.20 所示的导航栏中，Data Tables 表示数据界面，将本次的数据命名为 data。需要注意的是，在 Data Tables 中可以放置多个数据，单击 New Data Table 即可。Results 表示统计分析结果界面，如果单击 New Analysis，将开始分析并弹出新的对话框。Graphs 表示统计图形绘制界面，如果单击 New Graph，将开始绘制散点图、拟合线并弹出新的对话框。

（1）单击图 7.20 导航栏 Results 下的 New Analysis，弹出数据分析对话框，如图 7.21（a）所示。在 XY analyses 下选择 Nonlinear regression(curve fit)，其他设置保持默认，单击 OK 按钮，弹出新的对话框，如图 7.21（b）所示。

（2）在图 7.21（b）中选择 Dose-response-Stimulation 下的 log[Agonist] vs. response--Variable slope(four parameters)选项，此选项表示：log[激动剂] vs.反应-可变斜率。

注意：在本案例中，随着剂量 Dose 的不断增加，杀死的跳蚤数量 Response 也不断增加，属于激动剂反应，因此在图 7.21（b）中选择 Dose-response-Stimulation；如果随着剂量 Dose 的不断增加，杀死的跳蚤数量 Response 不断降低，则应选择 Dose-response-Inhibition。其次，本案例的药物浓度已经对数化，因此选择 log[Agonist]，如果未经过对数化处理，则选择[Agonist]。另外，如果 Response 已经标准化为 0～100%，则选用 Normalized 的选项，在本案例中显然未对 Response 标准化，一般也不建议标准化，因此选用不带有 Normalized 的选项。最后，如果选项带有 Variable Slope，则表示可变斜率，未带有 Variable Slope，则为标准斜率，即 Hill 斜率等于1.0，一般都选可变斜率。

（3）单击 OK 按钮，弹出的相应结果。

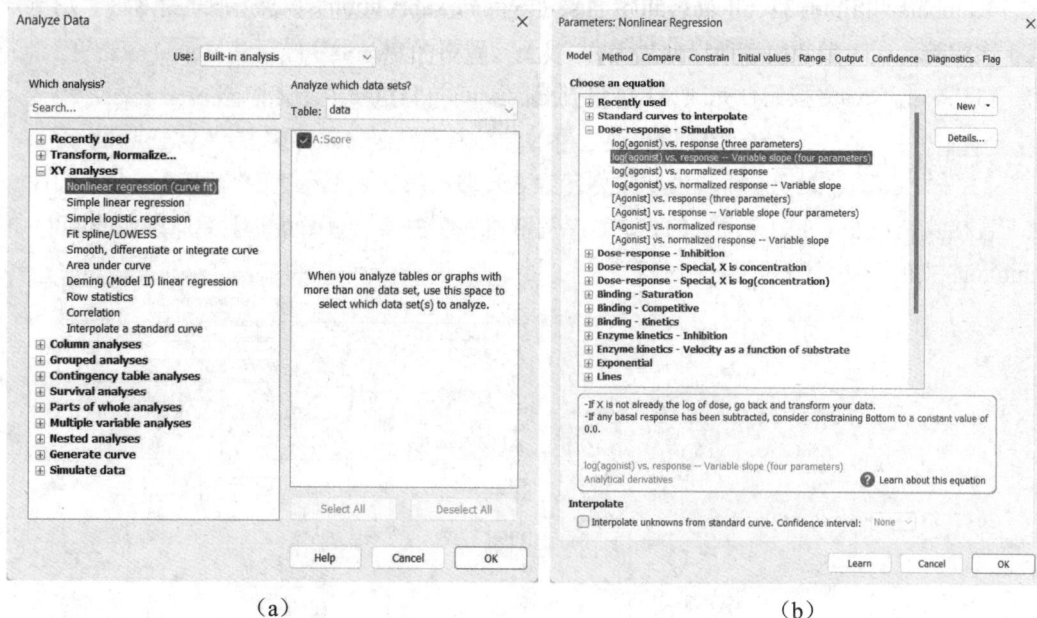

（a）   （b）

图 7.21　数据分析和方法选择对话框

4．剂量-反应分析结果解读

在图 7.22 中显示了剂量-反应分析的结果。其中，A 列表示无抑制剂情况下的结果，B 列表示有抑制剂情况下的结果。

Nonlin fit Table of results		A No inhibitor	B Inhibitor
1	log(agonist) vs. response -- Variable slope (four parameters)		
2	**Best-fit values**		
3	Bottom	-1.191	5.298
4	Top	370.2	348.2
5	LogEC50	-7.138	-6.011
6	HillSlope	0.9215	0.9010
7	EC50	7.275e-008	9.760e-007
8	Span	371.4	342.9
9	**95% CI (profile likelihood)**		
10	Bottom	-34.30 to 30.10	-23.43 to 30.53
11	Top	348.8 to 395.3	323.7 to 379.8
12	LogEC50	-7.304 to -6.965	-6.181 to -5.827
13	HillSlope	0.6829 to 1.247	0.6370 to 1.338
14	EC50	4.965e-008 to 1.085e-007	6.589e-007 to 1.490e-006
15	**Goodness of Fit**		
16	Degrees of Freedom	23	25
17	R squared	0.9645	0.9652
18	Sum of Squares	18685	18667
19	Sy.x	28.50	27.33
20			
21	**Number of points**		
22	# of X values	30	33
23	# Y values analyzed	27	29

图 7.22　剂量-反应分析结果

❑ Best-fit values 表示拟合的最佳结果。其中：Bottom 表示底部值，HillSlope 表示 Hill 斜率，Top 表示顶部值，EC_{50} 表示半数有效浓度，$logEC_{50}$ 表示半数有效浓度的对数，Span 表示 Top 与 Bottom 的差值。

❑ 95%CI 表示上述指标的 95%置信区间。

❑ Goodness of Fit 表示模型的拟合精度的结果。其中：Degrees of Freedom 表示自由度，R squared 表示决定系数，Sum of Squares 表示平方和，$S_{y.x}$ 表示剩余标准差。

7.4.3　绘制剂量-反应曲线

（1）单击图 7.20 所示导航栏 Graphs 下的 New Graph，即可调出绘图界面，如图 7.23（a）所示。

❑ Data sets to plot 用于选择绘图数据。其中：Table 选项用于选择需要绘图的数据表，这里为 data。Also plot associated curves 表示绘制拟合曲线。

❑ Kind of graph 用于选择图形。在 show 选项中选择 XY。在下面的图形中选择第 1 个图形。共有 8 个图形可供选择，在实操过程中每个图形均可尝试，观察最终图形的样式是否满足个性化需求。

❑ Plot 选项设置为 Mean and Error 表示绘制均值与误差，此处误差选择 SD。

❑ 单击 OK 按钮即出现草图，如图 7.23（b）所示。

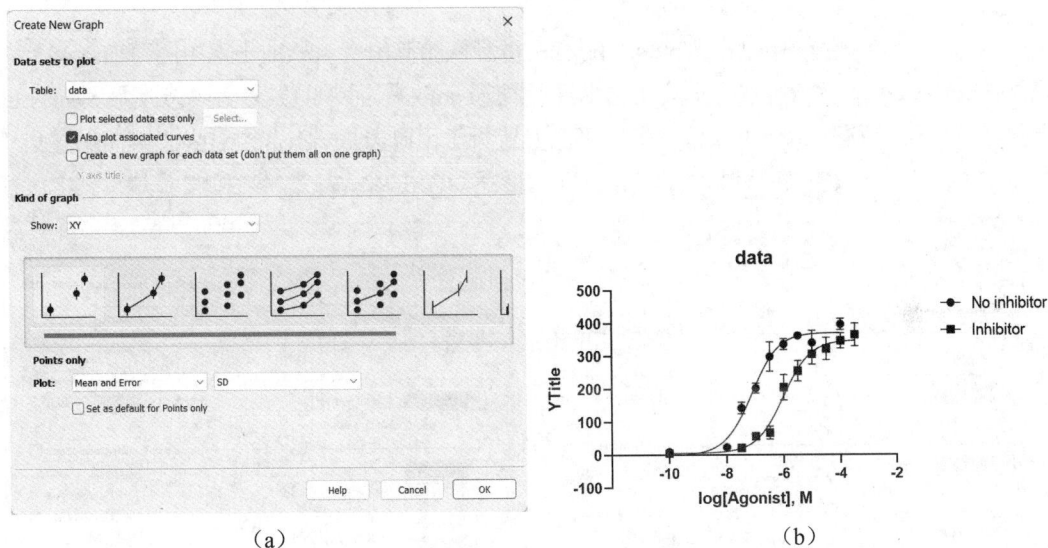

（a）　　　　　　　　　　（b）

图 7.23　图形选择和剂量-反应分析草图

（2）在图 7.23（b）的基础上，进一步对图形进行美化。在草图的 x 轴任意一处双击，即可弹出 x 轴的设置对话框。切换到 X axis 选项卡，如图 7.24（a）所示。

❑ Automatically determine the range and interval 选项默认是勾选的，表示自动化处理 x 轴的范围、刻度线等，此处取消勾选，进行手动设置。

❑ Minimum 选项表示 x 轴的最小值，此处设置为-10。Maximum 选项表示 x 轴的最大值，此处设置为-3。

❑ Ticks direction 选项设置为 Up，表示 x 轴的刻度线朝上，即在图形内部。

❑ Ticks length 表示刻度线长度的设置，此处选择 Short，即短刻度线。

❑ Major ticks 选项表示主刻度线的间隔，此处设置为 1。

❑ Starting at X=选项表示 x 轴刻度线的起始值，此处设置为-10。

❑ Minor ticks 选项表示次刻度线，选择 9 表示次刻度线将主刻度间隔分成 9 节。

❑ 勾选 log 复选框表示次刻度线是对数化显示。

❑ 其他选项保持默认即可，单击 OK 按钮。

（3）在草图的 y 轴任意处双击，即可弹出 y 轴的设置对话框，如图 7.24（b）所示。y 轴与 x 轴的设置选项完全相同，此处不再赘述。

❑ 取消勾选 Automatically determine the range and interval 复选框，进行手动设置。

❑ Minimum 选项设置为 0，Maximum 选项设置为 500。

❑ Ticks direction 选项设置为 Right。

❑ Ticks length 选项设置为 Short。

❑ Major ticks 选项设置为 100。

❑ Starting at Y=选项设置为 0。

❑ Minor ticks 选项设置为 2。

❑ 其他选项保持默认即可，单击 OK 按钮。

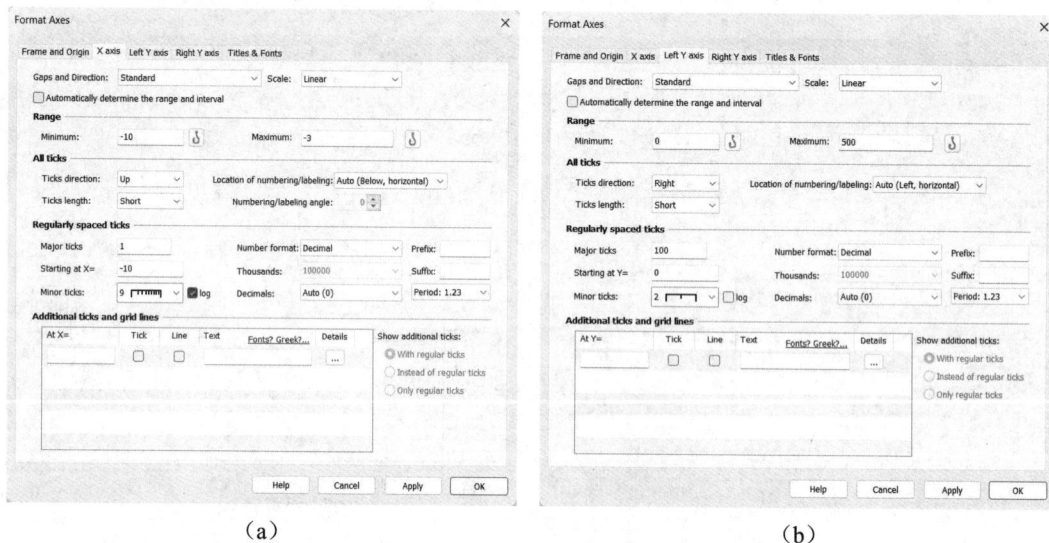

（a）   （b）

图 7.24　x 轴和 y 轴设置对话框

（4）坐标轴名称的修改只需要在草图中单击 x 轴的名称，在弹出的文本框中再单击一次 x 轴的名称即可修改。y 轴的名称和图的名称的修改与此相同。

（5）在草图中双击散点，弹出散点的设置对话框，如图 7.25 所示，在其中可设置散点的类型、颜色和大小等。在 Show symbols 系列选项中，Color 选项用于设置散点颜色为水红色，Shape 选项用于设置散点类型为实心圆，Size 选项用于设置散点的大小为 3。其他选项保持默认，单击 OK 按钮。

🔔注意：No inhibitor 与 Inhibitor 对应的散点需要单独设置。图 7.25（a）设置的是 No inhibitor 的散点，图 7.25（b）设置的是 Inhibitor 的散点。

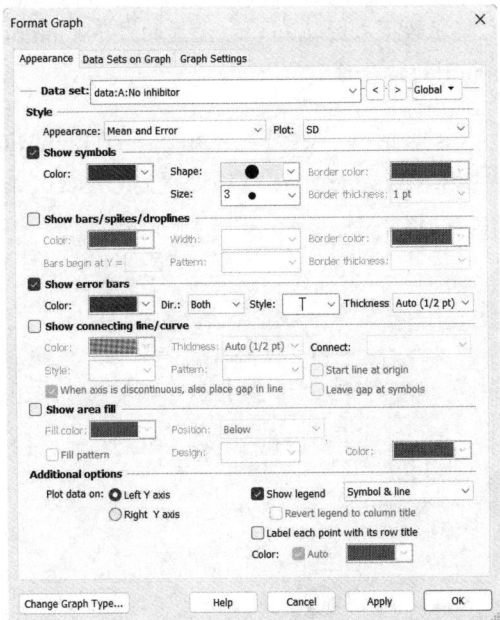
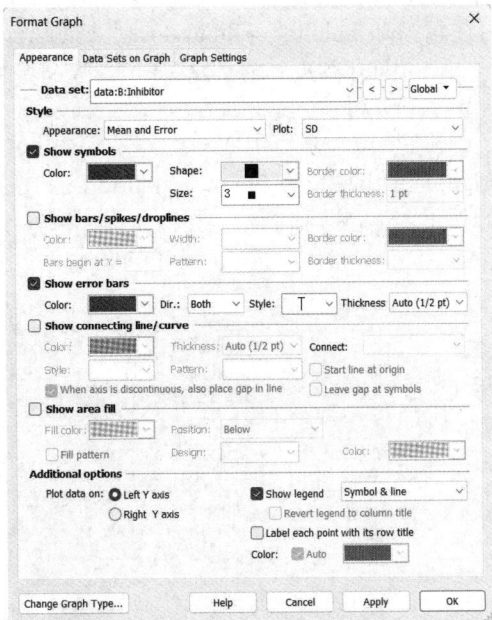

（a）　　　　　　　　　　　　　（b）

图 7.25　设置散点

（6）在草图中双击曲线，弹出新的对话框，如图 7.26 所示。通过 Show connecting line/curve 系列选项设置线的特征，在 Color 选项中设置线的颜色为水红色，在 Thickness 选项中设置线的粗细为 1pt，在 Style 选项中设置线的形式为线段，在 Pattern 选项中设置线的类型为实线。其他选项保持默认，单击 OK 按钮。

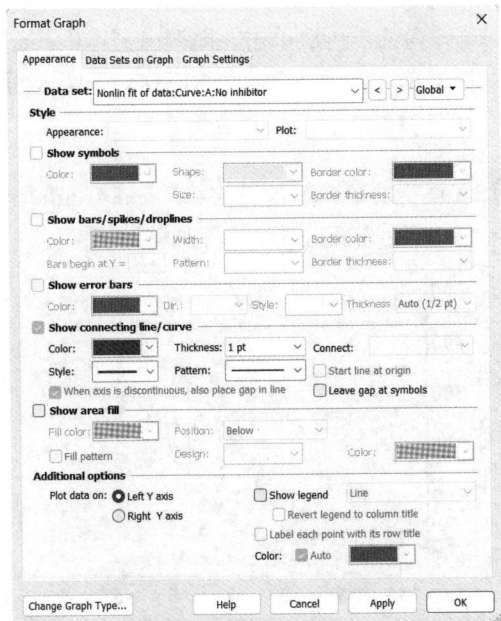
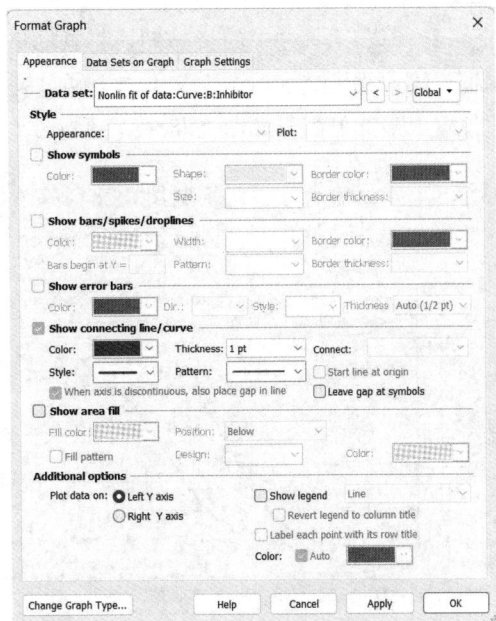

（a）　　　　　　　　　　　　　（b）

图 7.26　设置拟合线

🔔**注意:** No inhibitor 与 Inhibitor 对应的拟合线需单独设置。图 7.26(a)设置的是 No inhibitor 的拟合线，图 7.26（b）设置的是 Inhibitor 的拟合线。

（7）单击工具栏中的 按钮，弹出 Format Axes 对话框，如图 7.27 所示。在 Frame and Origin 选项卡中，将 Frame and Grid Line 系列选项中的 Frame style 选项设置为 Offset X & Y axes，即 x 轴、y 轴离断。其他选项保持默认。单击 OK 按钮。

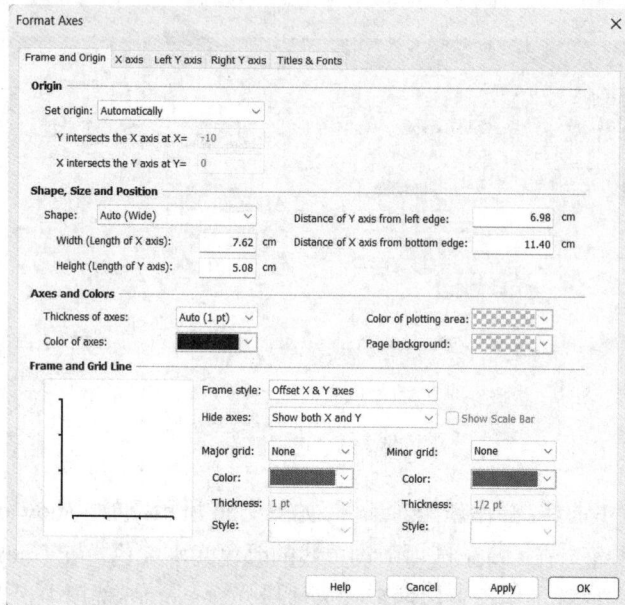

图 7.27　设置图的边框

（8）单击工具栏中的 **T** 按钮，将鼠标移动到草图内部，再次单击，即调出文本框。在文本框中输入相应文字后选中文本框，通过键盘的上、下、左、右键将文本框移动至图内的合适位置，最终的图形如图 7.28（a）所示。

🔔**注意:** 各位读者可尝试绘制图 7.28（b）～（d）。在图 7.21（b）的操作中，需要在 Confidence 选项卡中勾选 Plot confidence/prediction bands 复选框，详细步骤见配套视频。

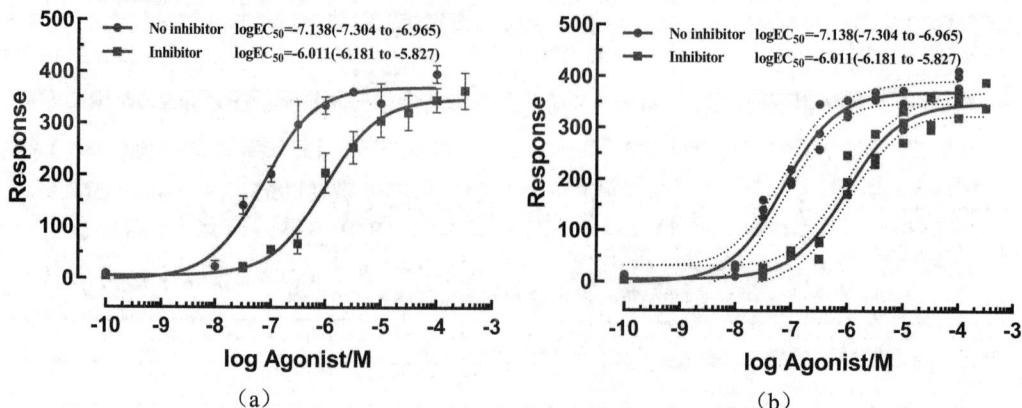

（a）　　　　　　　　　　　　（b）

图 7.28　美化后的剂量-反应曲线

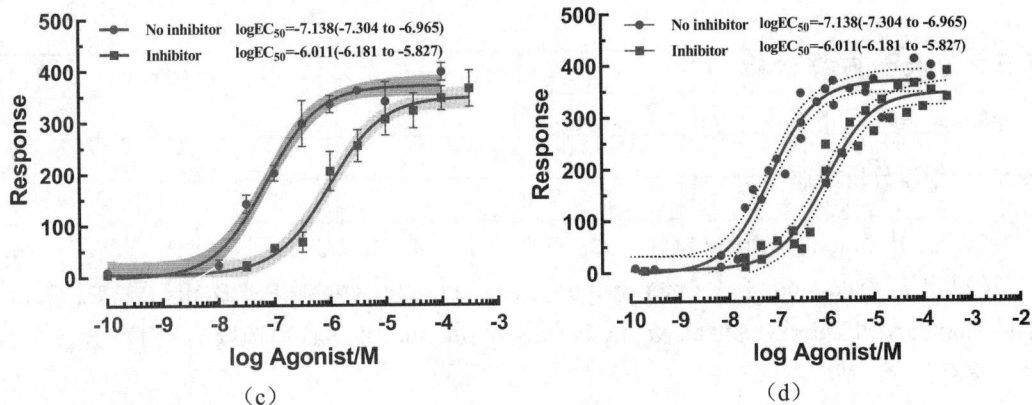

图 7.28　美化后的剂量-反应曲线（续）

7.5　酶动力学-米氏方程

生物体内的化学反应需借助酶，以降低所需的活化能，使其以极缓慢的速度发生反应，酶动力学的研究有助于我们理解酶的功能和调控。常见的酶动力学实验是测量底物的不同浓度下酶促反应速度，通常拟合的模型是 Michaelis-Menten 模型，即米氏方程。借助米氏方程能确定酶的最大反应速度，即 $V_{\max}$，以及一半最大反应速度所需的底物浓度，即 K_m。

7.5.1　米氏方程案例

本案例参考相关资料模拟一项酶动力学研究。观察不同底物浓度的酶催化化学反应的速率，即酶活性。数据见表 7.4。

表 7.4　整理后的数据格式（部分数据）

[Substrate]	Enzyme Activity		
1	261	245	199
3	525	483	501
5	666	801	750
7	881	897	902
9	888	846	858

变量信息如下：

❑ [Substrate]：底物浓度。

❑ Enzyme Activity：酶活性，每个底物浓度下重复 3 次。

7.5.2 米氏方程分析

1. 创建分析文件

（1）打开 GraphPad Prism 软件，如图 7.29 所示，在 CREATE 下选择 XY 选项。

（2）选择 Data table 下的 Enter or import data into a new table 单选按钮，再选择 Options 下的 Numbers 和 Enter 3 replicate values in side-by-side subcolumns 单选按钮。因为每个底物浓度下重复 3 次，故此处输入 3。

（3）单击 Create 按钮，完成分析文件的创建。

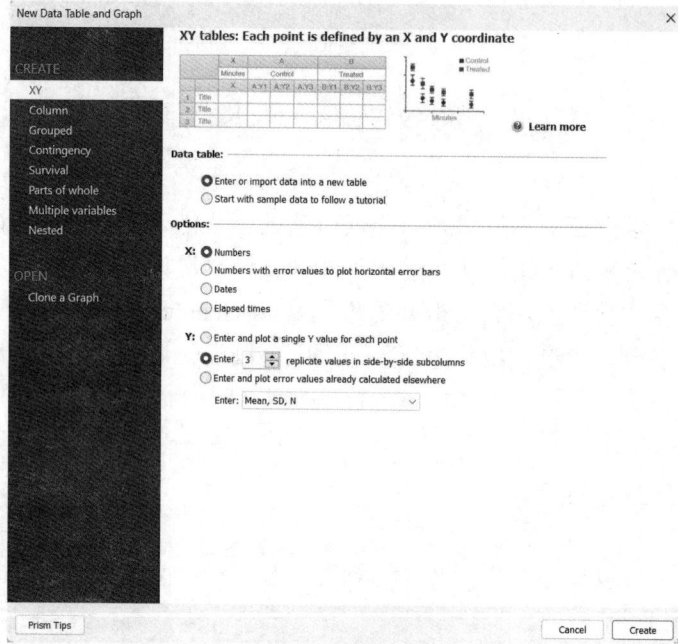

图 7.29 创建分析文件

2. 导入数据

直接复制在 Excel 中整理好的数据，共有 2 列，分别是[Substrate]和 Enzyme Activity，如图 7.30 所示。

3. 开始米氏方程分析

在图 7.30 导航栏中，Data Tables 表示数据界面，将本次的数据命名为 data。Results 表示统计分析结果界面，如果单击 New Analysis，将开始分析并弹出新的对话框。Graphs 表示统计图形绘制界面，如果单击 New Graph，将开始绘制散点图、拟合线并弹出新的对话框。

（1）单击图 7.30 导航栏 Results 下的 New Analysis，弹出数据分析对话框，如图 7.31（a）所示。在 XY analyses 下选择 Nonlinear regression(curve fit)，其他设置保持默认，单击 OK 按

钮，弹出新的对话框，如图 7.31（b）所示。

Table format: XY		X [Substrate]	Group A Enzyme Activity		
		X	A:Y1	A:Y2	A:Y3
1	Title	1	261	245	199
2	Title	3	525	483	501
3	Title	5	666	801	750
4	Title	7	881	897	902
5	Title	9	888	846	858
6	Title	11	856	867	918
7	Title	13	936	1106	855
8	Title	15	983	958	995
9	Title	17	988	957	1101
10	Title	19	958	1025	991
11	Title				
12	Title				

图 7.30　数据复制

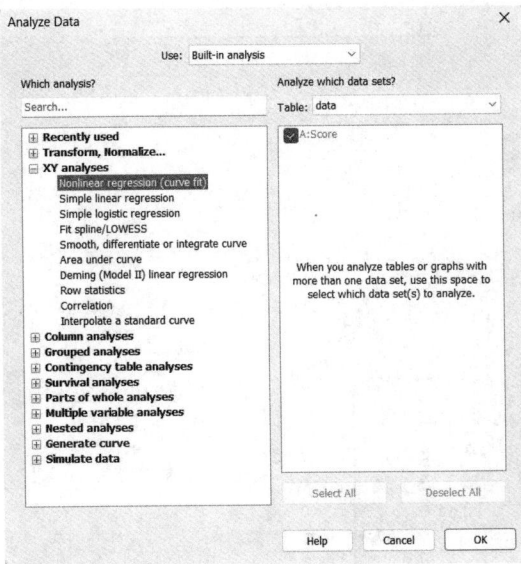

（a）

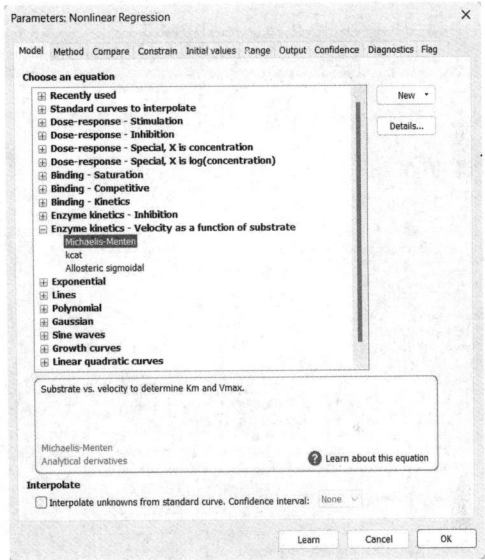

（b）

图 7.31　数据分析和方法选择对话框

（2）在图 7.31（b）中选择 Enzyme kinetics-Velocity as a function of substrate 下的 Michaelis-Menten 选项，此选项表示米氏方程。

（3）单击 OK 按钮弹出相应结果。

4．米氏方程分析结果解读

在图 7.32 中列出了米氏方程分析的结果。

- Best-fit values 表示拟合的最佳结果。V_{max} 表示酶的最大反应速度为 1220，K_m 表示一半最大反应速度所需的底物浓度为 3.615。
- 95%CI 表示上述指标的 95% 置信区间。

	Nonlin fit Table of results	A Enzyme Activity
1	Michaelis-Menten	
2	Best-fit values	
3	Vmax	1220
4	Km	3.615
5	95% CI (profile likelihood)	
6	Vmax	1143 to 1310
7	Km	2.834 to 4.597
8	Goodness of Fit	
9	Degrees of Freedom	28
10	R squared	0.9393
11	Sum of Squares	108105
12	Sy.x	62.14
13	Constraints	
14	Km	Km > 0
15		
16	Number of points	
17	# of X values	30
18	# Y values analyzed	30

图 7.32　米氏方程分析结果

❑ Goodness of Fit 表示模型的拟合精度的结果。其中：Degrees of Freedom 表示自由度，R squared 表示决定系数，Sum of Squares 表示平方和，$S_{y.x}$ 表示剩余标准差。

7.5.3　绘制米氏方程曲线

（1）单击图 7.30 导航栏 Graphs 下的 New Graph，即可调出绘图界面，如图 7.33（a）所示。

❑ Data sets to plot 用于选择绘图数据，通过 Table 选项选择需要绘图的数据表为 data。Also plot associated curves 选项表示绘制拟合曲线。

❑ Kind of graph 用于选择图形，通过 Show 选项选择 XY。在下方的图形中选择第 3 幅图形。共有 8 个图形可供选择，在实操过程中每个图形均可尝试，观察最终图形的样式是否满足个性化需求。

❑ Plot 选项设置为 Aligned 表示散点排列整齐。单击 OK 按钮，即出现草图，如图 7.33（b）所示。

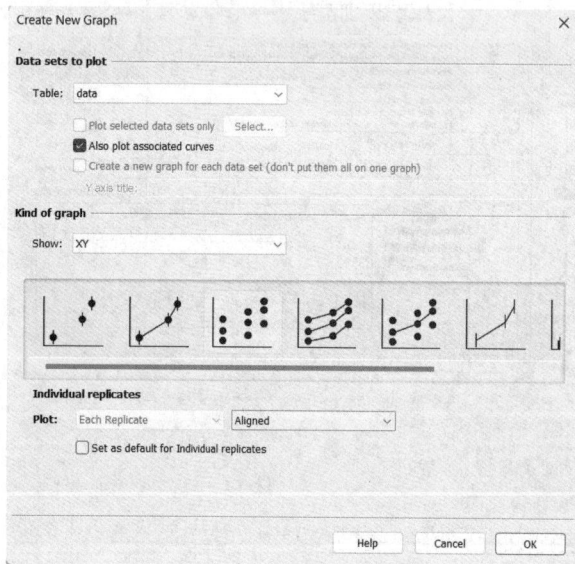

（a）

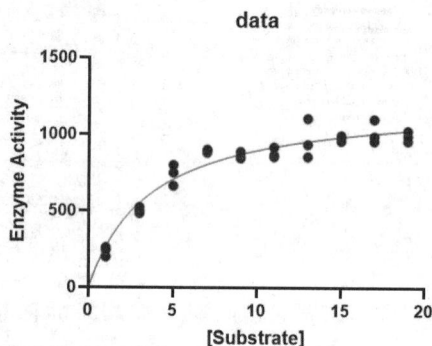

（b）

图 7.33　图形选择和米氏方程曲线草图

（2）在图 7.33（b）的基础上，进一步对图形进行美化。在草图的 x 轴任意一处双击，即可弹出 x 轴的设置界面，如图 7.34（a）所示。

❑ 取消勾选 Automatically determine the range and interval 复选框，进行手动设置。

❑ Minimum 选项表示 x 轴的最小值，此处设置为 0，Maximum 选项表示 x 轴的最大值，此处设置为 20。

❑ Ticks direction 选项设置为 Up，表示 x 轴的刻度线朝上，即在图形内部。

❑ Ticks length 表示刻度线长度的设置，此处选择 Short，即短刻度线。

❑ Major ticks 选项表示主刻度线的间隔，此处设置为 2。

❑ Starting at X= 选项表示 x 轴刻度线的起始值，此处设置为 0。

❑ Minor ticks 选项表示次刻度线，选择 0 表示无次刻度线。

❑ Additional ticks and grid lines 选项设置在 X=3.615 处，表示添加竖虚线。

❑ 其他选项保持默认即可，单击 OK 按钮。

（3）在草图的 y 轴任意处双击，即可弹出 y 轴的设置对话框，图 7.34（b）所示。y 轴与 x 轴的设置选项完全相同，此处不再赘述。

❑ 取消勾选 Automatically determine the range and interval 复选框，进行手动设置。

❑ Minimum 选项设置为 0，Maximum 选项设置为 1500。

❑ Ticks direction 选项设置为 Right。

❑ Ticks length 选项设置为 Short。

❑ Major ticks 选项设置为 300。

❑ Starting at Y=选项设置为 0。

❑ Minor ticks 选项设置为 0。

❑ Additional ticks and grid lines 选项设置 Y=1220 处添加横虚线。

❑ 其他选项保持默认即可，单击 OK 按钮。

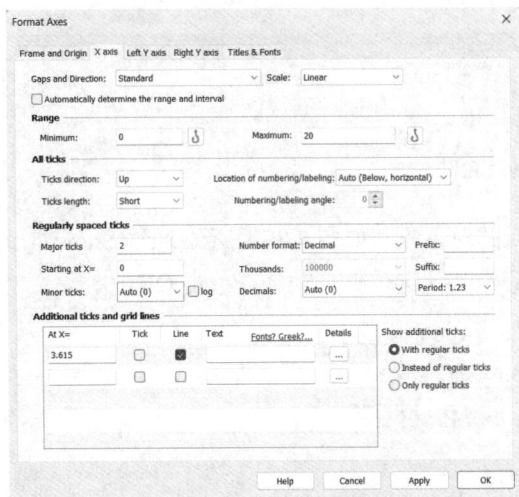

（a）

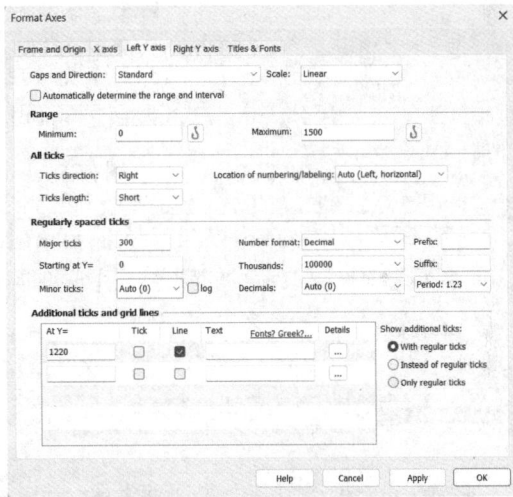

（b）

图 7.34 x 轴和 y 轴设置对话框

（4）坐标轴名称的修改只需要在草图中单击 x 轴的名称，在弹出的文本框中再单击一次 x 轴的名称即可修改。y 轴的名称和图的名称的修改方法与此相同。

（5）在草图中双击散点，弹出散点的设置对话框，如图 7.35（a）所示，在其中可设置散点的类型、颜色、大小等。在 Show symbols 系列选项中，Color 选项设置散点颜色为浅绿色，Shape 选项设置散点类型为空心倒三角，Size 选项设置散点的大小为 3。其他选项保持默认，单击 OK 按钮。

（6）在草图中双击曲线，弹出新的对话框，如图 7.35（b）所示。通过 Show connecting line/curve 系列选项设置线的特征，Color 选项设置线的颜色为深红色，Thickness 选项设置线的粗细为 1pt，Style 选项设置线的形式为线段，Pattern 选项设置线的类型为实线。其他选项保持默认，单击 OK 按钮。

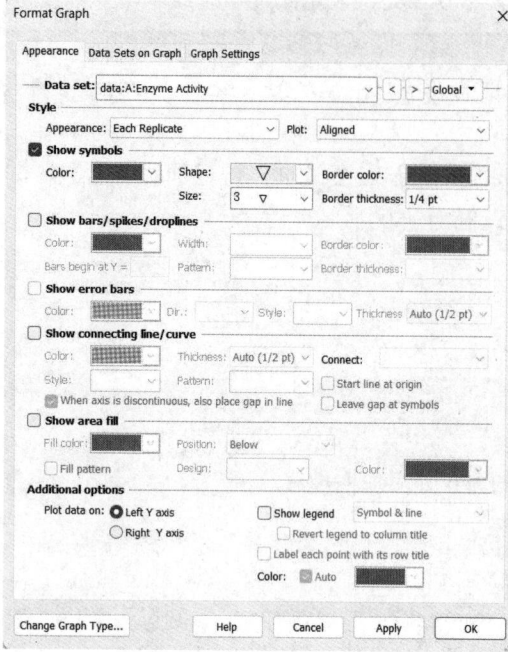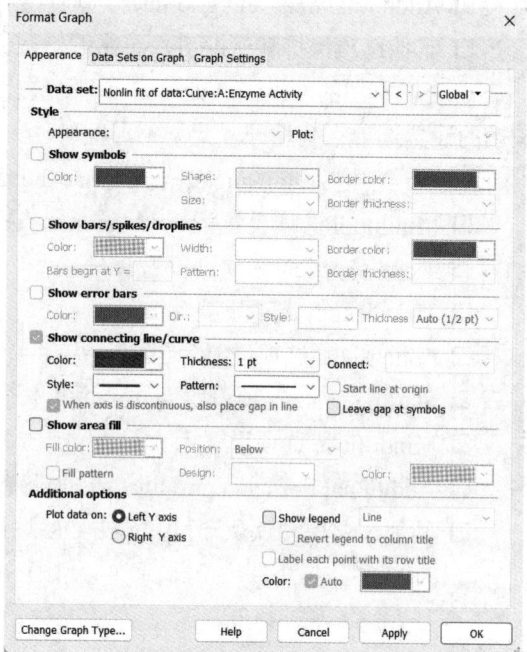

（a）　　　　　　　　　　　　　　　（b）

图 7.35　设置散点和拟合线

（7）在草图中双击横虚线或竖虚线，弹出新的对话框，如图 7.36 所示。通过 Show Grid Line 系列选项设置参考线的颜色、粗细和形式等，其他选项保持默认，单击 OK 按钮。

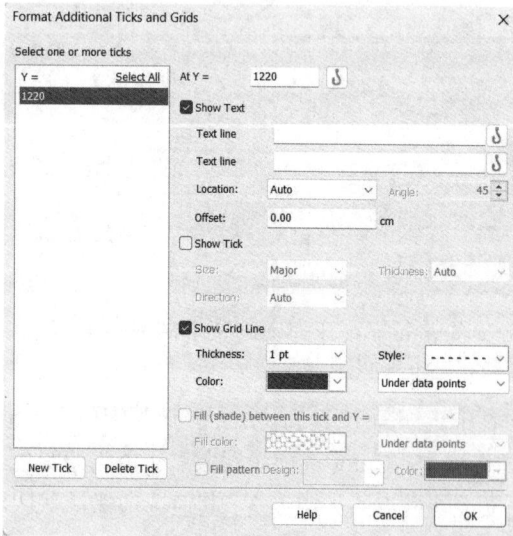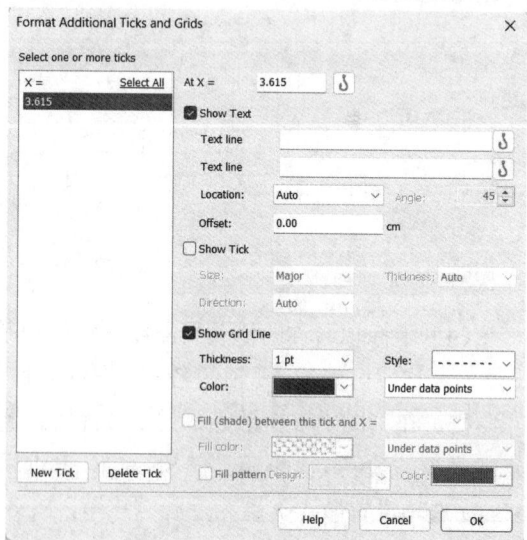

（a）　　　　　　　　　　　　　　　（b）

图 7.36　虚线设置

（8）单击工具栏中的 button 按钮，弹出 Format Axes 对话框，切换到 Frame and Origin 选项卡，

如图 7.37 所示。将 Frame and Grid Line 系列选项中的 Frame style 选项设置为 Offset X & Y axes，即 x 轴和 y 轴离断，其他选项保持默认，单击 OK 按钮。

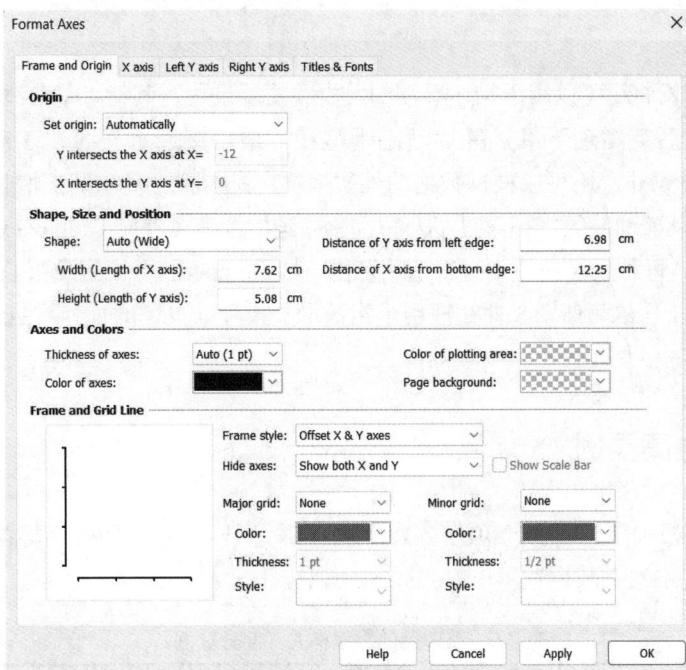

图 7.37　设置图的边框

（9）单击工具栏中的 T 按钮，将鼠标移动到草图内部，再次单击即调出文本框。在文本框中输入相应文字后选中文本框，通过键盘的上、下、左、右键将文本框移动至图内的合适位置，最终图形如图 7.38（a）所示。

注意：读者可尝试绘制图 7.38（b）所示的带有 95% 置信区间阴影的图形。在图 7.31（b）的操作中，需要在 Confidence 选项卡中勾选 Plot confidence/prediction bands 选项，详细步骤见配书视频。

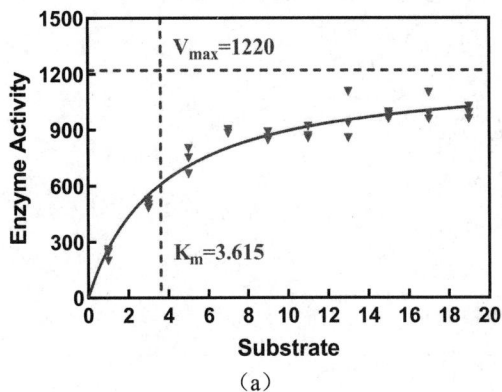

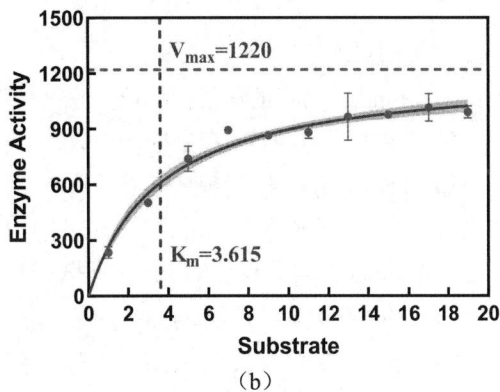

图 7.38　美化后的米氏方程曲线

7.6 Gompertz 生长曲线

Gompertz 生长曲线可以用于描述事物的发生和发展过程，其特点是曲线初期增长缓慢，中期增速加快，后期增速下降，并逐渐趋于饱和，最后接近水平线。在实际工作中除了 Gompertz 生长曲线外，还可以根据数据的性质来决定是否拟合马尔萨斯增长曲线、Logistic 曲线、贝塔增长衰减曲线等，不再过多介绍，感兴趣的读者可参阅 GraphPad Prism 官网，需要特别注意的是，每种生长曲线均有其适用范围，如 Gompertz 生长曲线和 Logistic 曲线适用于 S 型函数模型、马尔萨斯增长曲线适用于指数增长模型、贝塔增长衰减曲线适用于先增长后衰减模型。

7.6.1 男童身高案例

本案例参考相关资料模拟一项研究，罗列 7 岁以下男童身长/身高标准差单位值，见表 7.5。我们假定本案例数据适用于 Gompertz 模型。

表 7.5 整理后的数据格式（部分数据）

Month	−3SD	−2SD	−1SD	Median	+1SD	+2SD	+3SD
0	45.2	46.9	48.6	50.4	52.2	54	55.8
1	48.7	50.7	52.7	54.8	56.9	59	61.2
2	52.2	54.3	56.5	58.7	61	63.3	65.7
3	55.3	57.5	59.7	62	64.3	66.6	69
4	57.9	60.1	62.3	64.6	66.9	69.3	71.7
5	59.9	62.1	64.4	66.7	69.1	71.5	73.9
6	61.4	63.7	66	68.4	70.8	73.3	75.8

🔔 注意：如果数据不满足 Gompertz 模型的要求，尽量不要拟合 Gompertz 模型。

变量信息如下：

❑ Month：男童的年龄，单位为月。

❑ −3SD：男童身长/身高低于均数 3 倍标准差值。

❑ −2SD：男童身长/身高低于均数 2 倍标准差值。

❑ −1SD：男童身长/身高低于均数 1 倍标准差值。

❑ Median：男童身长/身高的中位数。

❑ +1SD：男童身长/身高高于均数 1 倍标准差值。

❑ +2SD：男童身长/身高高于均数 2 倍标准差值。

❑ +3SD：男童身长/身高高于均数 3 倍标准差值。

7.6.2　Gompertz 模型分析

1．创建分析文件

（1）打开 GraphPad Prism 软件，如图 7.39 所示，在 CREATE 下选择 XY 选项。

（2）选择 Data table 下的 Enter or import data into a new table 单选按钮，再选择 Options 下的 Numbers 和 Enter and plot a single Y value for each point 单选按钮。

（3）单击 Create 按钮，完成分析文件的创建。

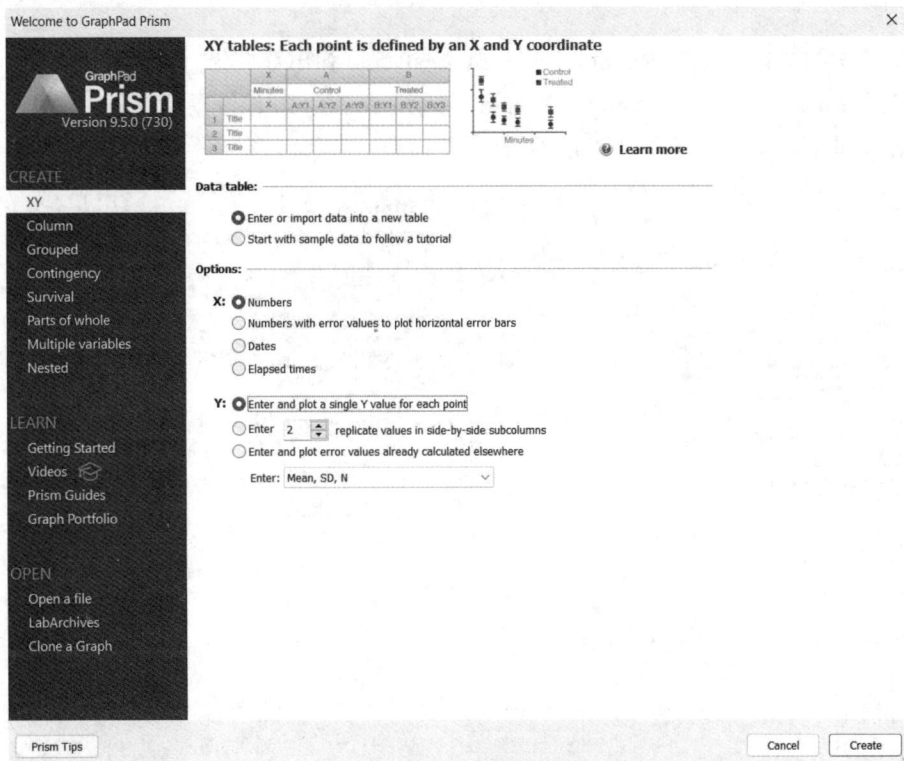

图 7.39　创建分析文件

2．导入数据

复制在 Excel 中整理好的数据，如图 7.40 所示。

3．Gompertz分析

在图 7.40 所示的导航栏中，Data Tables 表示数据界面，将本次的数据命名为 data。Results 表示统计分析结果界面，如果单击 New Analysis，将开始分析并弹出新的对话框。Graphs 表示统计图形绘制界面，如果单击 New Graph，将开始绘制散点图、拟合线并弹出新的对话框。

Table format: XY		X Month	Group A -3SD	Group B -2SD	Group C -1SD	Group D Median
	▣	X	Y	Y	Y	Y
1	Title	0	45.2	46.9	48.6	50.4
2	Title	1	48.7	50.7	52.7	54.8
3	Title	2	52.2	54.3	56.5	58.7
4	Title	3	55.3	57.5	59.7	62.0
5	Title	4	57.9	60.1	62.3	64.6
6	Title	5	59.9	62.1	64.4	66.7
7	Title	6	61.4	63.7	66.0	68.4
8	Title	7	62.7	65.0	67.4	69.8
9	Title	8	63.9	66.3	68.7	71.2
10	Title	9	65.2	67.6	70.1	72.6
11	Title	10	66.4	68.9	71.4	74.0
12	Title	11	67.5	70.1	72.7	75.3

图 7.40　数据复制

（1）单击图 7.40 导航栏 Results 下的 New Analysis，弹出数据分析对话框，如图 7.41（a）所示。在 XY analyses 下选择 Nonlinear regression(curve fit)，其他设置保持默认，单击 OK 按钮，弹出新的对话框，如图 7.41（b）所示。

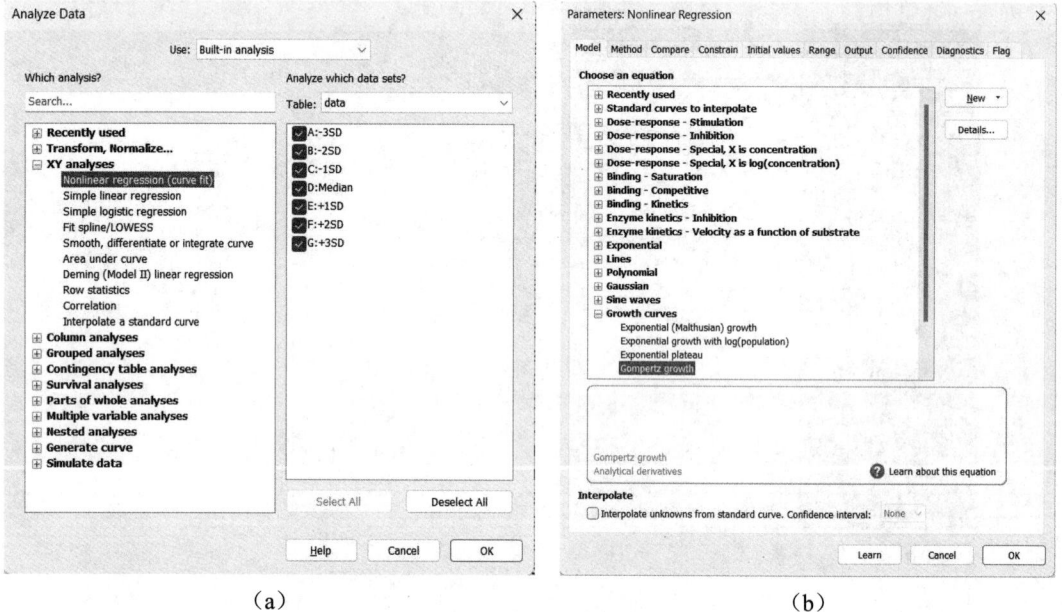

（a）　　　　　　　　　　　　　　　（b）

图 7.41　数据分析和方法选择对话框

（2）在图 7.41（b）中选择 Growth curves 下的 Gompertz growth 选项。

（3）单击 OK 按钮，弹出相应的结果。

4．Gompertz分析结果解读

在图 7.42 中列出了分析结果。

❑ Best-fit values 表示拟合的最佳结果。其中：YM 表示 Gompertz 曲线 y 轴最大值，$Y0$ 表示 Gompertz 曲线 y 轴起始值。K 用于确定滞后时间，$1/K$ 表示 Gompertz 曲线转折点的 x 轴值。以 Median 为例，即图 7.42 中的 D 列，利用身长/身高中位数

拟合的 Gompertz 曲线，y 轴最大值为 122.7，y 轴起始值为 57.33，Gompertz 曲线
转折点的 x 轴值为 28.12。

❑ 95%CI 表示上述指标的 95% 置信区间。

❑ Goodness of Fit 表示模型的拟合精度的结果。其中：Degrees of Freedom 表示自由度，
R squared 表示决定系数，Sum of Squares 表示平方和，$S_{y.x}$ 表示剩余标准差。

Nonlin fit Table of results		A -3SD	B -2SD	C -1SD	D Median
1	Gompertz growth				
2	Best-fit values				
3	YM	108.3	113.0	117.7	122.7
4	Y0	51.42	53.36	55.30	57.33
5	K	0.03576	0.03566	0.03573	0.03556
6	1/K	27.97	28.04	27.99	28.12
7	95% CI (profile likelihood)				
8	YM	103.2 to 115.8	107.8 to 120.7	112.4 to 125.5	117.2 to 130.7
9	Y0	49.25 to 53.54	51.15 to 55.51	53.04 to 57.50	55.03 to 59.57
10	K	0.02787 to 0.04437	0.02798 to 0.04402	0.02823 to 0.04386	0.02825 to 0.04348
11	1/K	22.54 to 35.89	22.72 to 35.74	22.80 to 35.42	23.00 to 35.40
12	Goodness of Fit				
13	Degrees of Freedom	23	23	23	23
14	R squared	0.9837	0.9845	0.9852	0.9859
15	Sum of Squares	130.0	135.6	141.4	147.7
16	Sy.x	2.377	2.428	2.479	2.534
17	Constraints				
18	Y0	Y0 > 0	Y0 > 0	Y0 > 0	Y0 > 0
19	K	K > 0	K > 0	K > 0	K > 0
20					
21	Number of points				
22	# of X values	26	26	26	26
23	# Y values analyzed	26	26	26	26

图 7.42　Gompertz 分析结果

7.6.3　绘制 Gompertz 生长曲线

（1）单击图 7.40 导航栏 Graphs 下的 New Graph，即可调出绘图对话框，如图 7.43（a）
所示。

❑ Data sets to plot 用于选择绘图数据，通过 Table 选项选择需要绘图的数据表为 data。
Also plot associated curves 选项表示绘制拟合曲线。

❑ Kind of graph 用于选择图形菜单，通过 Show 选项选择 XY。在下方的图形中选择第 2
个图形。共有 8 个图形可供选择，在实操过程中每个图形均可尝试，观察最终图形的
样式是否满足个性化需求。

❑ 单击 OK 按钮，即出现草图，如图 7.43（b）所示。

（2）在图 7.43（b）的基础上，进一步对图形进行美化。在草图的 x 轴任意处双击，即可
弹出 x 轴的设置对话框，切换到 X axis 选项卡，如图 7.44（a）所示。

❑ 取消勾选 Automatically determine the range and interval 复选框，进行手动设置。

❑ Minimum 选项表示 x 轴的最小值，此处设置为 0。Maximum 选项表示 x 轴的最大值，

此处设置为 20。

❑ Ticks direction 选项设置为 Down，表示 x 轴的刻度线朝下，即在图形外部。

❑ Ticks length 表示刻度线长度的设置，此处选择 Short，即短刻度线。

❑ Major ticks 选项表示主刻度线的间隔，此处设置为 10。

❑ Starting at X=选项表示 x 轴刻度线的起始值，此处设置为 0。

❑ Minor ticks 选项表示次刻度线，选择 5 表示次刻度线将主刻度线分隔成 5 节。

❑ 其他选项保持默认即可，单击 OK 按钮。

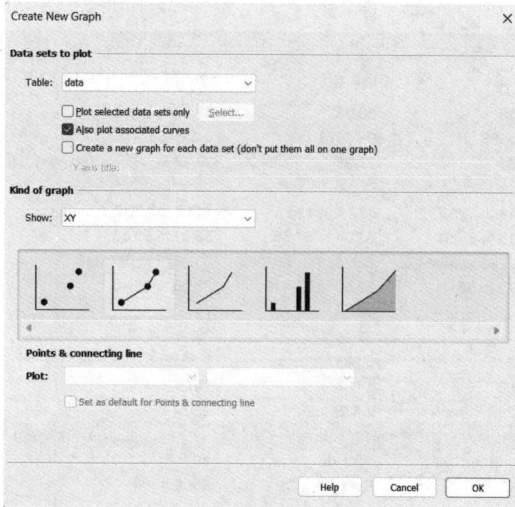

（a）

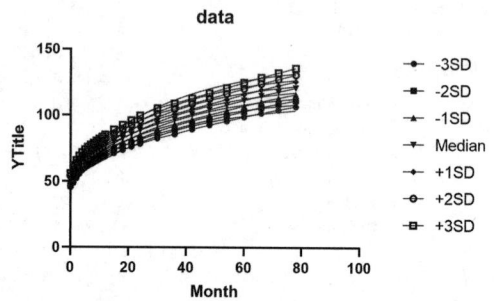

（b）

图 7.43　图形选择和 Gompertz 草图

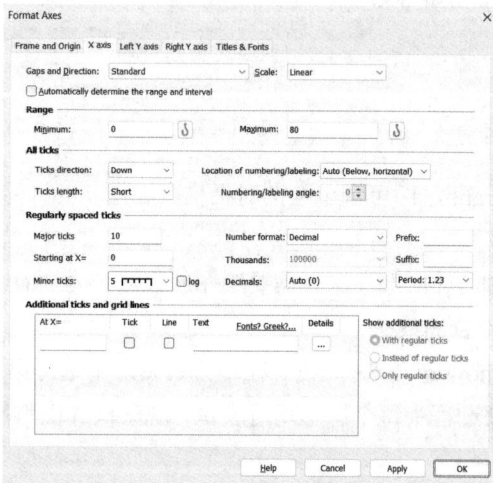

（a）

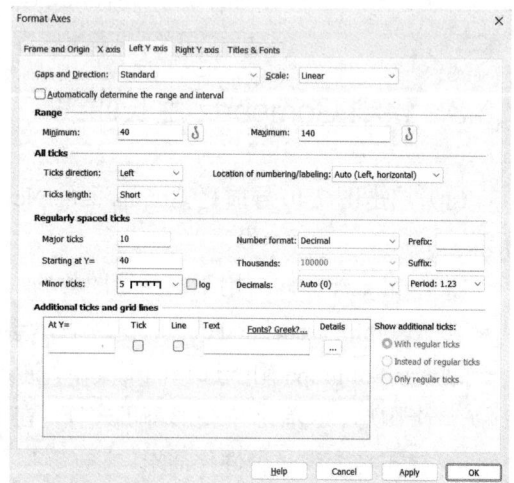

（b）

图 7.44　x 轴和 y 轴设置对话框

（3）在草图的 y 轴任意处双击，即可弹出 y 轴的设置对话框，如图 7.44（b）所示。y 轴与 x 轴的设置相同，此处不再赘述。

❑ 取消勾选 Automatically determine the range and interval 复选框，进行手动设置。

❑ Minimum 选项设置为 40，Maximum 选项设置为 140。

❑ Ticks direction 选项设置为 Left。

❑ Ticks length 选项设置为 Short。

❑ Major ticks 选项设置为 10。

❑ Starting at Y=选项设置为 40。

❑ Minor ticks 选项设置为 5。

❑ 其他选项保持默认即可，单击 OK 按钮。

（4）坐标轴名称的修改只需要在草图中单击 x 轴的名称，在弹出的文本框中再单击一次 x 轴的名称即可修改。y 轴的名称、图的名称的修改方法与此相同。

（5）在草图中双击散点，弹出散点设置对话框，如图 7.45（a）所示，在其中可设置散点的类型、颜色和大小等。在 Show symbols 系列选项中，Color 选项用于设置散点颜色为姜黄色，Shape 选项用于设置散点类型为实心圆，Size 选项用于设置散点的大小为 1。其他选项保持默认，单击 OK 按钮。

注意：图 7.45（a）仅列出了-3SD 的散点设置，其他散点设置方法与此相同，不再赘述。

（6）在草图中双击曲线，弹出新的对话框，如图 7.45（b）所示。通过 Show connecting line/curve 系列选项设置线的特征，Color 选项用于设置线的颜色为姜黄色，Thickness 选项用于设置线的粗细为 1/2pt，Style 选项用于设置线的形式为线段，Pattern 选项用于设置线的类型为实线。其他选项保持默认，单击 OK 按钮。

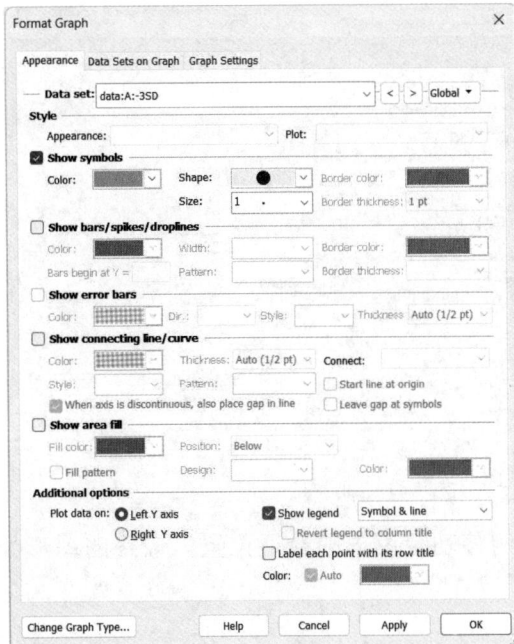
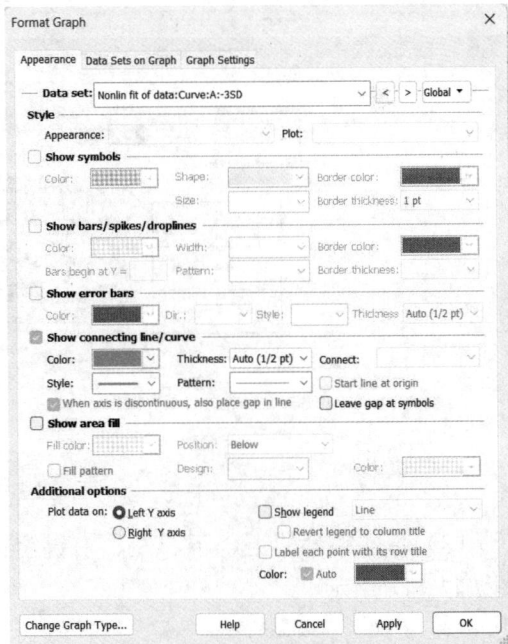

（a）　　　　　　　　　　　　　　　　　（b）

图 7.45　散点和拟合线设置对话框

注意：图 7.45（b）仅列出了-3SD 的拟合线设置，其他拟合线设置方法与此相同，不再赘述。

（7）单击工具栏中的 按钮，弹出 Format Axes 对话框，切换到 Frame and Origin 选项卡，如图 7.46 所示。

❑ 将 Shape 选项设置为 Square，即正方形。

❑ 在 Width(Length of X axis)选项中设置 x 轴的宽度为 8，在 Height(Length of Y axis)选项中设置 y 轴的高度为 8。

❑ 在 Thickness of axes 选项中设置坐标轴边框线粗细为 1/2pt。在 Color of axes 选项中设置坐标轴边框线颜色为黑色。

❑ Frame style 选项设置为 Plain Frame，即四边框。

❑ 在 Major grid 选项中设置主刻度网格线，在 Minor grid 选项中设置次刻度网格线，在 Color 选项中设置网格线颜色为灰色，在 Thickness 选项中设置网格线粗细为 1/4pt，在 Style 选项中设置网格线类型。

❑ 其他选项保持默认，单击 OK 按钮。

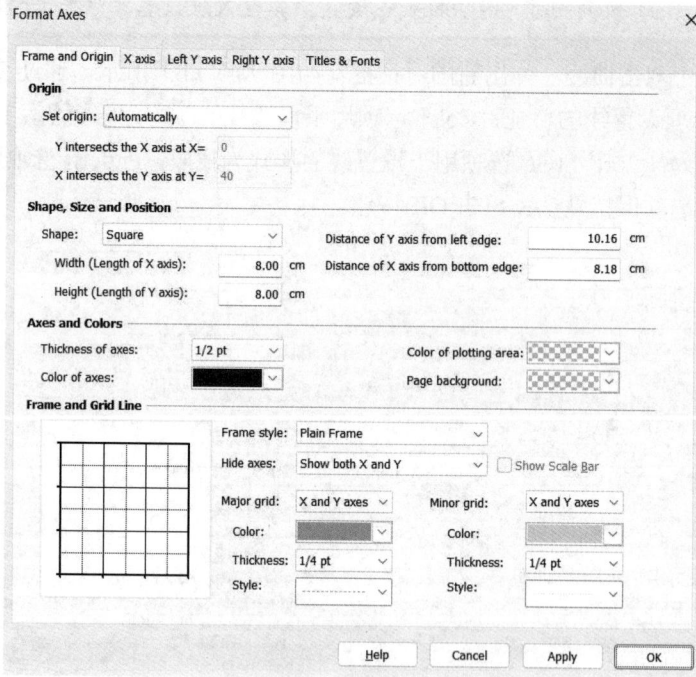

图 7.46　设置图的边框

（8）通过键盘的上、下、左、右键将图例移动至图内的合适位置，最终的图形如图 7.47（a）所示。

注意：读者可尝试绘制图 7.47（b），详细步骤见配书视频。除此之外，本案例也可拟合 Logistic 生长曲线，操作步骤及最终图形与本节几乎相同。另外由于本案例的特殊性，每个时间点只有一个观测值，不可绘制误差线、置信区间等。

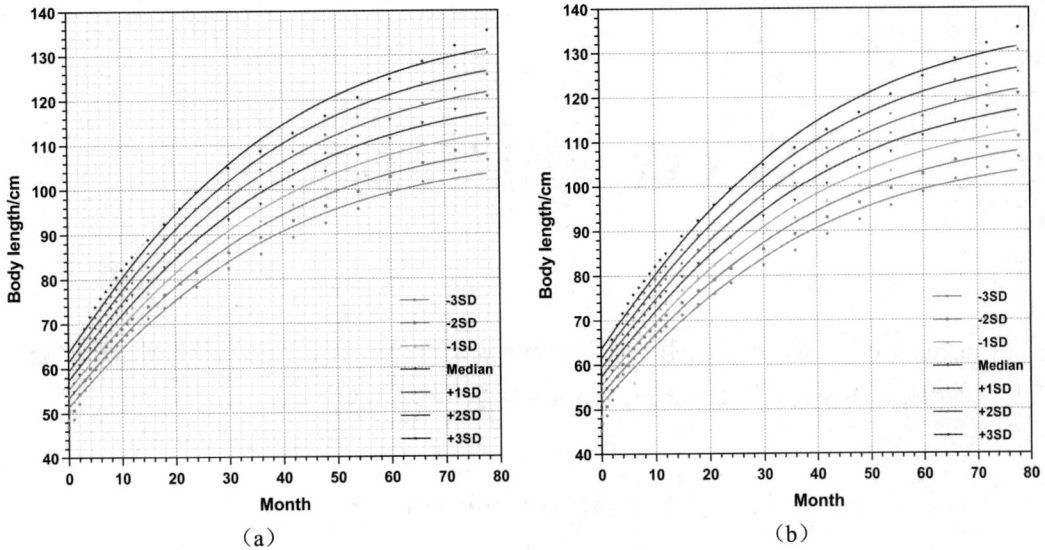

图 7.47　美化后的 Gompertz 生长曲线

7.7　小　结

　　本章介绍了几种常见的非线性回归模型的分析及绘图过程，并涉及各个模型的指标或参数计算。限于篇幅，这些参数的具体计算公式及原理并未展现，仅介绍了其含义及用法。如果读者需要深入理解这些参数，可参阅 GraphPad Prism 官网，本章的部分案例数据改编自 GraphPad Prism 官网的源文件。

　　对于未介绍的非线性回归模型，如受体结合曲线、Logistic 生长曲线、指数模型、正弦波等，GraphPad Prism 官网提供了示例文件，读者可结合本章的内容触类旁通。

第8章 图形绘制实战

GraphPad Prism 是一款功能强大的绘图及分析软件,其在人文社科、生物医药等领域具有广泛的应用。本章将介绍 GraphPad Prism 中常见图形的绘制方法。

8.1 Bland-Altman 图

Bland-Altman 图可以用于评价两种测量方法之间的一致性,也被称为差异-平均值图或差异图,在医学生物研究及机器学习模型评估等领域有较为广泛的应用。

⚠️**注意**:绘制 Bland-Altman 图的数据必须是连续型变量,对于是否符合正态分布无要求。

在解读 Bland-Altman 图时,需要结合专业背景和实际情况来判断差异是否可接受。

由于样本量的大小也会影响 Bland-Altman 图的 95%一致性界限的精确性,因此尽可能应增加样本量。

Bland-Altman 图通过绘制差值与平均值之间的关系,可以直观地展示这两种方法的一致性。在 Bland-Altman 图中,每个点代表一个研究对象,x 轴表示两种方法测量值的均值,y 轴表示两种方法测量值的差值。Bland-Altman 图中的均值线为一条水平线,表示全部样本两种方法测量值差值的均值。Bland-Altman 图中的 95%一致性界限线为两条水平线,分别表示上述差值的均值加减 1.96 倍标准差,95%一致性界限线通常用于评估两种方法的测量一致性。另外,零差值线为一条水平虚线,表示差值均数为 0 的位置,用于作为参考线。

8.1.1 用不同方法测量血压值案例

分别用 A、B 两种方法测量同一批受试者的血压值(mmHg),两组血压数据整理如表 8.1 所示。

❏ Number:受试者编号。

❏ Method A:A 方法测量得到的血压值。

❏ Method B:B 方法测量得到的血压值。

表 8.1 两种方法测出的血压值(部分数据)

Number	Method A	Method B
1	120	122
2	130	131

续表

Number	Method A	Method B
3	115	117
4	140	138
5	125	124

8.1.2　绘制 Bland-Altman 图

1. 创建分析文件

（1）打开 GraphPad Prism 软件，如图 8.1 所示，在 CREATE 下选择 Column 选项。

（2）选择 Data table 下的 Enter or import data into a new table 单选按钮，再选择 Options 下的 Enter paired or repeated measures data-each subject on a separate row 单选按钮。

（3）单击 Create 按钮，完成分析文件的创建。

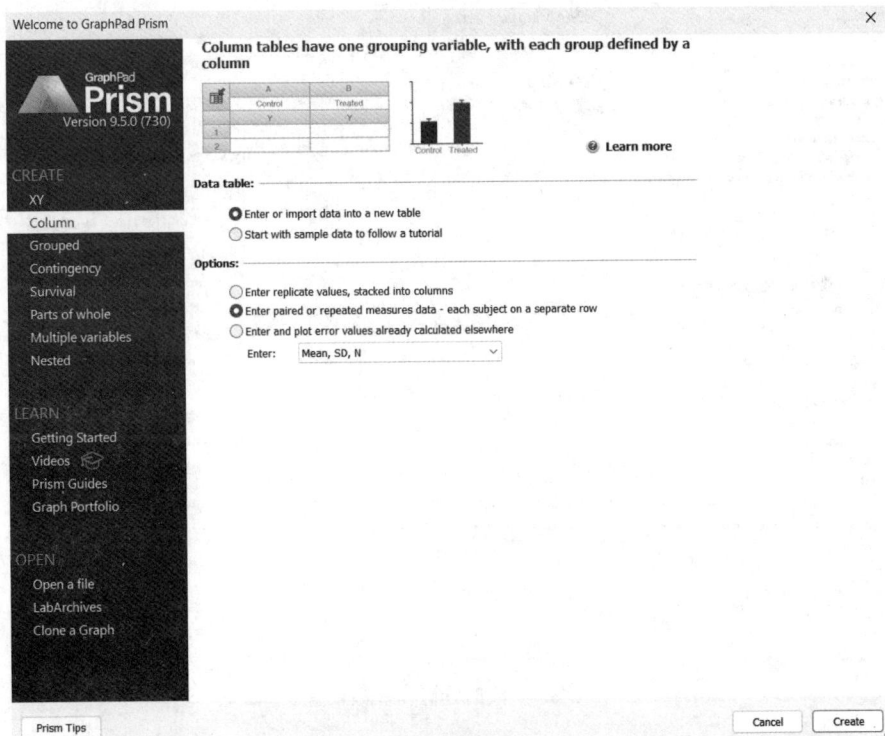

图 8.1　创建分析文件

2. 导入数据

将在 Excel 中整理好的数据复制到 GraphPad Prism 中。此处仅列出部分数据，共有 2 列，分别是 Method A 和 Method B，代表测量的血压值，如图 8.2 所示。

3. Bland-Altman分析

将本次的数据命名为 Data。单击图 8.2 左侧导航栏 Results 下的 New Analysis，或者直接单击工具栏中的 Analyze 按钮，弹出新的对话框，进行 Bland-Altman 分析。

（1）单击图 8.2 左侧导航栏 Results 下的 New Analysis，弹出数据分析对话框，如图 8.3（a）所示，在 Column analyses 下选择 Bland-Altman method comparison，选中 A、B 两列数据，单击 OK 按钮，弹出如图 8.3（b）所示的对话框。

	Group A	Group B
	Method A	Method B
1	120	122
2	130	131
3	115	117
4	140	138
5	125	124
6	135	136
7	110	112
8	145	143
9	128	129
10	132	130
11	108	109
12	109	107

图 8.2 GraphPad Prism 数据页面

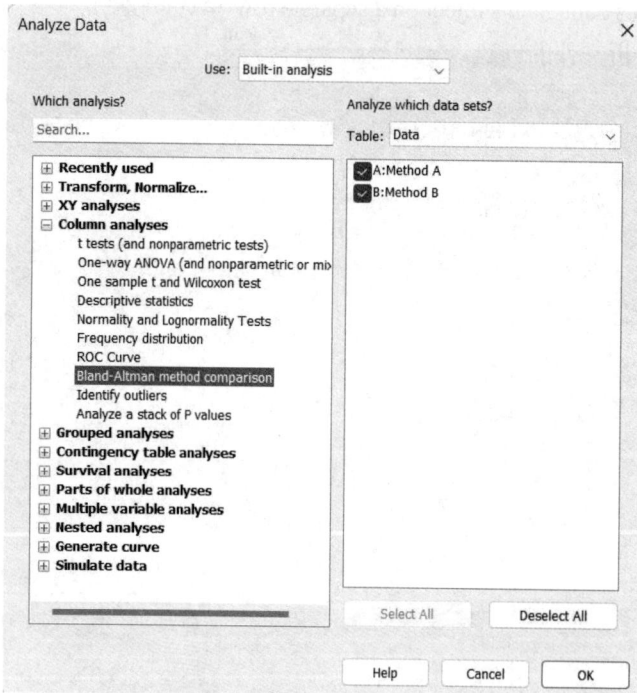

（a）

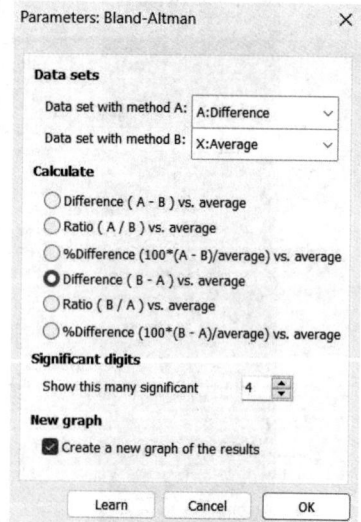

（b）

图 8.3 数据分析和参数设置

（2）在弹出的对话框中设置参数，如图 8.3（b）所示。

❑ Data sets 分别为 Method A 和 Method B，默认即可。

❑ Calculate 选项组中共有 6 种计算方法可选，其中，x 轴均表示 average，即均值。y 轴有 3 种表示方法：第一种 Difference(A-B)vs. average，即 y 轴表示 A 法、B 法血压值的差值；第二种 Ratio(A/B)vs. average，即 y 轴表示 A 法、B 法血压值的比值；第三种 Difference(100*(A-B)/average)vs. average，即 y 轴表示 A 法、B 法血压值的差值除以 A 法、B 法血压值的均值。另外 3 种计算方法与此类似，只是 A 法、B 法方向不同。此处选择 Difference(B-A)vs. average，即方法 B 血压值减去方法 A 血压值。

❑ 其他保持默认即可，单击 OK 按钮完成设置。

4．Bland-Altman分析结果解读

在图 8.4 中列出了 Bias & agreement 的结果，包括 Bias（偏倚）、SD of bias（标准差的偏倚）、95% Limits of Agreement（95%一致性界限）。此处 Bias 为-0.6，SD of bias 为 2.137，95% Limits of Agreement 下限为-4.789，上限为 3.589。

在图 8.2 左侧导航栏的 Graphs 中单击新出现的 Difference vs. average：Bland-Altman of Data，弹出草图，如图 8.5 所示，需要对该图进一步美化。

图 8.4　分析结果

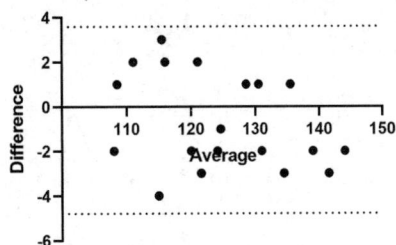

图 8.5　Bland-Altman 草图

5．优化Bland-Altman图形

在图 8.5 的基础上可以进一步对图形进行美化，步骤如下。

（1）在工具栏中单击 按钮或者双击坐标轴，弹出 Format Axes 对话框，切换到 Frame and Origin 选项卡，如图 8.6 所示。

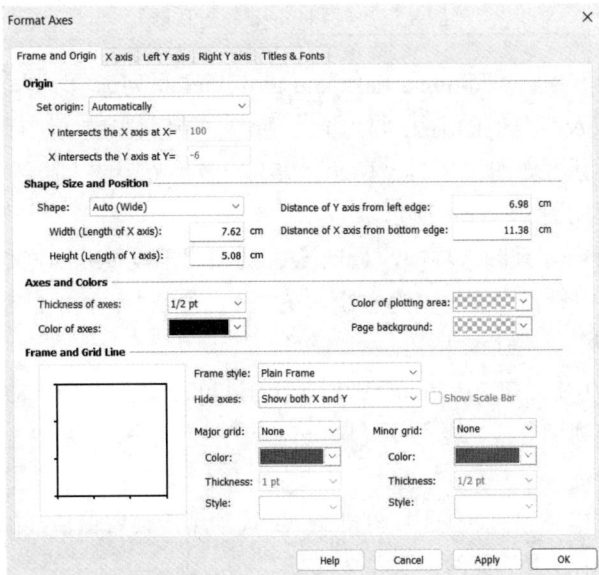

图 8.6　设置边框

❑ 在 Axes and Colors 系列选项中，Thickness of axes 选项用于设置坐标轴粗细为 1/2 pt。

❑ 在 Frame and Grid Line 系列选项中，Frame style 选项设置为 Plain Frame，即四边框。

❑ 其他选项设置默认即可，单击 OK 按钮。

（2）在草图的 x 轴任意处双击，即可弹出 x 轴的设置对话框，切换到 X axis 选项卡，如图 8.7（a）所示。

❑ Ticks direction 选项设置为 Up，表示 x 轴刻度线向上。

❑ 其他选项保持默认即可，单击 OK 按钮。

（3）在草图的 y 轴任意处双击，即可弹出 y 轴的设置对话框，如图 8.7（b）所示。

❑ Ticks direction 选项设置为 Right，即 y 轴刻度线向右。

❑ 其他选项保持默认即可，单击 OK 按钮。

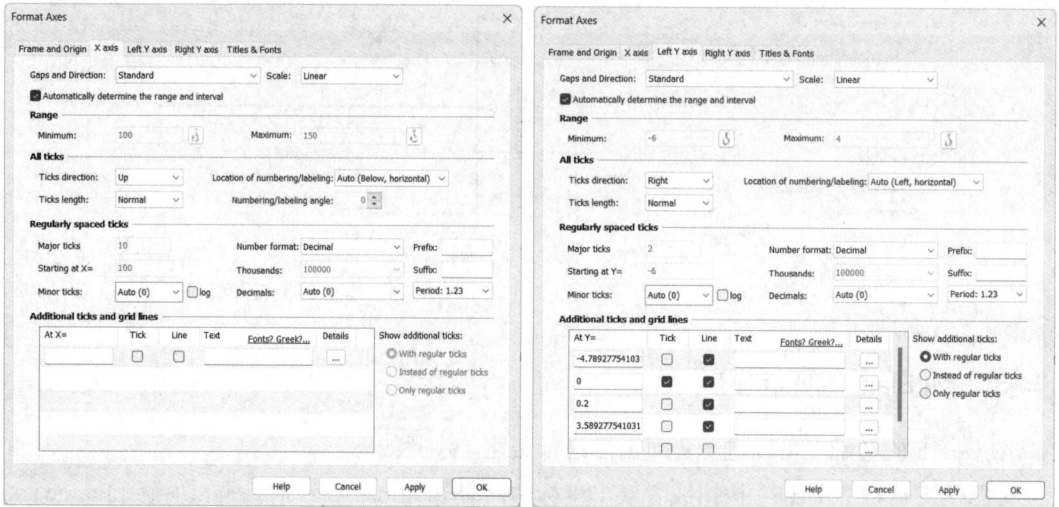

（a）　　　　　　　　　　　　　（b）

图 8.7　x 轴和 y 轴设置对话框

（4）在图 8.7（b）中，Additional ticks and grid lines 系列选项下的 Details 选项可以对图中 95% 一致性界限以及零差值的虚线进行修改，或者直接双击虚线进行修改。95% 一致性界限的下限线条设置对话框如图 8.8（a）所示，95% 一致性界限的上限线条设置与下线设置完全相同，操作对话框如图 8.8（b）所示。

❑ 在 Show Grid Line 系列选项中，Thickness 选项用于设置线的粗细为 1/2pt。

❑ 在 Style 选项中设置线的类型为实线，在 Color 选项中设置线的颜色为红色。

❑ 其他选项默认，单击 OK 按钮。

（5）在图 8.7（b）中，在 Additional ticks and grid lines 系列选项下的 At Y=选项下添加一个 Y=0.2 的辅助线作为偏倚线。线条设置与 95% 一致性界限线条设置完全相同，如图 8.9（a）所示。

❑ 在 Show Grid Line 系列选项中，Thickness 选项用于设置偏倚线的粗细为 1/2pt。

❑ 在 Style 选项中设置偏倚线的类型为实线。

❑ 在 Color 选项中设置偏倚线的颜色为红色。

❏ 其他选项默认，单击 OK 按钮。

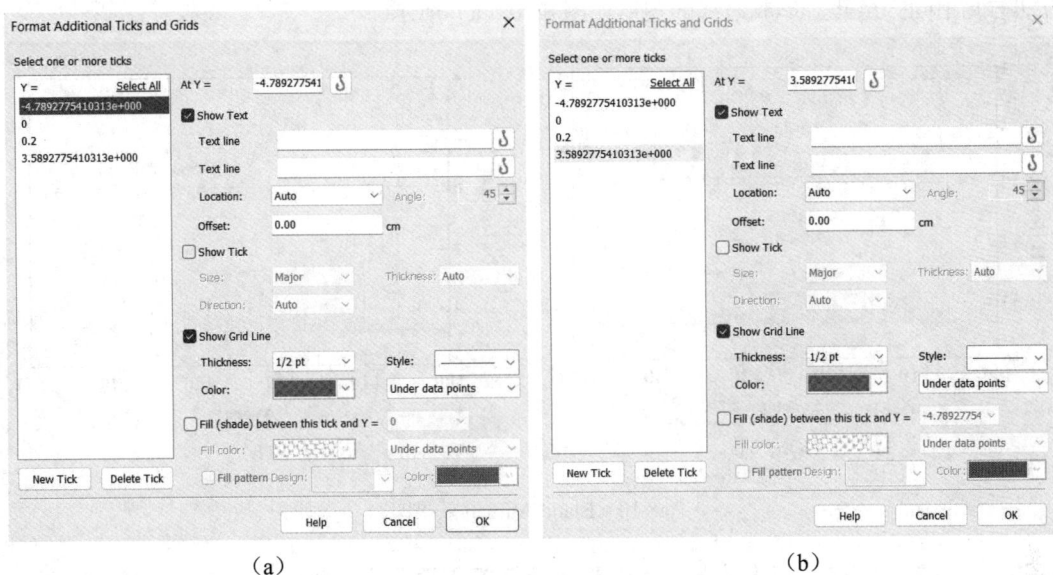

（a）　　　　　　　　　　　　　（b）

图 8.8　95%一致性上下限线条设置对话框

（6）单击工具栏中的 按钮，弹出 Bland-Altman 对话框，如图 8.9（b）所示，在其中亦可设置散点的大小和颜色等。

❏ 选中 Show symbols 系列选项，其中，在 Color 选项中设置散点的颜色为蓝色，在 Shape 选项中设置散点为实心圆，在 Size 选项中设置散点的大小为 3。

❏ 其他选项保持默认即可，单击 OK 按钮。

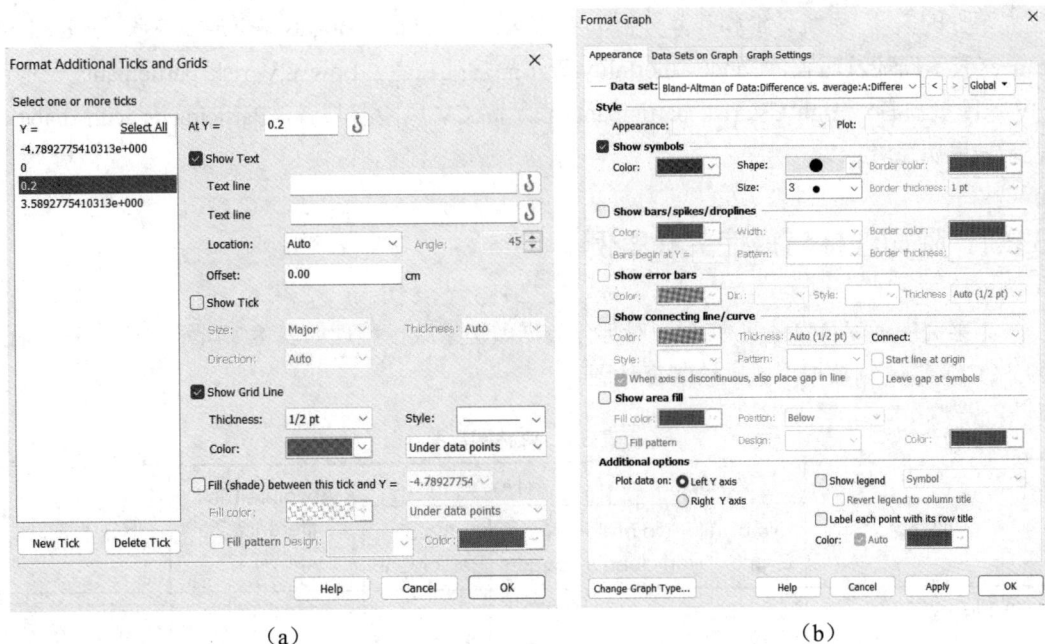

（a）　　　　　　　　　　　　　（b）

图 8.9　Y=0.2 偏倚线条设置及图外观设置

（7）通过鼠标双击草图中的 x 轴名称，即可完成 x 轴名称的修改，y 轴及图的标题修改方法与此相同。至此，形成最终的图形如图 8.10（a）所示。

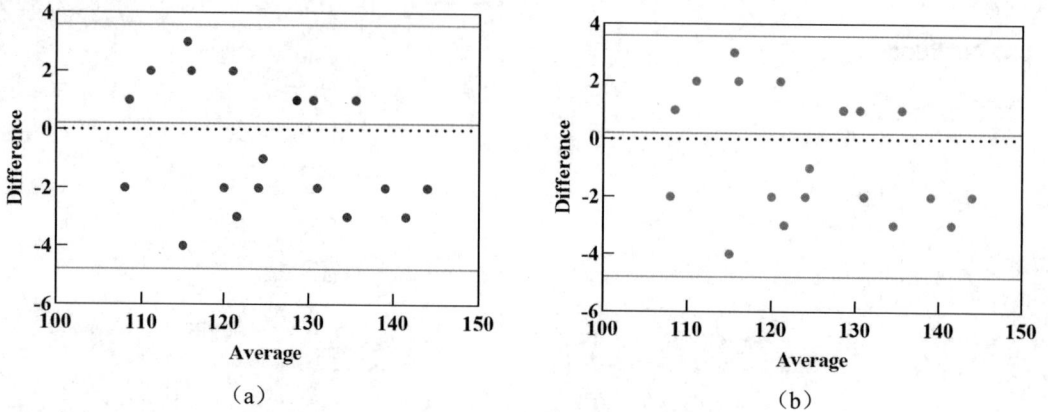

| （a） | （b） |

图 8.10　Bland-Altman 效果图

注意：如果要对图形颜色进行设置，那么最好不要设网格和背景色，以免干扰辅助线和散点。

8.2　森　林　图

本案例参考 *JAMA* 杂志文章，并对部分数据进行了修改，整理如表 8.2，接下来以 HR（95% CI）这一列数据形式来绘制森林图。该文章是关于"阿司匹林用于一级预防与心血管事件和出血事件的关联：系统评价和荟萃分析"。在表 8.2 中 All participants 表示所有参与者，Incident cancer 表示癌症发病者，Cancer mortality 表示癌症死亡者，Low CV risk participants 表示低 CV 风险参与者，High CV risk participants 表示高 CV 风险参与者，Participants with diabetes 表示糖尿病患者。

8.2.1　阿司匹林与癌症关联案例

本案例参考 *JAMA* 杂志文章，对部分数据做了修改，整理如表 8.2 所示。接下来以 HR（95% CI）这一列数据形式来绘制森林图。

表 8.2　森林图数据

Efficacy	Aspirin		No Aspirin		Absolute Risk Difference, %（95%CI）	HR（95%CI）
	No.of Events	No.of Participants	No.of Events	No.of Participants		
All participants						
Incident cancer	507	3048	409	475	0.03（−0.37～0.46）	1.01（0.93～1.08）
Cancer mortality	530	5353	447	781	0.05（−0.11～0.23）	1.03（0.96～1.11）

Efficacy	Aspirin		No Aspirin		Absolute Risk Difference, % (95%CI)	HR（95%CI）
	No.of Events	No.of Participants	No.of Events	No.of Participants		
Low CV risk participants						
Incident cancer	837	8905	730	944	0.41（−0.13～1.01）	1.06（0.95～1.24）
Cancer mortality	823	9942	748	978	0.16（−0.06～0.42）	1.11（0.93～1.33）
High CV risk participants						
Incident cancer	670	4143	679	2431	−0.30（−0.76～0.19）	0.96（0.90～1.03）
Cancer mortality	707	5411	99	3703	−0.13（−0.41～0.17）	0.96（0.86～1.06）
Participants with diabetes						
Incident cancer	91	640	16	655	−0.68（−2.09～0.95）	0.95（0.74～1.14）
Cancer mortality	445	1667	38	1685	0.16（−0.56～1.02）	1.05（0.80～1.43）

8.2.2　绘制森林图

1．创建分析文件

（1）打开 GraphPad Prism 软件，如图 8.11 所示，在 CREATE 下选择 Column 选项。

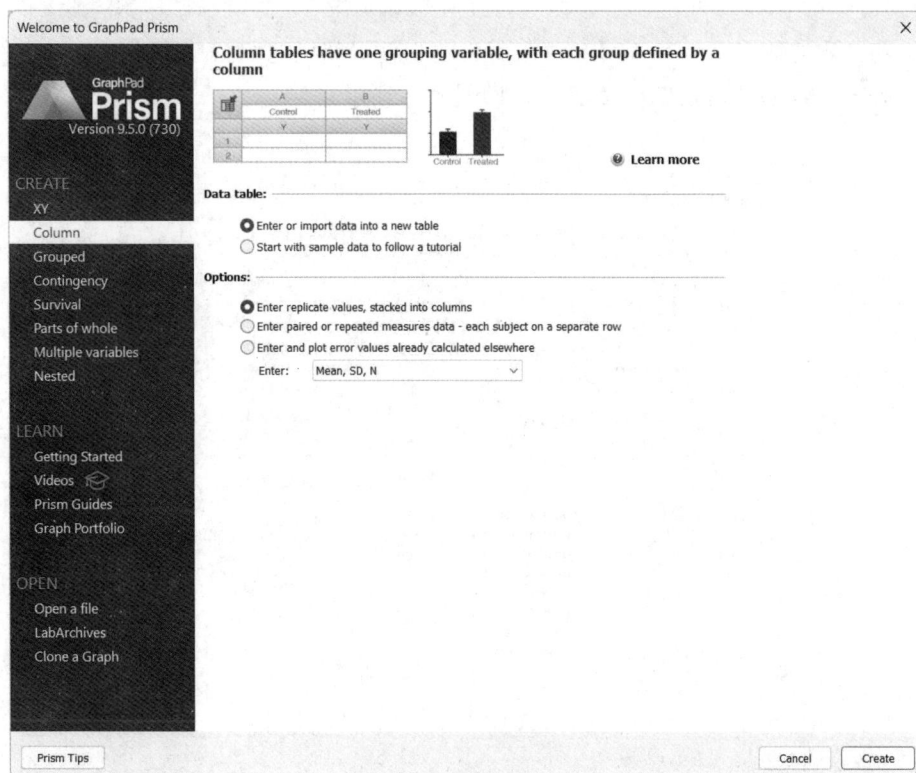

图 8.11　创建分析文件

（2）选择 Data table 下的 Enter or import data into a new table 单选按钮，再选择 Options 下的 Enter replicate values, stacked into columns 单选按钮。

（3）单击 Create 按钮，完成分析文件的创建。

2．录入数据

按照如图 8.12 所示录入数据（此处仅展示部分数据）。将表 8.2 中 HR（95%CI）处理成 3 个数值，即 HR 值、95%CI 下限值和 95%CI 上限值，输入同一列中。以 A 列为例，1.01、0.93、1.08 分别表示 HR 值、95%CI 下限值和 95%CI 上限值。其他列以此类推。

图 8.12　数据录入

3．绘制森林图

（1）将本次的数据命名为 Aspirin，在图 8.12 左侧导航栏的 Graphs 部分单击该文件名同名文件，弹出 Change Graph Type 对话框，如图 8.13 所示。

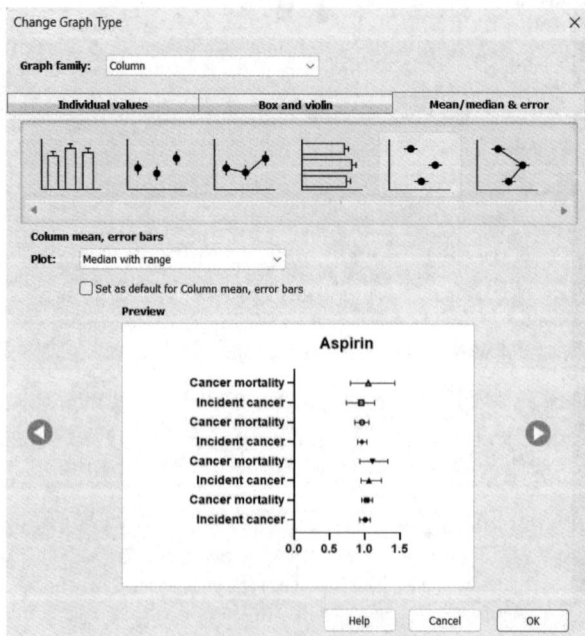

图 8.13　森林图绘图界面

❑ 选择 Mean/median & error 选项卡下的第 5 个图形，即森林图。

❑ 在 Column mean,error range 选项卡下选择 Median with range。

❑ 单击 OK 按钮。

（2）生成的图形即为森林图，为了与表 8.2 数据的排列顺序相对应，可在工具栏的 Change 系列选项下单击 ↻· 按钮，在弹出的下拉菜单中选择 Reverse order of data sets(front-to-back or right-to-left)，将每行数据代表的图形上下顺序颠倒，操作如图 8.14 所示。

Reverse order of data sets (front-to-back or right-to-left)
Reverse Legends Order
Flip to Portrait Page
Rotate to Horizontal

图 8.14　森林图转换顺序

（3）转换好的图形如图 8.15 所示，需要对该图进一步优化。

（4）在图 8.15 所示的绘图区域右击，弹出的快捷菜单如图 8.16（a）所示，选择 Insert Object 菜单下的 Excel Object 命令，弹出 Object-Excel 窗口，如图 8.16（b）所示。

（5）将森林图的原始数据表格添加进弹出的 Excel 文件中。在图 8.16（b）中添加表格，并且取消勾选网格线。需要注意的是，Excel 文件中的表格形式即为森林图中的表格形式，因此应在 Excel 文件中将表格形式调整好。

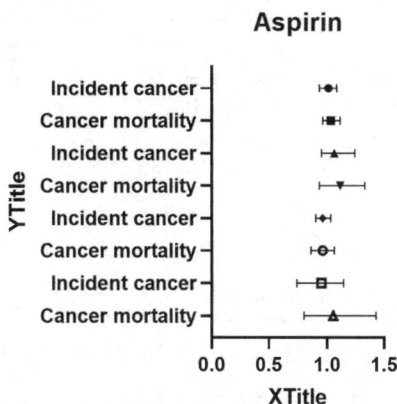

图 8.15　森林图草图

(a)　　　　　　　　　　　　　　(b)

图 8.16　添加数据表格

添加并调整好表格，效果如图 8.17 所示。

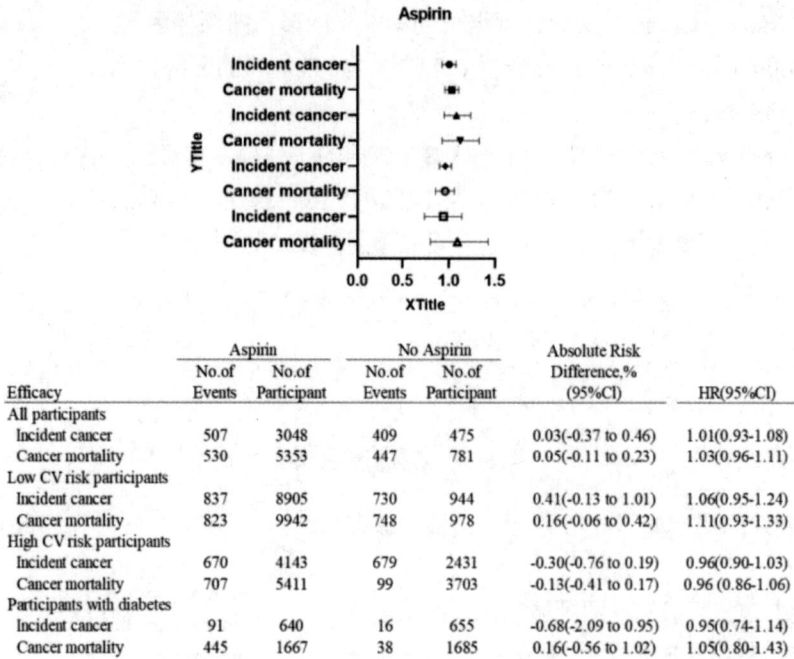

图 8.17　森林图草图

Efficacy	Aspirin		No Aspirin		Absolute Risk Difference,% (95%CI)	HR(95%CI)
	No.of Events	No.of Participant	No.of Events	No.of Participant		
All participants						
Incident cancer	507	3048	409	475	0.03(-0.37 to 0.46)	1.01(0.93-1.08)
Cancer mortality	530	5353	447	781	0.05(-0.11 to 0.23)	1.03(0.96-1.11)
Low CV risk participants						
Incident cancer	837	8905	730	944	0.41(-0.13 to 1.01)	1.06(0.95-1.24)
Cancer mortality	823	9942	748	978	0.16(-0.06 to 0.42)	1.11(0.93-1.33)
High CV risk participants						
Incident cancer	670	4143	679	2431	-0.30(-0.76 to 0.19)	0.96(0.90-1.03)
Cancer mortality	707	5411	99	3703	-0.13(-0.41 to 0.17)	0.96 (0.86-1.06)
Participants with diabetes						
Incident cancer	91	640	16	655	-0.68(-2.09 to 0.95)	0.95(0.74-1.14)
Cancer mortality	445	1667	38	1685	0.16(-0.56 to 1.02)	1.05(0.80-1.43)

4．优化森林图

在图 8.17 的基础上可以进一步对图形进行美化，步骤如下：

（1）在工具栏中单击 按钮，弹出 Format Axes 对话框，切换到 Frame and Origin 选项卡，如图 8.18 所示。

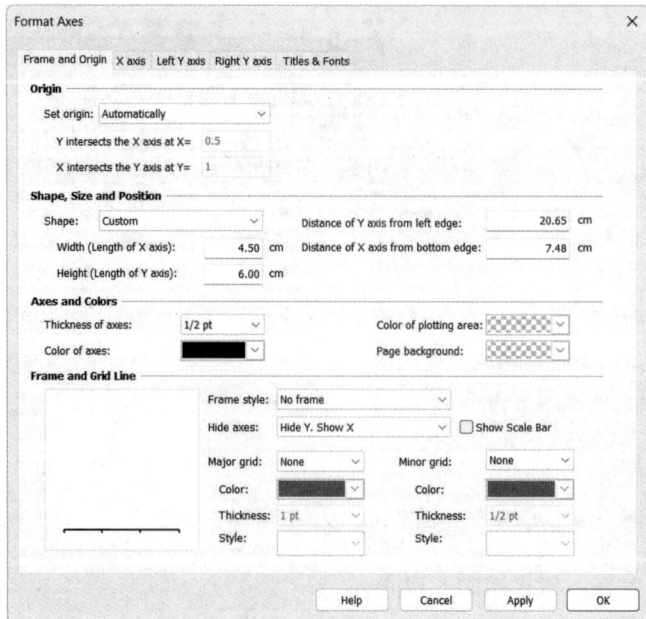

图 8.18　设置边框

- ❑ 在 Shape,Size and Position 系列选项中可修改森林图 y 轴的高度、x 轴的宽度，使图形的上下两行和数据表格的上下两行对齐。
- ❑ 在 Axes and Colors 系列选项中可以设置坐标轴的粗细和颜色，在 Thickness of axes 选项中设置坐标轴的粗细为 1/2 pt。
- ❑ 在 Frame and Grid Line 系列选项中可以设置图形边框，是否显示坐标轴等。此处将 Frame style 选项设置为 No frame，即无边框，Hide axes 选项设置为 Hide Y,Show X，即隐藏 y 轴，显示 x 轴。
- ❑ 其他保持默认即可，单击 OK 按钮。

（2）将森林图四周多余的字符删去，把 x 轴名称改为 HR（95%CI），修改图中字符的字体和大小，使之与表格中的字符大小和字体一致，再将图移动到数据表格的最右边，使表格底边与森林图横坐标轴水平对齐，如图 8.19 所示。

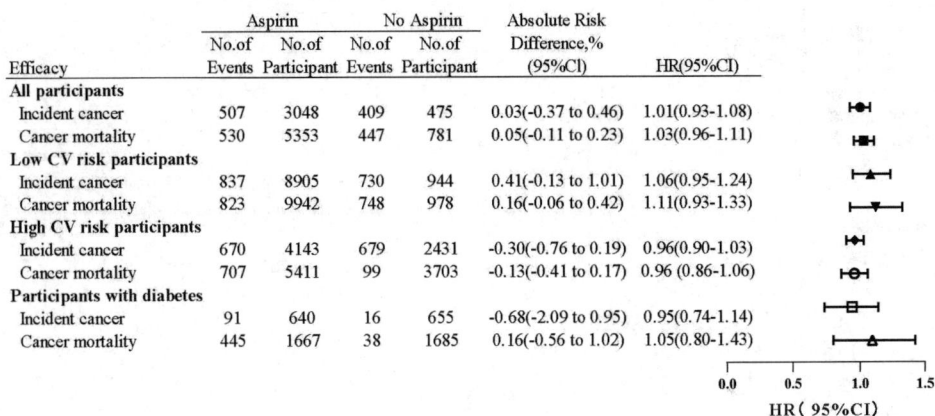

Efficacy	Aspirin		No Aspirin		Absolute Risk Difference,% (95%CI)	HR(95%CI)	
	No.of Events	No.of Participant	No.of Events	No.of Participant			
All participants							
Incident cancer	507	3048	409	475	0.03(-0.37 to 0.46)	1.01(0.93-1.08)	
Cancer mortality	530	5353	447	781	0.05(-0.11 to 0.23)	1.03(0.96-1.11)	
Low CV risk participants							
Incident cancer	837	8905	730	944	0.41(-0.13 to 1.01)	1.06(0.95-1.24)	
Cancer mortality	823	9942	748	978	0.16(-0.06 to 0.42)	1.11(0.93-1.33)	
High CV risk participants							
Incident cancer	670	4143	679	2431	-0.30(-0.76 to 0.19)	0.96(0.90-1.03)	
Cancer mortality	707	5411	99	3703	-0.13(-0.41 to 0.17)	0.96(0.86-1.06)	
Participants with diabetes							
Incident cancer	91	640	16	655	-0.68(-2.09 to 0.95)	0.95(0.74-1.14)	
Cancer mortality	445	1667	38	1685	0.16(-0.56 to 1.02)	1.05(0.80-1.43)	

图 8.19 森林图草图

（3）在工具栏中单击 ⊾ 按钮或者双击图形绘制区，弹出 Format Graph 对话框，切换到 Appearance 选项卡，如图 8.20（a）所示。

- ❑ 在 Data set 下拉列表框中选择 Change All data sets，即统一修改图形的符号和误差线。
- ❑ 在 Symbols 系列选项中，Color 选项设置散点颜色为墨蓝色，Shape 选项设置散点形状为实心方块，Size 选项设置散点的大小为 4。
- ❑ 在 Error bars 系列选项中，Color 选项设置误差线的颜色为黑色，Style 选项设置误差线的类型为线段，Thickness 选项设置误差线的粗细为 1/2pt。
- ❑ 在 Lines 系列选项中，Color 选项设置线条颜色为黑色，Thickness 选项设置线条粗细为 1pt。
- ❑ 其他选项保持默认，单击 OK 按钮。

（4）在工具栏中单击 ⊾ 按钮或者双击图形绘制区，弹出 Format Graph 对话框，切换到 Data Sets on Graph 选项卡，如图 8.20（b）所示。在 Data sets plotted(left or right)设置下选中数据集后，可以调整森林图中 HR（95%CI）所代表的线条的间距。由于森林图中表示 HR（95%CI）的图形线条和 Excel 表格里 HR（95%CI）的数值并非完美一一对齐，所以还需要进一步调整，使图形和表格中的数值对应在同一条水平线上。

❑ 在 Data sets plotted(left or right)选项区域下选中 Aspirin: D: Cancer mortality。

❑ 在 Space between selected data set and the previous one 选项下设置合适的间距，此处设置为 260%，即数据集 D 和数据集 E 的间距扩大为原来的 260%。

❑ 单击 OK 按钮。

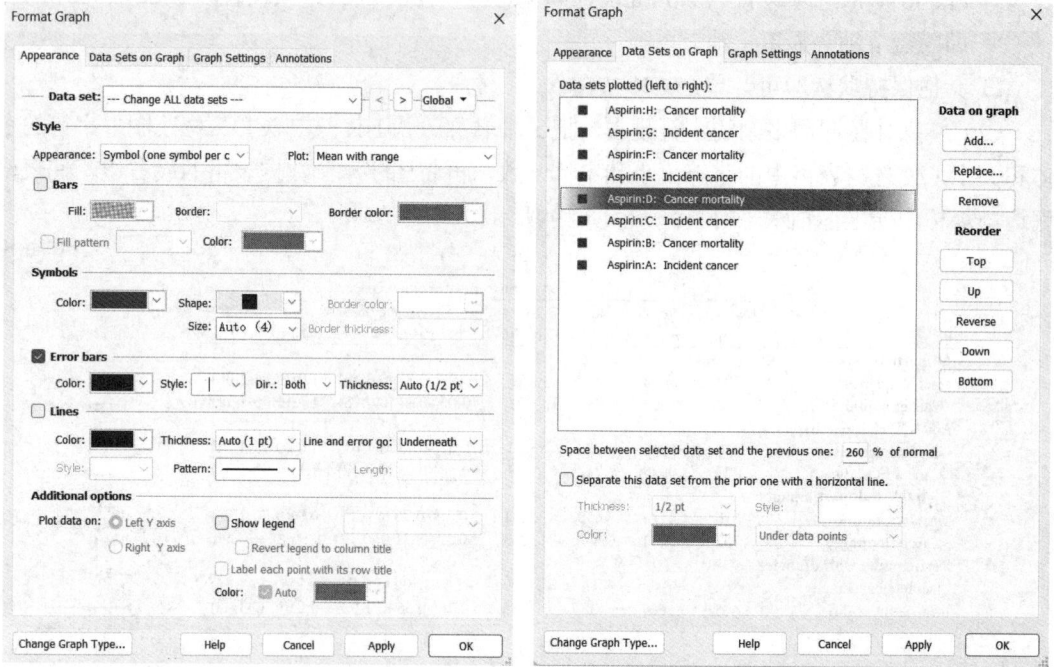

图 8.20　设置图外观

（5）其他数据集间距可以参照以上步骤一一设置，还可以在图 8.20 中切换到 Graph Settings 选项卡，设置第一列和最后一列的间距，如图 8.21 所示。

（6）在工具栏中单击 按钮，弹出 Format Axes 对话框，切换到 X axis 选项卡，如图 8.22（a）所示。

❑ Scale 选项设置为 Log 2，即采用对数刻度。

❑ 取消勾选 Automatically determine the range and interval 复选框，Minimum 表示 x 轴的最小值，此处设置为 0.5。Maximum 表示 x 轴的最大值，此处设置为 2。

❑ Ticks direction 选项设置为 Down，即刻度线在 x 轴下方。

❑ Major ticks 选项表示主刻度线的间隔，此处默认设置为 1。

❑ Minor ticks 选项表示次刻度线，此处选择 2 并勾选 log 复选框，表示对数化次刻度线将主刻度线分隔成 2 段。

❑ 在 Additional ticks and grid lines 系列选项下的 "At X=" 中添加一条 $X=2$ 的刻度，Text 也填上 2（若 Text 不添加，则 x 轴的最右侧不显示 2 的刻度）。

❑ 其他设置默认，单击 OK 按钮。

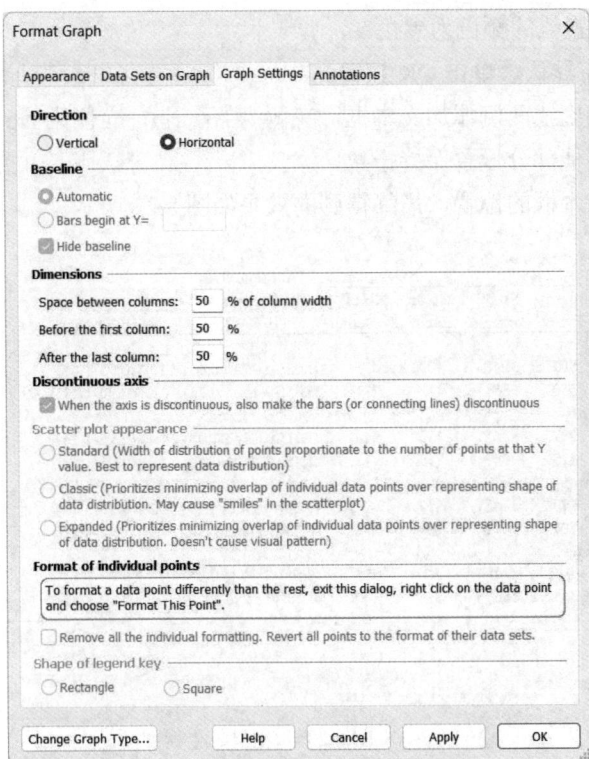

图 8.21　数据集间距设置

（7）在图 8.22（a）的"At X="中添加一条 $X=1$ 的辅助线。在 Details 选项中可以对该辅助线进行修改，单击 Details 选项弹出的参数设置对话框如图 8.22（b）所示。

❏ Show Grid line 系列选项的 Thickness 选项设置线的粗细为 1/2pt。

❏ Style 选项设置线的类型为点虚线。

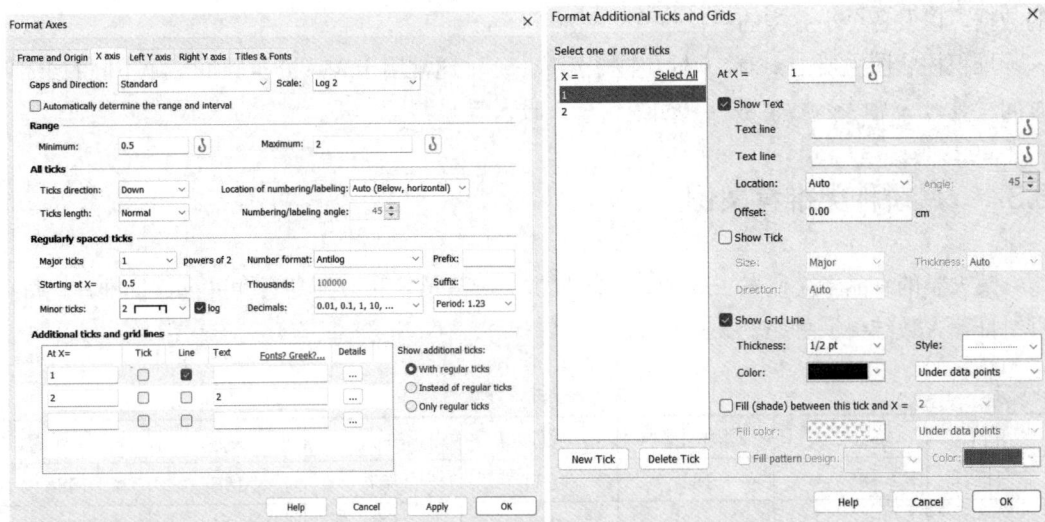

（a）　　　　　　　　　　　　　　　　（b）

图 8.22　添加辅助线

❏ Color 选项设置线的颜色为黑色。

❏ 其他选项保持默认，单击 OK 按钮。

（8）在添加好的虚线两侧添加文本框，左侧为 Aspirin，右侧为 No Aspirin。调整字体、字号，使之与图中其他部分设置保持一致。

（9）调整图中文本框的位置，最终得到的效果如图 8.23 所示。

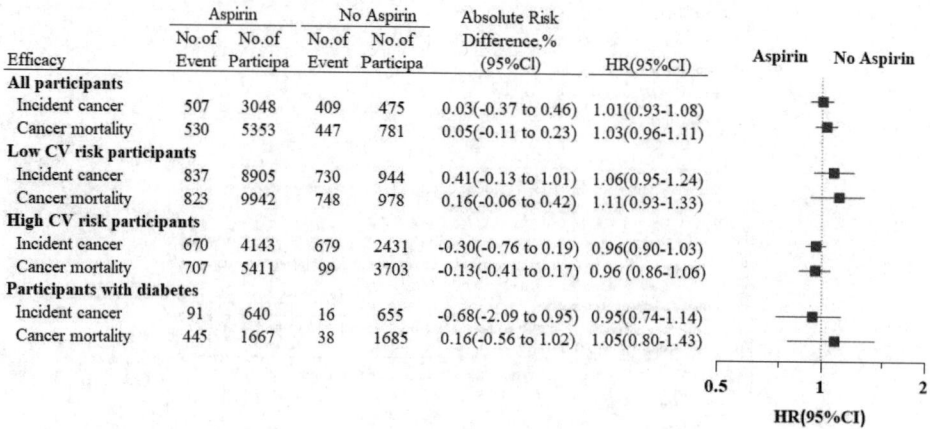

图 8.23　森林图

8.3　堆积柱状图

堆积柱状图（Stacked Bar Chart）又称为堆叠柱状图，用于比较多个类别的数据，并显示它们在不同类别之间的相对比例。堆积柱状图能够形象地展示一个大分类包含的每个小分类的数据，以及各个小分类的占比。

堆积柱状图主要由 x 轴、y 轴和柱子组成。x 轴通常用于表示分类数据（如不同的组别、时间段等），y 轴表示数值数据（如销售量、收入等）。

8.3.1　月饼种类推荐案例

某大学的食品学院研发了 6 种口味的月饼，邀请学生和教师品尝并进行评价推荐。每种月饼推荐人数结果汇总如表 8.3 所示。

表 8.3　月饼评价推荐

评价	五仁	莲蓉蛋黄	豆沙	鲜肉	火腿	榴莲果酱
非常推荐	86	182	134	107	156	148
推荐	167	153	111	120	134	125
不太推荐	57	45	38	33	52	41
不推荐	32	20	29	46	18	44

8.3.2　绘制堆积柱状图

1．创建分析文件

（1）打开 GraphPad Prism 软件，如图 8.24 所示，在 CREATE 下选择 Grouped 选项。

（2）选择 Data table 下的 Enter or import data into a new table 单选按钮，再选择 Options 下的 Enter and plot a single Y value for each point 单选按钮。

（3）单击 Create 按钮，完成分析文件的创建。

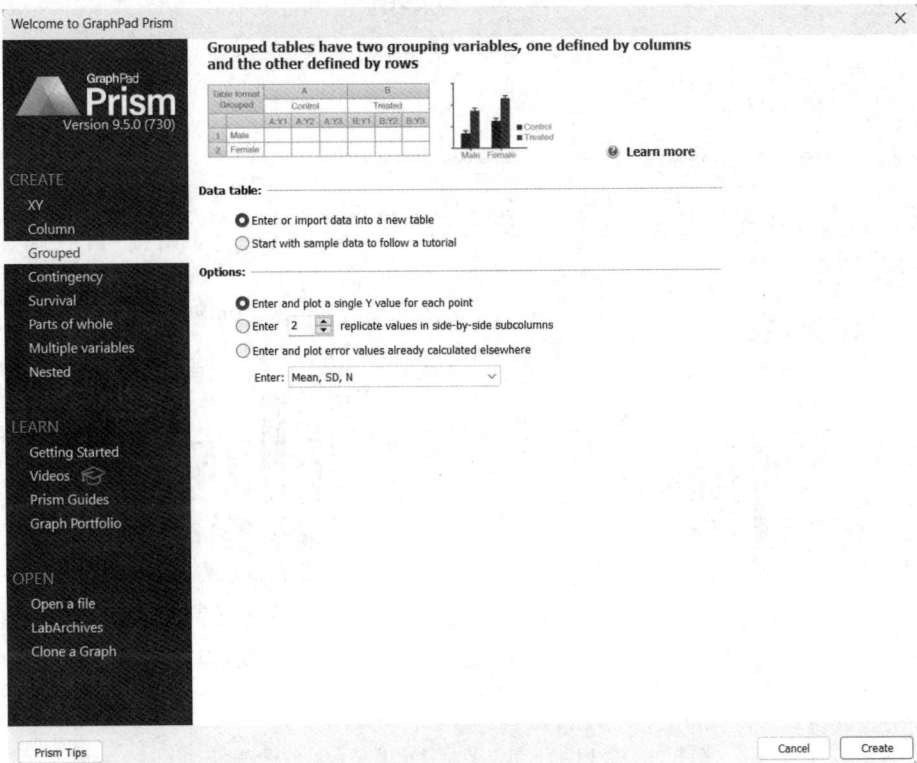

图 8.24　创建分析文件

2．导入数据

可将表 8.3 所示的数据在 Excel 中进行行列转置，然后复制到 GraphPad Prism 数据文件中，并将本次的数据命名为 Data，数据页面如图 8.25 所示。

3．生成堆积柱状图

在图 8.25 左侧导航栏的 Graphs 处单击同名图片文件，弹出 Change Graph Type 对话框，如图 8.26（a）所示，选择 Summary data 选项下的第 3 个图形，即堆积柱状图。生成的草图如图 8.26（b）所示。

Table format: Grouped	Group A 非常推荐	Group B 推荐	Group C 不太推荐	Group D 不推荐
1 五仁	86	167	57	32
2 莲蓉蛋黄	182	153	45	20
3 豆沙	134	111	38	29
4 鲜肉	107	120	33	46
5 火腿	156	134	52	18
6 榴莲果酱	148	125	41	44
7 Title				
8 Title				
9 Title				
10 Title				
11 Title				
12 Title				

图 8.25　数据页面

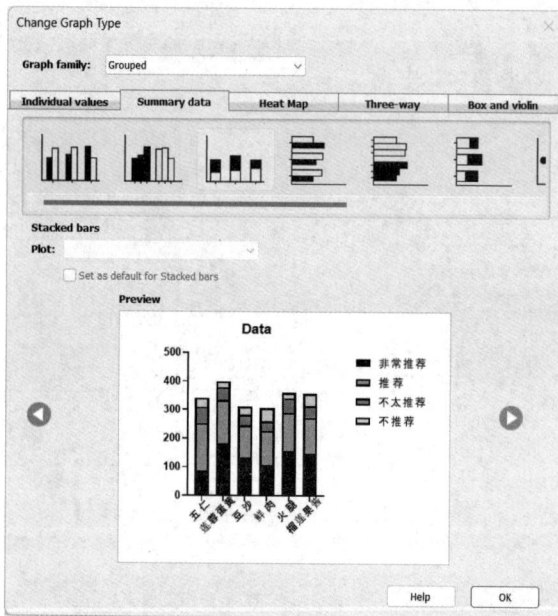

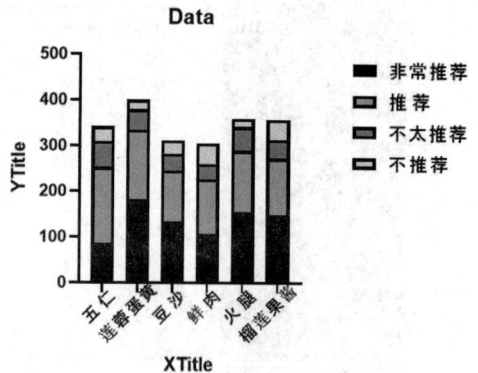

（a）　　　　　　　　　　　　　　　　　（b）

图 8.26　堆积柱状图绘图对话框及堆积柱状图草图

4．优化堆积柱状图

在图 8.26（b）的基础上可以进一步对图形进行美化，步骤如下：

（1）单击工具栏中的 按钮，弹出 Format Axes 对话框，切换到 Frame and Origin 选项卡，如图 8.27 所示。

❑ 在 Shape,Size and Position 系列选项中，Shape 选项设置选为 Tall，即图形为瘦高型。Width（Length of X axis）选项设置 x 轴的宽度为 5.00cm；Height（Length of Y axis）选项设置 y 轴的高度为 7.50cm。

❑ 在 Axes and Colors 系列选项中，Thickness of axes 选项设置坐标轴粗细为 1/2 pt。

❑ 在 Frame and Grid Line 系列选项中，Frame style 选项设置为 Plain Frame，即四边框。

❑ 其他选项保持默认，单击 OK 按钮。

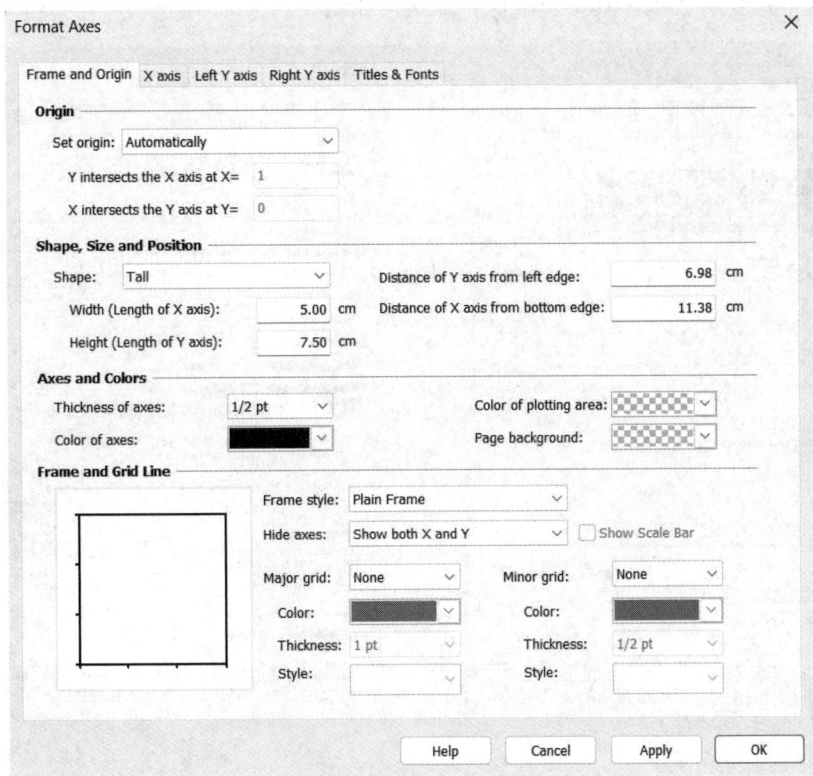

图 8.27　边框设置对话框

（2）在草图的 y 轴任意一处双击，弹出 y 轴的设置对话框。可根据需要进行参数设置，此处仅将 y 轴的 Ticks direction 选项设置为 Right，即刻度线向右，其他选项保持默认。

（3）x 轴可根据需要进行设置，此处未对 x 轴修改。

（4）将 x 轴标题改为 flavors，y 轴改为 persons，调整字体和字号，删除图标题。

（5）在工具栏中单击 按钮，弹出 Format Graph 对话框，切换为 Appearance 选项卡，如图 8.28 所示。将 Data set 选项设置为 Change All data sets，将 Border 选项设置为 None 即无边框。之后分别选中柱状图中的每个柱条更换其颜色。

（6）在图 8.28 中切换至 Data Sets on Graph 选项卡，选中 B、C、D 三列数据，改为 Stacked 模式，如图 8.29（a）所示。在 Graph Settings

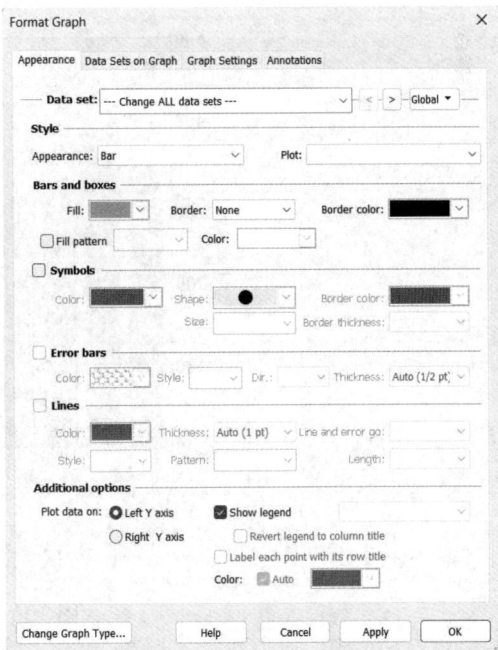

图 8.28　设置图形外观 1

选项卡中，将 Between adjacent data、Before the first column 和 After the last column 都改为 25%，即间隔为柱子宽度的 25%，其余选项保持默认，如图 8.29（b）所示。

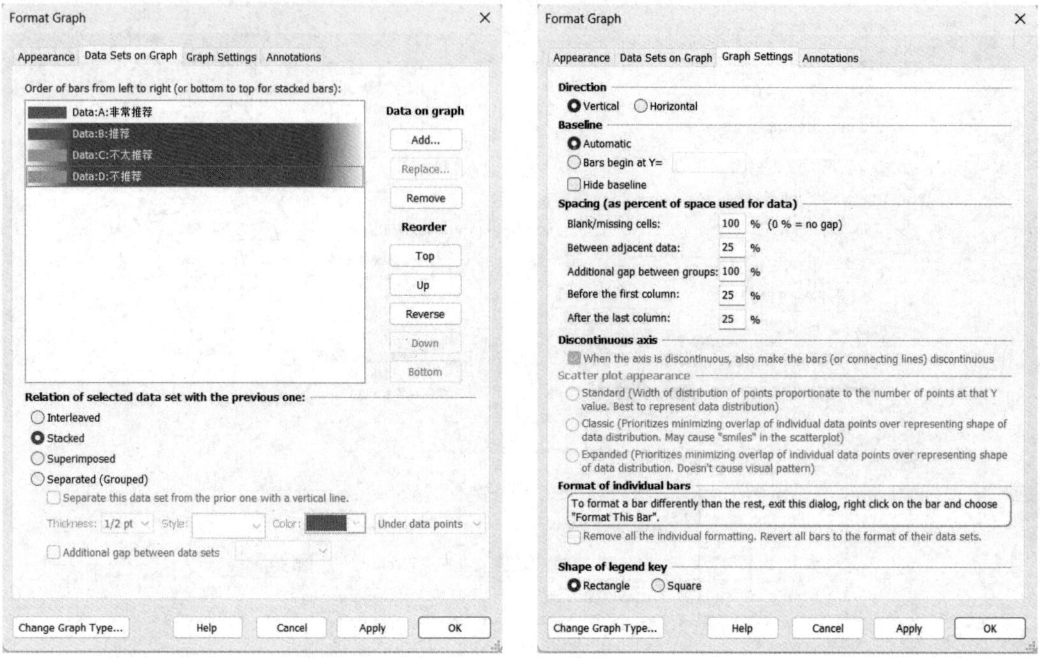

（a）　　　　　　　　　　　　　　　（b）

图 8.29　设置图形外观 2

（7）单击 OK 按钮，生成的堆积柱状图如图 8.30 所示。

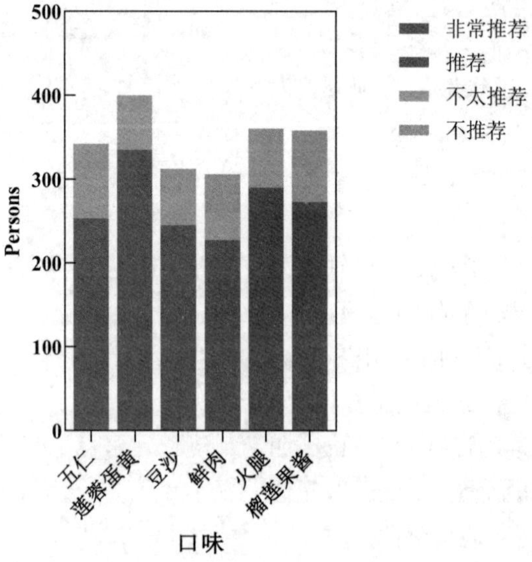

图 8.30　堆积柱状图

（8）还可以对图 8.30 进行修改，将纵坐标的人数改为百分比。回到数据页面，在工具栏中单击 ▤Analyze 按钮，弹出 Analyze Data 对话框，如图 8.31（a）所示，选择 Transform, Normalize…

下的 Fraction of total，单击 OK 按钮，弹出 Parameters: Fraction of Total 对话框，如图 8.31（b）所示。选择 Divide each value by its 下的 Row total 单选按钮和 Display results as 下的 Percentage 单选按钮。

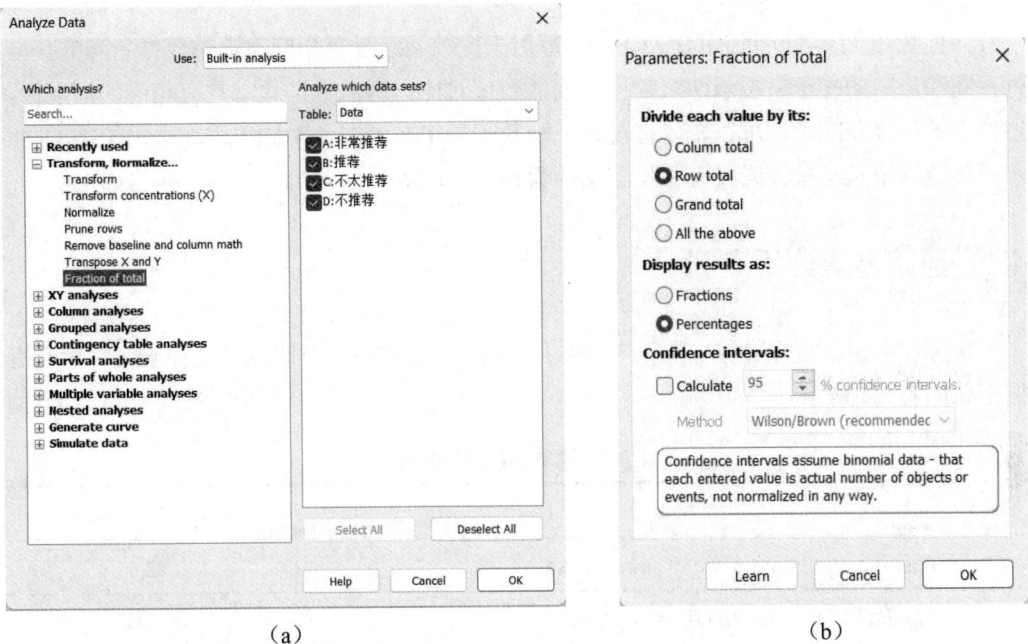

图 8.31 按行求百分比

之后在图 8.25 左侧导航栏的 Result 部分就会生成百分比数据，以此绘制堆积柱状图，绘图和美化操作可参照前面的介绍，也可以单击工具栏中 Change 下的魔法棒 ✏ 按钮，复制图 8.30，最终生成的图如图 8.32 所示。

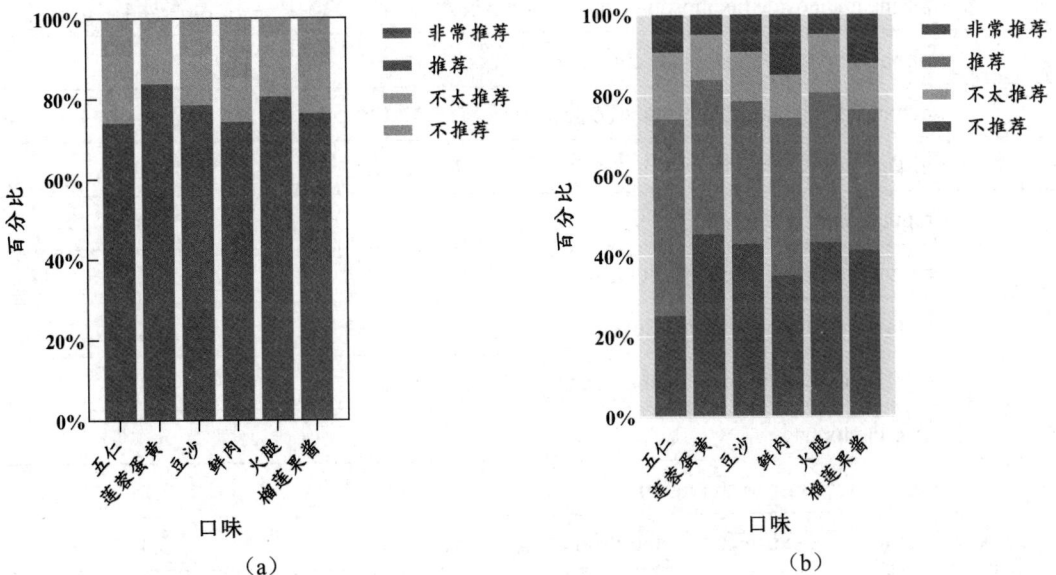

图 8.32 百分比堆积柱状图

8.4 双向柱状图

双向柱状图（Bi-directional Bar Chart）适用于比较两组具有相同参数的数据之间的差异，通过正向和反向的柱子来展示两组数据之间的数值对比。两组数据通常具有相同的横坐标，通过柱子的高度和颜色，可以较为直观地反映数据的增减情况和对比关系，适用于需要同时展示正负值、增长与减少或具有相反含义的数据对比场景。

8.4.1 通路富集分析案例

本案例参考论文模拟数据，观察基因的表达情况，对下调和上调基因进行通路富集分析。数据汇总如表 8.4 所示。

表 8.4　通路富集分析数据

item	log（P value）
positive regulation of defense response	−2.4
regulation of inflammatory response	−2.6
sulfur compound catabolic process	−3.0
nucleoside phosphate catabolic process	−3.4
organophosphate catabolic process	−3.8
regulation of defense response	−4.3
purine nucleoside bisphosphate catabolic process	−4.4
ribonucleoside bisphosphate catabolic process	−4.5
nucleoside bisphosphate catabolic process	−4.8
inflammatory response	−5.0
regulation of macroautophagy	4.0
cellular response to extracellular stimulus	4.2
cellular response to nutrient levels	4.6
positive regulation of cellular catabolic process	4.8
macroautophagy	5.0
cellular response to starvation	5.2
regulation of extrinsic apoptotic signaling pathway	5.4
positive regulation of catabolic process	5.5

item	log（P value）
extrinsic apoptotic signaling pathway	5.8
regulation of cellular response to stress	6.3

其中：

❑ positive regulation of defense response：防御反应的正向调节过程。

❑ regulation of inflammatory response：炎症反应调节。

❑ sulfur compound catabolic process：含硫化合物的分解代谢过程。

❑ nucleoside phosphate catabolic process：核苷磷酸的分解代谢过程。

❑ organophosphate catabolic process：有机磷酸盐的分解代谢过程。

❑ regulation of defense response：防御反应调节。

❑ purine nucleoside bisphosphate catabolic process：嘌呤核苷二磷酸的分解代谢过程。

❑ ribonucleoside bisphosphate catabolic process：核糖核苷二磷酸的分解代谢过程。

❑ nucleoside bisphosphate catabolic process：核苷二磷酸的分解代谢过程。

❑ inflammatory response：炎症反应。

❑ regulation of macroautophagy：巨自噬调节。

❑ cellular response to extracellular stimulus：细胞对细胞外刺激的响应。

❑ cellular response to nutrient levels：细胞对营养水平的响应。

❑ positive regulation of cellular catabolic process：细胞分解代谢过程的正向调节过程。

❑ macroautophagy：巨自噬。

❑ cellular response to starvation：细胞对饥饿的响应。

❑ regulation of extrinsic apoptotic signaling pathway：外源性凋亡信号通路的调节。

❑ positive regulation of catabolic process：分解代谢过程的正向调节过程。

❑ extrinsic apoptotic signaling pathway：外源性凋亡信号通路。

❑ regulation of cellular response to stress：细胞对应激反应的调节。

8.4.2　绘制双向柱状图

1．创建分析文件

（1）打开 GraphPad Prism 软件，如图 8.33 所示，在 CREATE 下选择 Grouped 选项。

（2）选择 Data table 下的 Enter or import data into a new table 单选按钮，再选择 Options 下的 Enter and plot a single Y value for each point 单选按钮。

（3）单击 Create 按钮，完成分析文件的创建。

2．导入数据

将表 8.4 所示的数据复制到 GraphPad Prism 数据文件中，Down 表示下调基因通路富集分析的 log（P value）值，Up 表示上调基因通路富集分析的 log（P value）值，并将本次的数据命名为 Data，数据页面如图 8.34 所示。

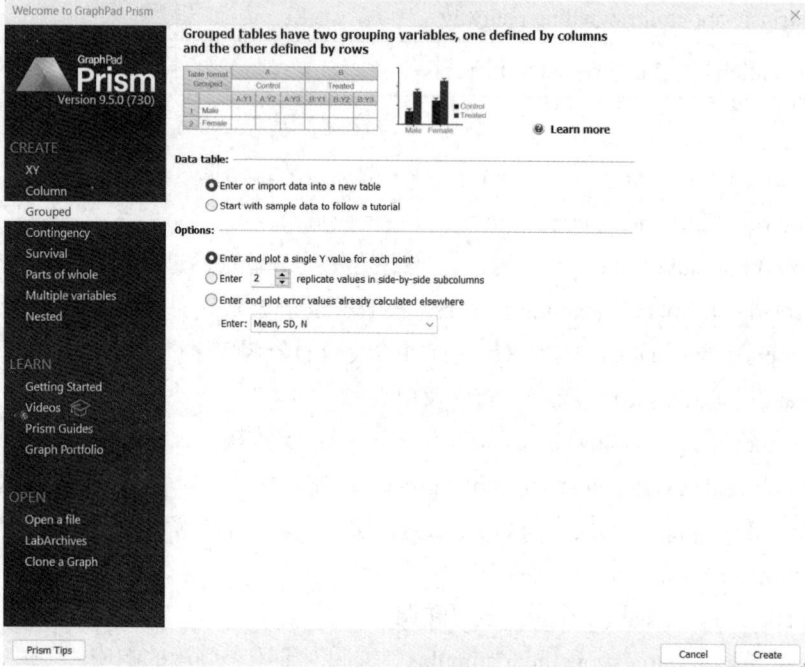

图 8.33　创建分析文件

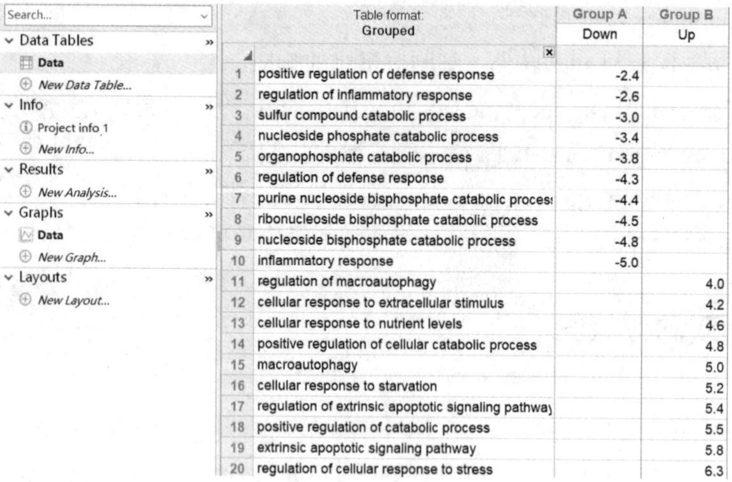

图 8.34　数据页面

3. 生成双向柱状图

在图 8.34 左侧导航栏的 Graphs 处单击同名图片文件，弹出 Change Graph Type 对话框，如图 8.35（a）所示，选择 Summary data 选项卡下的第 6 个图形，生成草图，如图 8.35（b）所示。

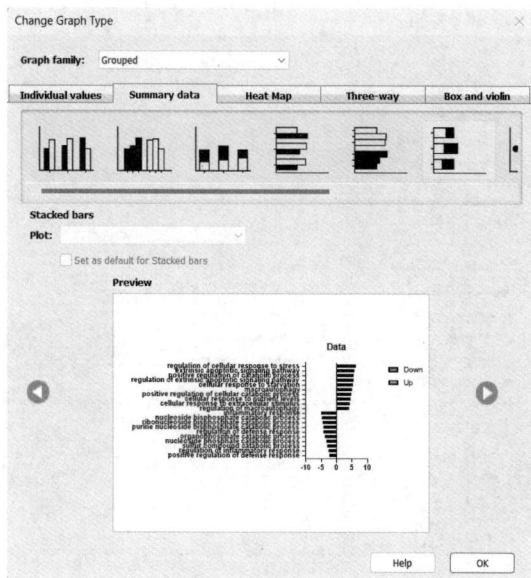

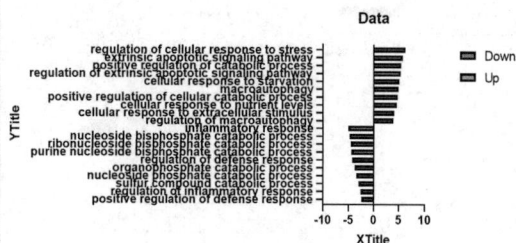

（a） （b）

图 8.35 双向柱状图绘图对话框

4. 优化双向柱状图

在图 8.35（b）的基础上可以进一步对图形进行修改，步骤如下：

（1）在工具栏中单击⬆按钮，弹出 Format Axes 对话框，切换到 Frame and Origin 选项卡，如图 8.36（a）所示。

❑ 在 Shape,Size and Position 系列选项中，将 Shape 选项设置为 Square，即图框为正方形，Width（Length of X axis）选项设置 x 轴的宽度为 12.00cm；Height（Length of Y axis）选项设置 y 轴的高度为 12.00cm。

❑ 在 Axes and Colors 系列选项中，Thickness of axes 选项设置坐标轴粗细为 1/2 pt。

❑ 在 Frame and Grid Line 系列选项中，Frame style 选项设置为 No frame 即无边框。

❑ Hide axes 选项设置为 Hide Y. Show X，即隐藏 y 轴，显示 x 轴。

❑ 其他选项保持默认，单击 OK 按钮。

（2）在图 8.36（a）中切换至 X axis 选项卡，如图 8.36（b）所示，对 x 轴进行参数设置。

❑ 取消勾选 Automatically determine the range and interval 复选框，进行手动设置。

❑ Minimum 选项设置 x 轴最小值为-5.5，Maximum 选项设置 x 轴最大值为 6.5。

❑ Major ticks 选项设置为 2，即主刻度线的间隔为 2。

❑ Starting at X=设置为-4，即 x 轴起始刻度标签为-4。

❑ Minor ticks 设置为 0，即无次刻度线。

❑ 其他选项保持默认即可，单击 OK 按钮。

（3）双击图形右上部分的柱子，弹出的对话框如图 8.37（a）所示，在 Bars and boxes 系列选项中，Fill 选项设置柱条的填充色为浅红色，Border 选项设置柱条的边框为 None 即无边框；双击图形左下部分的柱条，弹出的对话框如图 8.37（b）所示，在其中用同样方法设置柱条的颜色和边框。

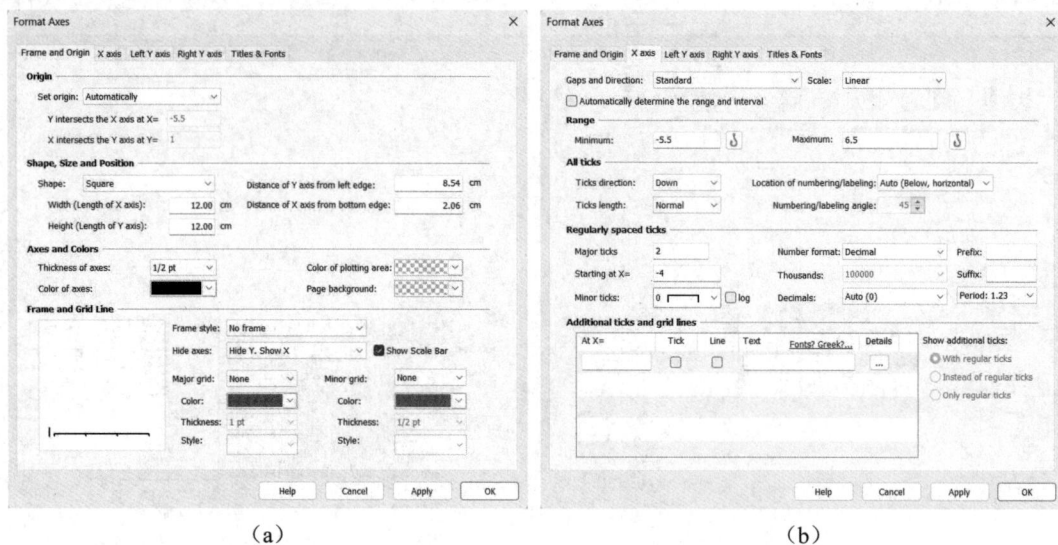

(a)　　　　　　　　　　　　　　(b)

图 8.36　边框和坐标轴设置对话框

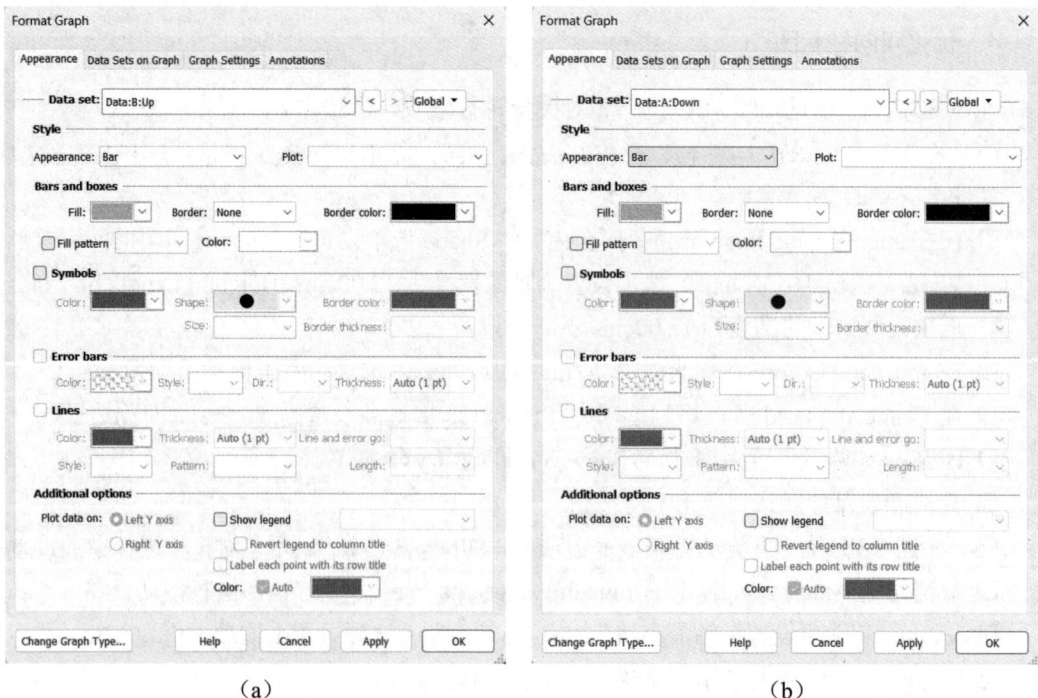

(a)　　　　　　　　　　　　　　(b)

图 8.37　图形外观设置 1

（4）将横坐标改为 log（P value），图标题改为 enriched pathway。通过添加文本的形式添加每个柱条的名称，左边部分名称右对齐，右边部分名称左对齐。修改图中的字体和字符，还可以在 Graph Settings 选项卡中调整柱条之间的间距，如图 8.38 所示，使添加的柱条名称与柱条保持同一水平。

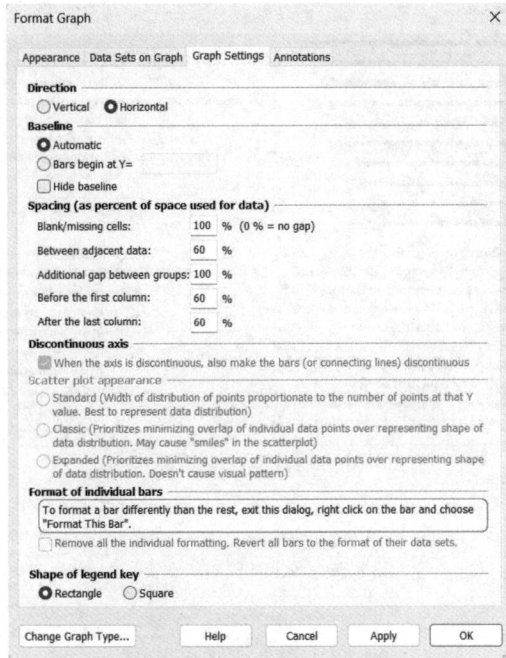

图 8.38　图形外观设置 2

🔔注意：在画双向柱状图时，图中的柱条的排列顺序与数据文件中数据集的排列顺序是相反的，在添加名称时不要出错。

（5）以添加文本的形式，将右上部分的柱条标记为 Up，将左下部分柱条标记为 Down，并调整字体、字号与图中其他字符保持一致，最终生成的图如图 8.39（a）所示。除了双向柱状图之外，还可以将本案例绘制为棒棒糖图，如图 8.39（c）～（d）所示，具体操作见配书视频。双向柱状图的绘图方式多种多样，还可以绘制人口金字塔图形。

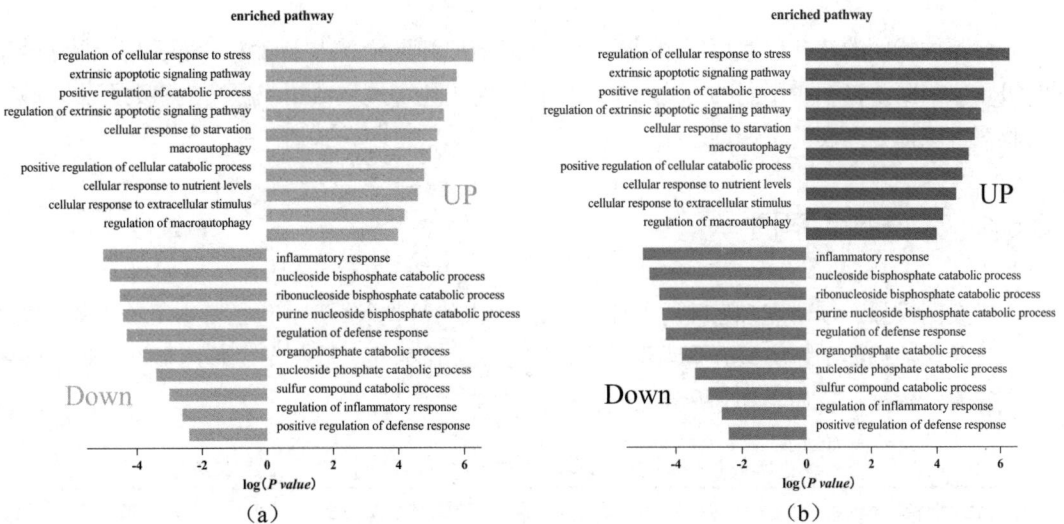

(a)　　　　　　　　　　　　　(b)

图 8.39　双向柱状图

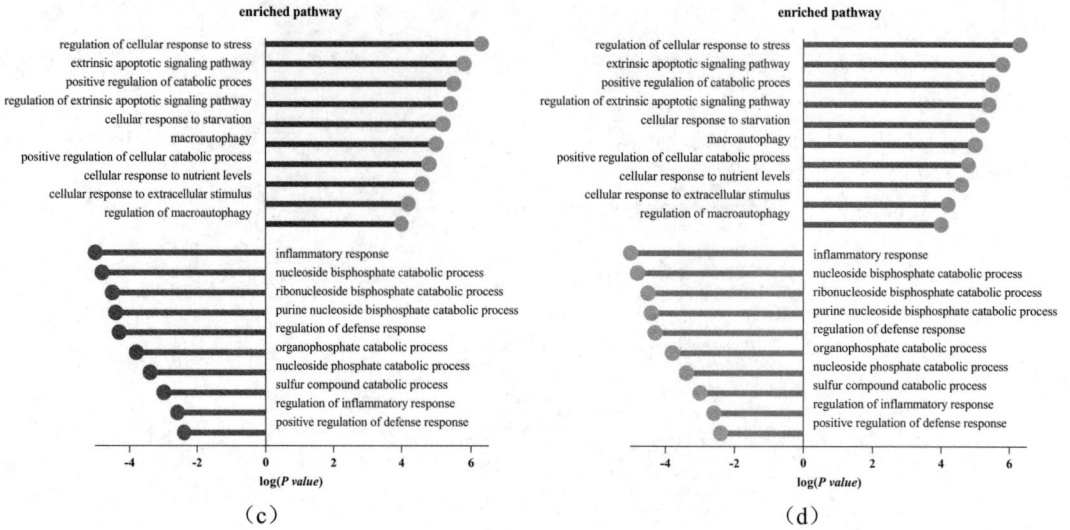

图 8.39　双向柱状图（续）

8.5　截断柱状图

截断柱状图主要用于处理包含极端值或需要突出显示特定区间内数据变化的情况。在柱状图的特定位置进行截断，可以更清晰地展示数据的主体部分，解决过小极端值或过大极端值在图上被压缩至不易辨认的问题。

🔔**注意：** 截断操作可能会改变柱状图的原始比例和形态，因此需要谨慎处理，以避免误导读者。在展示截断柱状图时，应提供必要的说明和解释，帮助读者理解截断的含义和目的。

截断柱状图的截断位置可以根据数据的实际情况和展示需求来确定。截断并不意味着忽略极端值，而是以一种不同的方式来展示它们。对于包含大量数据或极端值的数据集，截断柱状图可以提高图表的可读性。

8.5.1　人群收入案例

本案例模拟一项研究，随机调查某单位 25 个人的月收入情况，包括基本工资、岗位津贴和总收入。他们的工作类型分别为保洁员、保安员、临时工、收银员、程序员，每种类型各调查 5 人。数据汇总如表 8.5 所示。

表 8.5　月收入情况汇总（部分）

工 作 类 型	基 本 工 资	岗 位 津 贴	总　收　入
临时工	1500	1500	3000
	2000	2000	4000

续表

工 作 类 型	基 本 工 资	岗 位 津 贴	总 收 入
临时工	2200	2200	4400
	1500	1700	3200
	1400	2100	3500
收银员	2000	2500	4500
	2200	3000	5200
	2200	3300	5500
	1900	3000	4900
	2000	3000	5000

8.5.2　绘制截断柱状图

1．创建分析文件

（1）打开 GraphPad Prism 软件，如图 8.40 所示，在 CREATE 下选择 Grouped 选项。

（2）选择 Data table 下的 Enter or import data into a new table 单选按钮，再选择 Options 下的 Enter 5 replicate values in side-by-side subcolumns 单选按钮（本例每种职工类型有 5 个研究对象，所以此处数字为 5）。

（3）单击 Create 按钮，完成分析文件的创建。

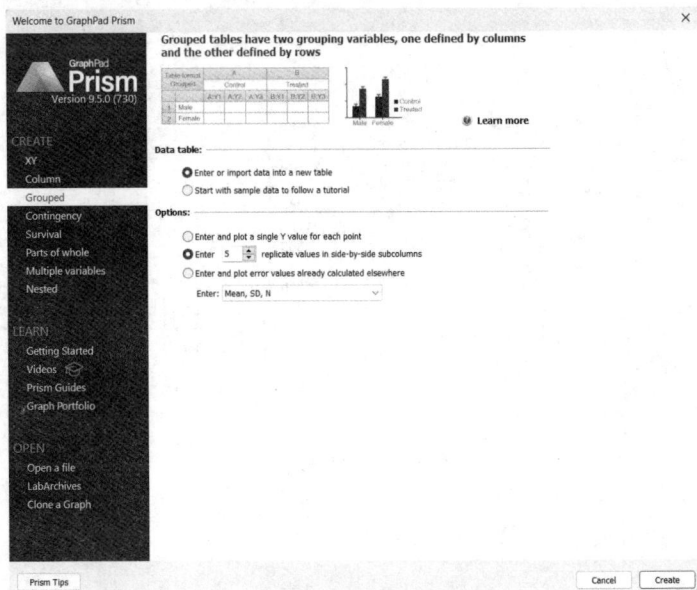

图 8.40　创建分析文件

2．导入数据

将表 8.5 中的每个职工种类的薪资数据行列转置并粘贴到数据文件中（此处仅展示一部

分数据），数据表格上方的 Group A、Group B、Group C 分别标记为基本工资、岗位津贴、总收入，如图 8.41 所示，将数据文件名称改为 Data。

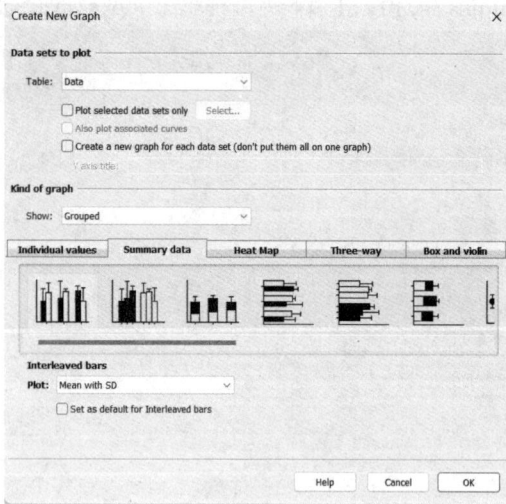

图 8.41　数据输入（部分）

3. 生成简单的柱状图

在图 8.41 左侧导航栏的 Graphs 部分单击同名图片文件，弹出 Change Graph Type 对话框，如图 8.42（a）所示，选择 Summary data 选项卡下面的第 1 个图形，Plot 选项设置为 Mean with SD 即只绘制均数，生成的草图如图 8.42（b）所示。

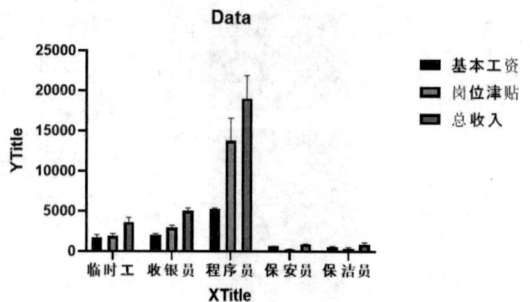

（a）　　　　　　　　　　　　　　　　　（b）

图 8.42　绘制柱状图

4. 绘制柱状图

在图 8.42（b）的基础上可以进一步对图形进行修改，步骤如下：

（1）在工具栏中单击 按钮，弹出 Format Axes 对话框，切换到 Frame and Origin 选项卡，如图 8.43 所示。

❑ 在 Shape,Size and Position 系列选项中，Shape 选项设置为 Square 即正方形，Width（Length of X axis）选项设置 x 轴的宽度为 13.50cm；Height（Length of Y axis）选项

设置 y 轴的高度为 13.50cm。

☐ Axes and Colors 系列选项可以设置坐标轴的粗细和颜色，Thickness of axes 选项设置坐标轴粗细为 1 pt。

☐ 在 Frame and Grid Line 系列选项中，将 Frame style 选项设置为 Plain Frame，即四边框。

☐ 其他选项保持默认，单击 OK 按钮。

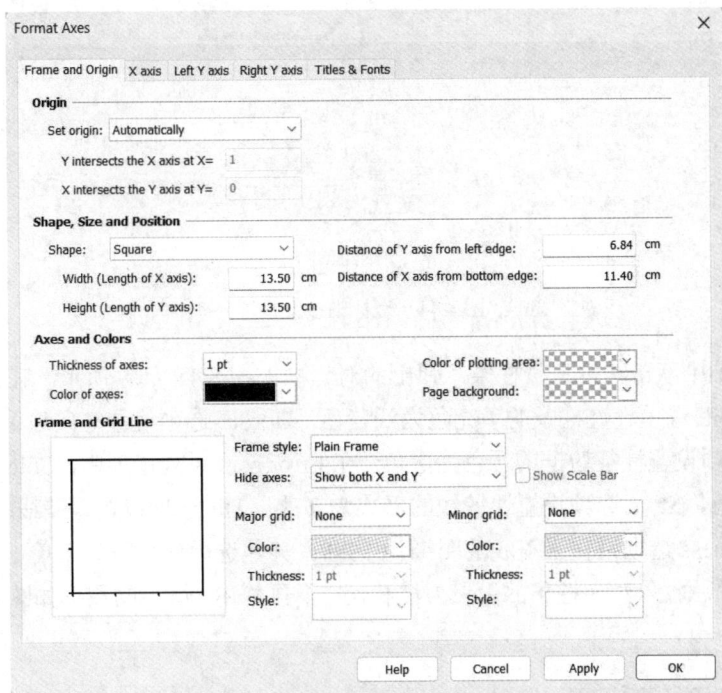

图 8.43　设置边框

（2）切换到 X axis 选项卡，如图 8.44（a）所示，在其中对 x 轴进行设置。

☐ Ticks direction 选项设置为 None，即无刻度线。

☐ Location of numbering/labeling 选项设置为 Below，horizontal，即标签在 x 轴下方水平放置。

☐ 其他选项保持默认即可，单击 OK 按钮。

（3）切换到 Left Y axis 选项卡，在其中对 y 轴进行设置，如图 8.44（b）所示。

☐ 取消勾选 Automatically determine the range and interval 复选框，改为手动设置。

☐ Minimum 选项设置 y 轴最小值为 0，Maximum 选项设置 y 轴最大值为 25000。

☐ Ticks direction 选项设置为 Right，即刻度线向右。

☐ Ticks length 选项设置刻度线长度为 Normal。

☐ Major ticks 选项默认设置主刻度线间隔为 5000。

☐ Minor ticks 选项设置为 0，即无次刻度线。

☐ 其他选项保持默认即可，单击 OK 按钮。

（4）将 y 轴标题改为 income，删除多余字符，修改字体、字号，调整图例至合适位置。

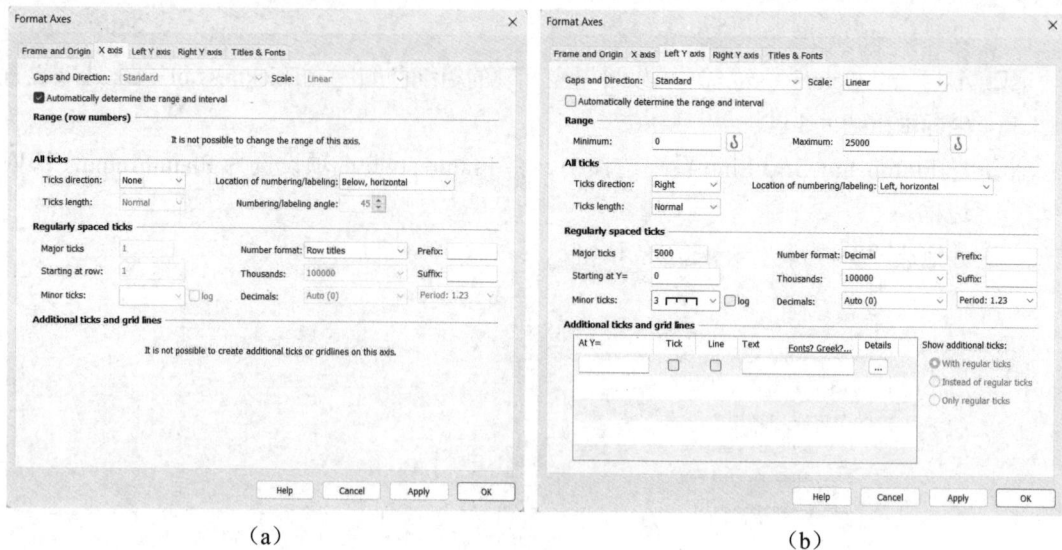

（a）　　　　　　　　　　　　　　（b）

图 8.44　坐标轴参数设置

（5）在草图中双击基本工资柱条，弹出的对话框如图 8.45（a）所示。在 Bars and boxes 系列选项中，Fill 选项设置柱条的填充色为浅蓝色，Border 选项设置柱条边框的粗细为 1pt，Border color 选项设置柱条边框的颜色为黑色。在 Error bars 系列选项中，Color 选项设置误差线的颜色为黑色，Style 选项设置误差线的形式为 T 型，Dir 选项设置误差线的方向为 Above 即上方，Thickness 选项设置误差线的粗细为 1/2pt。其他选项保持默认，单击 OK 按钮。

岗位津贴、总收入对应柱条的设置方法相同，不再赘述。最终的图形如图 8.45（b）所示。

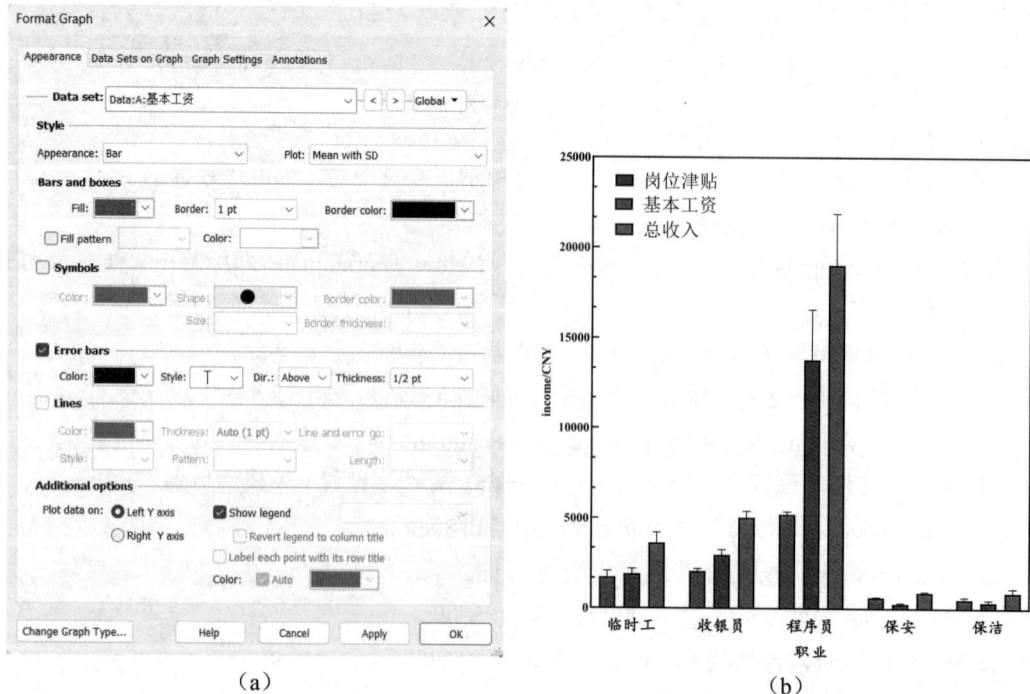

（a）　　　　　　　　　　　　　　（b）

图 8.45　外观设置及效果图

5. 绘制截断柱状图

由图 8.45（b）可以看出，程序员的岗位津贴、总收入较大，绘制出的柱条比较突出；而保洁员、保安员的收入较小，柱条被压缩而不易识别，所以可对柱条进行截断。

（1）在工具栏中单击 按钮，弹出 Format Axes 对话框，切换到 Left Y axis 选项卡，如图 8.46（a）所示。

- Gaps and Direction 选项设置为 Two segments(---\\---)，即将 y 轴分为两段。
- 在 Segment 选项中选中 Bottom，即对下半段 y 轴进行设置。
- Range 系列选项可以设置这两段在原来图形中占的长度比例和起止数值大小，Length 选项设置为 50%，即下半段占 y 轴长度的 50%。Minimum 选项设置下半段 y 轴最小值为 0，Maximum 选项设置下半段 y 轴最大值为 6100。
- Major ticks 选项设置主刻度线间隔为 3000。
- 其他选项保持默认，单击 Apply 按钮。

（2）切换到 Left Y axis 选项卡中，如图 8.46（b）所示。

- 在 Segment 选项中选中 Top，即对上半段 y 轴进行设置。
- Length 选项设置为 50%。Minimum 选项设置上半段 y 轴最小值为 13000，Maximum 选项设置上半段 y 轴最大值为 25000。
- Major ticks 选项设置主刻度线间隔为 3000。
- 其他选项保持默认，单击 OK 按钮。

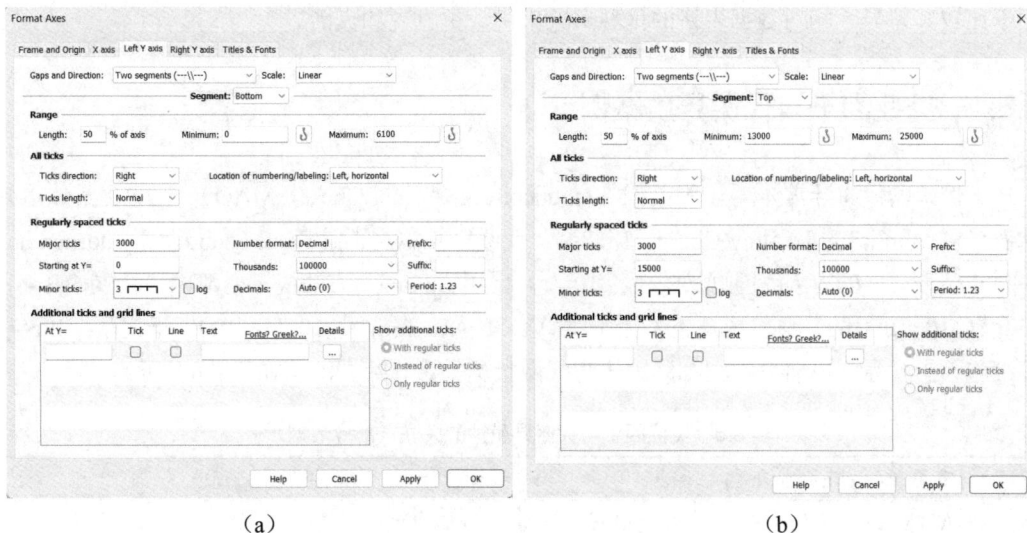

（a）　　　　　　　　　　　　　　　（b）

图 8.46　二段截断柱状图设置

（3）可以根据自己的审美设置柱子的颜色，最终生成的效果如图 8.47（a）所示，其中代表程序员的 6 100～13 000 元的岗位津贴和总收入的柱条被截去。也可以根据数据情况绘制三段阶段图，即在 Gaps and Direction 设置下选择 Three segments (---\\---\\---)。

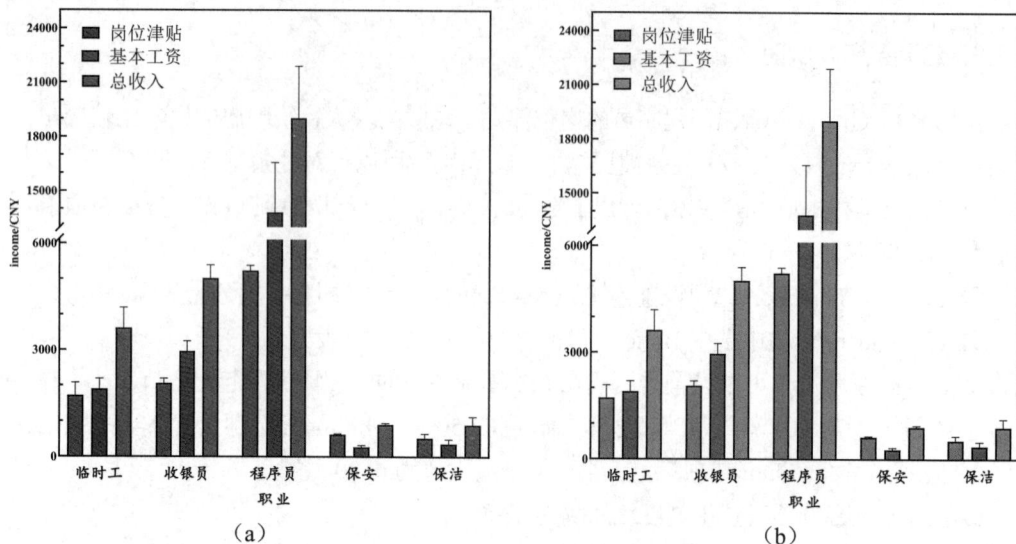

图 8.47　截断柱状图

8.6　多指标柱状图

多指标柱状图是通过一系列高度不等的纵向直条来表示多个指标的数据分布情况，从而便于比较其差异，相对数据表格的呈现形式来讲，更直观和灵活。

8.6.1　炎症因子与代谢异质案例

案例：以代谢异常体重异常者（Metabolically Abnormal Obese，MAO）、代谢正常体重异常者（Metabolically Healthy Obese，MHO）、代谢正常体重正常者（Metabolically normal and weight normal，MNWN）为研究对象（各 10 人），采用 Luminex 方法检测血清中白介素 6(IL-6)、白介素 1β（IL-1β）、血管内皮生长因子 A(VEGF-A)、白介素 10（IL-10）、干扰素-γ(IFN-γ)等细胞因子含量，以研究不同细胞因子与代谢状况关系。数据汇总如表 8.6 所示。

表 8.6　炎症因子与代谢异质性的关联（部分数据）

IL-6(pg/mL)			IL-1β(pg/mL)		
MNWN	MHO	MAO	MNWN	MHO	MAO
0.0292861	0.0442861	0.065312459	0.028189834	0.060217322	0.058189834
0.075031704	0.090031704	0.088802606	0.044529503	0.09206123	0.074529503
0.025743567	0.040743567	0.09185958	0.091475572	0.071399614	0.121475572
0.02989492	0.04489492	0.14471243	0.131305876	0.066645765	0.161305876
0.010960267	0.025960267	0.101396138	0.056388565	0.043695739	0.086388565
0.01555464	0.03055461	0.117557229	0.131190843	0.062000421	0.161190843

IL-6(pg/mL)			IL-1β(pg/mL)		
MNWN	MHO	MAO	MNWN	MHO	MAO
0.026324674	0.041324699	0.087461922	0.086828326	0.063835928	0.116828326
0.044270378	0.059270425	0.086837835	0.088157233	0.066991938	0.118157233
0.016061567	0.031061925	0.1707315	0.127938459	0.0674683	0.157938459
0.039134765	0.054138226	0.078122656	0.066691601	0.092582847	0.096691601

此处仅罗列其中 2 个指标的数据，一共 6 列，IL-6 指标和 IL-1β 指标的数据各 3 列。

以第 1 行数据为例：MNWN 的 IL-6 的含量为 0.0292861 pg/mL，IL-1β 的含量为 0.028189834 pg/mL；MHO 的 IL-6 的含量为 0.0442861 pg/mL，IL-1β 的含量为 0.060217322 pg/mL；MAO 的 IL-6 的含量为 0.065312459 pg/mL，IL-1β 的含量为 0.058189834 pg/mL。

8.6.2　绘制多指标柱状图

1. 创建分析文件

（1）打开 GraphPad Prism 软件，如图 8.48 所示，在 CREATE 下选择 Grouped 选项。

（2）选择 Data table 下的 Enter or import data into a new table 单选按钮，再选择 Options 下的 Enter 10 replicate values in side-by-side subcolumns 单选按钮（本案例每种代谢类型有 10 个研究对象，所以此处数字为 10）。

（3）单击 Create 按钮，完成分析文件的创建。

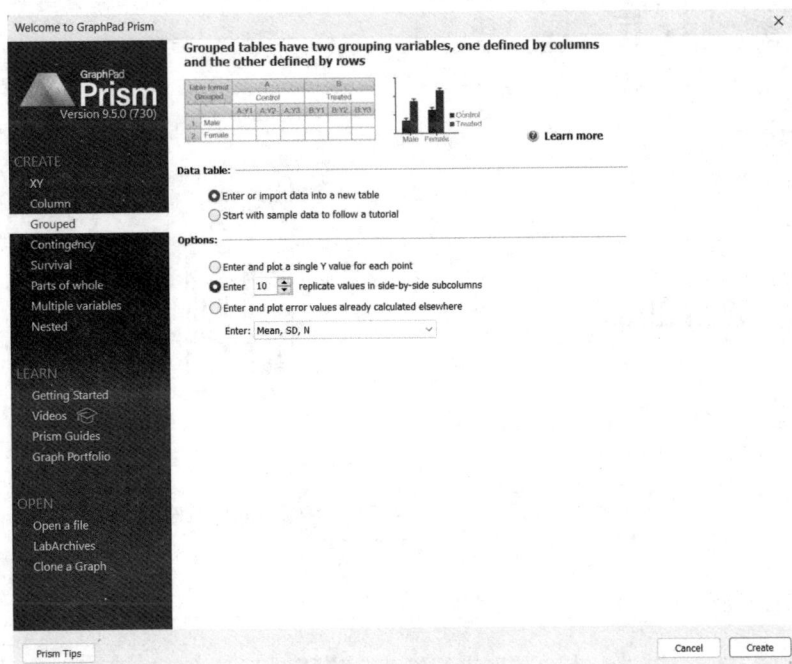

图 8.48　创建分析文件

2. 导入数据

将表 8.6 中的数据行列转置并粘贴到数据文件中，即将 IL-6 指标的 3 列数据依次转为行数据，首尾相连最终粘贴为一行，以此类推（此处仅展示一部分）。将数据表格上方的 Group A、Group B、Group C 分别标记为 MNWN、MHO、MAO，如图 8.49 所示。将数据文件名称改为 Data。

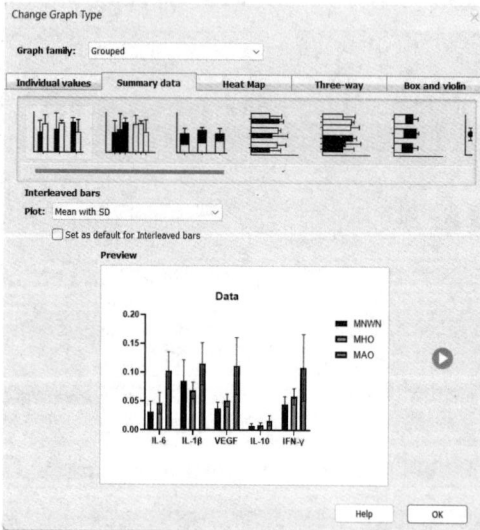

图 8.49　数据输入

3. 绘制柱状图

在图 8.49 左侧导航栏的 Graphs 部分单击同名图片文件，弹出 Change Graph Type 对话框，如图 8.50（a）所示，选择 Summary data 选项下面的第 1 个图形，单击 OK 按钮，生成的草图如图 8.50（b）所示。

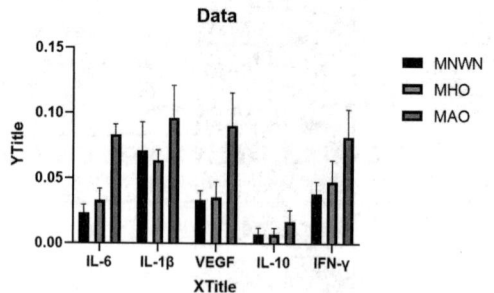

（a）　　　　　　　　　（b）

图 8.50　绘制多指标柱状图和多指标柱状图草图

4. 优化柱状图

在草图的基础上可以进一步对图形进行修改，步骤如下：

（1）在草图的 x 轴任意一处双击，弹出 x 轴的设置对话框 Format Axes，切换到 X axis

选项卡，如图 8.51（a）所示。

- ❑ 在 All ticks 系列选项中，Ticks direction 选项设置刻度线方向为 Down，表示 x 轴的刻度线朝下，即在图形外部。
- ❑ Ticks length 表示刻度线长度的设置，此处设置为 Short 即短刻度线。
- ❑ 其他选项保持默认即可，单击 OK 按钮。

（2）在草图 y 轴任意处双击，弹出 y 轴的设置对话框，如图 8.51（b）所示。

- ❑ Ticks direction 选项设置刻度线方向为 Right，即向右。
- ❑ Ticks length 选项设置刻度线长度为 Short，即短刻度线。
- ❑ Minor ticks 选项设置为 2，即次刻度线将主刻度线分成 2 段。
- ❑ 其他选项保持默认，单击 OK 按钮。

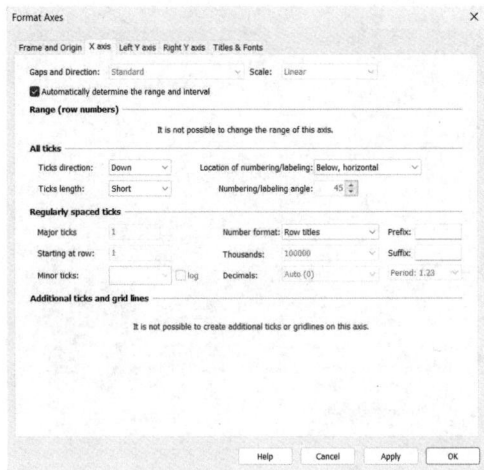

（a）　　　　　　　　　　　　　　　　（b）

图 8.51　x 轴和 y 轴设置对话框

（3）将 y 轴坐标改为 Inflammation levels，删除其他字符，将图中所有字符字体改为 Times New Roman，调整图例位置。

（4）双击草图中 MNWN 的柱状图，弹出新的对话框，如图 8.52（a）所示。

- ❑ 在 Bars and boxes 系列选项中，Fill 选项为柱条的填充色，这里设置为黄色，Border 选项表示柱条的边框线粗细，这里设置为 1/2pt，Border color 选项表示柱条边框的颜色，这里为黑色。
- ❑ 在 Symbols 系列选项中，Color 选项表示散点的颜色，这里为灰色，Shape 选项表示散点的类型，这里设置为实心圆，Size 选项表示散点的大小，这里为 1。
- ❑ 在 Error bars 系列选项中，Color 选项表示误差线的颜色，这里为黑色，Style 选项表示误差线的类型，这里设置为 T 型，Dir 选项表示误差线的方向，这里为 Both，即上下均有，Thickness 选项表示误差线的粗细，这里为 1/2pt。
- ❑ 其他选项保持默认，单击 OK 按钮。

MHO、MAO 柱条的设置方法相同，不再过多罗列。其中，将 MHO 柱条的填充色设置为湖蓝色，如图 8.52（b）所示。将 MAO 柱条的填充色设置为玫红色，如图 8.52（c）所示。

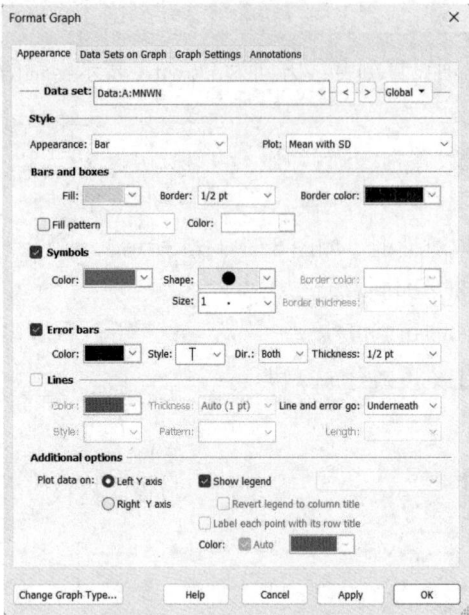

（a）

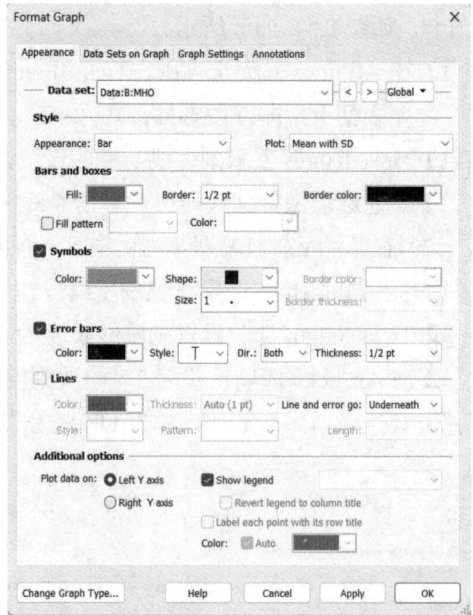

（b）

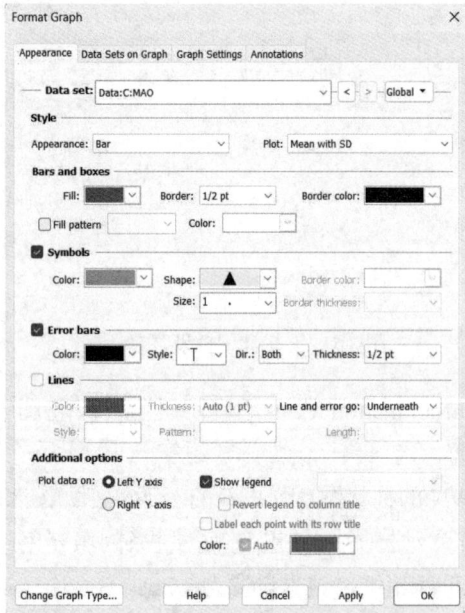

（c）

图 8.52　设置图形外观

（5）在工具栏中单击 ⌐ 按钮，弹出 Format Axes 对话框。切换到 Frame and Origin 选项卡中，如图 8.53（a）所示。

❑ 在 Shape,Size and Position 系列选项中，Shape 选项设置为 Custom 即自定义图形的宽度和高度。Width（Length of X axis）选项设置 x 轴的宽度为 7.50cm，Height（Length of Y axis）选项设置 y 轴的高度为 5.50cm。

❑ Axes and Colors 系列选项可以设置坐标轴的粗细和颜色，Thickness of axes 选项表示坐标轴粗细，这里为 1/2 pt。

☐ 在 Frame and Grid Line 系列选项中，将 Frame style 选项设置为 Plain Frame 即四边框，Major grid 选项设置为 Y axis 即横向网格线，Color 选项表示网格线颜色，这里为浅灰色，Thickness 选项表示网格线粗细为 1/2pt。

☐ 其他选项保持默认，单击 OK 按钮。

（6）在工具栏中单击 按钮，弹出 Format Graph 对话框，切换到 Graph setting 选项卡，如图 8.53（b）所示，在其中设置第一个柱子前和最后一个柱子后的距离为 100%。生成图如图 8.54（a）所示。还可添加差异性比较的字母，如图 8.54（b）所示。也可使用图示法标记星号，如图 8.54（c）所示。当然也可以使用其他配色以及去掉图中的散点，如图 8.54（d）所示。除此之外，还可绘制多指标箱式图、多指标小提琴图，如图 8.54（e）～（f）表示。具体操作步骤见配书视频教程。

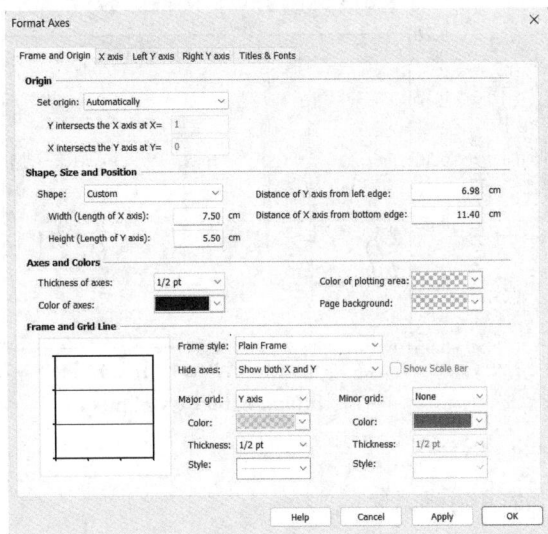
（a）

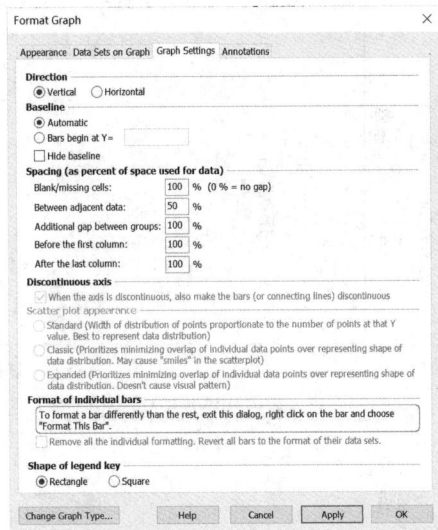
（b）

图 8.53　边框设置和数据集间距设置

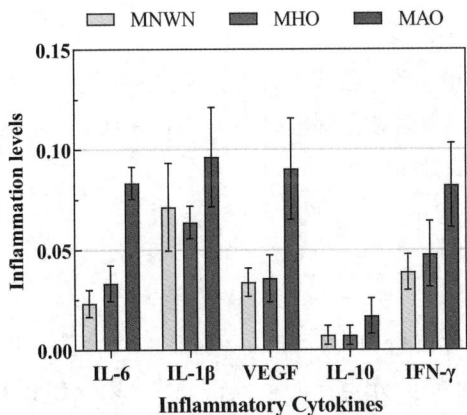
（a）

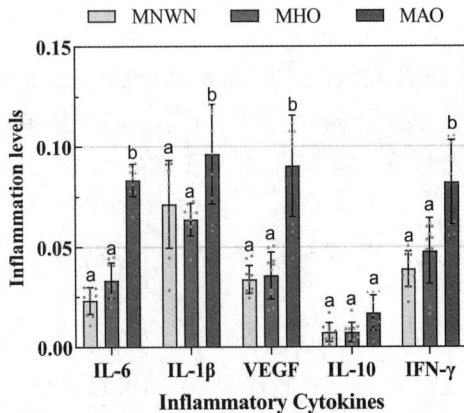
（b）

图 8.54　美化后的多指标图

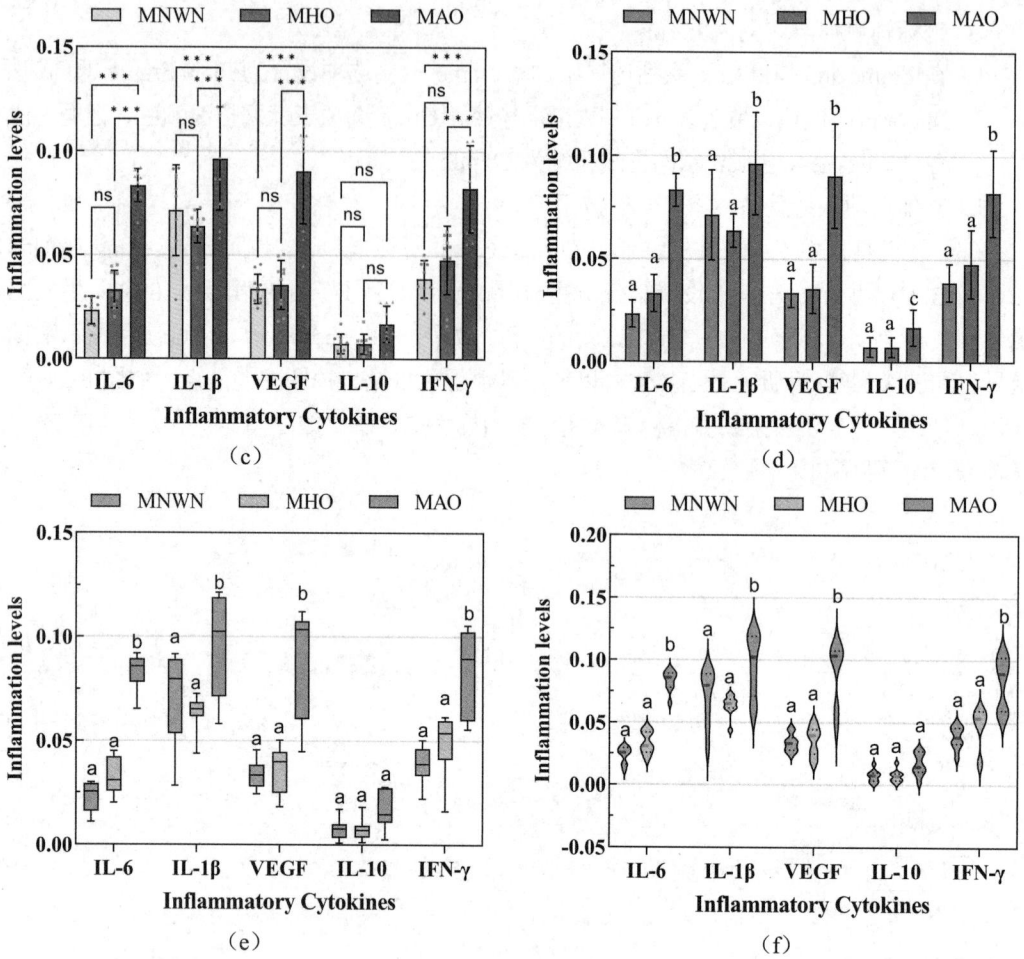

图 8.54　美化后的多指标图（续）

8.7　簇状箱式图

簇状箱式图（Clustered Boxplot）也称为簇状箱须图、盒式图或箱线图，主要用于展示多组数据的分布特征及差异比较。在簇状箱式图中，每组数据都被绘制成一个箱形图，并且这些箱形图并排排列，以便于直观地比较各组数据的分布情况。

8.7.1　抢救前后疼痛评分案例

本案例模拟一项研究，收集了 7 组不同患者在抢救治疗前后疾病疼痛评分的数据，每组患者均 104 名，绘制不同组患者治疗前后疼痛评分差异的箱式图。部分数据如表 8.7 所示。

表 8.7　抢救治疗前后不同组患者的疼痛评分情况

组　别	处　理	Scores
A	before salvage treatment	90
B	before salvage treatment	105
C	before salvage treatment	115
D	before salvage treatment	100
E	before salvage treatment	95
F	before salvage treatment	95
G	before salvage treatment	103.75
A	after salvage treatment	70
B	after salvage treatment	90
C	after salvage treatment	100
D	after salvage treatment	90
...	...	...

8.7.2　绘制簇状箱式图

1．创建分析文件

（1）打开 GraphPad Prism 软件，如图 8.55 所示，在 CREATE 下选择 Grouped。

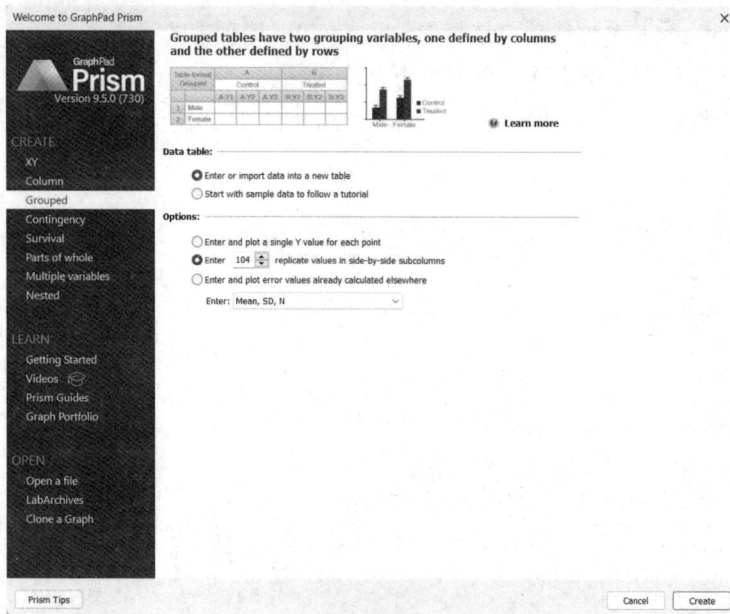

图 8.55　创建分析文件

（2）选择 Data tables 下的 Enter or import data on a new table 单选按钮。再选择 Options 下的 Enter 104 replicate values in side-by-side subcolumns 单选按钮，因为每组治疗前后均有 104

个观测值，所以此处输入 104。

（3）单击 Create 按钮，完成分析文件的创建。

2. 导入数据

将在 Excel 中整理好的数据直接复制到软件里，行表示 7 个不同的组别，列表示抢救治疗前和治疗后。并将文件命名为 Data，如图 8.56 所示。

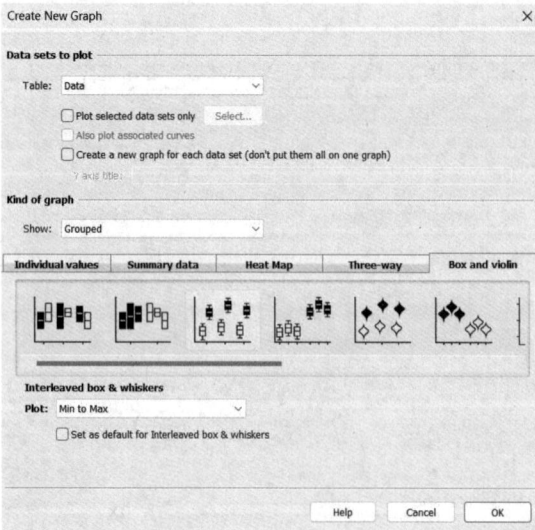

图 8.56　输入数据（部分）

3. 绘图

（1）单击图 8.56 中左侧导航栏 Graphs 下的 New Graph 即可调出绘图对话框，如图 8.57（a）所示。

❑ Table 选项设置为以当前 Data 数据进行绘图。

❑ 在 Kind of graph 系列选项中选择 Box and violin 选项中的第 3 个图形。此处有多个图形，在实操过程中建议每一个图形均尝试一下。

❑ 单击 OK 按钮，弹出簇状箱式图草图，如图 8.57（b）所示。

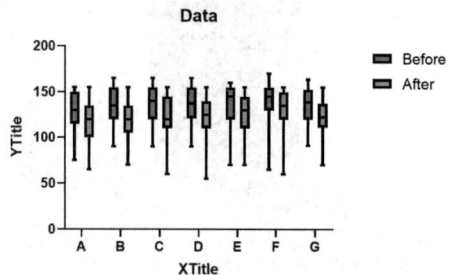

（a）　　　　　　　　　　　　　　　　（b）

图 8.57　选择图形绘制簇状箱式草图

（2）美化簇状箱式图。在草图的 x 轴任意处双击，弹出 x 轴的设置对话框 Format Axes，切换到 X axis 选项卡，如图 8.58（a）所示。

❑ Ticks length 表示刻度线长度的设置，此处选择 Short，即短刻度线。

❑ 其他选项保持默认即可，单击 OK 按钮。

（3）在草图的 y 轴任意处双击，即可弹出 y 轴的设置对话框，如图 8.58（b）所示。

❑ Ticks length 选项设置为 Short。

❑ 其他选项保持默认即可，单击 OK 按钮。

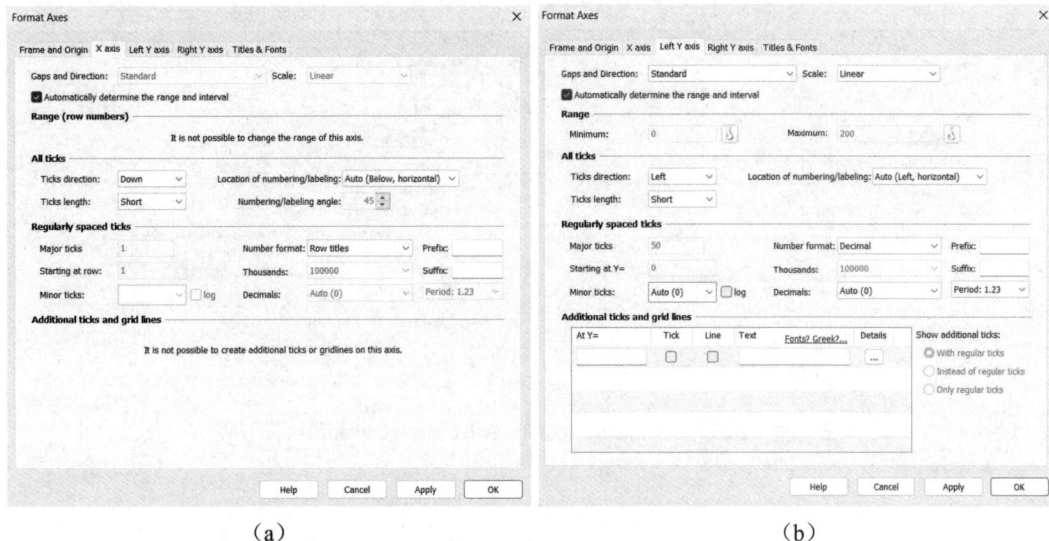

（a）　　　　　　　　　　　　　　　　（b）

图 8.58　设置 x 轴、y 轴

（4）坐标轴名称的修改只需要在草图中单击 x 轴的名称，在弹出的文本框中再单击一次 x 轴的名称即可修改。y 轴的名称和图的名称的修改方法与此相同，不再赘述。

（5）双击图形内部 Before 的箱式图，弹出 Format Graph 对话框，如图 8.59（a）所示。

❑ 在 Bars and boxes 系列选项中，Fill 选项为箱式图的填充色，这里为浅蓝色，Border 选项用于设置箱式图的边框粗细，这里为 1/2pt，Border color 选项为箱式图边框颜色，这里为黑色。

❑ 其他选项保持默认，单击 OK 按钮。

After 的箱式图的设置方法相同，在 Bars and boxes 系列选项中，Fill 选项设置箱式图的填充色浅红色，如图 8.59（b）所示。

（6）单击工具栏中的 按钮，弹出新的对话框，如图 8.60 所示。

❑ 在 Shape,Size and Position 系列选项中，Shape 选项设置为 Custom，即自定义，Width（Length of X axis）选项设置 x 轴的宽度为 8.26cm；Height（Length of Y axis）选项设置 y 轴的高度为 5.08cm。

❑ Axes and Colors 系列选项可以设置坐标轴的粗细和颜色，Thickness of axes 选项设置坐标轴粗细为 1/2 pt。

❑ 在 Frame and Grid Line 系列选项中，将 Frame style 选项设置为 Plain Frame 即四边框。

❑ 其他选项保持默认，单击 OK 按钮。

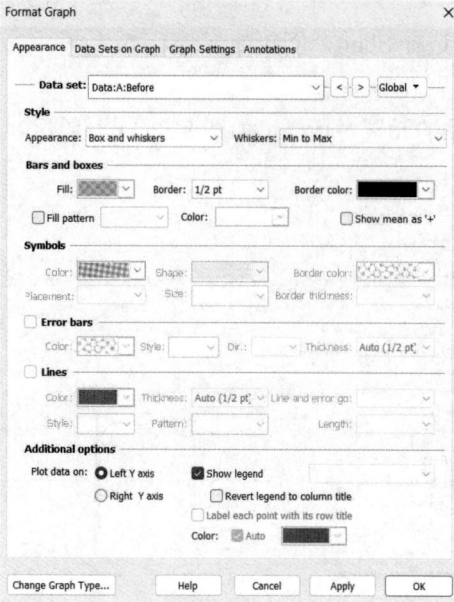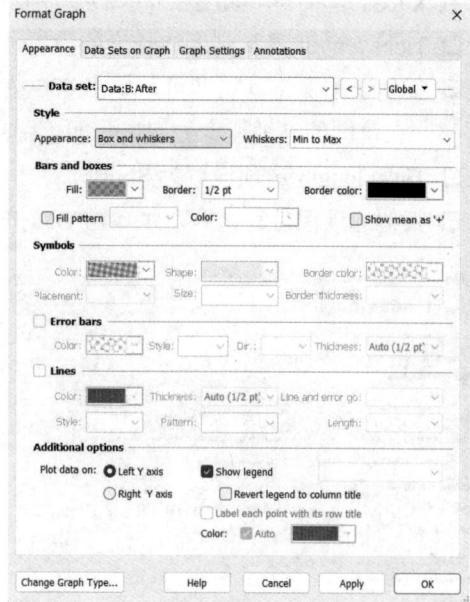

（a）　　　　　　　　　　　　　（b）

图 8.59　Before salvage treatment、After salvage treatment 图设置

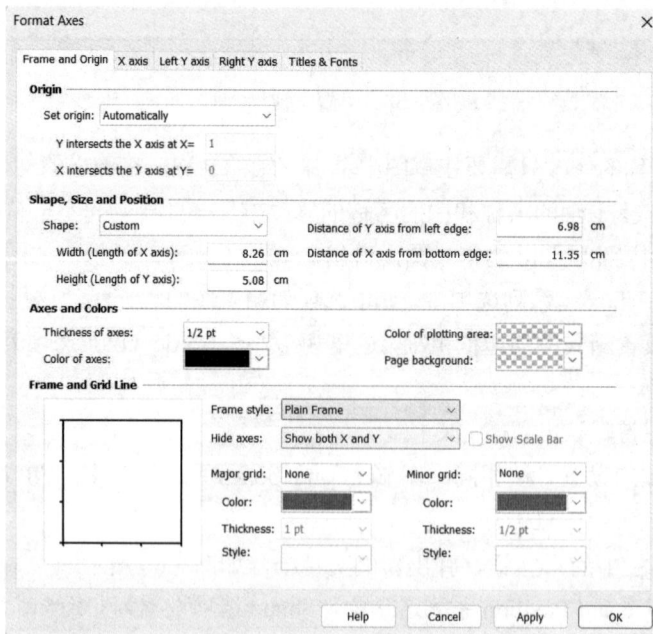

图 8.60　设置边框

（7）最终的图形如图 8.61（a）所示。除此之外，可以在图中通过图示法添加显著性标记，如图 8.61（b）所示。另外，本案例也可绘制簇状小提琴图、簇状柱状图，如图 8.61（c）和（d）所示。具体步骤见配套视频。

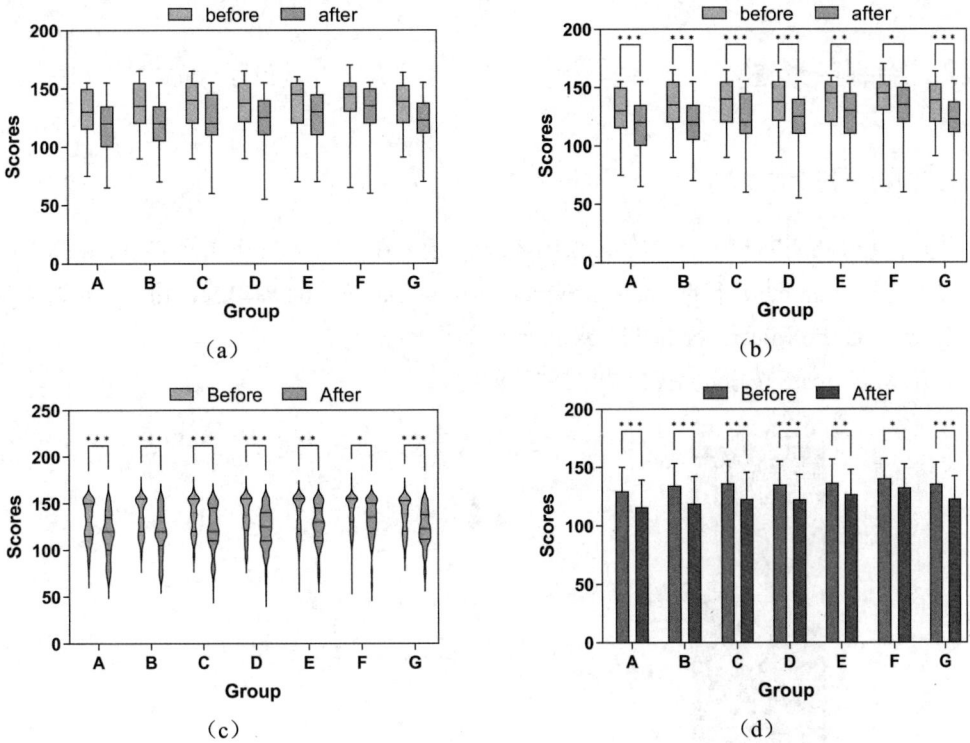

（a）　　　　　　　　　　（b）

（c）　　　　　　　　　　（d）

图 8.61　美化后的簇状箱式图

8.8　条　形　图

条形图（Bar Chart）是科研工作中常用的一种图形，使用条形图的长短表示数值的大小。通常，条形图越长，表示数值越大，条形图越短，表示数值越小。

8.8.1　疾病分类统计案例

本案例模拟一项研究，某医院共收集了 12 类疾病频次与频率的统计结果，如表 8.8 所示，要求绘制条形图。

表 8.8　疾病类别与频次（部分）

疾 病 名 称	频 次
五官疾病	256
心血管疾病	182
呼吸疾病	150
外科疾病	141
消化疾病	123
脑科疾病	105

8.8.2 绘制条形图

1. 创建分析文件

（1）打开 GraphPad Prism 软件，如图 8.62 所示，在 CREATE 下选择 Column 选项。

（2）选择 Data table 下的 Enter or import data into a new table 单选按钮，再选择 Options 下的 Enter replicate values, stacked into columns 单选按钮。

（3）单击 Create 按钮，完成分析文件的创建。

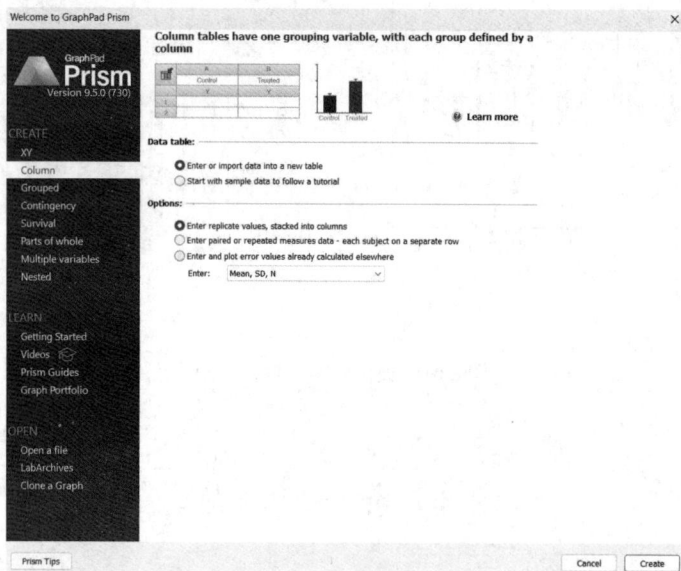

图 8.62　创建分析文件

2. 导入数据

将在 Excel 中整理好的数据直接复制过来，如图 8.63 所示，并将 Data Tables 重新命名为 data。

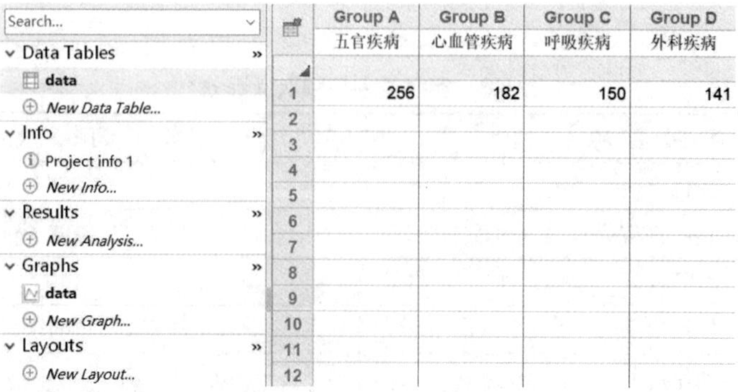

图 8.63　数据录入（部分）

3．绘图

（1）单击图 8.63 左侧导航栏 Graphs 下的同名文件 data 即可调出绘图界面，如图 8.64（a）所示。

❑ 选择 Mean/median & error 下的第 4 个图形。

❑ 单击 OK 按钮即可出现条形图草图，如图 8.64（b）所示。

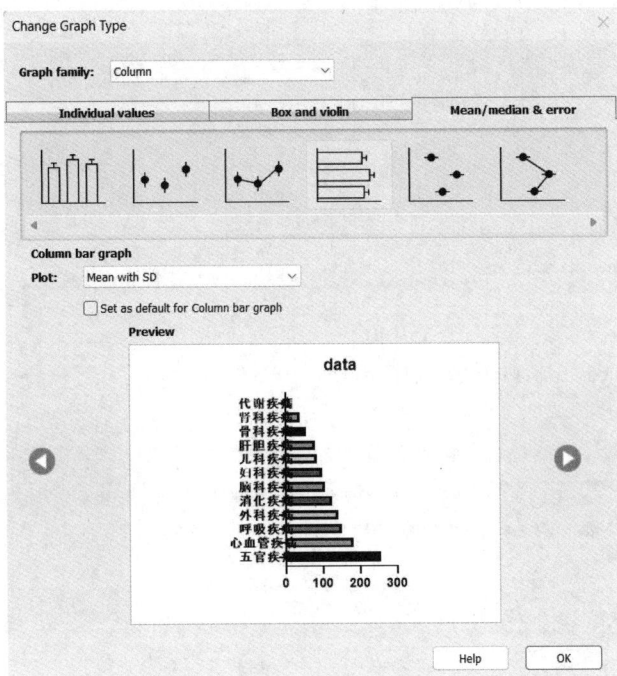
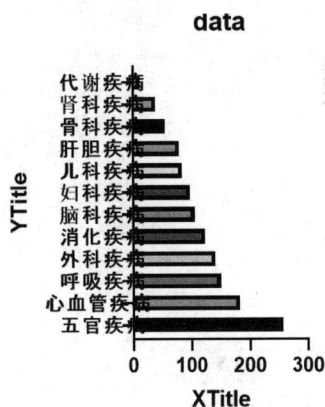

（a）　　　　　　　　　　　　　　　　（b）

图 8.64　选择图形绘制条形草图

（2）在草图的基础上，进一步对图形进行美化。在草图的 x 轴任意处双击，弹出 x 轴的设置对话框 Format Axes，切换到 X axis 选项卡，如图 8.65（a）所示。

❑ Minor ticks 选项表示次刻度线，选择 2，表示次刻度线将主刻度间隔分成 2 段。

❑ 其他选项保持默认，单击 OK 按钮。

（3）在草图的 y 轴任意处双击，即可弹出 y 轴的设置对话框，如图 8.65（b）所示。

❑ Ticks direction 选项设置为 None 即无刻度线。其他选项保持默认，单击 OK 按钮。

（4）坐标轴名称的修改只需要在草图中单击 x 轴的名称，在弹出的文本框中输入"频次"即可修改 x 轴的名称。y 轴的名称和图的名称的修改方法与此相同。

（5）双击图形内部代谢疾病条形图，弹出的对话框如图 8.66（a）所示。

❑ 在 Bars and boxes 系列选项中，Fill 选项设置条形图填充色为姜黄色，Border 选项设置条形图边框粗细为 None 即无边框。其他选项保持默认，单击 OK 按钮。

❑ 其他疾病条形图的设置方法相同，不再赘述。

（6）在图 8.66（a）中切换至 Annotations 选项卡，如图 8.66（b）所示。选择 Plotted

value(mean,median…)单选按钮，将频数绘制于各条形图右侧。

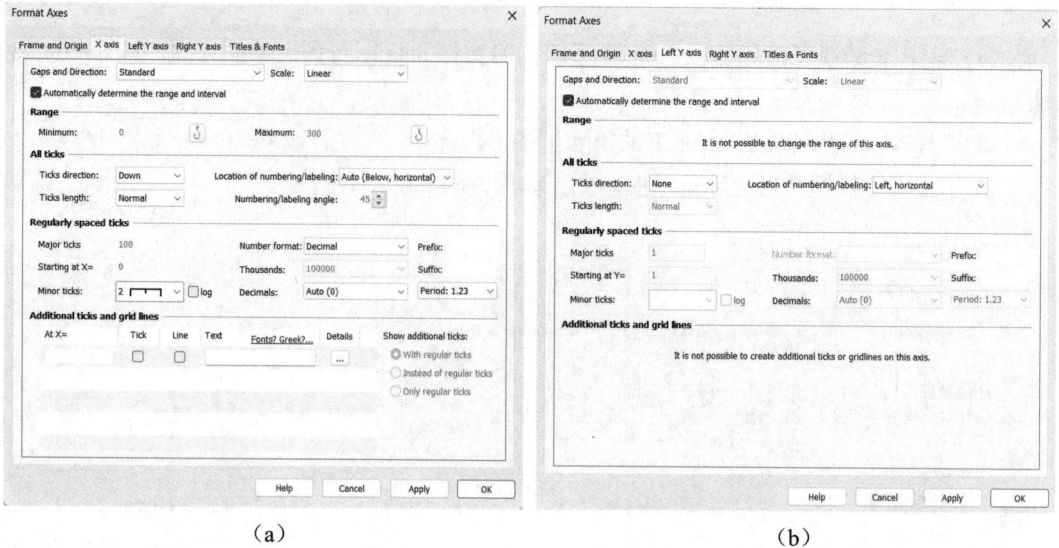

图 8.65　x 轴和 y 轴设置对话框

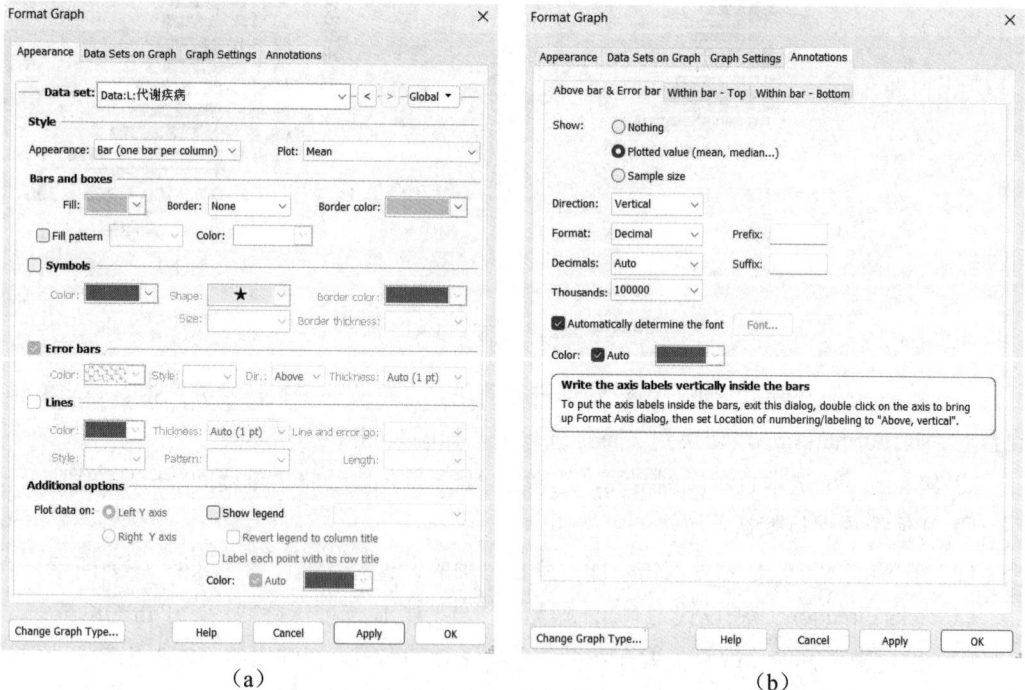

图 8.66　条形图参数设置

（7）最终的图形如图 8.67（a）所示。当然，也可以绘制纵向的条形图，如图 8.67（b）所示。条形图的顺序也可以反转，即从小到大排列转换为从大到小排列，如图 8.67（c）和图 8.67（d）所示。本案例也可以绘制棒棒糖图，如图 8.67（e）和图 8.67（f）所示，具体步骤见配套的视频教程。

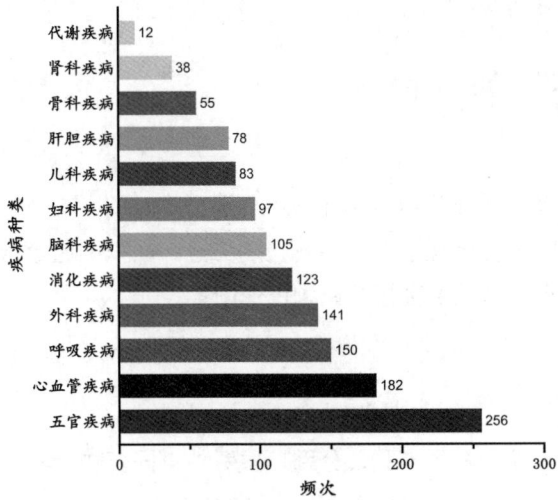

（a）

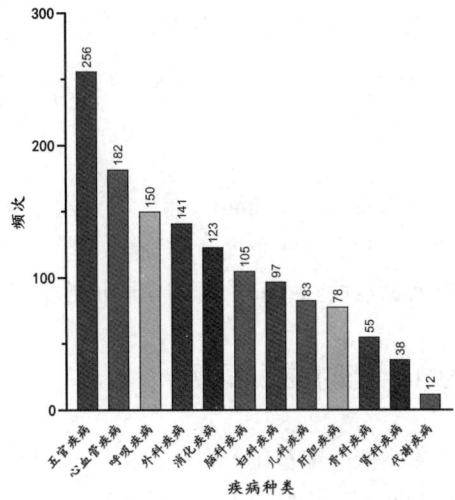

（b）

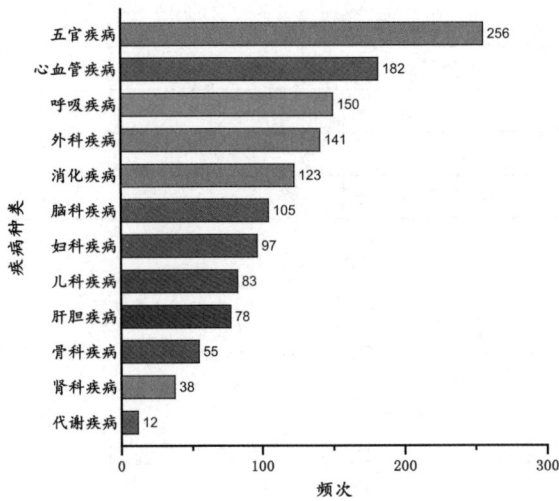

（c）

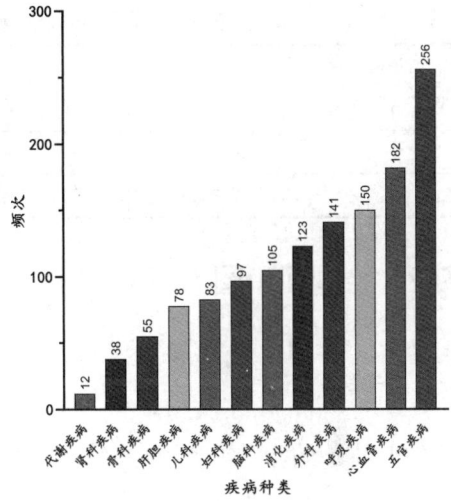

（d）

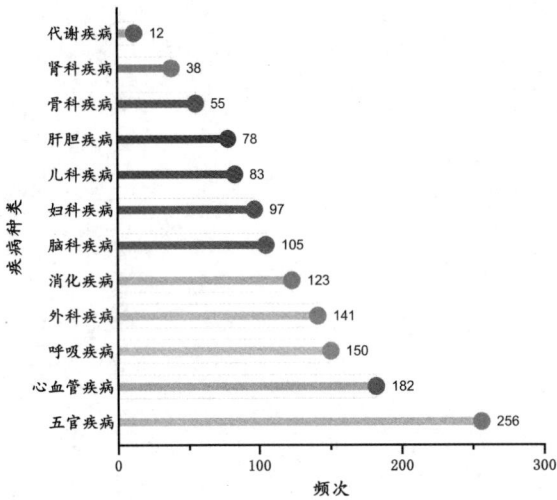

（e）

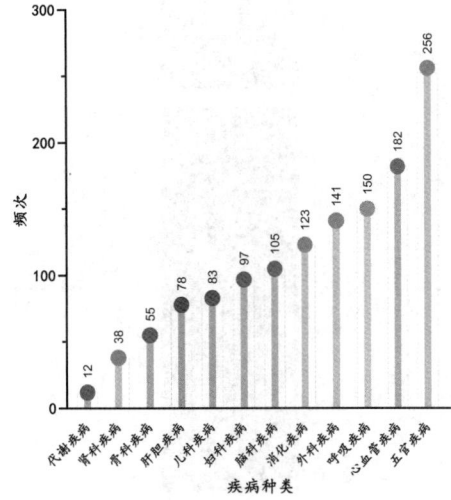

（f）

图 8.67　美化后的条形图

8.9　面　积　图

面积图（Area Chart）通过填充颜色或图案来表示数据的大小，主要用于随时间、浓度等变化，观察另外一个变量的变化趋势，如随时间变化观察人口的变化趋势等。面积图通过 x 轴和数据点曲线之间的区域来展示数据，这个区域通常会被填充颜色或图案。

8.9.1　药时曲线案例

本案例改编自相关资料，10 只小鼠分成两组，每组 5 只，分别口服两种不同药物后，在不同时间点测量血液中的药物含量。数据如表 8.9 所示。

表 8.9　不同时间点测量血液中的药物含量（部分数据）

Time	药物A				
1	1	0	0	1	1
2	2	2	1	1	1
3	3	2	3	2	2

8.9.2　绘制面积图

1. 创建分析文件

（1）打开 GraphPad Prism 软件，如图 8.68 所示。在 CREATE 下选择 XY 选项。

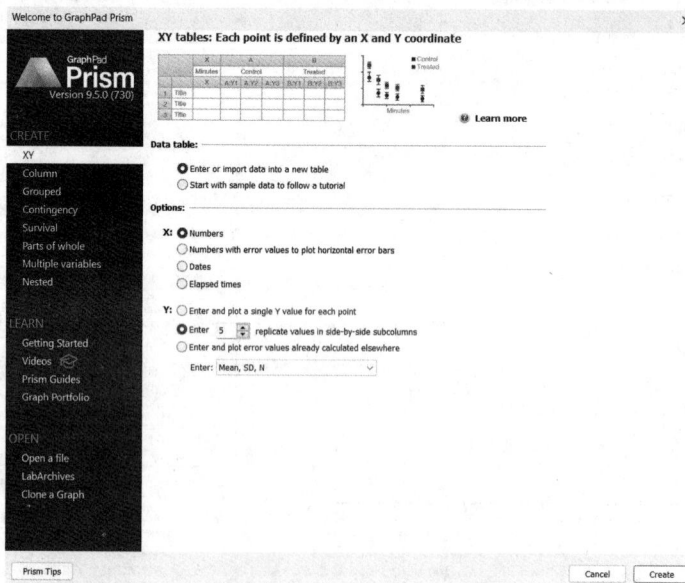

图 8.68　创建分析文件

（2）选择 Data table 下的 Enter or import data into a new table 单选按钮，再选择 Options 下的 Numbers 和 Enter 5 replicate values in side-by-side subcolumns 单选按钮，因每组有 5 只小鼠，因此在此处输入 5。

（3）单击 Create 按钮，完成分析文件的创建。

2．导入数据

复制在 Excel 中整理好的数据，如图 8.69 所示，并将 Data Tables 重新命名为 Data。

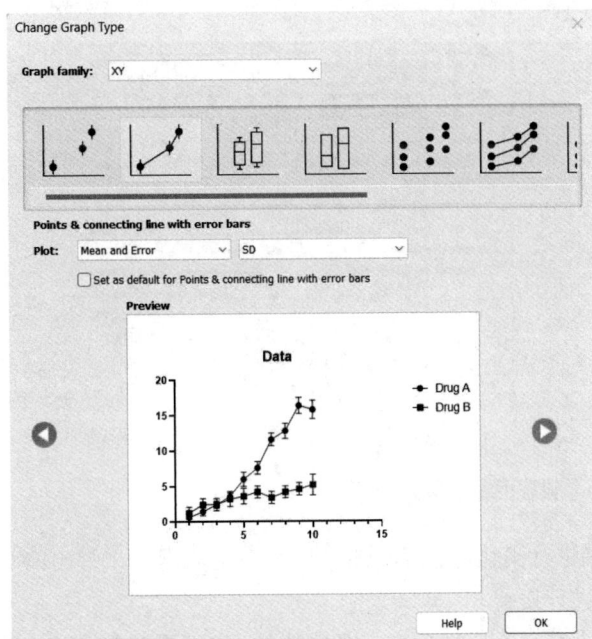

图 8.69　导入数据

3．绘图

（1）单击图 8.69 左侧导航栏 Graphs 下的同名文件 Data 即可调出绘图界面，如图 8.70（a）所示。

❑ Graph family 选项设置为 XY，选择下方的第 2 个图形。

❑ 单击 OK 按钮即出现面积图草图，如图 8.70（b）所示。

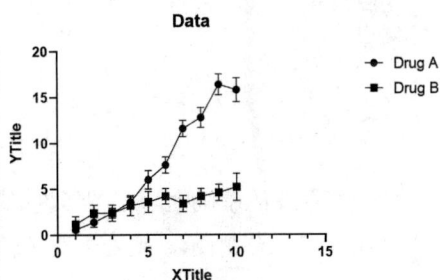

（a）　　　　　　　　　　　　　（b）

图 8.70　选择图形绘制面积草图

（2）在草图的基础上进一步对图形进行美化。双击草图中 Drug A 的折线图，弹出的对话框如图 8.71（a）所示。

❑ 在 Show symbols 系列选项中，Color 选项用于设置散点的颜色，这里为浅绿色，Shape 选项用于设置散点形状，这里为实心圆，Size 选项用于设置散点大小，这里为 2。

❑ 在 Show error bars 系列选项中，Color 选项用于设置误差线颜色，这里为浅绿色，Dir 选项用于设置误差线方向，这里为 Both 即上下均有，Style 选项用于设置误差线类型，这里为 T 型，Thickness 选项用于设置误差线粗细，这里为 1/2pt。

❑ 在 Show connecting line/curve 系列选项中，Color 选项用于设置连接线的颜色，这里为浅绿色，Thickness 选项用于设置连接线的粗细，这里为 1pt，Style 选项用于设置连接线的形式，这里为线段，Pattern 选项用于设置连接线类型，这里为实线。

❑ 在 Show area fill 系列选项中，Fill color 选项用于设置区域填充色，这里为浅绿色（透明度为 70%），Position 选项设置区域为 Below 即连接线与 x 轴所围区域。

❑ 其他选项保持默认，单击 OK 按钮。

双击草图中 Drug B 的折线图，弹出对话框如图 8.71（b）所示，其设置方法与上面相同，不再赘述。

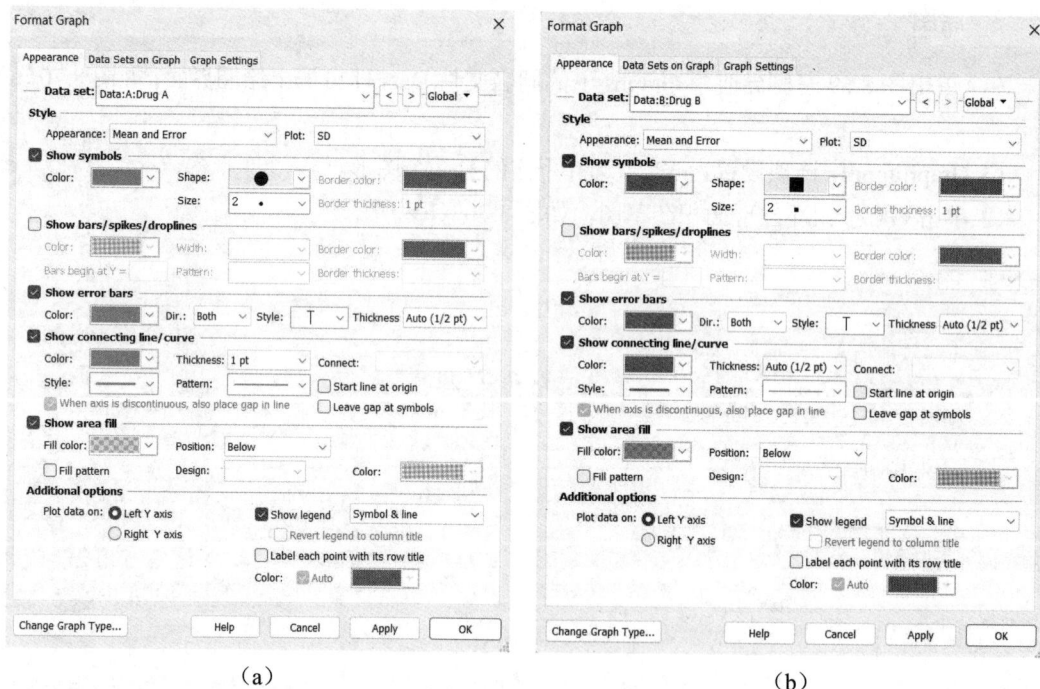

（a）　　　　　　　　　　　　　　　（b）

图 8.71　设置面积图参数

（3）在草图的基础上，对图形坐标轴进行美化。在草图的 x 轴任意一处双击，弹出的对话框如图 8.72（a）所示。此处不对 y 轴进行设置。

❑ Automatically determine the range and interval 选项默认是勾选的，表示自动化处理 x 轴的范围、刻度线等，此处取消勾选，进行手动设置。

❑ Minimum 选项表示 x 轴的最小值，此处设置为 1，Maximum 表示 x 轴的最大值，此处设置为 10。

- ❏ Major ticks 选项表示主刻度线的间隔，此处设置为 1。
- ❏ Starting at X=选项表示 x 轴刻度线的起始值，此处设置为 1。
- ❏ 其他选项保持默认即可，单击 OK 按钮。

（4）单击工具栏中的 ⌐ 按钮，弹出的对话框如图 8.72（b）所示。

- ❏ 将 Frame style 选项设置为 Plain Frame，即四边框。
- ❏ 其他选项保持默认，单击 OK 按钮。

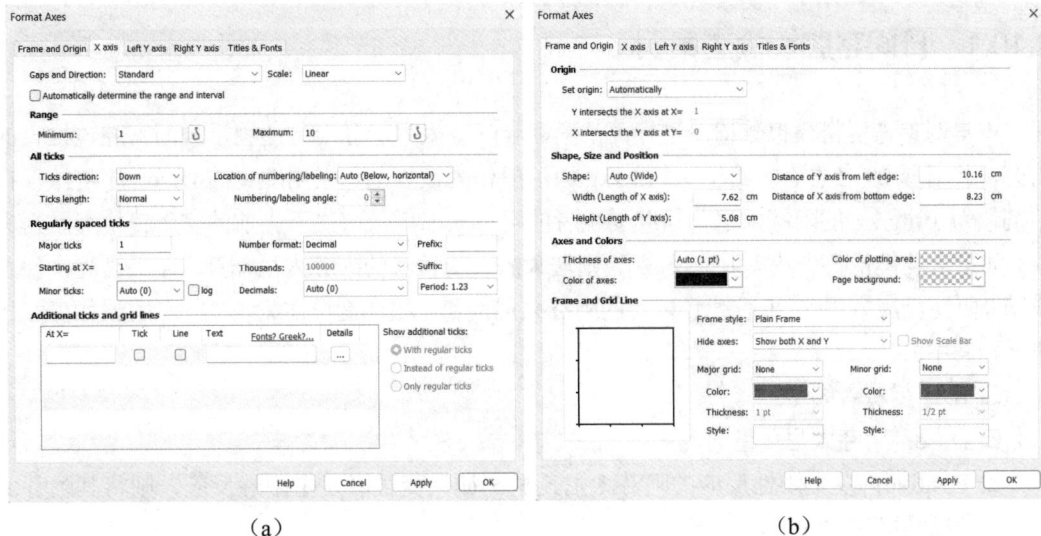

（a）　　　　　　　　　　　　　　　（b）

图 8.72　设置 x 轴和图形

（5）坐标轴名称的修改只需要在草图中单击 x 轴的名称，在弹出的文本框中再单击一次 x 轴的名称即可修改。y 轴的名称和图的名称的修改方法与此相同，不再赘述。

（6）通过鼠标将图例移动至草图内合适位置，最终的图形如图 8.73 所示。

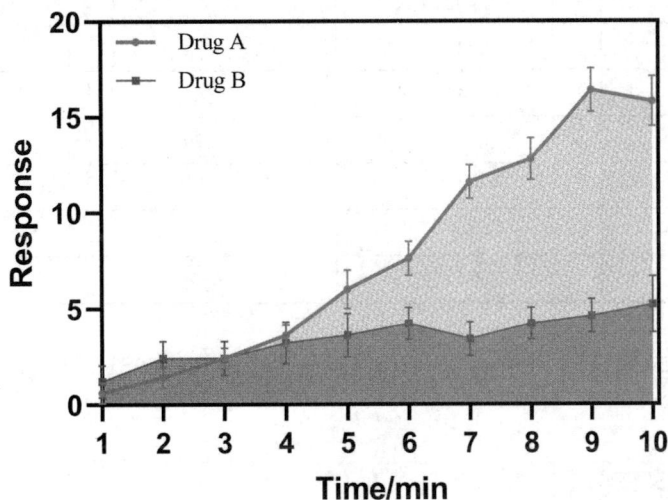

图 8.73　美化的面积图

8.10 序 贯 图

序贯图（Sequential Plot）是一种用于展示序贯实验过程及其结果的图形，序贯设计基于前面实验结果的信息反馈，以决定下一步的实验条件或剂量，特别适用于临床试验中确定药物的半数有效剂量（ED_{50}）等参数。

8.10.1 日间宫腔镜检查案例

本案例参考资料模拟数据，进行丙泊酚联合阿芬太尼静脉麻醉适用于日间宫腔镜检查的研究，共招募 29 名患者，给予 1.5 mg/kg 丙泊酚作为镇静剂。采用改良的 Dixon 序贯法，初始剂量为 10μg/kg 的阿芬太尼，后续受试者的阿芬太尼剂量取决于先前的宫腔镜检查是否失败。如果宫腔镜检查失败（阳性反应），则增大后续受试者的阿芬太尼剂量；如果宫腔镜检查成功（阴性反应），则减小后续受试者的阿芬太尼剂量。相邻剂量比为 1 : 1.2。数据如表 8.10 所示，其中：

- ❑ ID：受试者编号。
- ❑ Dose：阿芬太尼剂量。
- ❑ Positive：发生阳性反应的阿芬太尼剂量。如果受试者发生阳性反应，则将其阿芬太尼剂量列在 Positive 列。
- ❑ Negative：发生阴性反应的阿芬太尼剂量。如果受试者若发生阴性反应，则将其阿芬太尼剂量列在 Negative 列。

表 8.10 改良的Dixon序贯法试验数据（部分数据）

ID	Dose	Positive	Negative
1	10.00		10.00
2	8.33		8.33
3	6.94		6.94
4	5.79	5.79	
5	6.94		6.94
6	5.79	5.79	
7	6.94	6.94	

8.10.2 绘制序贯图

1. 创建分析文件

（1）打开 GraphPad Prism 软件，如图 8.74 所示，在 CREATE 下选择 XY 选项。

（2）选择 Data table 下的 Enter or import data into a new table 单选按钮，再选择 Options 下的 Numbers 和 Enter and plot a single Y value for each point 单选按钮。

（3）单击 Create 按钮，完成分析文件的创建。

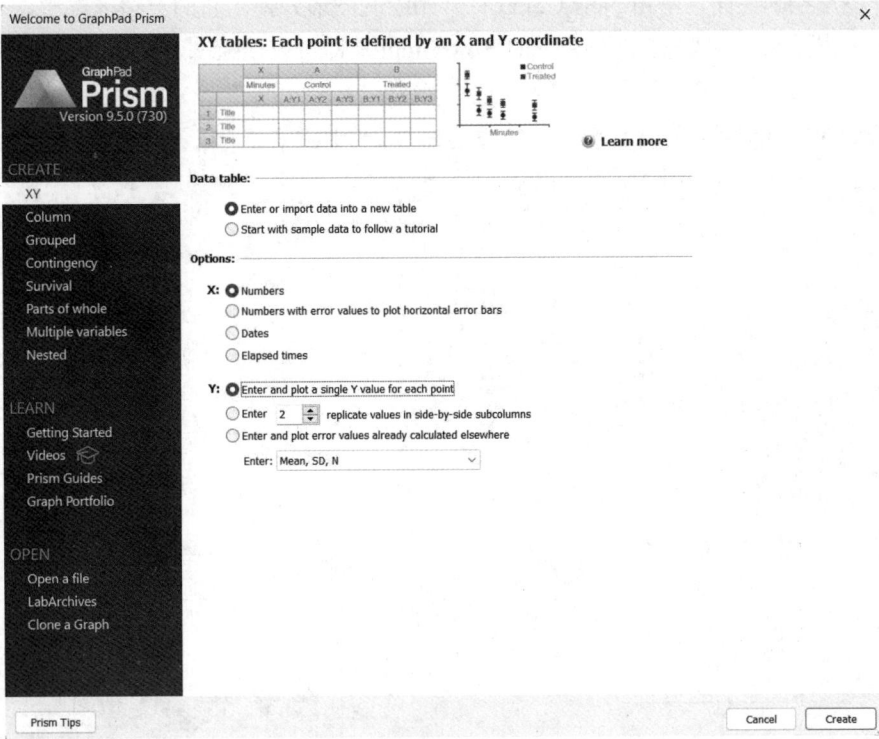

图 8.74　创建分析文件

2. 导入数据

将在 Excel 中整理好的数据直接复制过来，共有 4 列，分别是 ID、Dose、Positive 和 Negative，如图 8.75 所示，其含义与表 8.10 相同，不再赘述。

Table format: XY		X ID	Group A Dose	Group B Positive	Group C Negative
		X	Y	Y	Y
1	Title	1	10.00		10.00
2	Title	2	8.33		8.33
3	Title	3	6.94		6.94
4	Title	4	5.79	5.79	
5	Title	5	6.94		6.94
6	Title	6	5.79	5.79	
7	Title	7	6.94	6.94	
8	Title	8	8.33		8.33
9	Title	9	6.94		6.94
10	Title	10	5.79		5.79
11	Title	11	4.82	4.82	
12	Title	12	5.79	5.79	
13	Title	13	6.94	6.94	

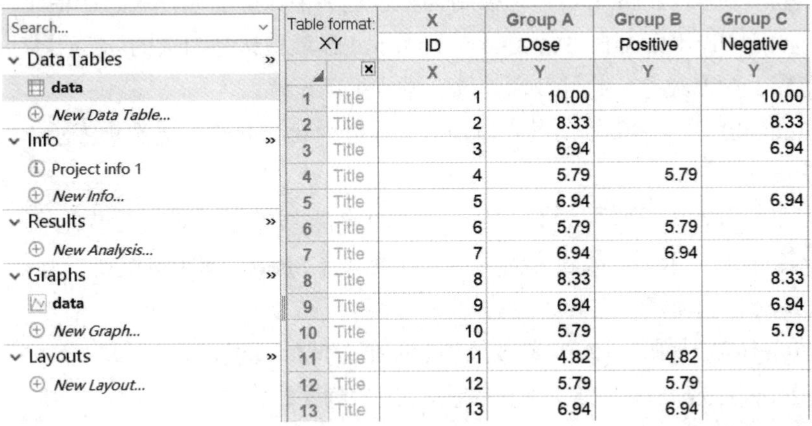

图 8.75　复制数据

3. 绘图

在图 8.75 所示的导航栏中，Data Tables 表示数据界面，将本次的数据命名为 data。Graphs 表示统计图形绘制界面，单击 New Graph 将开始绘制图形并弹出新的对话框。

（1）单击图 8.75 导航栏 Graphs 下的 New Graph，即可调出绘图对话框，如图 8.76（a）所示。

❑ Graph family 默认为 XY 选项，然后选择第 2 个图形。

❑ 单击 OK 按钮即出现草图，如图 8.76（b）所示。

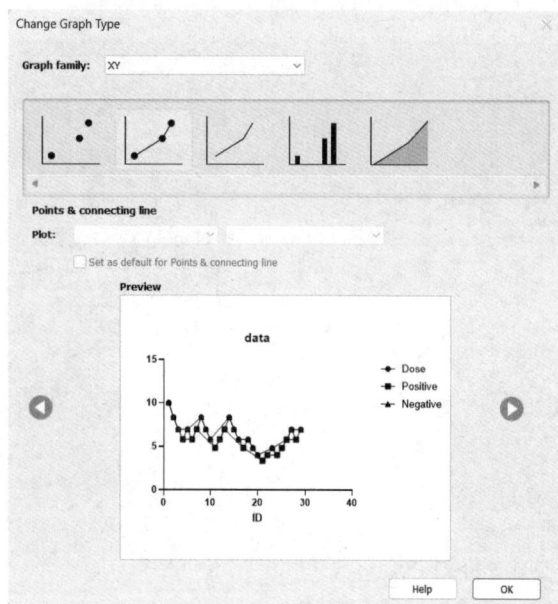

（a）

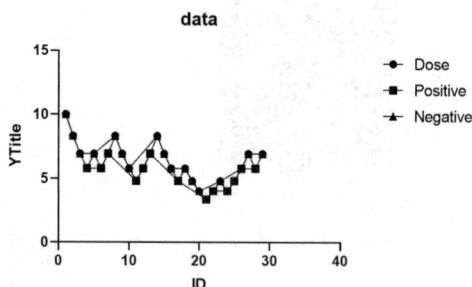

（b）

图 8.76　选择图形绘制序贯图草图

（2）在图 8.76（b）的基础上，进一步对图形进行美化。在草图的 x 轴任意一处双击，弹出 x 轴的设置对话框 Format Axes，切换到 X axis 选项卡，如图 8.77（a）所示。

❑ Automatically determine the range and interval 选项默认是勾选的，表示自动化处理 x 轴的范围、刻度线等，此处取消勾选，进行手动设置。

❑ Minimum 选项表示 x 轴的最小值，这里设置为 0，Maximum 选项表示 x 轴的最大值，这里设置为 30。

❑ Ticks direction 选项设置为 Up，表示 x 轴的刻度线朝上，即在图形内部。

❑ Ticks length 表示刻度线长度的设置，此处选择 Short，即短刻度线。

❑ Major ticks 选项表示主刻度线的间隔，此处设置为 2。

❑ Starting at X=选项表示 x 轴刻度线的起始值，此处设置为 0。

❑ Minor ticks 选项表示次刻度线，选择 2 表示刻度线将主刻度间隔分成 2 段。

❑ 其他选项保持默认即可，单击 OK 按钮。

（3）在草图的 y 轴任意一处双击，即可弹出 y 轴的设置界面，如图 8.77（b）所示。y 轴

与 x 轴的设置选项完全相同，此处不再赘述。

❑ 取消勾选 Automatically determine the range and interval 复选框，进行手动设置。

❑ Minimum 选项设置为 0，Maximum 选项设置为 11。

❑ Ticks direction 选项设置为 Right。

❑ Ticks length 选项设置为 Short。

❑ Major ticks 选项设置为 1。

❑ Starting at Y=选项设置为 0。

❑ Minor ticks 选项设置为 2。

❑ 其他选项保持默认即可，单击 OK 按钮。

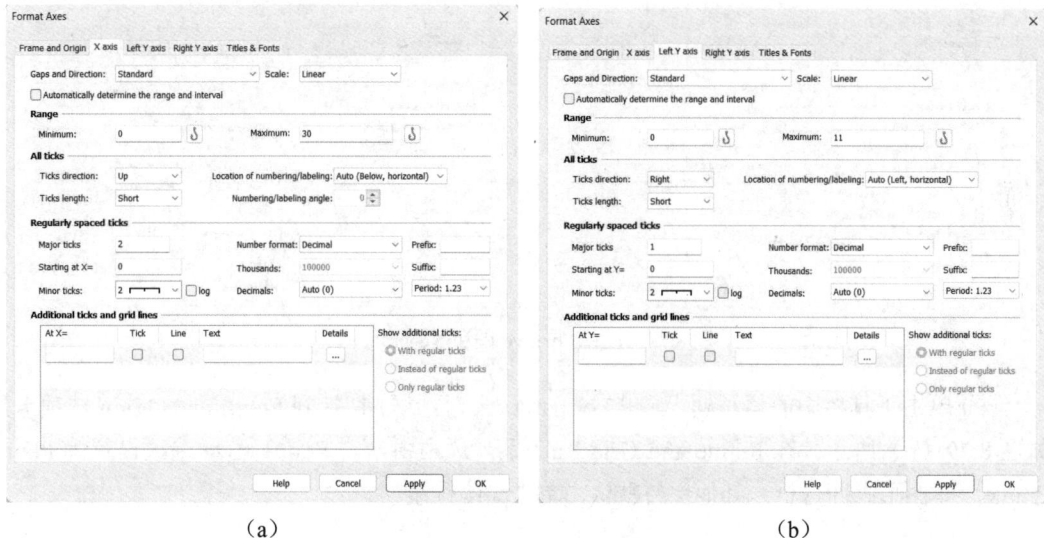

(a)	(b)

图 8.77　x 轴和 y 轴设置对话框

（4）坐标轴名称的修改只需要在草图中单击 x 轴的名称，在弹出的文本框中再单击一次 x 轴的名称即可修改。y 轴的名称和图的名称的修改方法与此相同，不再赘述。

（5）在草图中删除图例中的 Dose。选中 Dose 及左侧的图形，按键盘上的 Delete 键删除。

（6）在草图中双击图例中 Positive 左侧的图，弹出新的对话框，如图 8.78（a）所示。取消勾选 Show connecting line/curve 复选框。在 Show symbols 系列选项中，Color 选项设置点的颜色为黑色，Shape 选项设置点的类型为实心圆，Size 选项设置点的大小为 4，其他保持默认，单击 OK 按钮。

（7）在草图中双击图例中 Negative 左侧的图，弹出新的对话框，如图 8.78（b）所示。取消勾选 Show connecting line/curve 复选框。在 Show symbols 系列选项中，Color 选项设置点的颜色为黑色，Shape 选项设置点的类型为空心圆，Size 选项设置点的大小为 4，Border color 选项设置点边框的颜色为黑色，Border thickness 选项设置点边框的粗细为 1pt，其他保持默认，单击 OK 按钮。

（8）双击草图中的连线，弹出的对话框如图 8.79（a）所示。取消勾选 Show symbols 复选框，其他保持默认，单击 OK 按钮。

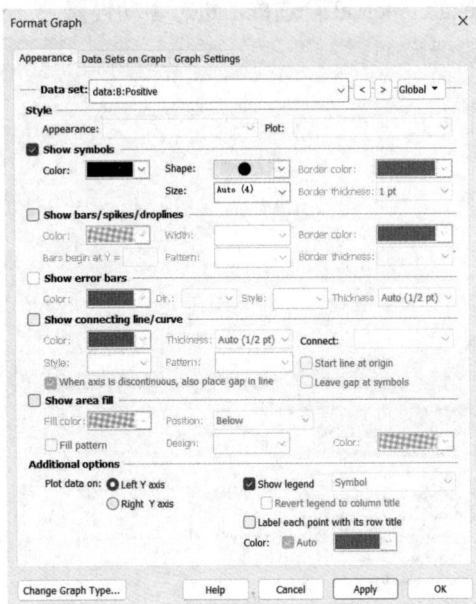
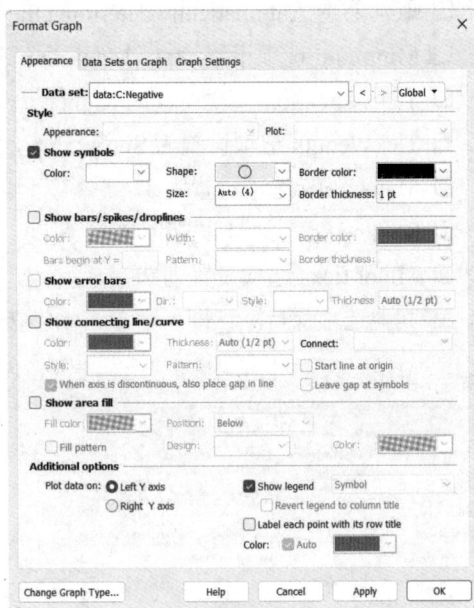

（a） （b）

图 8.78 设置 Positive 图和 Negative 图

（9）单击工具栏中的 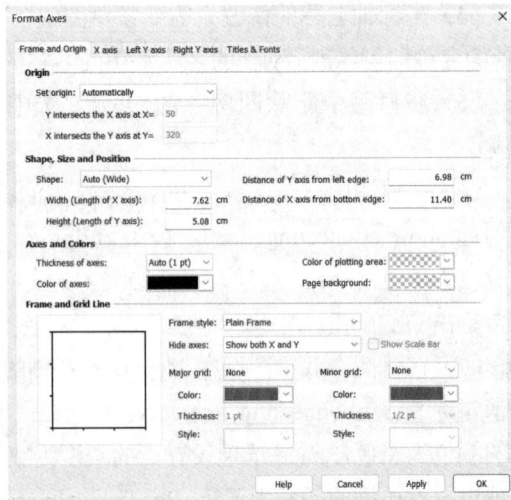 按钮，弹出 Format Axes 对话框，切换到 Frame and Origin 选项卡，如图 8.79（b）所示。在 Frame and Grid Line 系列选项中，将 Frame style 选项设置为 Plain Frame，即图形有四边框。其他保持默认，单击 OK 按钮。

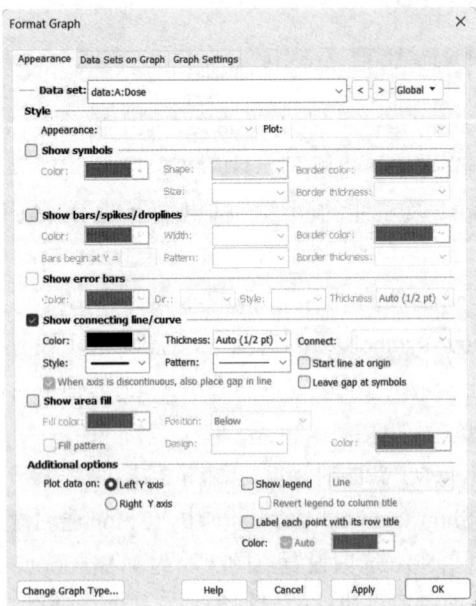
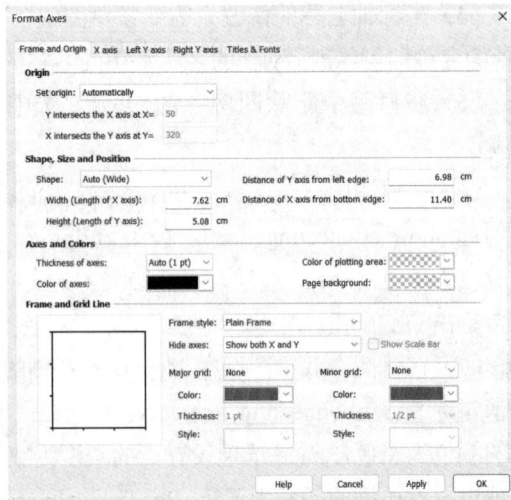

（a） （b）

图 8.79 线和图的边框设置

（10）选中草图的图例，通过键盘的上、下、左、右键将其移动至图内的合适位置，最终的图形如图 8.80（a）所示。

注意：在序贯图中还需要计算 ED_{50} 及其 95%置信区间等，ED_{50} 即半数有效量，需要利用 SPSS 软件或 R 语言等软件进行概率单位 Probit 回归计算，目前 GraphPad Prism 无法进行序贯图的 ED_{50} 的计算。另外，读者可自行尝试绘制图 8.80（b）。

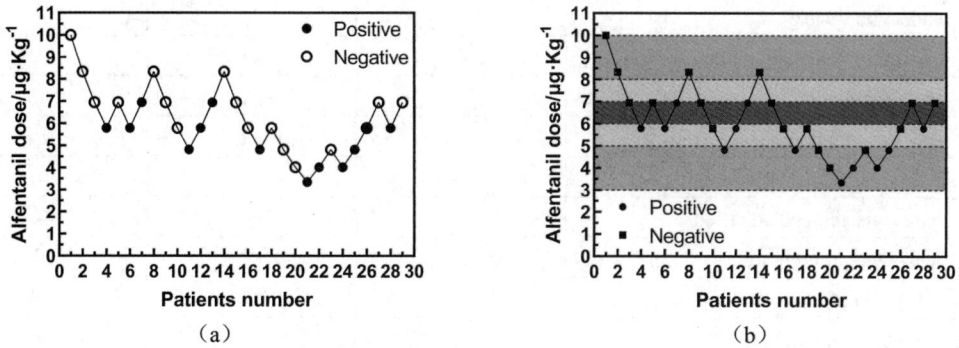

图 8.80　美化后的序贯图

8.11　棒棒糖图

棒棒糖图（Lollipop Chart）是柱状图的变种，通过线条长度和节点大小进行数值之间的比较。数值越大，则线条长度越长并且节点越大。

8.11.1　GO 富集分析案例

本案例参考论文模拟一项数据，GO 富集分析结果显示了 GO term 及其对应的基因数。数据如表 8.11 所示。通过棒棒糖图来展示这些 GO term 的基因数量，以便更好地理解基因在生物过程中的富集情况和功能分布。

表 8.11　实验组与对照组 GO 富集基因数

GO term	BP	CC	MF
G protein-coupled receptor binding	23		
cytokine activity	21		
peptidase regulator activity	18		
peptidase inhibitor activity	16		
endopeptidase inhibitor activity	15		
chemokine receptor binding	15		
immune receptor activity	13		
chemokine activity	12		

GO term	BP	CC	MF
external side of plasma membrane		29	
secretory granule membrane		27	
cytoplasmic vesicle lumen		26	
secretory granule lumen		25	
endocytic vesicle		25	
endocytic vesicle membrane		23	
tertiary granule		21	
specific granule		17	
leukocyte mediated immunity			46
leukocyte cell-cell adhesion			44
leukocyte proliferation			42
activation of immune response			38
leukocyte migration			36
regulation of T cell activation			35
mononuciear cell proliferation			33
lymphocyte proliferation			32

❑ BP：Biological Process：生物过程。

❑ CC：Cellular Component：细胞组分。

❑ MF：Molecular Function：分子功能。

❑ G protein-coupled receptor binding：G 蛋白偶联受体结合。

❑ cytokine activity：细胞因子活性。

❑ peptidase regulator activity：肽酶调节活性。

❑ peptidase inhibitor activity：肽酶抑制剂活性。

❑ endopeptidase inhibitor activity：内肽酶抑制剂活性。

❑ chemokine receptor binding：趋化因子受体结合。

❑ immune receptor activit：免疫受体活性。

❑ chemokine activity：趋化因子活性。

❑ external side of plasma membrane：血浆膜外侧。

❑ secretory granule membrane：分泌颗粒膜。

❑ cytoplasmic vesicle lumen：细胞质囊泡腔。

❑ secretory granule lumen：分泌颗粒腔。

❑ endocytic vesicle：内吞囊泡。

❑ endocytic vesicle membrane：内吞囊泡膜。

❑ tertiary granule：三级颗粒。

❑ specific granule：特异性颗粒。

❑ leukocyte mediated immunity：白细胞介导的免疫。

❑ leukocyte cell-cell adhesion：白细胞细胞间粘附。

❑ leukocyte proliferation：白细胞增殖。

❑ activation of immune response：免疫应答激活。

❑ leukocyte migration：白细胞迁移。

❑ regulation of T cell activation：T 细胞活化的调节。

❑ mononuclear cell proliferation：单核细胞增殖。

8.11.2　绘制棒棒糖图

1．创建分析文件

（1）打开 GraphPad Prism 软件，如图 8.81 所示，在 CREATE 下选择 XY 选项。

（2）选择 Data table 下的 Enter or import data into a new table 单选按钮，再选择 Options 下的 Numbers 和 Enter and plot a single Y value for each point 单选按钮。

（3）单击 Create 按钮，完成分析文件的创建。

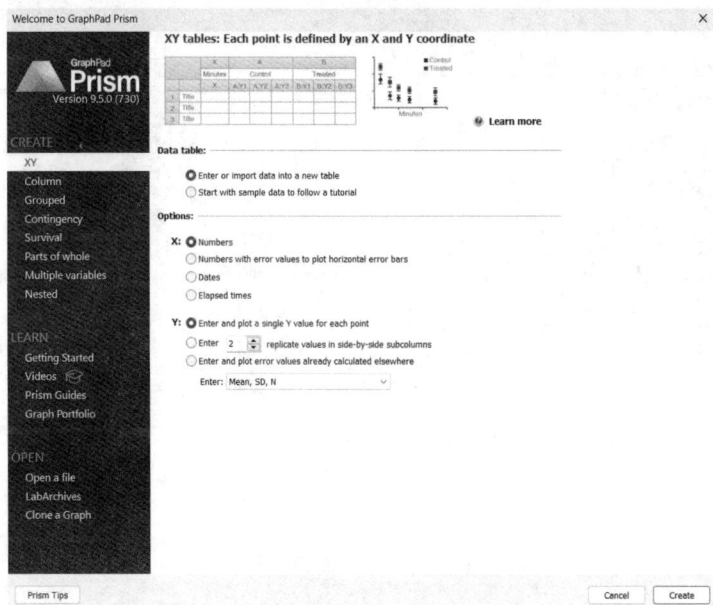

图 8.81　创建分析文件

2．导入数据

将在 Excel 中整理好的数据直接复制过来，如图 8.82 所示，并将 Data Tables 重新命名为 Data。需要注意的是 A、B、C 三列的基因数需要错列放置。

3．绘图

（1）单击图 8.82 左侧导航栏 Graphs 下的 Data，即可调出绘图对话框，如图 8.83（a）所示，Graph family 选项设置为 XY，选择其下的第 1 个图，单击 OK 按钮即可获得棒棒糖草图，如图 8.83（b）所示。

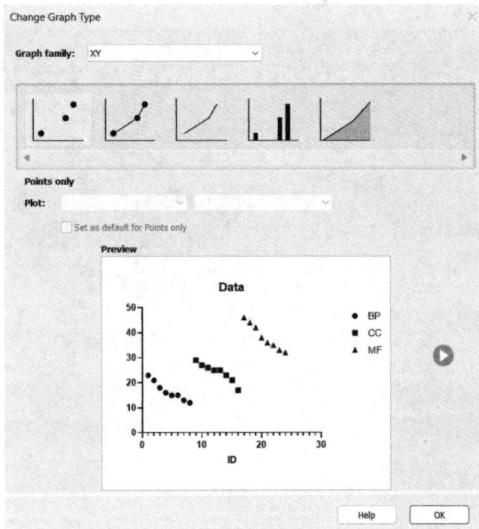

Table format: XY		X	Group A	Group B	Group C
		ID	BP	CC	MF
		X	Y	Y	Y
1	G protein-coupled receptor binding	1	23		
2	cytokine actvity	2	21		
3	peptidase regulator activity	3	18		
4	peptidase inhibitor activity	4	16		
5	endopeptidase inhibitor activity	5	15		
6	chemokine receptor binding	6	15		
7	immune receptor activity	7	13		
8	chemokine actvity	8	12		
9	external side of plasma membrane	9		29	
10	secretory granule membrane	10		27	
11	cytoplasmic vesicle lumen	11		26	
12	secretory granule lumen	12		25	
13	endocytic vesicle	13		25	
14	endocytic vesicle membrane	14		23	
15	tertiary granule	15		21	
16	specific granule	16		17	
17	leukocyte mediated immunity	17			46
18	leukocyte cell-cell adhesion	18			44
19	leukocyte proliferation	19			42
20	activation of immune response	20			38

图 8.82　棒棒糖图数据（部分）

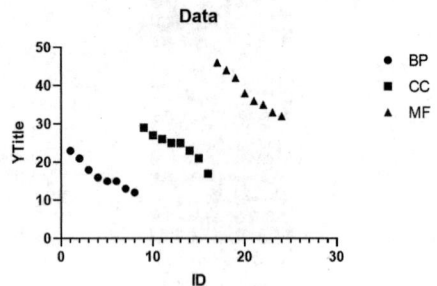

（a）　　　　　　　　　　　　　　　　　（b）

图 8.83　棒棒糖图草图

（2）在草图的基础上对图形坐标轴进行美化。草图的 x 轴任意处双击，即可弹出新的对话框，如图 8.84（a）所示。

❑ 取消勾选 Automatically determine the range and interval 复选框，对 x 轴进行手动编辑。

❑ Minimum 选项设置 x 轴最小值为 0.5，Maximum 选项设置 x 轴最大值为 24.5。

❑ Tick direction 选项设置为 None，即无刻度线。

❑ Location of numbering/labeling 选项设置刻度标签位于 x 轴下方并带角度，Number/labeling angle 选项设置角度为 45°。

❑ Major ticks 选项设置主刻度线间隔为 1，Starting at X=选项设置主刻度线的起始位置为 1。Number format 选项设置刻度标签为 Row titles，即行标题作为刻度标签。

❑ 其他选项保持默认，单击 OK 按钮。

（3）在草图的 y 轴任意处双击，即可弹出 y 轴的设置对话框，如图 8.84（b）所示。

❑ 取消勾选 Automatically determine the range and interval 复选框，进行手动设置。

❑ Ticks direction 选项设置为 Left，Ticks length 选项设置为 Short。

❑ Major ticks 选项设置为 10。

❑ Starting at Y=选项设置为 0。

❑ 其他选项保持默认，单击 OK 按钮。

（4）单击工具栏中的 按钮，弹出的对话框如图 8.84（c）所示。

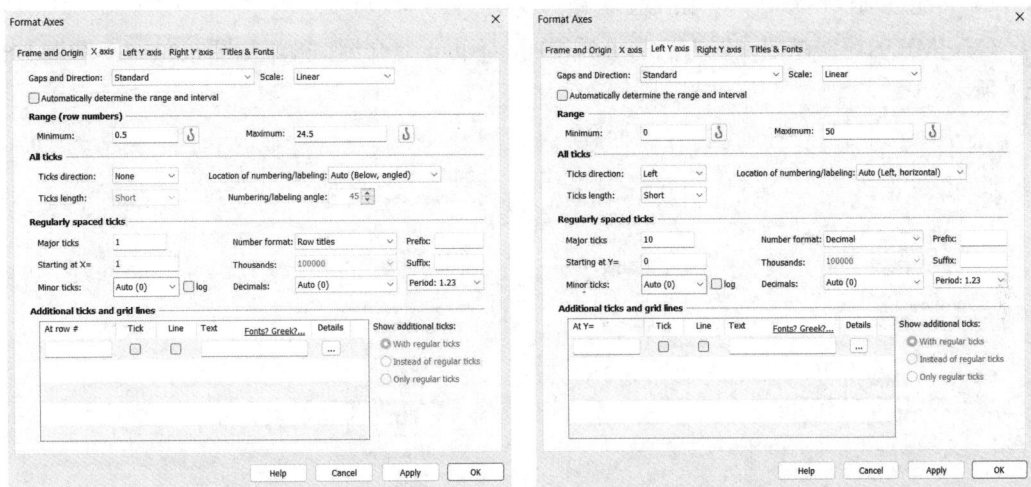

(a)　　　　　　　　　　　　　(b)

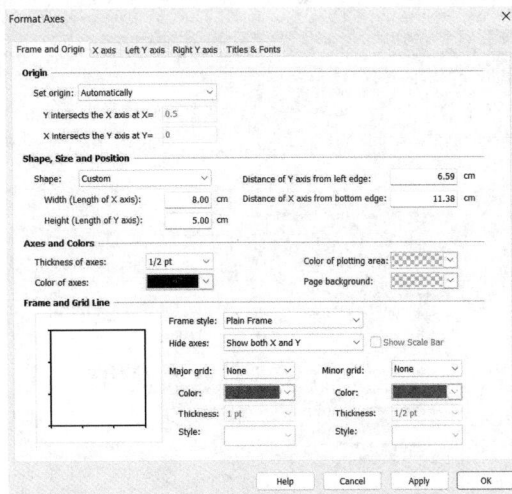

(c)

图 8.84　x 轴、y 轴和坐标轴格式设置对话框

❑ 在 Shape,Size and Position 系列选项中，Shape 选项设置图框为 Custom 即自定义。Width（Length of X axis）选项设置 x 轴的宽度为 8.00cm；Height（Length of Y axis）选项设置 y 轴的高度为 5.00cm。

❑ Frame style 选项设置为 Plain Frame 即四边框。

❑ 其他选项保持默认，单击 OK 按钮。

（5）双击草图中 BP 的棒棒糖图，弹出新的对话框，如图 8.85（a）所示。

❑ 在 Show symbols 系列选项中，Color 选项设置散点颜色为浅绿色，Shape 选项设置散点形状为实心圆，Size 选项设置散点大小为 4。

❑ 在 Show bars/spikes/droplines 系列选项中，Color 选项设置条形图的颜色为浅绿色，Width 选项设置条形图的宽度为 1，Border thickness 选项设置条形图边框粗细为 None 即无边框。

❑ 其他选项保持默认，单击 OK 按钮。

CC、MF 的棒棒糖图设置方法与上面相同，不再重复介绍，效果如图 8.85（b）和图 8.85（c）所示。

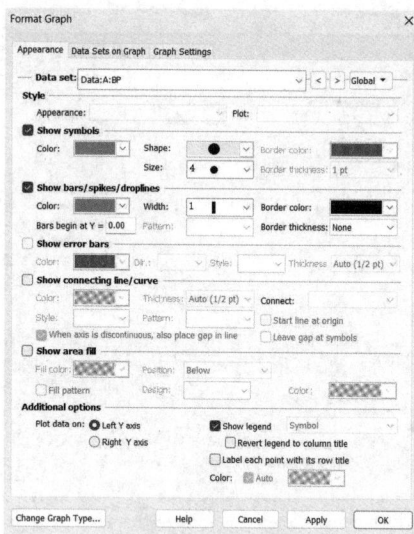

（a）

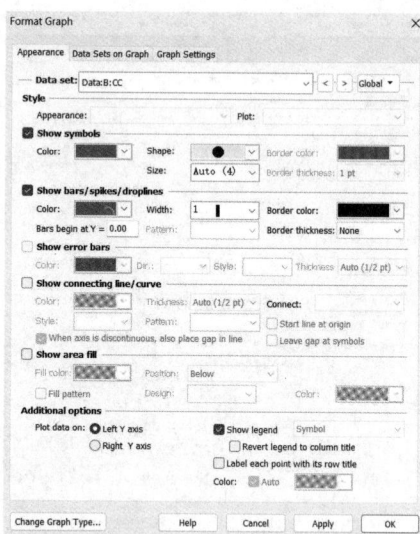

（b）

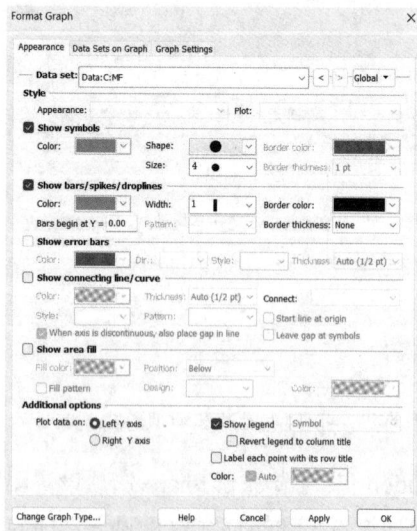

（c）

图 8.85　棒棒糖图参数设置

（6）在草图中单击 x 轴的名称即弹出文本框，在文本框中即可修改 x 轴名称；y 轴、图的名称的修改方法与此相同。最终的图形如图 8.86 所示。

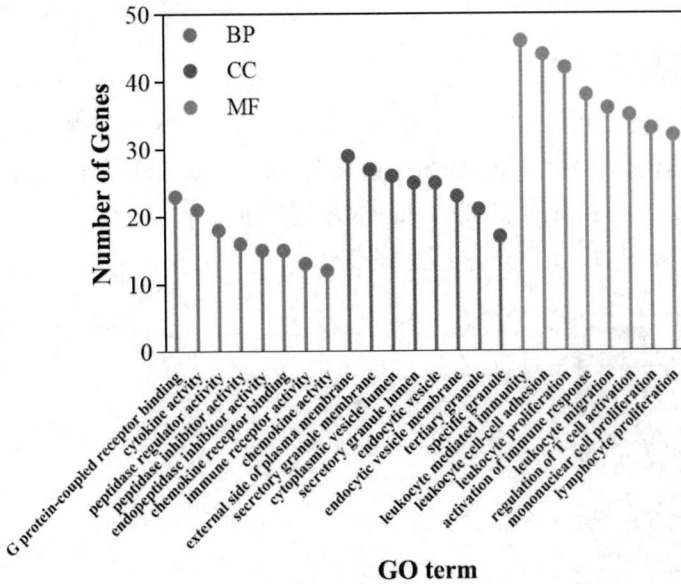

图 8.86 美化后的棒棒糖图

8.12 热 图

热图（Heatmap）是用颜色表达数值。一般情况下，数据值越大，颜色越深；数据值越小，颜色越浅。热图常用于相关性分析。

8.12.1 土壤理化特性相关性检验案例

本案例模拟一项研究，收集 36 个土壤样本的 12 项土壤理化性质信息，分析各理化性质之间的相关性并绘制热图，数据如表 8.12 所示。

表 8.12 土壤理化性质信息（部分数据）

Sample	pH	SOC	TN	Sand	Silt
1	5.71	7.65	1.22	77	11
2	5.5	6.93	1.17	58	29
3	6.13	9.13	1.16	77	11
4	4.12	8.68	1.71	74	10
5	4.28	8.5	1.21	73	11

8.12.2　绘制热图

1．创建分析文件

（1）打开 GraphPad Prism 软件，如图 8.87 所示，在 CREATE 下选择 Column 选项。

（2）选择 Data table 下的 Enter or import data into a new table 单选按钮，再选择 Options 下的 Enter replicate values, stacked into columns 单选按钮。

（3）单击 Create 按钮，完成分析文件的创建。

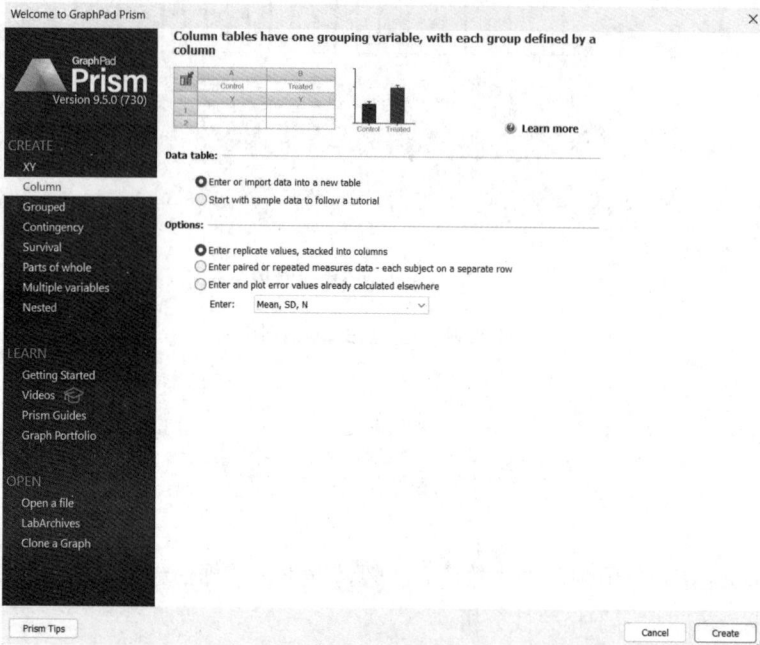

图 8.87　创建分析文件

2．导入数据

将在 Excel 中整理好的数据直接复制过来，如图 8.88 所示，图中的每一列代表一个变量，将 Data Tables 重新命名为 Data。

	Group A pH	Group B SOC	Group C TN	Group D Sand	Group E Silt	Group F Clay	Group G Cu	Group H Zn	Group I Cd	Group J Ni	Group K Pb	Group L Cr
1	5.71	7.65	1.22	77.00	11.00	12.00	23.55	93.98	1.48	6.55	60.42	11.89
2	5.50	6.93	1.17	58.00	29.00	13.00	21.42	99.41	1.44	7.33	48.59	15.72
3	6.13	9.13	1.16	77.00	11.00	12.00	18.33	96.23	1.74	5.22	51.11	11.81
4	4.12	8.68	1.71	74.00	10.00	16.00	22.69	101.33	4.35	8.32	66.93	15.26
5	4.28	8.50	1.21	73.00	11.00	16.00	23.10	99.08	4.33	7.48	65.97	32.09
6	4.20	11.52	1.62	75.00	9.00	16.00	23.21	95.91	4.43	7.25	51.75	26.81
7	6.84	12.98	2.63	73.00	12.00	15.00	32.57	123.73	4.84	12.92	75.66	23.77
8	7.20	12.85	2.70	72.00	11.00	17.00	27.72	112.53	4.86	12.56	78.43	21.56
9	7.06	12.69	2.75	72.00	12.00	16.00	22.72	108.68	4.80	12.89	83.33	29.92
10	7.51	23.01	4.07	71.00	12.00	17.00	36.12	125.63	4.76	14.94	76.65	21.44
11	7.49	16.80	3.78	73.00	10.00	17.00	32.56	127.76	4.57	17.81	77.07	24.28
12	7.45	19.56	3.93	72.00	10.00	18.00	31.46	125.28	4.20	15.87	97.11	18.39

图 8.88　热图数据（部分）

3. 绘图

（1）单击工具栏中的 [≡ Analyze] 按钮，弹出的对话框如图 8.89（a）所示，选择 XY analyses 下的 Correlation 选项，单击 OK 按钮，弹出的对话框如图 8.89（b）所示。

- ❑ 勾选 Compute r for every pair of Y data sets（Correlation matrix）复选框，即计算全部指标间的两两相关系数。勾选 When a value is missed or excluded, remove the entire row from the calculation 复选框，表示如果数据有缺失值则进行行删除。
- ❑ 在 Assume data are sampled from Gaussian distribution 系列选项中，如果选择第 1 个 Yes.Compute Pearson correlation coefficients 选项，即认为数据符合正态分布，则计算 Pearson 相关系数。如果选择第 2 个 No.Compute nonparametric Spearman correlation 选项，则计算非参数的 Spearman 相关系数。
- ❑ 在 Options 系列选项中选择 Two-tailed，即双侧检验。
- ❑ 其他选项保持默认，单击 OK 按钮。

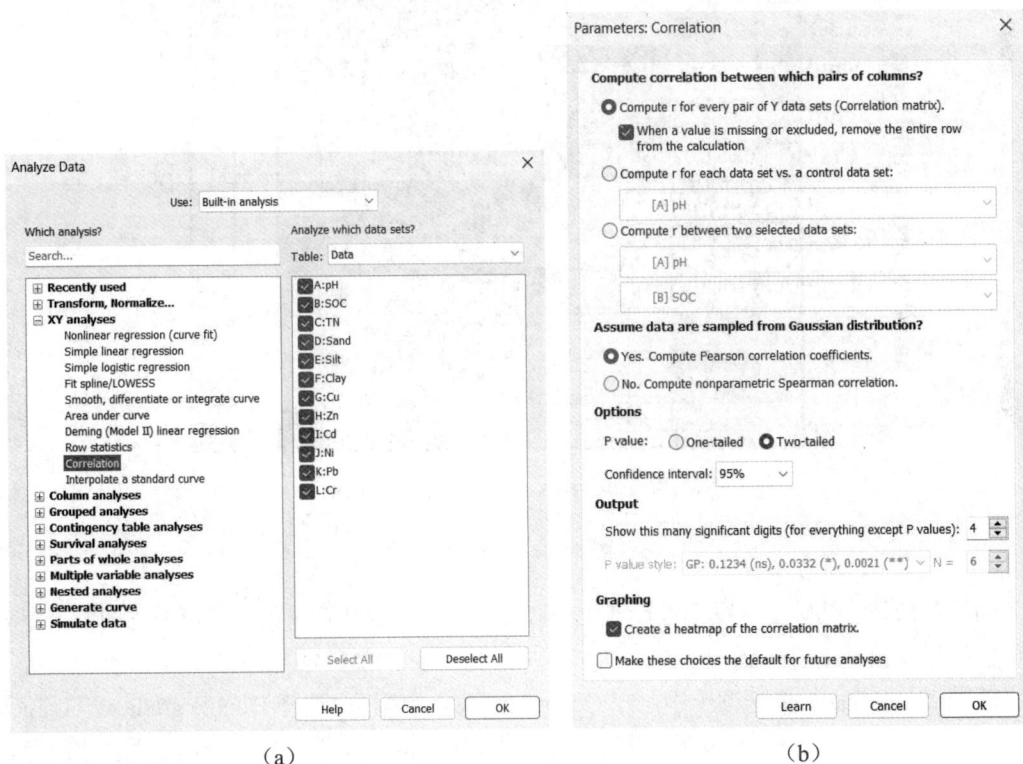

|（a）|（b）|

图 8.89　相关性分析

（2）单击图 8.88 左侧导航栏 Results 下新出现的 Correlation of Data，弹出的对话框如图 8.90 所示，在 Pearson r 页面中会显示出两个指标之间的 Pearson 相关系数值。如果将图 8.90 切换至 P value 页面，则显现出 P 值等结果，截图略。

（3）单击图 8.88 左侧导航栏 Graphs 菜单下新出现的 Pearson r:Correlation of Data，即可得到如图 8.91 所示的热图草图。

Correlation Pearson r	A pH	B SOC	C TN	D Sand	E Silt	F Clay	G Cu	H Zn	I Cd	J Ni	K Pb	L Cr
1 pH	1.000	0.524	0.590	-0.639	0.519	0.655	0.493	0.283	-0.008	0.318	0.423	0.050
2 SOC	0.524	1.000	0.886	-0.159	0.118	0.177	0.762	0.773	0.588	0.765	0.761	0.403
3 TN	0.590	0.886	1.000	-0.140	0.135	0.119	0.790	0.794	0.596	0.856	0.854	0.361
4 Sand	-0.639	-0.159	-0.140	1.000	-0.923	-0.895	-0.293	0.039	0.250	-0.017	-0.013	-0.068
5 Silt	0.519	0.118	0.135	-0.923	1.000	0.655	0.264	-0.006	-0.263	0.043	0.021	0.015
6 Clay	0.655	0.177	0.119	-0.895	0.655	1.000	0.270	-0.069	-0.186	-0.016	0.001	0.117
7 Cu	0.493	0.762	0.790	-0.293	0.264	0.270	1.000	0.772	0.528	0.756	0.711	0.463
8 Zn	0.283	0.773	0.794	0.039	-0.006	-0.069	0.772	1.000	0.719	0.911	0.773	0.490
9 Cd	-0.008	0.588	0.596	0.250	-0.263	-0.186	0.528	0.719	1.000	0.757	0.621	0.755
10 Ni	0.318	0.765	0.856	-0.017	0.043	-0.016	0.756	0.911	0.757	1.000	0.824	0.558
11 Pb	0.423	0.761	0.854	-0.013	0.021	0.001	0.711	0.773	0.621	0.824	1.000	0.412
12 Cr	0.050	0.403	0.361	-0.068	0.015	0.117	0.463	0.490	0.755	0.558	0.412	1.000

图 8.90　相关性分析结果

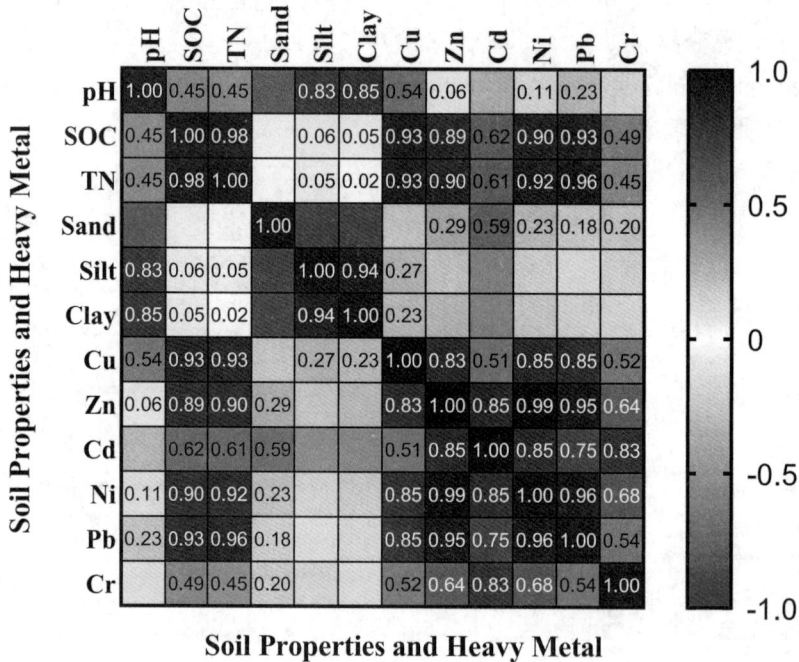

图 8.91　热图草图

（4）在草图的基础上对图形进行美化。双击草图内部的任意一处，即可弹出图形设置对话框，如图 8.92（a）所示。

❑ 在 Color mapping 选项卡中，在 Colormap 下拉列表框中选择 Double gradient。Largest value 颜色下拉选项中选择水红色，在 Smallest value 颜色下拉列表框中选择水绿色。

❑ 切换至 Labels 选项卡，如图 8.92（b）所示，在 Row Labels 系列选项中，将 label 选项设置为 Row titles，即使用数据中的行标题作为此处的行标签。在 Column Labels 系列选项中，将 Position 选项设置为 Underneath，Label 选项设置为 Column titles、Angled（45 degrees），Direction 选项设置为 None，其他选项保持默认，单击 Apply 按钮。

❑ 切换至 Gaps 选项卡，如图 8.92（c）所示，勾选 Additional 0.254 cm,gap to right of selected columns，即在选定的列添加垂直间隙。勾选 Additional 0.254cm,gap under selected rows，在选定的行之间添加水平间隙，单击 OK 按钮。

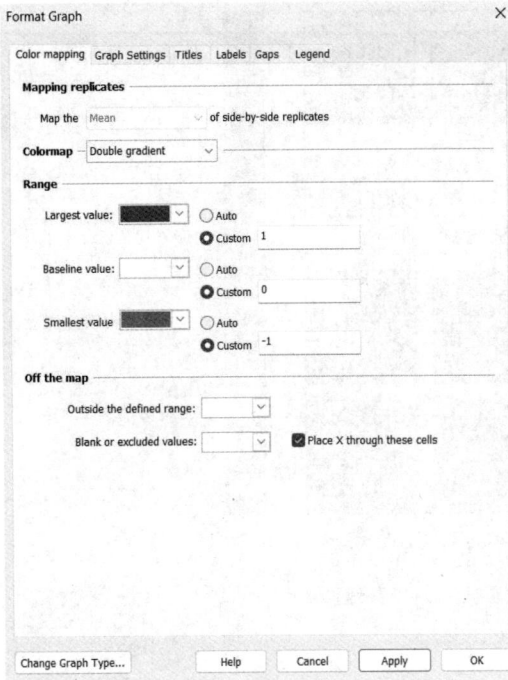

（a）

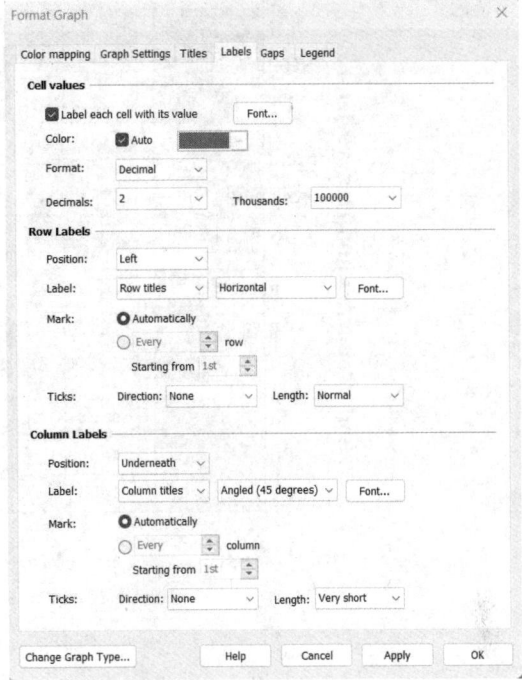

（b）

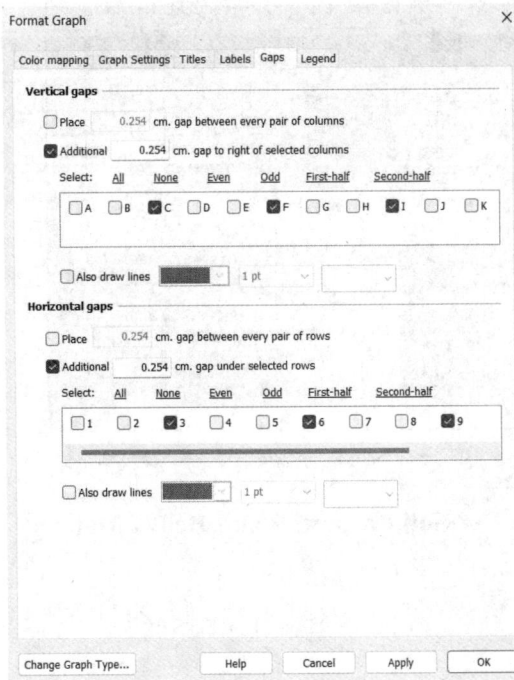

（c）

图 8.92 热图参数设置

（5）最终的图形如图 8.93（a）所示。行之间、列之间也可以不添加间隙，如图 8.93（b）
所示。

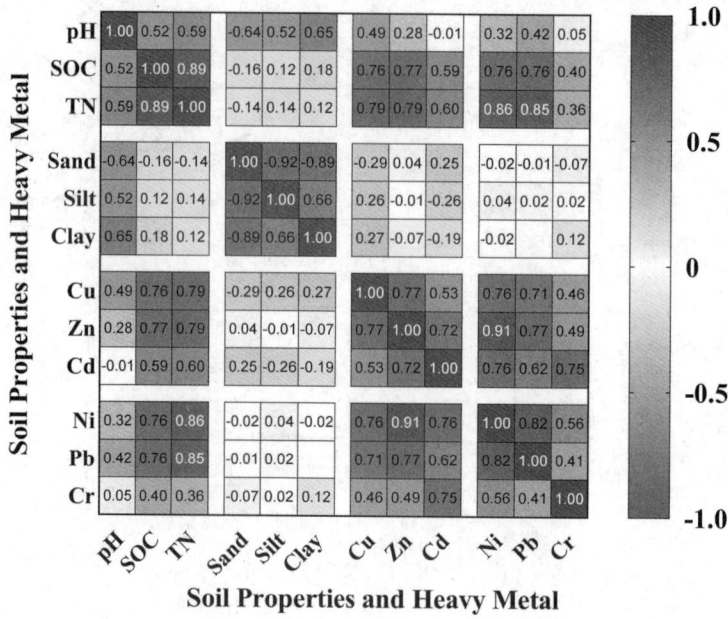

（a）

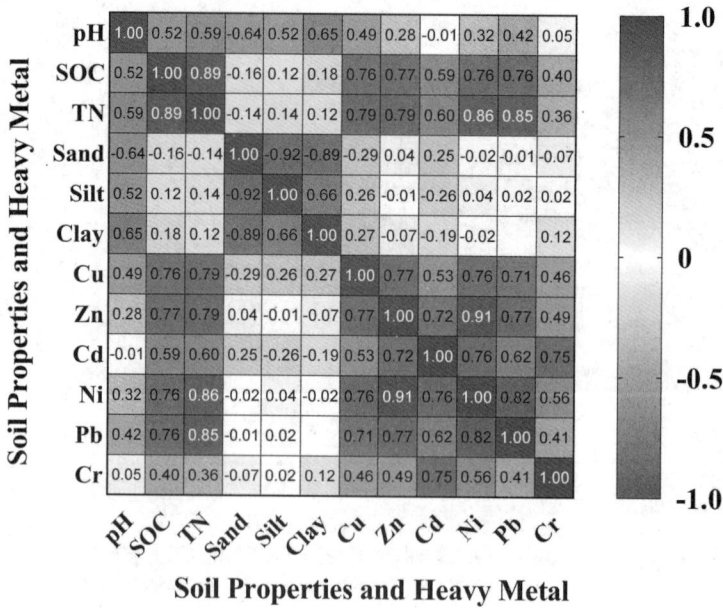

（b）

图 8.93 美化后的热图

8.13 柏 拉 图

柏拉图（Pareto）又称为帕累托图，可用于找出问题的主要因素。从柏拉图中可以清晰地看出哪项有问题及其影响程度，从而判断问题的症结点。

8.13.1　产品缺陷案例

本案例模拟一项研究，分析一个生产线上的产品缺陷，以下是不同缺陷类型及其发生频数的数据，如表 8.13 所示，对不同类型的缺陷进行分析，以确定哪些缺陷对整体性能影响最大，从而优先处理这些高价值问题。

表 8.13　产品缺陷发生情况

缺 陷 类 别	发 生 例 数	占　　比	累计百分比
缺陷A	38	45.78	45.78
缺陷B	23	27.71	73.49
缺陷C	11	13.25	86.74
缺陷D	7	8.43	95.17
缺陷E	3	3.62	98.79
其他	1	1.21	100.00

8.13.2　绘制柏拉图

1．创建分析文件

（1）打开 GraphPad Prism 软件，如图 8.94 所示，在 CREATE 下选择 Grouped 选项。

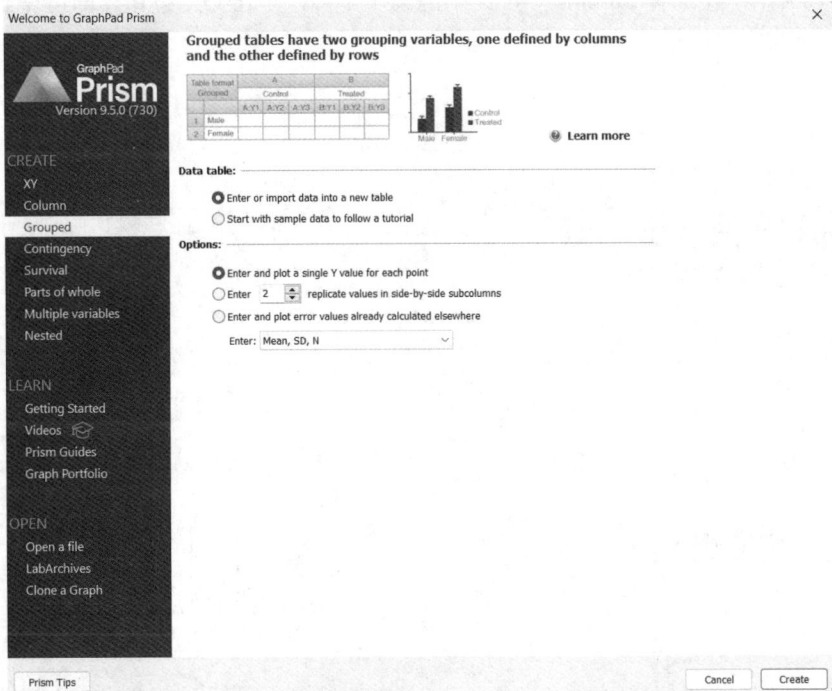

图 8.94　创建分析文件

（2）选择 Data table 下的 Enter or import data into a new table 单选按钮，再选择 Options 下的 Enter and plot a single Y value for each point 单选按钮。

（3）单击 Create 按钮，完成分析文件的创建。

2. 导入数据

将在 Excel 中整理好的数据直接复制过来，如图 8.95 所示，并将 Data Tables 重新命名为 Data。

Table format: Grouped		Group A 发生例数	Group B 占比	Group C 累计百分比
1	缺陷A	38	45.78	45.78
2	缺陷B	23	27.71	73.49
3	缺陷C	11	13.25	86.74
4	缺陷D	7	8.43	95.17
5	缺陷E	3	3.62	98.79
6	其他	1	1.21	100.00
7	Title			
8	Title			
9	Title			
10	Title			
11	Title			
12	Title			

图 8.95　柏拉图数据

3. 绘图

（1）单击图 8.95 左侧导航栏的 Graphs 下的 Data，弹出的 Change Graph Type 对话框如图 8.96（a）所示，选择 Summary data 下的第 1 个图，单击 OK 按钮，即可得到柏拉图草图，如图 8.96（b）所示。

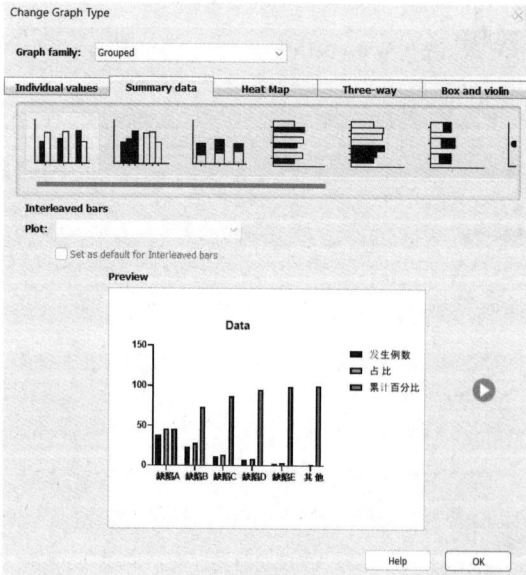

（a）

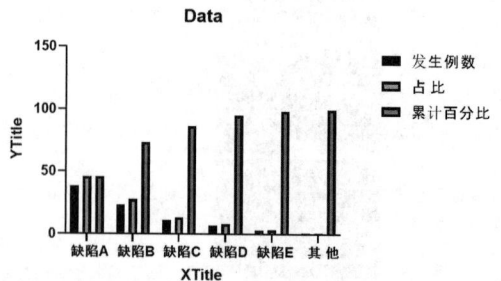

（b）

图 8.96　柏拉图草图

（2）单击工具栏中的 🔾 按钮，弹出的对话框如图 8.97（a）所示。

❑ 在 Shape, Size and Position 系列选项中，Shape 选项设置为 Wide，即图框为宽型，Width 和 Height 选项分别设置为 7.50cm、5.00cm。

❑ 其他选项保持默认，单击 OK 按钮。

（3）双击草图中 x 轴的任意位置，弹出的对话框如图 8.97（b）所示。

❑ Tick length 选项设置为 Short 即短刻度线。

❑ 其他选项保持默认，单击 OK 按钮。

（4）在草图的 y 轴任意一处双击，即可弹出 y 轴的设置对话框，如图 8.97（c）所示。

❑ 取消勾选 Automatically determine the range and interval 复选框，进行手动设置。

❑ 在 Range 系列选项下可以设置 y 轴的范围，这里设置范围为 0～50。

❑ Ticks direction 选项设置为 Left，Ticks length 选项设置为 Short。

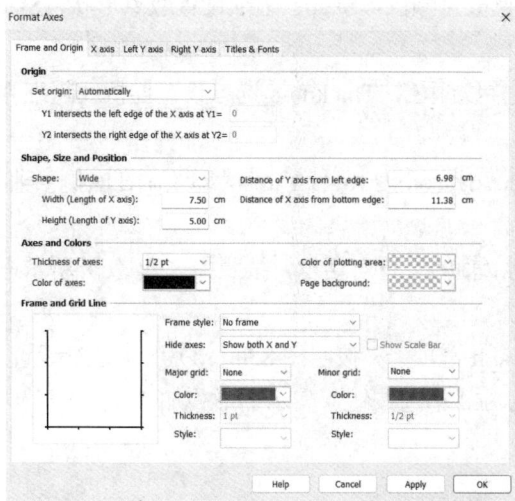

（a）

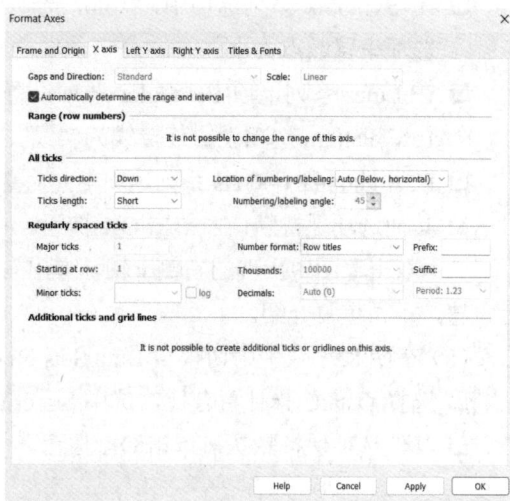

（b）

（c）

图 8.97　柏拉图参数设置

❏ Major ticks 选项设置为 10。

❏ Starting at Y=选项设置为 0。

❏ 其他选项保持默认，单击 OK 按钮。

（5）双击草图中发生例数柱状图，在弹出的对话框按图 8.98（a）所示进行设置。

❏ Bars and boxes 系列选项中，Fill 选项设置柱状图填充色为浅绿色，Border 选项设置柱状图边框为 None 即无边框。

❏ 其他选项保持默认，单击 OK 按钮。

双击草图中占比柱状图，在弹出的对话框中按图 8.98（b）所示进行设置。设置方法与上面相同，不再重复介绍。

（6）双击草图中累计百分比柱状图，在弹出的对话框中按图 8.98（c）所示进行设置。

❏ 将 Appearance 选项修改为 Symbol（one symbol per row）。

❏ 在 Symbols 系列选项中，Color 选项设置散点颜色，Shape 选项设置散点形状，Size 选项设置散点大小。

❏ 在 Lines 系列选项中，Color 选项设置连接线颜色，Thickness 选项设置连接线粗细为 1pt，Pattern 选项设置连接线为实线。

❏ 在 Additional options 系列选项中，设置 Plot data on 为 Right Y axis，即绘制在右侧 y 轴。

❏ 其他选项保持默认，单击 OK 按钮。

（7）双击草图中出现的右侧 y 轴，弹出右侧 y 轴的设置对话框，按照图 8.98（d）所示进行设置，不再重复介绍。

（8）在图 8.98（c）中切换至 Data Sets on Graph 选项卡，按照图 8.98（d）所示进行设置。

❏ 选择 Data:C:累计百分比，选中 Superimposed 单选按钮，表示图形叠加。

❏ 其他选项保持默认，单击 OK 按钮。

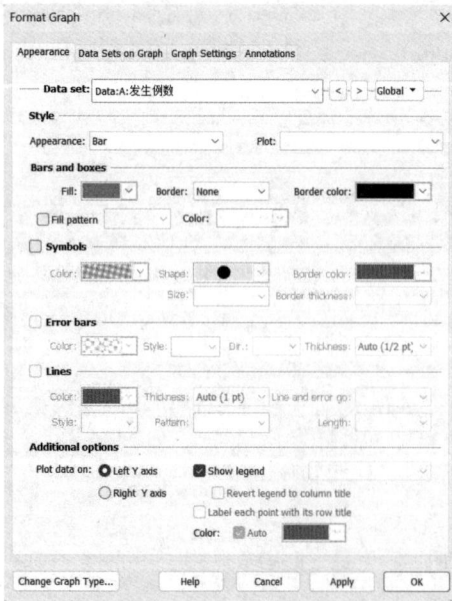
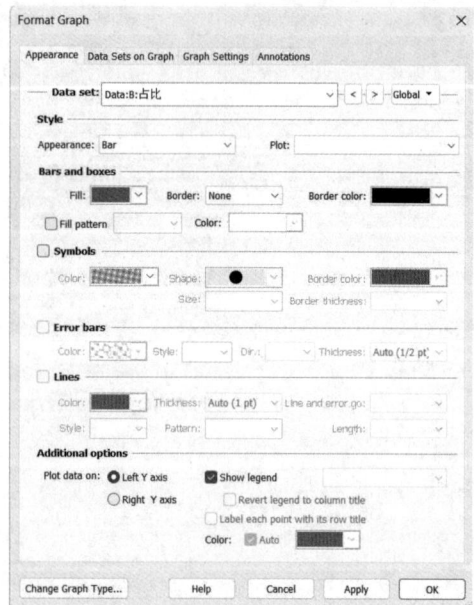

（a）　　　　　　　　　　　　　（b）

图 8.98　修改柏拉图图形格式

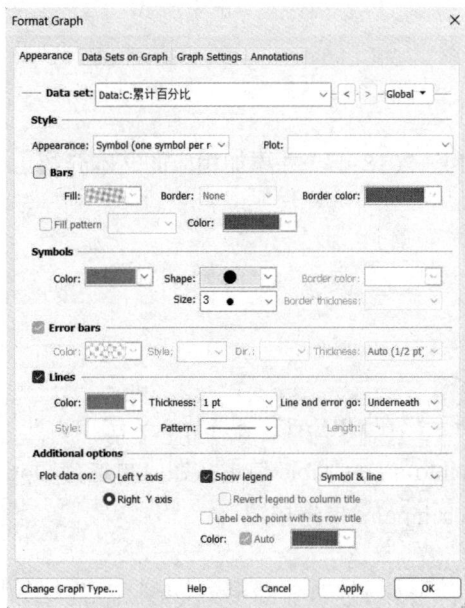

（c）

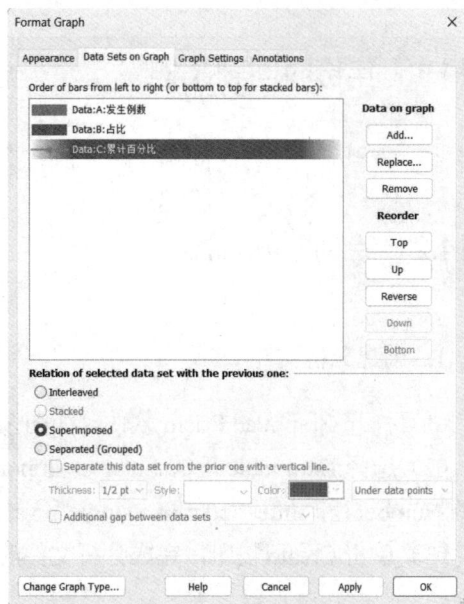

（d）

图 8.98　修改柏拉图图形格式（续）

（9）坐标轴名称的修改只需要在草图中单击 x 轴的名称，再按照前面章节介绍的方法进行修改即可。y 轴的名称、图的名称的修改方法与此相同。最终的图形如图 8.99 所示。

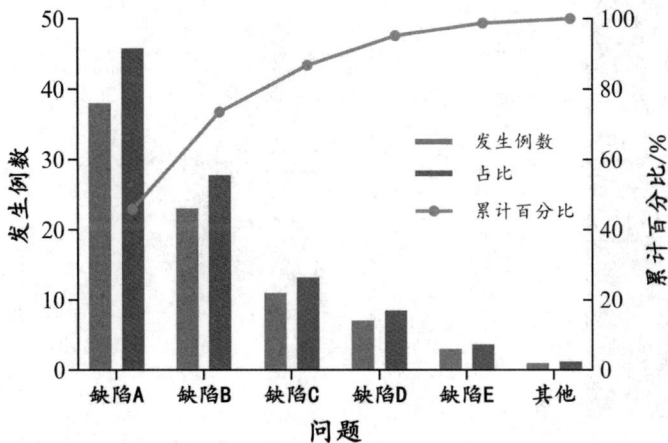

图 8.99　美化后的柏拉图

8.14　时间轴图

时间轴图形可以按照时间顺序直观展示系列事件或数据点，描述某个过程或事件的发展轨迹，快速寻找到其关键节点或变化趋势。

8.14.1　年份时间轴案例

本节模拟一个年份时间轴，在 x 轴上罗列 2014—2018 年，并添加相应的文本介绍。

8.14.2　绘制时间轴图

1. 创建分析文件

（1）打开 GraphPad Prism 软件，如图 8.100 所示，在 CREATE 下选择 XY 选项。

（2）选择 Data table 下的 Enter or import data into a new table 单选按钮，再选择 Options 下的 Numbers 和 Enter and plot a single Y value for each point 单选按钮。

（3）单击 Create 按钮，完成分析文件的创建。

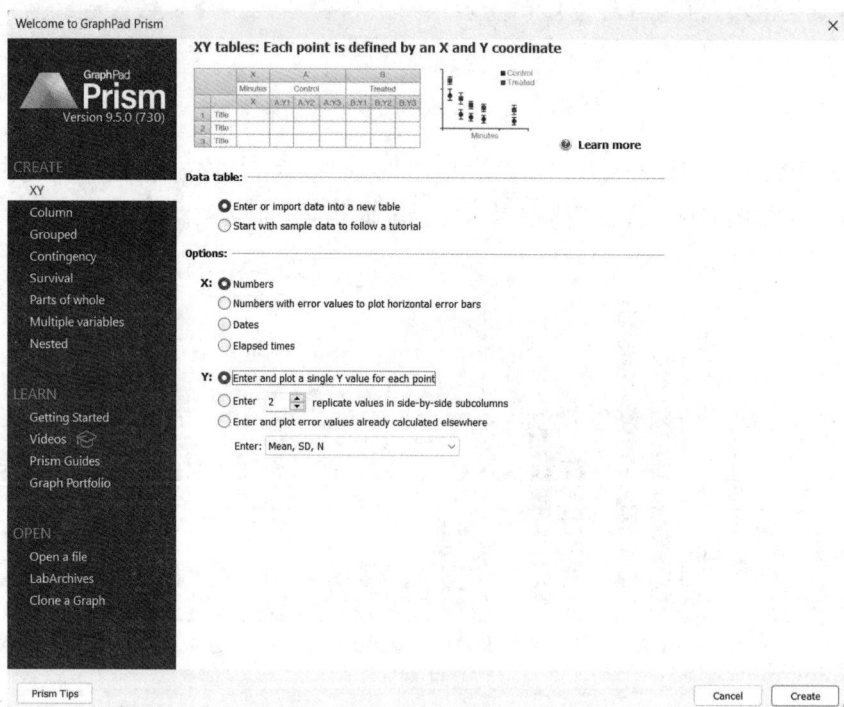

图 8.100　创建分析文件

2. 录入数据

手动录入相应数据，最终数据如图 8.101 所示，X 列表示不同的年份，Group A 列中的 1 表示 2014 年绘制的图形位于 x 轴上方，Group B 列中的-1 表示 2015 年绘制的图形位于 x 轴下方，以此类推。

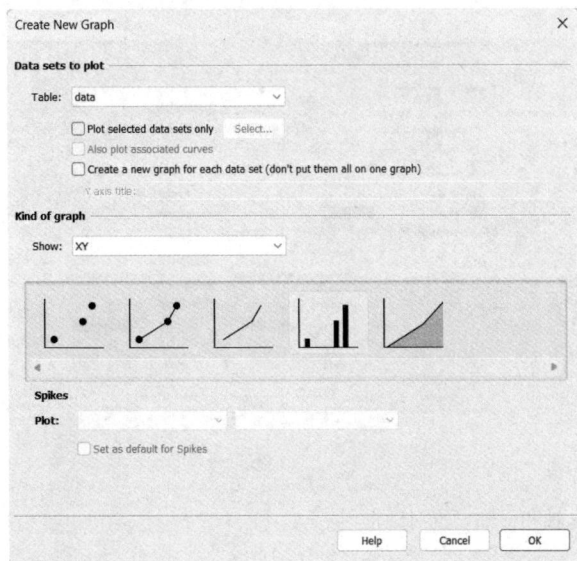

		X	Group A	Group B	Group C	Group D	Group E
		X Title	Data Set-A	Data Set-B	Data Set-C	Data Set-D	Data Set-E
	X	X	Y	Y	Y	Y	Y
1	Title	2014	1				
2	Title	2015		-1			
3	Title	2016			1		
4	Title	2017				-1	
5	Title	2018					1
6	Title						
7	Title						
8	Title						
9	Title						
10	Title						
11	Title						
12	Title						

图 8.101　录入数据

3. 绘图

（1）单击图 8.101 中 Graphs 下的 New Graph，即可调出绘图对话框，如图 8.102（a）所示。

❑ Data sets to plot 用于选择绘图数据，通过 Table 选项选择需要绘图的数据表为 data。

❑ Kind of graph 用于选择图形，通过 Show 下拉列表选项选择 XY。在下方的图形中选择第 4 个图形。

❑ 单击 OK 按钮，即出现图形，如图 8.102（b）所示。

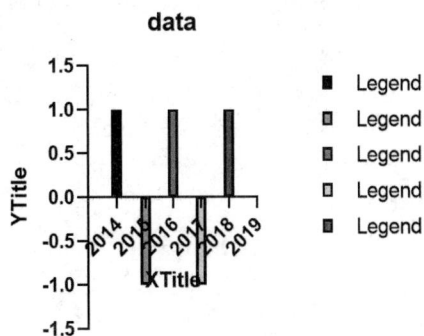

（a）　　　　　　　　　　　　　　　　（b）

图 8.102　选择图形并绘制时间轴草图

（2）在图 8.102（b）的基础上，进一步对图形进行美化。在草图的 x 轴任意处双击，弹出 x 轴的设置对话框 Format Axes，切换到 X axis 选项卡，如图 8.103（a）所示。

❑ Automatically determine the range and interval 选项默认是勾选的，表示自动化处理 x 轴的范围、刻度线等，此处取消勾选，进行手动设置。

❑ Minimum 选项表示 x 轴的最小值，此处设置为 2013.5，Maximum 表示 x 轴的最大值，此处设置为 2018.5。

❑ Ticks direction 选项设置为 Down，表示 x 轴的刻度线朝下，即在图形外部。

❑ Location of numbering/labeling 表示 x 轴刻度标签的位置和角度，此处选择 Below,vertical，表示位于 x 轴下方且垂直放置。

❑ Ticks length 表示刻度线长度的设置，此处选择 Short，即短刻度线。

❑ Major ticks 选项表示主刻度线的间隔，此处设置为 2。

❑ Starting at X=选项表示 x 轴刻度线的起始值，此处设置为 2014。

❑ Minor ticks 选项表示次刻度线，选择 0 表示无次刻度线。

❑ Additional ticks and grid lines 用于设置额外刻度线。分别设置 x 轴位于 2015、2017 处的刻度标签及刻度线，通过 Details 选项进一步将刻度标签设置为位于 x 轴上方且垂直放置。

❑ 其他选项保持默认即可。

（3）单击工具栏中的 按钮，弹出 Format Axes 对话框并自动切换到 Frame and Origin 选项卡，如图 8.103（b）所示，将 Hide axes 选项修改为 Hide Y,Show X，即隐藏 y 轴显示 x 轴。其他保持默认，单击 OK 按钮。

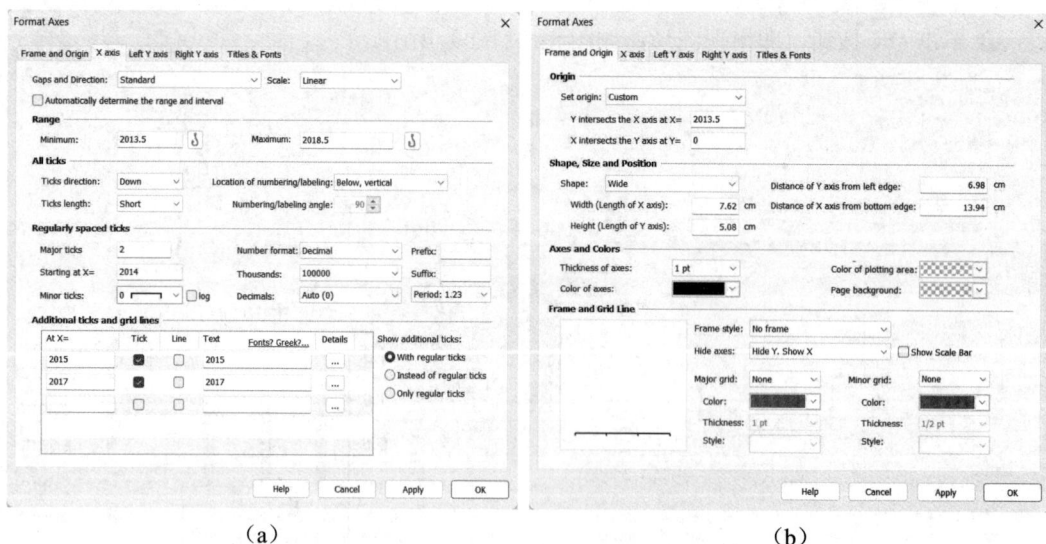

(a)   (b)

图 8.103　x 轴和 y 轴设置对话框

（4）坐标轴名称的修改只需要在草图中单击 x 轴的名称，在弹出的文本框中再单击一次 x 轴的名称即可修改。y 轴的名称、图的名称及图例的名称的修改方法与此相同。

（5）在草图中双击条形图，弹出的对话框如图 8.104 所示。

❑ 通过 Show symbols 系列选项设置条形图的端点,Color 选项设置端点的颜色为墨绿色，Shape 选项设置端点的类型为实心圆，Size 选项设置端点的大小为 4。

❑ 通过 Show bars/spikes/droplines 系列选项设置条形图，Color 选项设置条形图的颜色为墨绿色，Width 选项设置条形图的宽度为 2，Pattern 选项设置条形图的类型，Border color 选项设置条形图边框的颜色为墨绿色，Border thickness 选项设置条形图边框的粗细为 1pt。

☐ 其他保持默认，单击 OK 按钮。

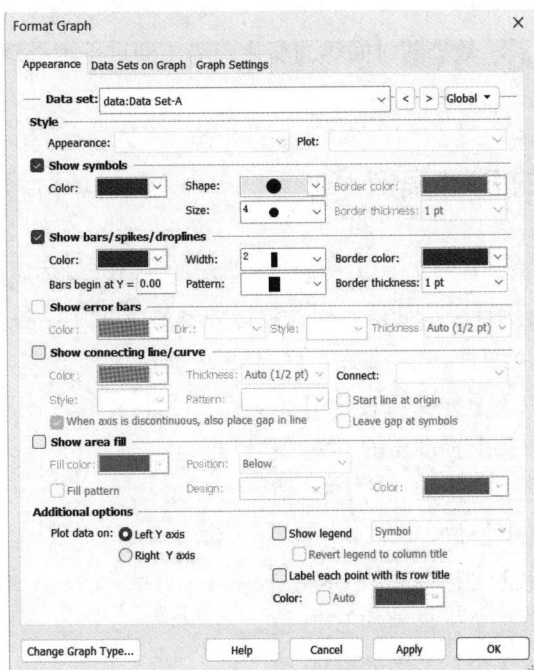

图 8.104　条形图设置对话框

（6）单击工具栏中的 T 按钮，在图形内部添加相应的文字说明。

（7）单击工具栏 Draw 中的 →，给 x 轴添加箭头。最终的图形如图 8.105 所示。

注意：图中的文本框中的字体、大小、颜色及文本框的背景色均可进一步美化，读者可自行尝试。

本节以年份时间轴为例进行讲解，对于以小时为时间轴的图形，读者可直接调用官方的示例文件，如图 8.106 所示。

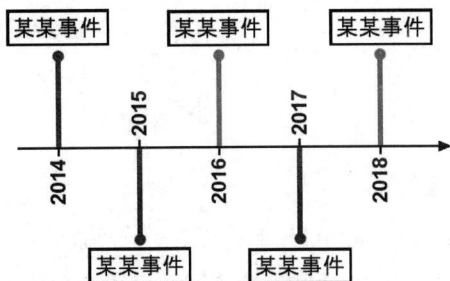

图 8.105　美化后的时间轴

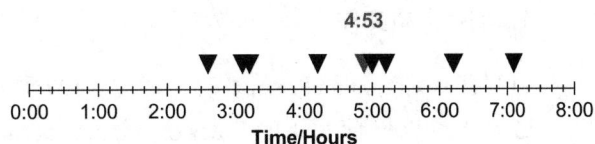

图 8.106　小时时间轴（官网示例）

8.15 平滑曲线图

平滑曲线图可用于展示数据随时间等的变化趋势，通过平滑处理减少噪声，使变化趋势更加明显。

8.15.1 不同年龄的 BMI 案例

本案例模拟一项数据，罗列 7 岁以下男童各年龄的 BMI（身体质量指数）的标准差数值，对 BMI 随时间变化趋势进行平滑处理。相关数据如表 8.14 所示，各个变量信息解释如下：

❑ Age：年龄，单位为月。

❑ -3SD：低于均数 3 个标准差的 BMI 值。

❑ -2SD：低于均数 2 个标准差的 BMI 值。

❑ -1SD：低于均数 1 个标准差的 BMI 值。

❑ Median：BMI 的中位数。

❑ +1SD：高于均数 1 个标准差的 BMI 值。

❑ +2SD：高于均数 2 个标准差的 BMI 值。

❑ +3SD：高于均数 3 个标准差的 BMI 值。

表 8.14 7 岁以下男童各年龄的BMI的标准差数值（部分）

Age	-3SD	-2SD	-1SD	Median	+1SD	+2SD	+3SD
0	10.2	11.1	12.1	13.2	14.4	15.7	17.1
1	11.8	12.9	14	15.1	16.4	17.7	19.2
2	13.1	14.2	15.4	16.7	18.1	19.7	21.4
3	13.6	14.8	16	17.4	19	20.8	22.7
4	13.9	15	16.3	17.8	19.4	21.2	23.3
5	14	15.1	16.4	17.9	19.5	21.4	23.5
6	14.1	15.2	16.4	17.9	19.5	21.4	23.5

8.15.2 绘制平滑曲线图

1. 创建分析文件

（1）打开 GraphPad Prism 软件，如图 8.107 所示，在 CREATE 下选择 XY 选项。

（2）选择 Data table 下的 Enter or import data into a new table 单选按钮，再选择 Options 下的 Numbers 和 Enter and plot a single Y value for each point 单选按钮。

（3）单击 Create 按钮，完成分析文件的创建。

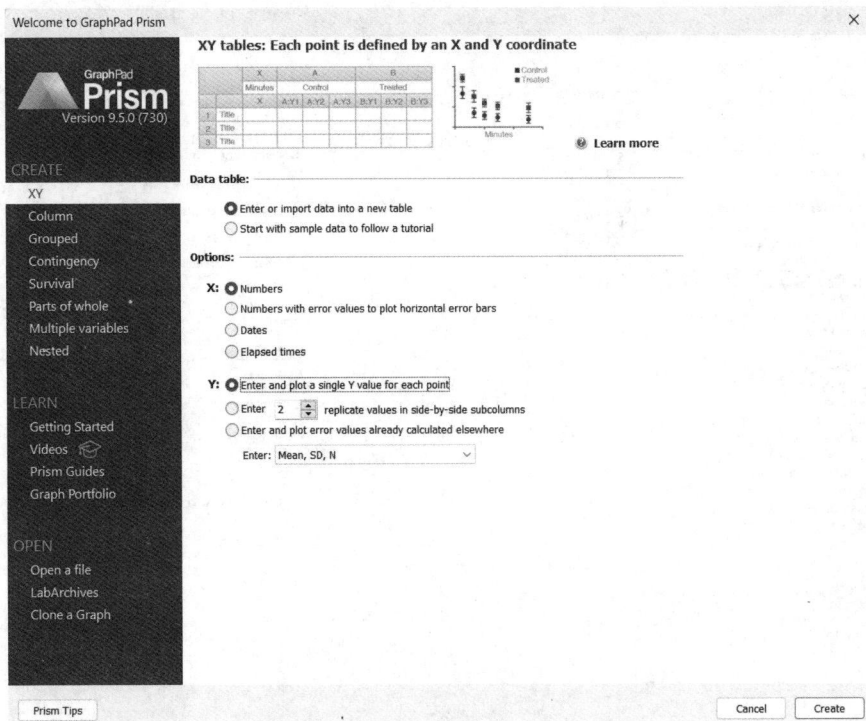

图 8.107　创建分析文件

2．导入数据

将在 Excel 中整理好的数据直接复制过来，如图 8.108 所示。

Table format: XY	X Age	Group A -3SD	Group B -2SD	Group C -1SD	Group D Median	Group E +1SD	Group F +2SD	Group G +3SD
	X	Y	Y	Y	Y	Y	Y	Y
1　0月	0	10.2	11.1	12.1	13.2	14.4	15.7	17.1
2　1月	1	11.8	12.9	14.0	15.1	16.4	17.7	19.2
3　2月	2	13.1	14.2	15.4	16.7	18.1	19.7	21.4
4　3月	3	13.6	14.8	16.0	17.4	19.0	20.8	22.7
5　4月	4	13.9	15.0	16.3	17.8	19.4	21.2	23.3
6　5月	5	14.0	15.1	16.4	17.9	19.5	21.4	23.5
7　6月	6	14.1	15.2	16.4	17.9	19.5	21.4	23.5
8　7月	7	14.1	15.2	16.4	17.8	19.4	21.3	23.4
9　8月	8	14.1	15.1	16.3	17.7	19.3	21.1	23.2
10　9月	9	14.0	15.1	16.2	17.6	19.1	20.9	23.0
11　10月	10	14.0	15.0	16.1	17.5	19.0	20.7	22.8
12　11月	11	13.9	14.9	16.0	17.3	18.8	20.5	22.6
13　1岁	12	13.8	14.8	15.9	17.1	18.6	20.3	22.3

图 8.108　数据复制（部分数据）

3．绘图

在图 8.108 所示的导航栏中，Data Tables 表示数据界面，将本次的数据命名为 data。

（1）单击图 8.108 导航栏中 Results 下的 New Analysis，即可调出分析界面，如图 8.109（a）所示。在图 8.109（a）中选择 XY analyses 下的 Smooth,differentiate or integrate curve 选项，弹出如图 8.109（b）所示的对话框，保持默认，单击 OK 按钮。

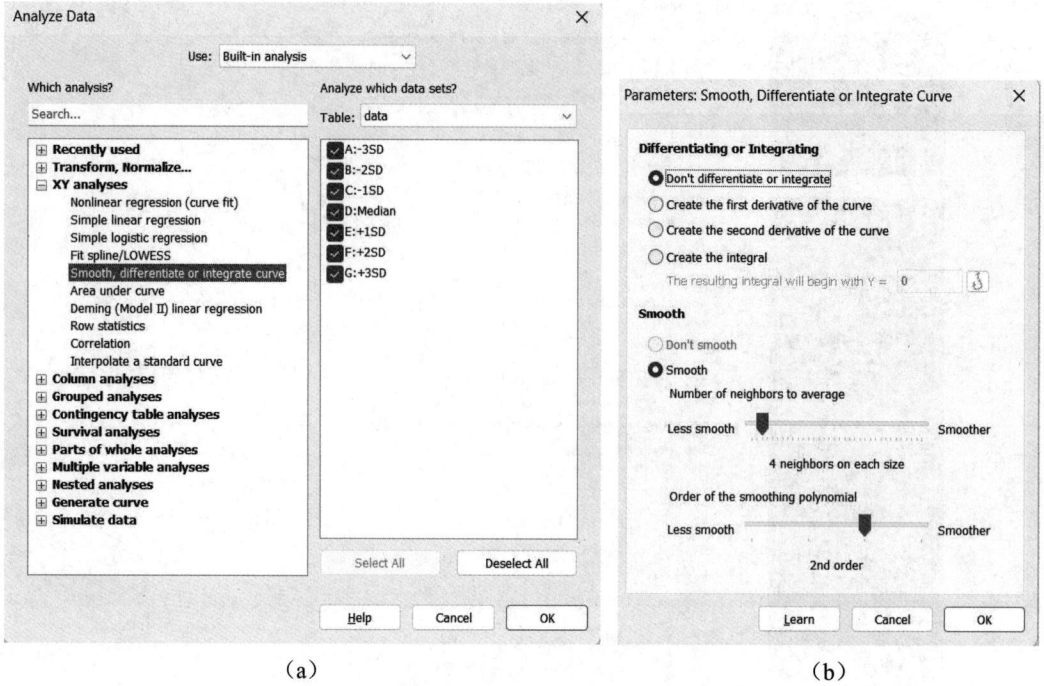

（a）　　　　　　　　　　　　（b）

图 8.109　分析选择和参数设置对话框

（2）单击 Graphs 下的 New Graph，弹出如图 8.110（a）所示的对话框。

❑ 在 Table 选项的下拉列表中选择 data。

❑ Show 选项选择 XY，选择其中的第 3 个图形。

❑ 单击 OK 按钮即出现草图，如图 8.110（b）所示。

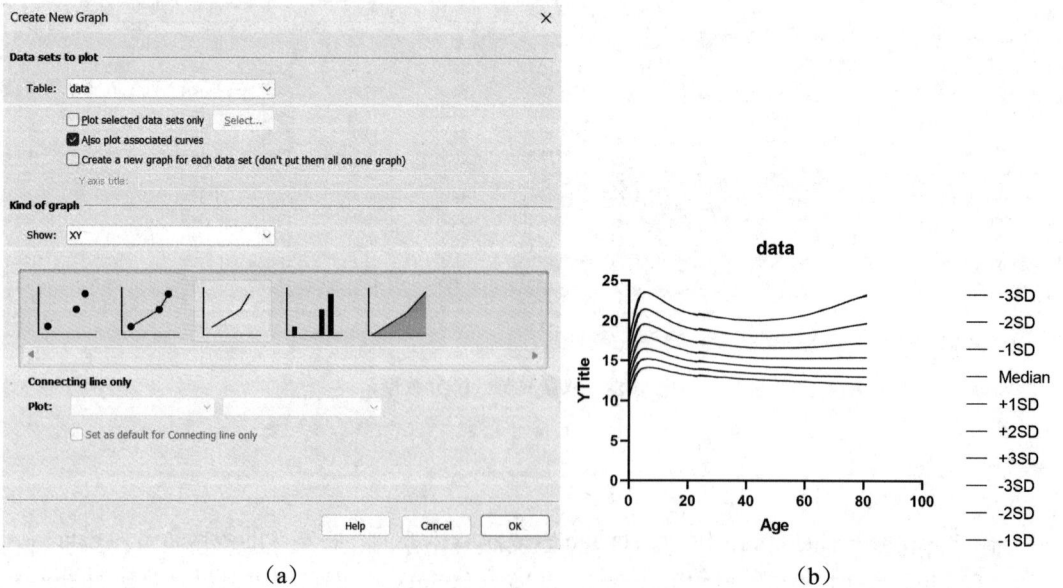

（a）　　　　　　　　　　　　（b）

图 8.110　选择图形并绘制平滑曲线草图

（3）在图 8.110（b）的基础上，进一步对图形进行美化。在草图的 x 轴任意处双击，即可弹出 x 轴的设置对话框 Format Axes，并自动切换到 X axis 选项卡，如图 8.111（a）所示。

- ❑ Automatically determine the range and interval 选项默认是勾选的，表示自动化处理 x 轴的范围、刻度线等，此处取消勾选，进行手动设置。
- ❑ Minimum 选项表示 x 轴的最小值，此处设置为 0；Maximum 表示 x 轴的最大值，此处设置为 82。
- ❑ Major ticks 选项表示主刻度线的间隔，此处设置为 12。
- ❑ Starting at X=选项表示 x 轴刻度线的起始值，此处设置为 0。
- ❑ Minor ticks 选项表示次刻度线，如果选择 6 则表示次刻度线将主刻度间隔分成 6 节。
- ❑ 其他选项保持默认即可，单击 OK 按钮。

（4）在草图的 y 轴任意处双击，即可弹出 y 轴的设置对话框，如图 8.111（b）所示。y 轴的设置与 x 轴完全相同，此处不再赘述。

- ❑ 取消勾选 Automatically determine the range and interval 复选框，进行手动设置。
- ❑ Minimum 选项设置为 0，Maximum 选项设置为 25。
- ❑ Major ticks 选项设置为 5。
- ❑ Starting at Y=选项设置为 0。
- ❑ Minor ticks 选项设置为 5。
- ❑ 其他选项保持默认即可。

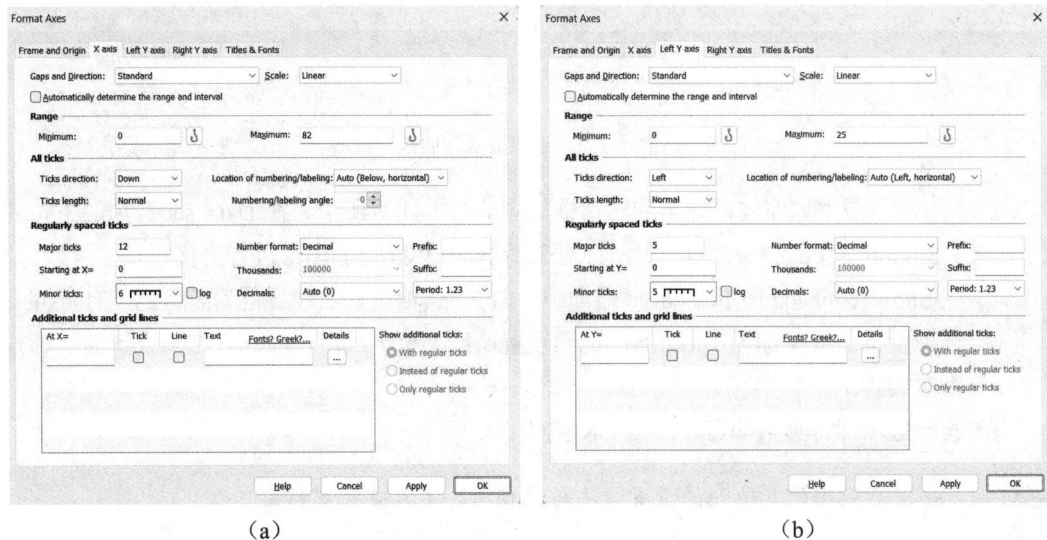

(a) (b)

图 8.111　x 轴和 y 轴设置对话框

（5）坐标轴名称的修改只需要在草图中，单击 x 轴的名称即弹出文本框，在文本框中再单击一次，即可修改 x 轴名称。y 轴的名称、图的名称按相同的方法修改。

（6）双击草图中的曲线，弹出的对话框如图 8.112（a）所示。在 Data set 选项的下拉列表中选择 data:A:-3SD，表示针对原始数据中的-3SD 列的图形进行美化。

- ❑ 勾选 Show symbols 选项，Color 选项设置散点颜色为黑色，Shape 选项设置散点类型为实心圆，Size 选项设置散点大小为 1。

☐ 取消勾选 Show connecting line/curve 选项。

☐ 其他选项保持默认即可，单击 OK 按钮。

🔍**注意：** 原始数据中其他列的设置方法与此相同，不再赘述。

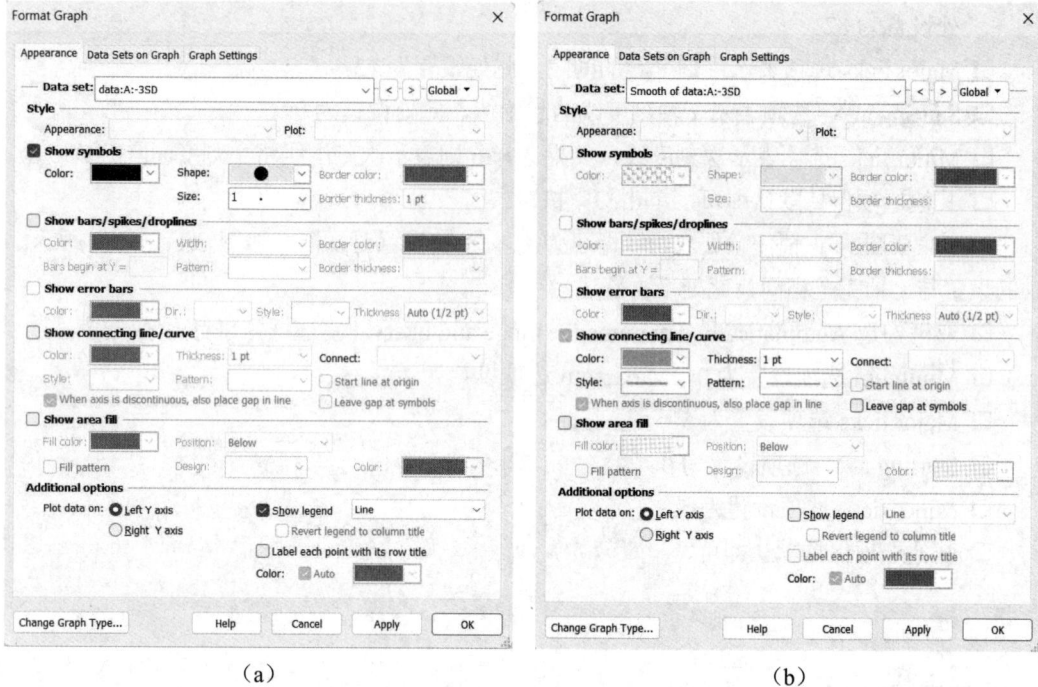

（a）　　　　　　　　　　　　　　　　（b）

图 8.112　设置散点、曲线

（7）双击草图中的曲线，弹出的对话框如图 8.112（b）所示。在 Data set 选项的下拉列表中选择 Smooth of data:A:-3SD，表示针对平滑后的-3SD 列的图形进行美化。

☐ 在 Show connecting line/curve 选项中，Color 选项设置曲线颜色为姜黄色，Thickness 选项设置曲线粗细为 1pt，Style 选项设置曲线类型为线段，Pattern 选项设置曲线形式为实线。

☐ 其他选项保持默认即可，单击 OK 按钮。

🔍**注意：** 平滑后数据的其他列的设置方法与此相同，不再重复罗列。

（8）单击工具栏中的 ⌐ 按钮，弹出 Format Axes 对话框，并自动切换到 Frame and Origin 选项卡，如图 8.113 所示。

☐ 将 Frame and Grid Line 系列选项中的 Frame style 选项设置为 Plain Frame，即图形有四边框。

☐ Major grid 选项设置主刻度网格线，Minor grid 选项设置次刻度网格线。通过 Color 选项设置网格线颜色为灰色，Thickness 选项设置网格线粗细为 1/4pt，Style 选项设置网格线类型为实线或虚线。

❏ 其他保持默认。单击 OK 按钮。

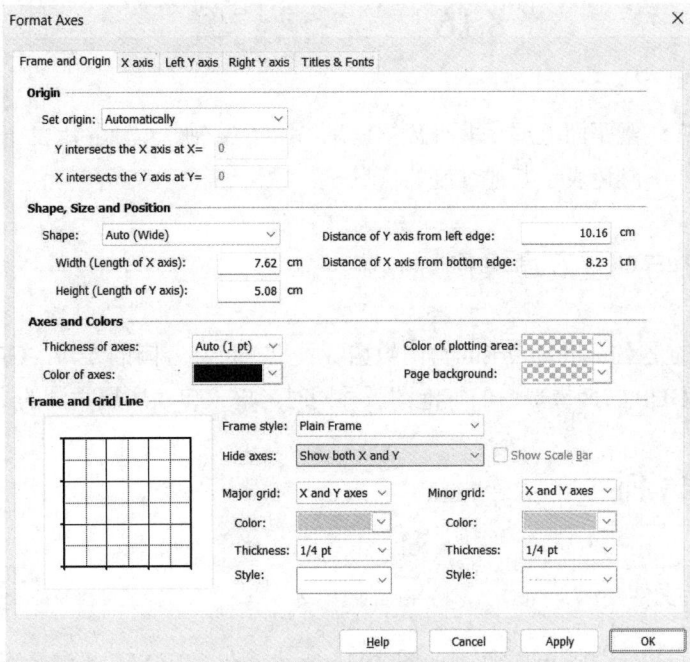

图 8.113　设置图的边框

（9）通过鼠标双击图例修改图例的颜色，并通过键盘的上、下、左、右键将图例移动至图内的合适位置，最终的图形如图 8.114（a）所示。

🔈注意：图 8.114（a）为原始数据的折线图，读者可尝试绘制并与平滑后的曲线对比。在本案例中，同一单元格内只有 1 个观测值，因此无法绘制误差线或置信区间。若有多个观测值，可参考 7.4 节中的方法进一步修饰图形。另外在 GraphPad Prism 中，Fit spline/LOWESS 选项也可设为平滑曲线，其中，spline 表示样条曲线，LOWESS 表示局部加权回归散点修匀法曲线，限于篇幅，不再一一介绍，其实现方法与本节类似。

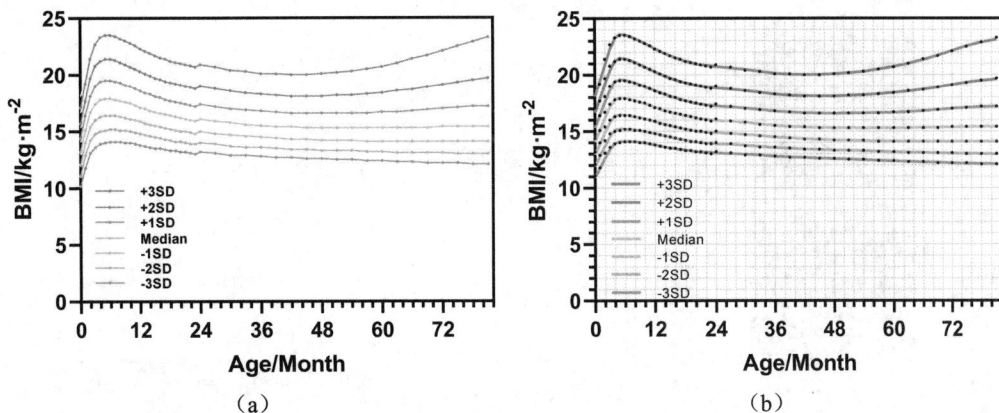

图 8.114　美化后的平滑曲线图

8.16 气 泡 图

气泡图可以在二维平面上展示多维数据信息，除了 x 轴、y 轴各代表一个维度外，还可以通过气泡的大小、颜色表示其他维度的信息。

8.16.1 GDP 与期望寿命案例

本案例使用的是 GraphPad Prism 官网数据，收集了世界各国的人口、GDP、期望寿命、所属大洲，绘制 GDP 与期望寿命的气泡图，并同时考虑人口、所属大洲的影响。

8.16.2 绘制气泡图

1. 创建分析文件

（1）打开 GraphPad Prism 软件，如图 8.115 所示，在 CREATE 下选择 Multiple variables 选项。

（2）选择 Data table 下的 Enter or import data into a new table 单选按钮。

（3）单击 Create 按钮，完成分析文件的创建。

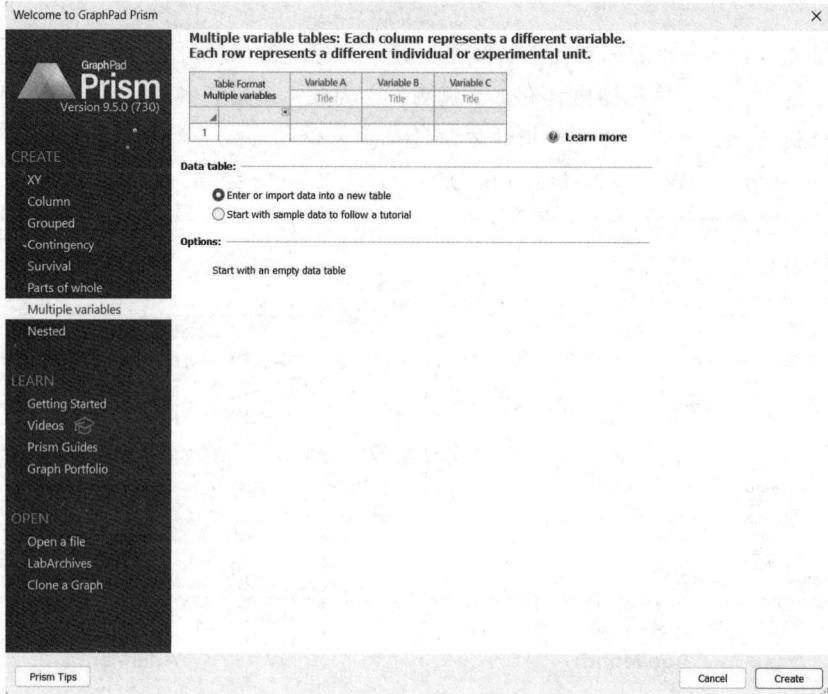

图 8.115　创建分析文件

2．录入数据

录入相应数据，最终的数据如图 8.116 所示，Variable A 列表示不同国家，Variable B 列表示人口，Variable C 列表示 GDP，Variable D 列表示期望寿命，Variable E 列表示所属大洲。

		Variable A	Variable B	Variable C	Variable D	Variable E
		Country	Population (Millions)	GDP (PPP)	Life Expectancy at Birth	Continent
1	China		1394.015977	18200	76.1	Asia
2	India		1326.093247	7200	69.7	Asia
3	United States		332.639102	59800	80.3	North America
4	Indonesia		267.026366	12400	73.7	Asia
5	Pakistan		233.500636	5400	69.2	Asia
6	Nigeria		214.028302	5900	60.4	Africa
7	Brazil		211.715973	15600	74.7	South America
8	Bangladesh		162.650853	4200	74.2	Asia
9	Russia		141.722205	27900	71.9	Asia
10	Mexico		128.649565	19900	76.7	North America
11	Japan		125.507472	42900	86.0	Asia
12	Philippines		109.180815	8400	70.0	Asia
13	Ethiopia		108.113150	2200	67.5	Africa

图 8.116　录入数据（仅展示前 13 行）

3．绘图

（1）单击图 8.116 中导航栏 Graphs 下的 New Graph，即可调出图形选择界面，如图 8.117 所示。

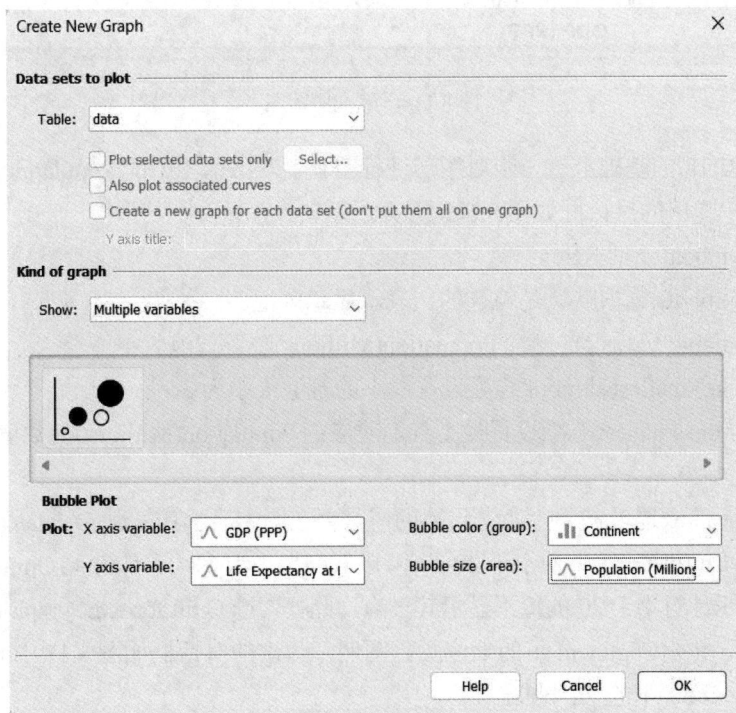

图 8.117　图形选择对话框

在图 8.117 中：

❑ Data sets to plot 用于选择绘图数据，通过 Table 选项选择需要绘图的数据表为 data。

❑ Kind of graph 用于选择图形，通过 Show 选项选择 Multiple variables。在下方的图形中选择第 1 个图形。

❑ 在 Bubble plot 菜单中，X axis variable 选项用于指定 GDP 作为 x 轴，Y axis variable 选项用于指定期望寿命作为 y 轴，Bubble color（group）选项用于设置所属大洲映射至气泡图的颜色，Bubble size（area）选项用于设置人口映射至气泡图的大小。

🔔注意：Bubble color（group）选项只针对分类变量，Bubble size（area）选项针对连续型变量。

❑ 单击 OK 按钮即出现图形，如图 8.118 所示。

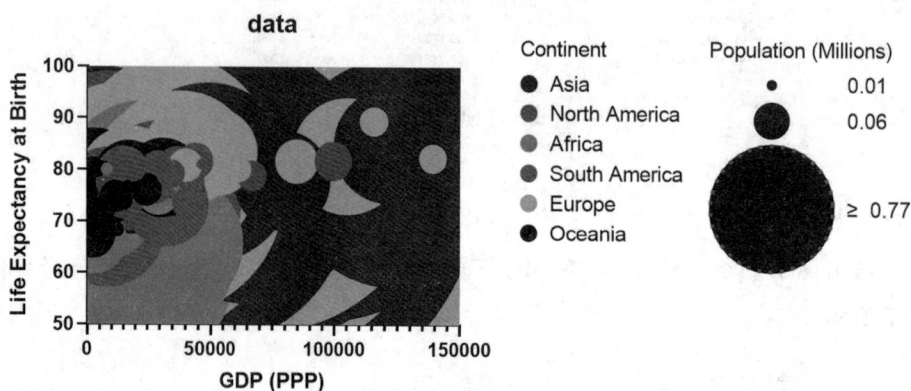

图 8.118　气泡图草图

（2）在图 8.118 的基础上进一步对图形进行美化。双击草图中的 Population(Millions)下的气泡大小图例，弹出的对话框如图 8.119（a）所示。

❑ 选择 Symbols 下的 Size。

❑ Show Symbols 选项默认是勾选的，表示显示气泡。

❑ 通过 Variable 选项指定变量 Population(Millions)映射气泡大小。

❑ Size of the smallest symbol 选项设置最小的气泡大小为 3。

❑ Value of the smallest 选项设置最小气泡对应的 Population(Millions)的数值，通过 Custom 自定义为 20。

❑ Smaller values 选项表示针对小于 20 的值是否在图中显示其气泡，Display at the minimum bubble size 选项表示针对小于 20 的值，以气泡大小为 3 显示其气泡；Omit form the graph 选项表示针对小于 20 的值不显示其气泡。此处勾选 Omit form the graph 选项。

（3）双击草图中 Continent 下的气泡颜色图例，弹出的对话框如图 8.119（b）所示。

❑ 选择 Symbols 下的 Fill color。

❑ Show Symbols 选项默认是勾选的，表示显示气泡。

❑ 通过 Variable 选项指定变量 Continent 映射气泡颜色。

❏ Group 选项分别设置各大洲，Color 选项指定各大洲的颜色，Transparency 选项设置颜色的透明度。

❏ 单击 OK 按钮。

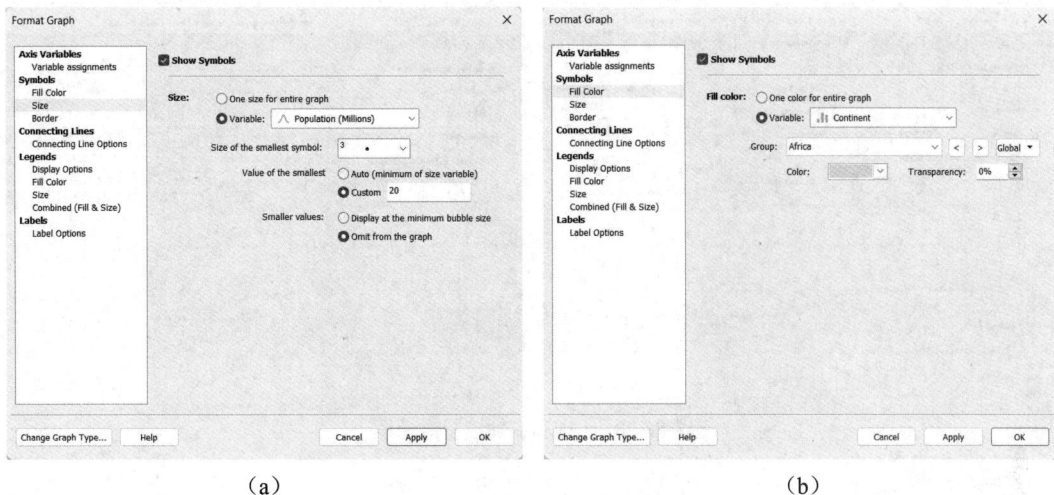

（a）　　　　　　　　　　　　　　　（b）

图 8.119　设置气泡大小和气泡颜色

（4）在草图的 x 轴任意处双击，即可弹出 x 轴的设置对话框并自动切换到 X axis 选项卡，如图 8.120（a）所示。

❏ Automatically determine the range and interval 选项默认是勾选的，表示自动化处理 x 轴的范围和刻度线等，此处取消勾选，进行手动设置。

❏ Minimum 选项表示 x 轴的最小值，此处设置为 0，Maximum 表示 x 轴的最大值，此处设置为 80000。

❏ Ticks direction 选项设置为 Down，表示 x 轴的刻度线朝下，即在图形外部。

❏ Ticks length 表示刻度线长度的设置，此处选择 Short，即短刻度线。

❏ Major ticks 选项表示主刻度线的间隔，此处设置为 20000。

❏ Starting at X=选项表示 x 轴刻度线的起始值，此处设置为 0。

❏ Minor ticks 选项表示次刻度线，选择 2 表示次刻度线将主刻度间隔分成 2 段。

❏ 其他选项保持默认即可。

（5）在草图的 y 轴任意处双击，即可弹出 y 轴的设置对话框并自动切换到 Left Y axis，如图 8.120（b）所示。其设置及各选项含义可参考上一步骤，不再重复罗列。

（6）单击工具栏中的 按钮，弹出 Format Axes 对话框并自动切换到 Frame and Origin 选项卡，如图 8.121 所示。将 Frame and Grid Line 系列选项中的 Frame style 选项设置为 Plain Frame，即图形有四边框。其他保持默认。单击 OK 按钮。

（7）通过鼠标移动草图中的图例，将其放置在合适位置。另外，x 轴和 y 轴的名称也可以选中后双击完成修改。最终的图形如图 8.122 所示。

🔔注意：通过图 8.119 所示的 Labels 选项可以在图中给气泡添加标签，因本案例标签过多，如果添加则图中较为凌乱，读者可自行尝试。

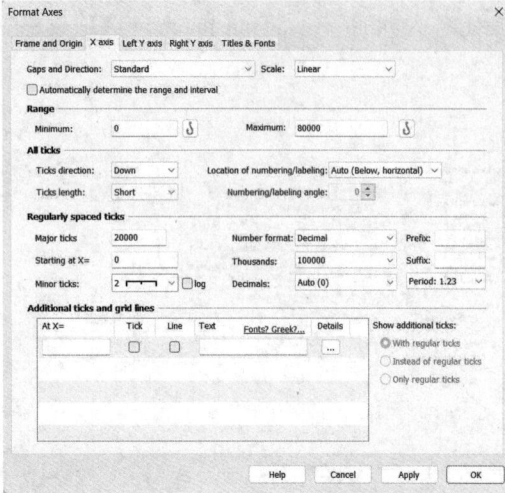
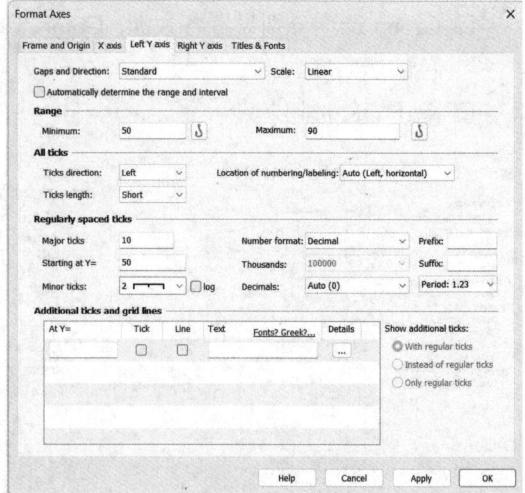

图 8.120　x 轴和 y 轴设置对话框

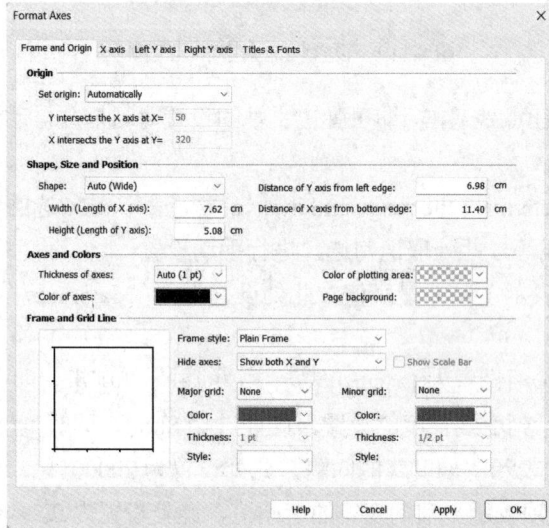

图 8.121　图边框的设置

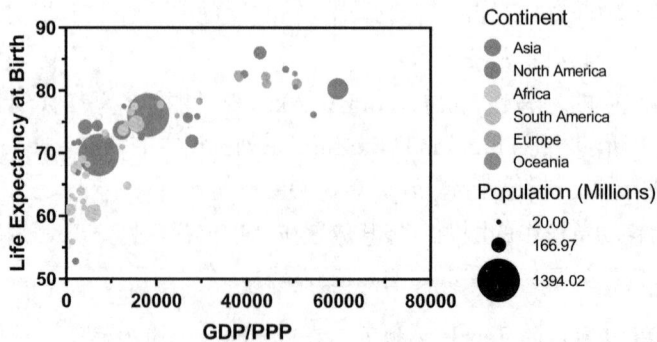

图 8.122　美化后的气泡图

8.17　主成分分析图

主成分分析可以进行数据降维及数据特征提取。本节以 GraphPad Prism 官网数据为例对主成分分析进行讲解。

8.17.1　乳腺癌特征降维案例

本案例数据来自 GraphPad Prism 官网，各变量信息如下。

- ❑ ID Number：病人编号。
- ❑ Diagnosis：乳腺癌的良性/恶性，2 个水平，即良性或恶性。
- ❑ Radius：半径。
- ❑ Texture：纹理。
- ❑ Perimeter：周长。
- ❑ Area：面积。
- ❑ Smoothness：平滑度。
- ❑ Compactness：紧密度。
- ❑ Concavity：凹陷度。
- ❑ Concave Points：凹点。
- ❑ Symmetry：对称性。
- ❑ Fractal dimension：分形维数。

8.17.2　绘制主成分分析图

1．创建分析文件

（1）打开 GraphPad Prism 软件，在 CREATE 下选择 Multiple variables 选项。

（2）选择 Data table 下的 Enter or import data into a new table 单选按钮。

（3）单击 Create 按钮，完成分析文件的创建，如图 8.123 所示。

2．录入数据

录入相应数据，最终的数据如图 8.124 所示，每列为一个变量，各变量的含义见 8.17.1 节。

3．分析及绘图

（1）单击图 8.124 中导航栏 Results 下的 New Analysis，即可调出分析对话框，如图 8.125（a）所示。选择 Multiple variable analyses 下的 Principal Component Analysis(PCA)，单击 OK 按钮，弹出如图 8.125（b）所示的对话框。

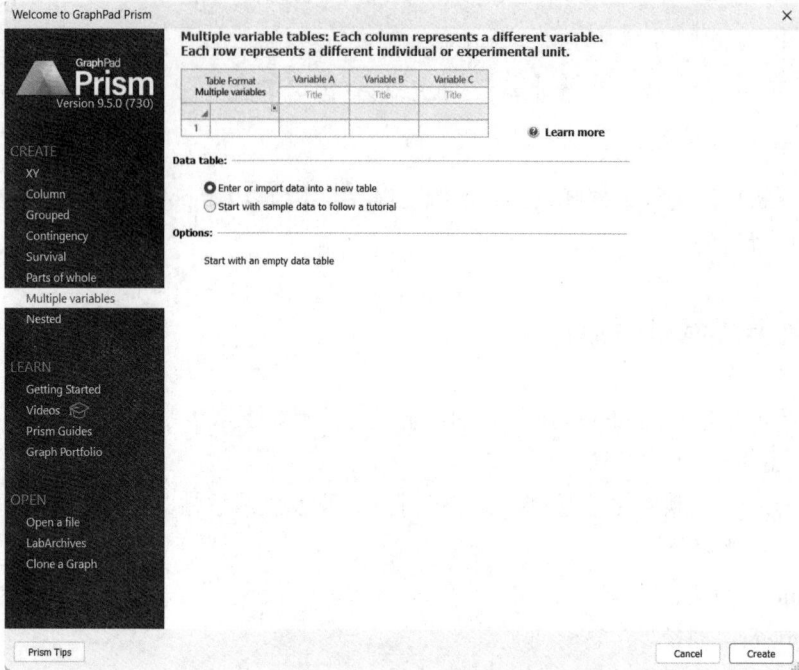

图 8.123　创建分析文件

图 8.124　录入数据（部分）

❑ 在图 8.125（b）中，一般保持默认即可。需要注意的是，若要进行主成分回归，则需要在 All variables 列表中取消因变量名称的勾选，然后勾选 Perform Principal Component Regression(PCR)选项，并通过 Dependent(outcome) Variable 选项指定因变量名称。

❑ 在图 8.125（c）中，一般保持默认即可。其中，Method 系列选项用于选择数据处理方法，默认选择 Standardize，即标准化。Method for selecting principal components(PCs) 系列选项用于选择确定主成分数量的方法，默认选择 Select PCs based on parallel analysis，即平行分析。

❑ 在图 8.125（d）中，Symbol fill color 选项设置通过变量 Diagnosis 映射散点颜色。

❑ 在图 8.125（d）中切换至 Graphs 界面，将 5 个图形均选中，单击 OK 按钮，即弹出结果。

（a）

（b）

（c）

（d）

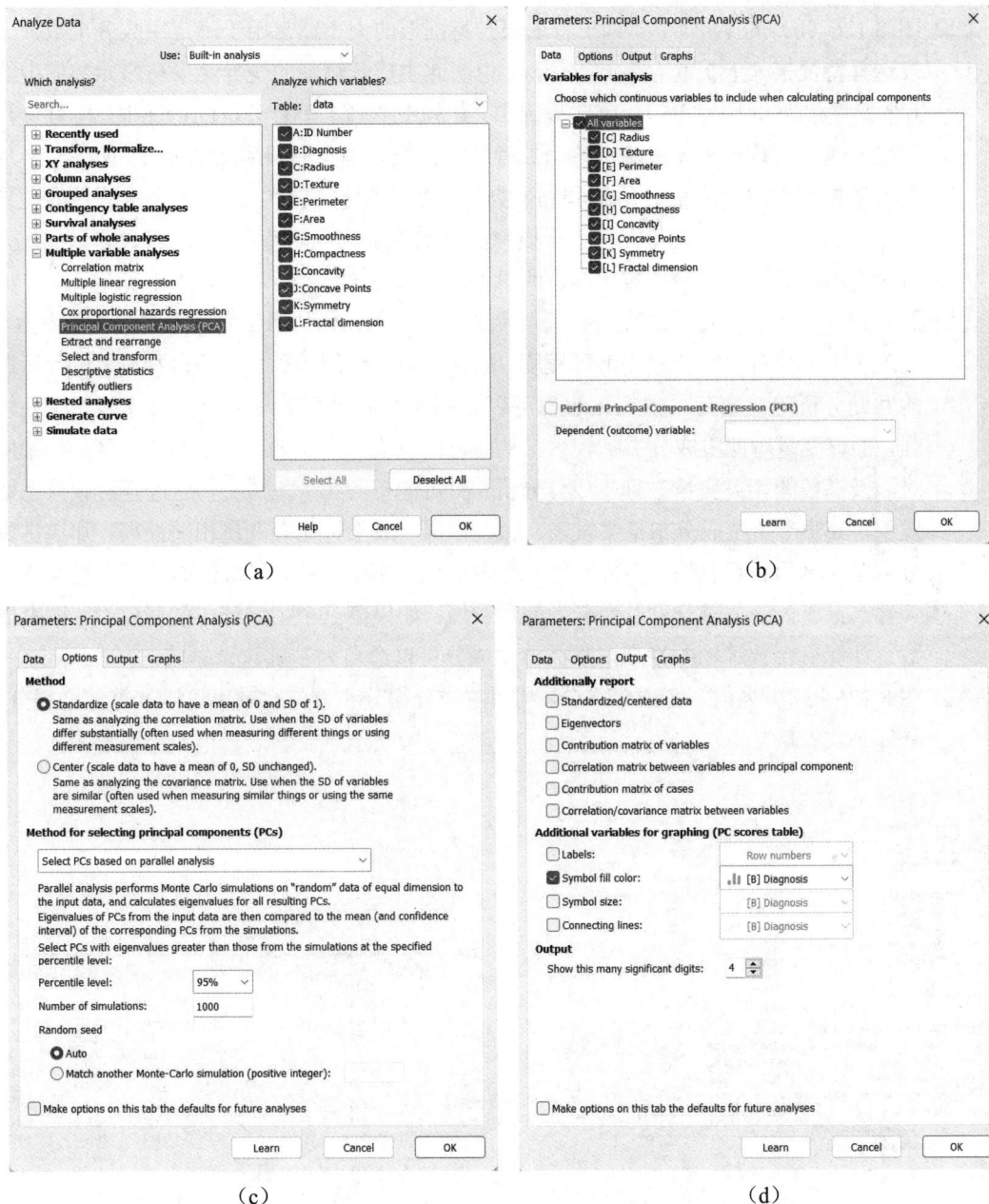

图 8.125　数据分析及参数设置对话框

（2）主成分分析结果如图 8.126 所示。

❑ 图 8.126（a）中罗列了特征根、解释方差比例、累积解释方差比例、主成分数量等数据，仅罗列了前 3 个主成分。第 1 主成分的特征根为 5.479，解释方差比例为 54.79%，累积解释方差比例为 54.79%。第 2 主成分的特征根为 2.519，解释方差比例为 25.19%，累积解释方差比例为 79.97%（即 54.79%+25.19%）。一般而言，在主成分分析中，累积解释方差比例应大于 70%。本次分析只有前两个主成分被选择，累积解释方差比例为 79.97%，即两个主成分保留了原始数据信息的 79.97%。

- 图 8.126（b）的 A 列中罗列了特征根，特征根的大小通常用于确定主成分个数，一般选择特征根大于 1 的（特征根大于 1 说明此主成分解释的变异至少与原始数据中的 1 个变量相当），因此 PC1、PC2 被选中。B 列中罗列了平行分析的特征根，平行分析通过比较真实数据与模拟随机数据二者的特征根来确定保留哪些主成分，如果一个从真实数据中抽取的主成分所解释的变异比从模拟随机数据中的主成分所解释的变异小（真实数据主成分的特征根小于模拟随机数据主成分的特征根），那么这个主成分就没有保留的价值，应当被舍弃，所以 PC1、PC2 被选中。
- 图 8.126（c）中罗列了载荷系数。载荷系数表示主成分与原始变量之间的相关系数，反映了主成分对原始变量的解释程度。载荷系数还可用于计算主成分得分，进行后续的回归分析等。载荷系数的大小也可以判断哪些原始变量与某个主成分的相关性较强，即该变量对此主成分贡献较大，从而将该主成分抽象为某一个概念。例如，我们对涉及高校的相关变量进行主成分分析，有可能得到 3 个主成分，通过查看载荷系数发现，其中一个主成分与论文发表、课题申报、成果转化等变量相关性高，那该主成分可以命名为科研领域；如果另外一个主成分与学生成绩、资格证书通过率等变量相关性高，那么该主成分可以命名为教学领域；如果第三个主成分与楼房建设、图书册数、计算机台数等相关性高，那么该主成分可以命名为基础建设领域。
- 图 8.126（d）中列出了主成分得分，利用主成分得分和方差贡献率可以计算综合得分，具体公式省略。

Tabular results | Eigenvalues | Loadings | PC scores

	PCA Tabular results	A	B	C
1	Table Analyzed	data		
2				
3	**PC summary**	PC1	PC2	PC3
4	Eigenvalue	5.479	2.519	0.8806
5	Proportion of variance	54.79%	25.19%	8.81%
6	Cumulative proportion of varianc	54.79%	79.97%	88.78%
7	Component selection	Selected	Selected	
8				
9	**Data summary**			
10	Total number of variables	10		
11	Total number of components	10		
12	Component selection method	Parallel analysis		
13	Random seed	41072593		
14	Number of simulations	1000		
15	Number of selected components	2		
16	Rows in table	569		
17	Rows skipped (missing data)	0		
18	Rows analyzed (# cases)	569		

（a）

Tabular results | Eigenvalues | Loadings | PC scores

	PCA Eigenvalues	A Eigenvalue (from data)			B Eigenvalue (from Parallel Analysis)		
		Mean	Upper Limit	Lower Limit	Mean	Upper Limit	Lower Limit
1	PC1	5.479			1.210	1.268	1.162
2	PC2	2.519			1.146	1.190	1.109
3	PC3	0.881			1.097	1.132	1.064
4	PC4	0.499			1.055	1.084	1.025
5	PC5	0.373			1.015	1.043	0.986
6	PC6	0.124			0.977	1.005	0.948
7	PC7	0.080			0.939	0.969	0.908
8	PC8	0.035			0.900	0.931	0.867
9	PC9	0.011			0.857	0.890	0.817
10	PC10	2.823e-004			0.804	0.844	0.757

（b）

Tabular results | Eigenvalues | Loadings | PC scores

	A Var	B PC1	C PC2	D	E
1	Radius	-0.852	0.498		
2	Texture	-0.362	0.234		
3	Perimeter	-0.880	0.452		
4	Area	-0.852	0.484		
5	Smoothness	-0.544	-0.638		
6	Compactness	-0.853	-0.422		
7	Concavity	-0.926	-0.166		
8	Concave Poi	-0.978	-0.011		
9	Symmetry	-0.504	-0.585		
10	Fractal dimer	-0.168	-0.907		

（c）

Tabular results | Eigenvalues | Loadings | PC scores

	A PC1	B PC2	C Diagnosis	D	E
1	-5.220	-3.202	Malignant		
2	-1.727	2.539	Malignant		
3	-3.966	0.550	Malignant		
4	-3.594	-6.899	Malignant		
5	-3.148	1.357	Malignant		
6	-1.380	-3.311	Malignant		
7	-1.600	1.497	Malignant		
8	-1.256	-2.492	Malignant		
9	-2.388	-3.272	Malignant		
10	-2.443	-3.623	Malignant		

（d）

图 8.126　主成分分析结果

（3）主成分分析图形经过适当修饰后如图 8.127 所示。

❑ 图 8.127（a）表示载荷图。载荷图的 x 轴表示第一主成分（PC1）的载荷系数，y 轴表示第二主成分（PC2）的载荷系数。各个变量在载荷图上的位置是由其在两个个主成分上的系数决定的。

❑ 载荷的绝对值越大，表示该变量对相应主成分的影响越大，即该变量在解释主成分方面的重要性越高。

❑ 图 8.127（b）表示主成分的得分图。x 轴表示第一主成分（PC1）的得分，y 轴表示第二主成分（PC2）的得分，散点展示了样本在主成分空间中的位置，可以直观地显示出样本间的相似性和差异性。红色（深色）散点表示良性肿瘤样本，绿色（浅色）散点表示恶性肿瘤样本。

❑ 图 8.127（c）表示特征根图。其中红色（曲线）是原始数据的特征根，绿色（直线）是模拟随机数据的特征根。

❑ 图 8.127（d）表示解释方差比例图。曲线表示各个主成分的解释方差比例，条形图表示累积解释方差比例。

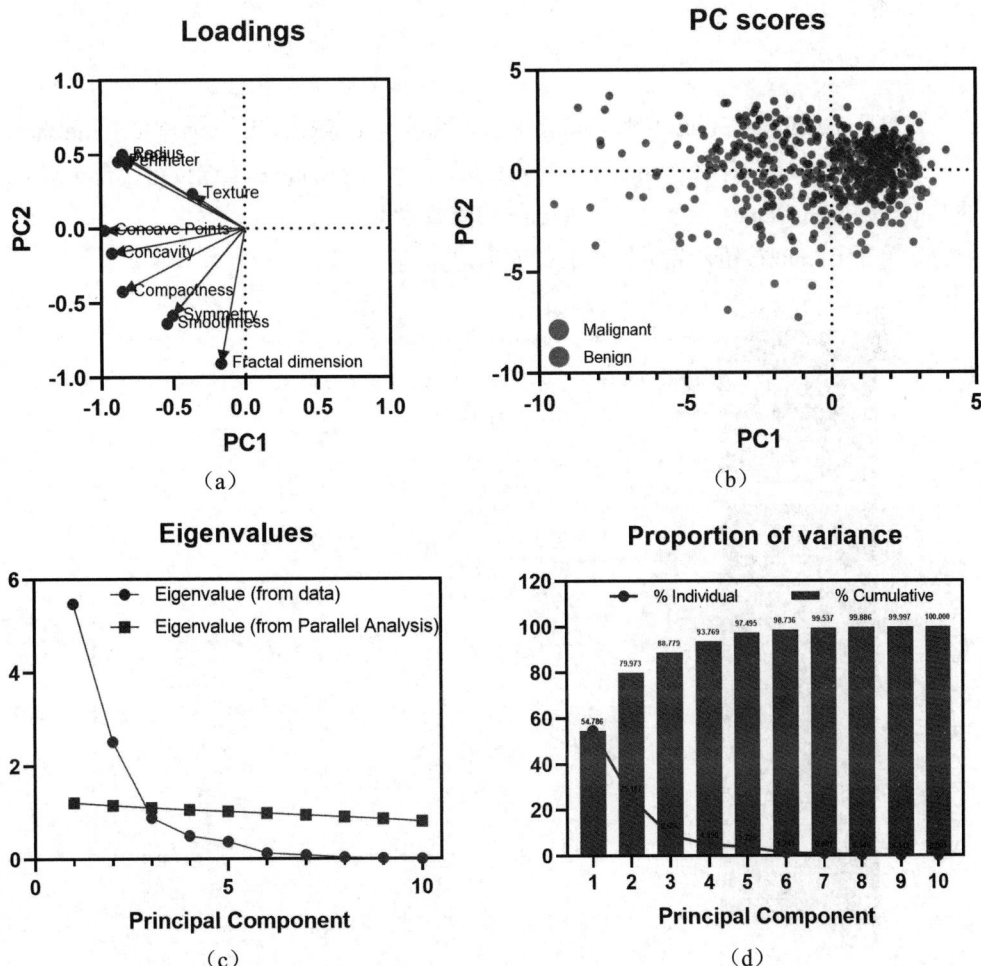

图 8.127　主成分分析图形

8.18 直 方 图

直方图主要用于描述连续型变量的频数分布或频率分布。直方图的 x 轴表示观测的连续型变量，y 轴表示连续型变量特定区间的频数或频率。通过不同高度的条形图展示数据在各个区间的分布情况。直方图使得连续型变量的集中趋势、离散程度等一目了然。

8.18.1 老年人的收缩压案例

本案例参考相关资料，模拟一项研究，测量某社区人群中老年人的收缩压数值，并绘制收缩压频数分布图。

8.18.2 绘制直方图

1. 创建分析文件

（1）打开 GraphPad Prism 软件，如图 8.128 所示，在 CREATE 下选择 Column 选项。

（2）选择 Data table 下的 Enter or import data into a new table 单选按钮，再选择 Options 下的 Enter replicate values,stacked into columns 单选按钮。

（3）单击 Create 按钮，完成分析文件的创建。

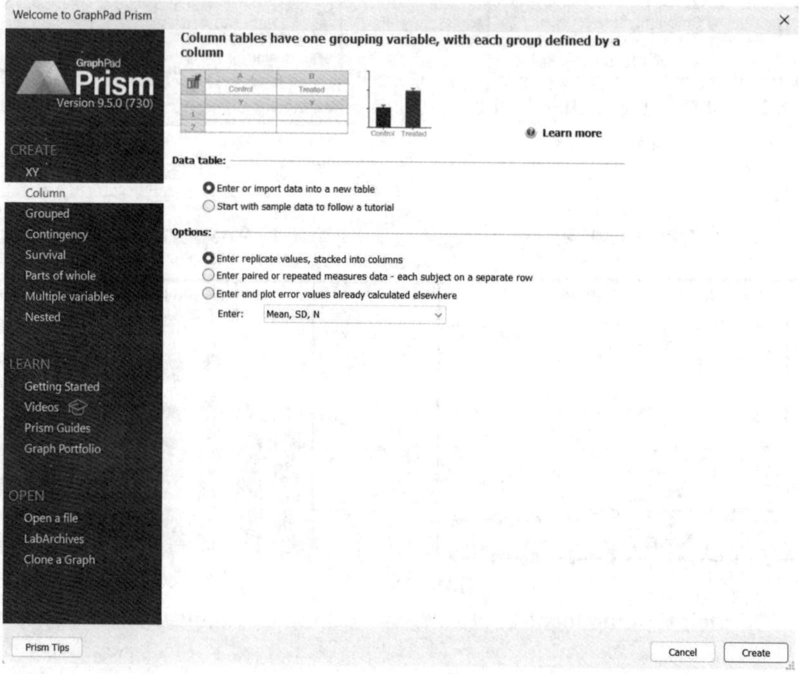

图 8.128 创建分析文件

2．录入数据

将老年人的血压收缩压数据录入，如图 8.129 所示，每行代表一个老年人的血压收缩压值。

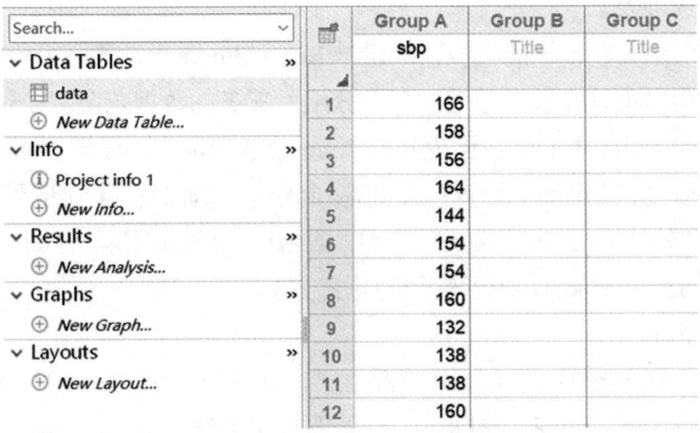

图 8.129　录入数据

3．绘图

（1）在图 8.129 中，单击导航栏 Results 下的 New Analysis，弹出新的对话框，如图 8.130（a）所示。在图 8.130（a）中，选择 Column analyses 下的 Frequency distribution，单击 OK 按钮，弹出参数设置对话框，如图 8.130（b）所示。

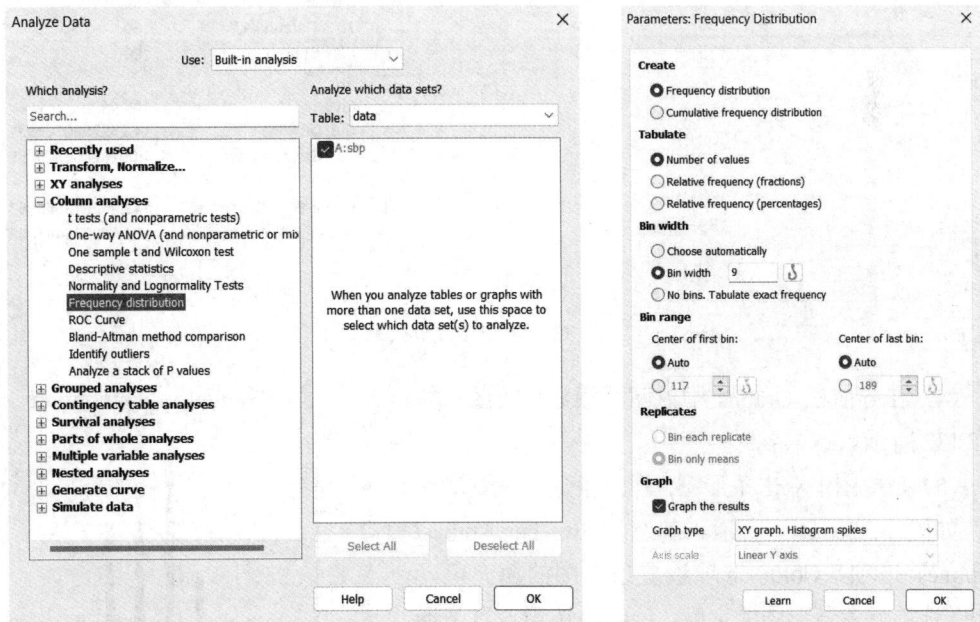

（a）　　　　　　　　　　　　　　　　（b）

图 8.130　数据分析及参数设置

（2）在图 8.130（b）中进行频数分布图的详细设置。

❑ 选择 Create 系列选项下的 Frequency distribution 选项，表示绘制的是频数/频率分布。而 Cumulative frequency distribution 选项表示的是累积分布。

❑ 勾选 Tabulate 系列选项下的 Number of values 选项，表示 y 轴是频数。而 Relative frequency 选项表示 y 轴是频率。

❑ Bin width 表示设置 x 轴的组段数。通过 Bin width 选项设置将组段数设置为 9。

❑ Bin range 菜单可以设置直方图中每个分组所覆盖的数据范围。Center of first bin 选项是指第一个分组的中心点，此处勾选 Auto 选项表示自动设置。Center of last bin 选项则是指最后一个分组的中心点，此处选择 Auto 选项表示自动设置。

❑ 在 Graph 下勾选 Graph the results 选项，表示返回绘制图形。在 Graph type 处选择 XY graph. Histogram spikes，表示绘制的是直方图。

❑ 单击 OK 按钮。

（3）在导航栏 Results 中返回数据分析结果，如图 8.131（a）和图 8.131（b）所示，图 8.131（a）罗列了频数分布表，图 8.131（b）罗列了老年人血压收缩压的描述性统计结果。

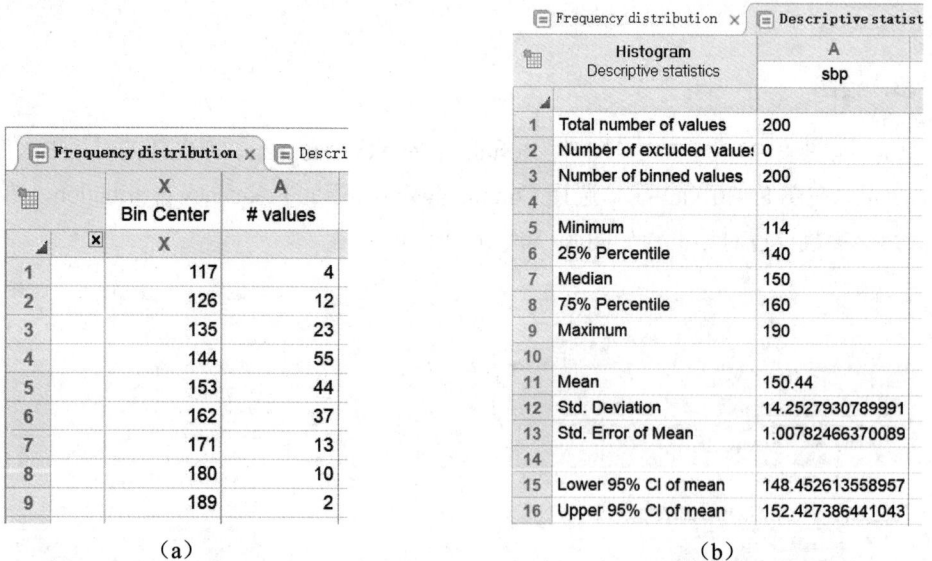

	X	A
	Bin Center	# values
	X	X
1	117	4
2	126	12
3	135	23
4	144	55
5	153	44
6	162	37
7	171	13
8	180	10
9	189	2

（a）

	Histogram Descriptive statistics	A sbp
1	Total number of values	200
2	Number of excluded values	0
3	Number of binned values	200
4		
5	Minimum	114
6	25% Percentile	140
7	Median	150
8	75% Percentile	160
9	Maximum	190
10		
11	Mean	150.44
12	Std. Deviation	14.2527930789991
13	Std. Error of Mean	1.00782466370089
14		
15	Lower 95% CI of mean	148.452613558957
16	Upper 95% CI of mean	152.427386441043

（b）

图 8.131　数据分析结果

（4）在导航栏 Graphs 中返回了频数分布图，如图 8.132 所示。

（5）在草图中双击条形图，弹出条形图设置对话框，如图 8.133（a）所示。勾选 Show bars/spikes/droplines 选项，Color 选项设置条形图的填充色，Width 选项设置条形图的宽度，Pattern 选项设置条形图的类型，Border color 选项设置条形图的边框颜色，Border thickness 设置条形图的边框粗细。其他保持默认，单击 OK 按钮。

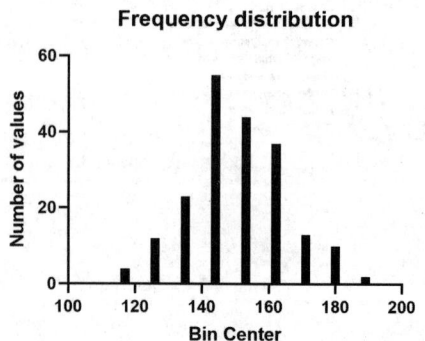

图 8.132　频数分布草图

（6）单击工具栏中的 ⌐ 按钮，弹出如图 8.133（b）所示的对话框，在其中可以进行边框设置。通过 Width（Length of X axis）选项设置 x 轴宽度为 5.57，Height（Length of X axis）选项设置 y 轴高度为 5.57。将 Frame style 选项设置为 Plain Frame，即四边框。

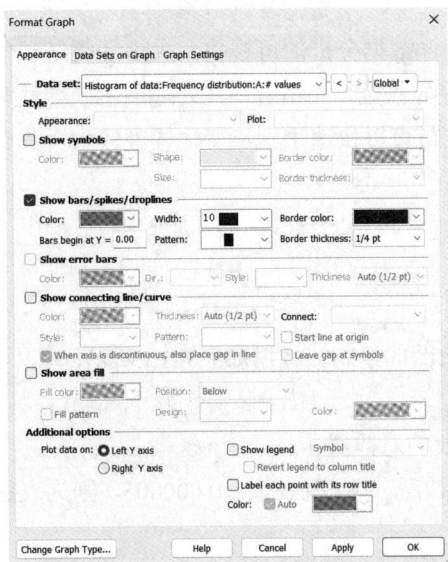
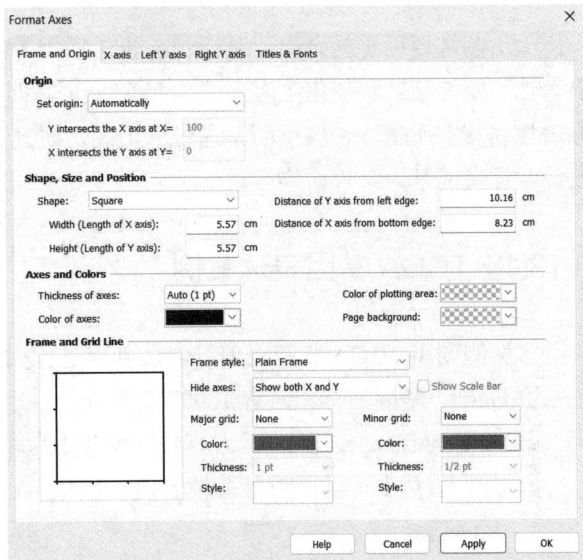

（a）　　　　　　　　　　　　　　　　　　（b）

图 8.133　图形设置

（7）坐标轴名称的修改只需要在草图中单击 x 轴的名称，在弹出的文本框中再单击一次 x 轴的名称即可修改。y 轴的名称、图的名称及图例的名称的修改方法与此相同。最终的图形如图 8.134（a）所示。

🔔 **注意**：读者可自行尝试绘制图 8.134（b）。单击工具栏中的 ⬢ 按钮，再单击 Plotting Area 选项即可。

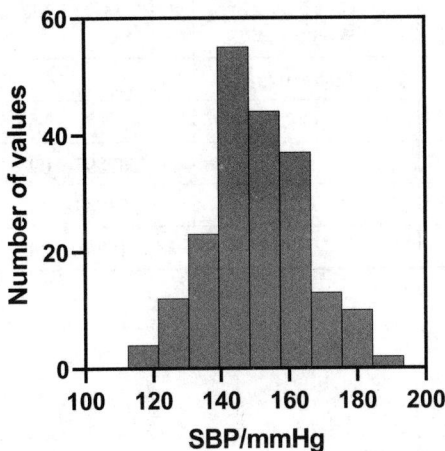
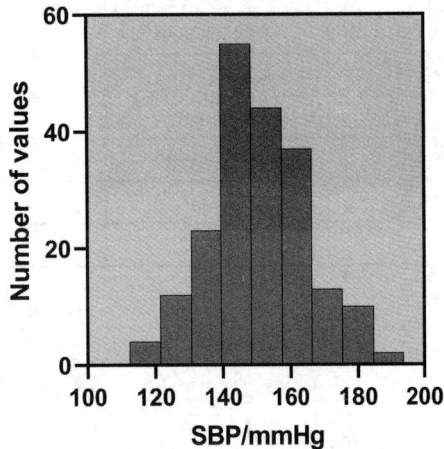

（a）　　　　　　　　　　　　　　　　　　（b）

图 8.134　美化后的直方图

8.19 火 山 图

火山图主要用于转录组、基因组、蛋白质组等组学数据分析的可视化，火山图将统计学显著性（如 P 值）和变化幅度（如 Fold Change，即差异倍数）相结合，直观地展示差异性和显著性，其实质是一种散点图。通过火山图，研究人员可以快速识别出变化幅度较大且具有统计学意义的基因、代谢物等。

8.19.1 TCGA 基因表达案例

本案例利用 TCGA 乳腺癌差异表达基因进行火山图的绘制，数据如表 8.15 所示，其中：

❑ Gene：基因名称，共有 10000 个基因。

❑ log_2FoldChange：基因表达差异倍数以 2 为底数的对数值。

❑ Up：表达上调基因的显著性 p 值。若 log_2FoldChange>2 且 p 值<0.000005，则为表达上调基因。

❑ Down：表达下调基因的显著性 p 值。若 log_2FoldChange<-2 且 p 值<0.000005，则为表达下调基因。

❑ No：表达无差异基因的显著性 p 值。若 log2FoldChange 的绝对值≤2 或者 p 值>0.000005，则为表达无差异基因。

表 8.15　TCGA乳腺癌差异表达基因（部分）

Gene	log_2FoldChange	Up	Down	No
G1	3.367781894	1.3452e−119		
G2	3.157788315	8.033e−115		
G3	3.636913161	1.5845e−112		
G4	−10.45683846		7.59053e−047	
G5	−8.314376151		3.3288e−025	
G6	−7.67976509		3.52383e−034	
G7	1.420493318			3.09897e−093
G8	1.43164446			2.03732e−088
G9	1.324887125			1.45948e−082

8.19.2 绘制火山图

1. 创建分析文件

（1）打开 GraphPad Prism 软件，如图 8.135 所示，在 CREATE 下选择 XY 选项。

（2）选择 Data table 下的 Enter or import data into a new table 单选按钮，再选择 Options

下的 Numbers 和 Enter and plot a single Y value for each point 单选按钮。

（3）单击 Create 按钮，完成分析文件的创建。

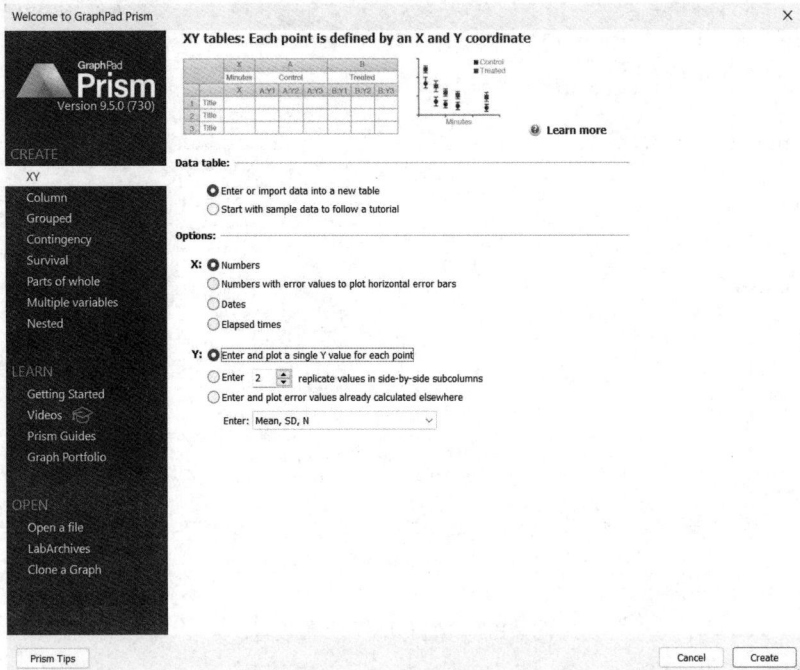

图 8.135 创建分析文件

2. 导入数据

将在 Excel 中整理好的数据直接复制过来，如图 8.136 所示。注意 A、B、C 列的数值需要错列输入。

图 8.136 数据复制（部分）

3. 绘图

（1）在图 8.136 中，单击导航栏 Results 下的 New Analysis，弹出新的对话框，如图 8.137（a）所示。在图 8.137（a）中，选择 Transform,Normalize 下的 Transform，单击 OK 按钮，弹

出参数设置对话框，如图 8.137（b）所示。

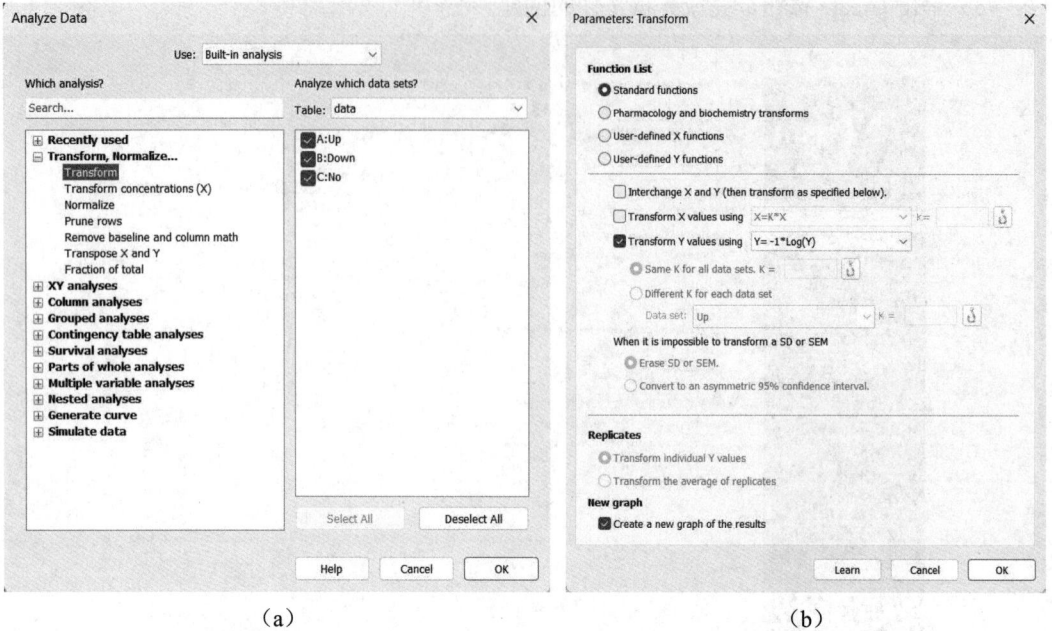

（a）　　　　　　　　　　　　　　　　　（b）

图 8.137　数据分析及参数设置

（2）在图 8.137（b）中，选择 Function List 菜单下的 Standard functions 对数据进行转换。Standard functions 提供了多种标准的数据转换函数，此处我们选择 Transform Y values using Y=-1*Log(Y)，即对图 8.136 中的 Y 列数据进行对数转换后取相反数。勾选 New graph 下的 Create a new graph of the results 选项，即弹出图形，如图 8.138 所示。

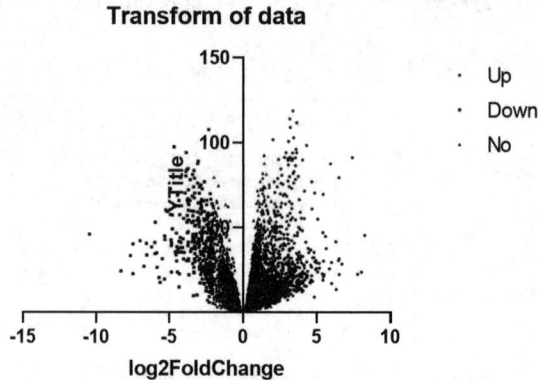

图 8.138　火山图草图

（3）在草图中双击图例中 Up 左侧的散点，弹出上调基因的散点设置对话框，如图 8.139（a）所示。Show symbols 选项下的 Color 选项设置散点的颜色为水红色，Shape 选项设置散点的类型为实心圆，Size 选项设置散点的大小为 1。其他保持默认，单击 OK 按钮。

下调基因、无差异基因所对应的散点设置方法与此相同，分别双击草图图例中 Down、No 左侧的散点，即可弹出相应散点设置对话框，如图 8.139（b）和图 8.139（c）所示。

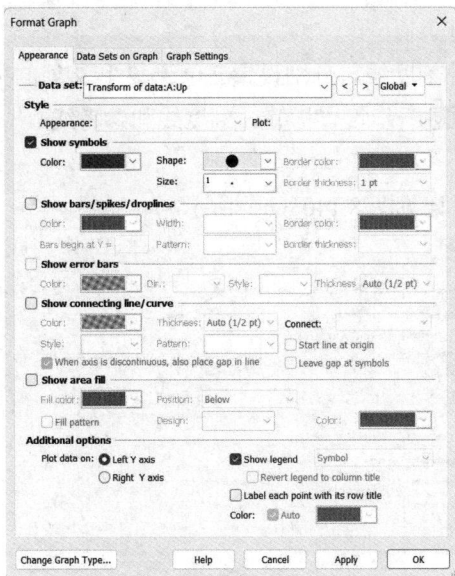
（a）

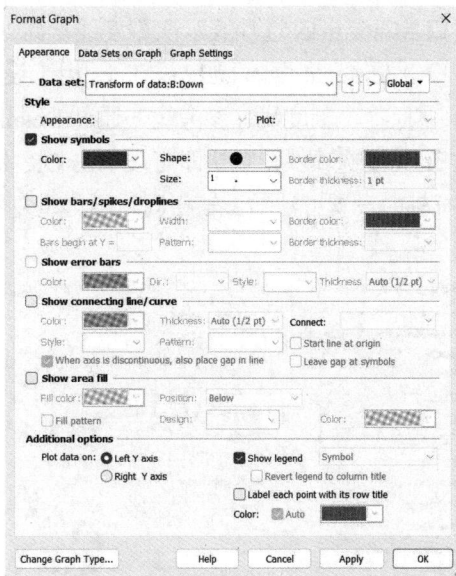
（b）

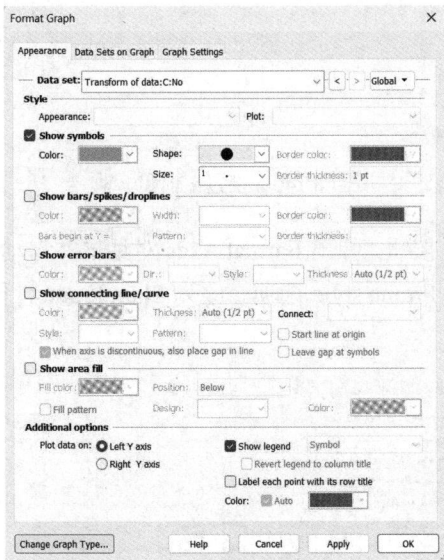
（c）

图 8.139　设置散点

（4）在草图中的 x 轴任意一处双击，即可弹出 x 轴的设置对话框，如图 8.140（a）所示。

❑ 取消勾选 Automatically determine the range and interval 复选框，进行手动设置。

❑ Minimum 选项表示 x 轴的最小值，设置为-10，Maximum 选项表示 x 轴的最大值，设置为 10。

❑ Ticks direction 选项设置为 Down，表示 x 轴的刻度线朝下，即在图形外部。

❑ Ticks length 选项表示刻度线长度的设置，此处选择 Normal。

❑ Major ticks 选项表示主刻度线的间隔，此处设置为 5。

❑ Starting at X=选项表示 x 轴刻度线的起始值，此处设置为-10。

- Minor ticks 选项表示次刻度线，此处选择 0。
- Additional ticks and grid lines 用于设置额外刻度线。分别设置 x 位于 -2 和 2 处的刻度标签、刻度线、参考线，通过 Details 选项进一步设置标签、刻度线和参考线。
- 其他选项保持默认即可，单击 OK 按钮。

y 轴的设置方法与 x 轴相同，不再重复罗列，详见图 8.140（b）所示。

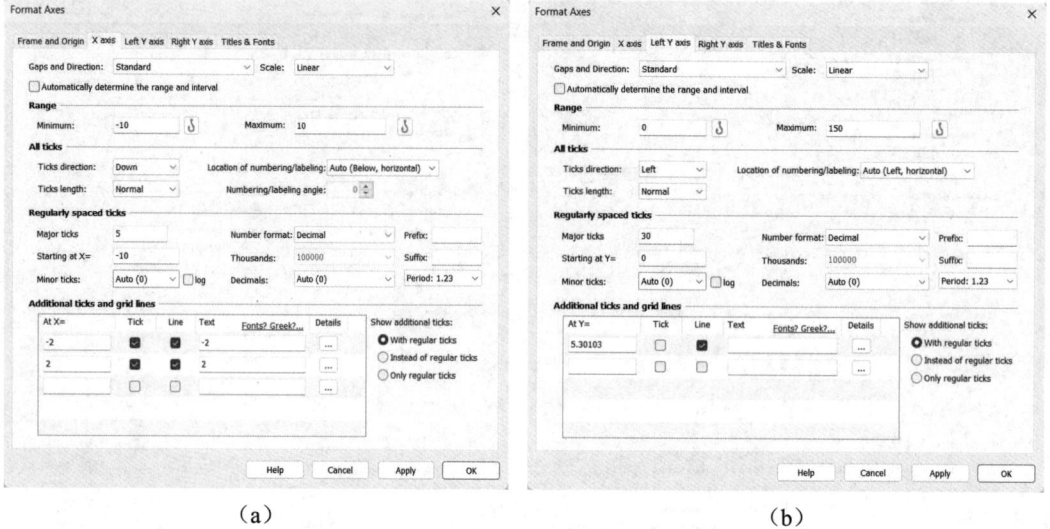

（a）　　　　　　　　　　　（b）

图 8.140　设置 x 轴和 y 轴

（5）单击工具栏中的 ⌐ 按钮，弹出 Format Axes 对话框并自动切换到 Frame and Origin 选项卡，如图 8.141 所示，将 Frame style 选项修改为 Plain Frame，即四边框。其他保持默认，单击 OK 按钮。

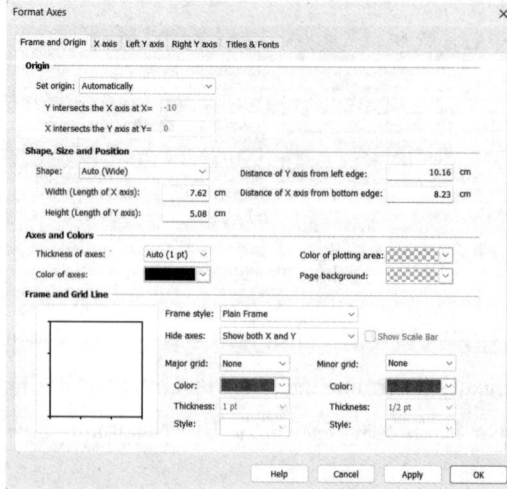

图 8.141　边框设置

（6）坐标轴名称的修改只需要在草图中单击 x 轴的名称，在弹出的文本框中再单击一次 x 轴的名称即可修改。y 轴的名称、图的名称及图例的名称的修改方法与此相同。

（7）在草图中将图例移动至合适位置，最终的图形如图 8.142（a）所示。除此之外，还可以选择其他配色方案，如图 8.142（b）。

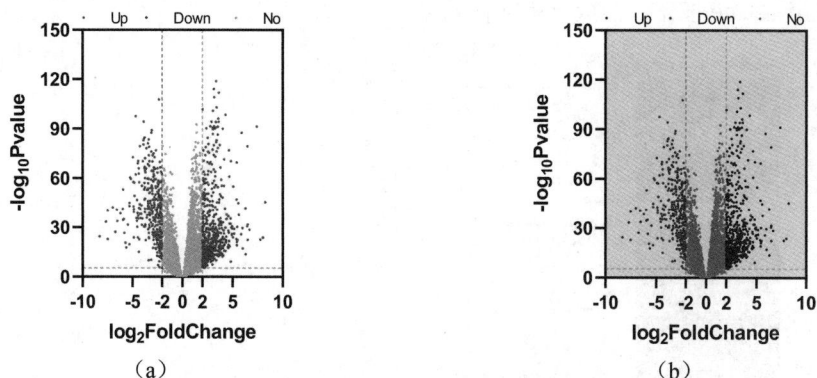

图 8.142 美化后的火山图

8.20 调节效应图

调节效应也称为中介效应，描述了一个变量（调节变量或中介变量）如何影响另外两个变量之间的关系强度和方向，即因变量与自变量的关系受到调节变量的影响。

8.20.1 服务满意度案例

本案例模拟一项研究，分析购买意愿与价格的关系，服务满意度有可能充当调节变量。不同服务满意度下的购买意愿与价格系数及置信区间数据如表 8.16 所示，其中：

❑ Satisfaction：服务满意度。
❑ Estimate：购买意愿与价格的关系。
❑ LL：置信区间下限。
❑ UL：置信区间上限。

表 8.16 不同服务满意度下购买意愿与价格的系数及置信区间（部分）

Satisfaction	Estimate	LL	UL
1.9	−0.5281	−0.8765	−0.1798
2.045	−0.445	−0.7664	−0.1237
2.19	−0.3619	−0.6571	−0.0667
2.335	−0.2788	−0.5489	−0.0087

8.20.2 绘制调节效应图

1．创建分析文件

（1）打开 GraphPad Prism 软件，如图 8.143 所示，在 CREATE 下选择 XY 选项。

（2）选择 Data table 下的 Enter or import data into a new table 单选按钮，再选择 Options 下的 Numbers 和 Enter and plot a single Y value for each point 单选按钮。

（3）单击 Create 按钮，完成分析文件的创建。

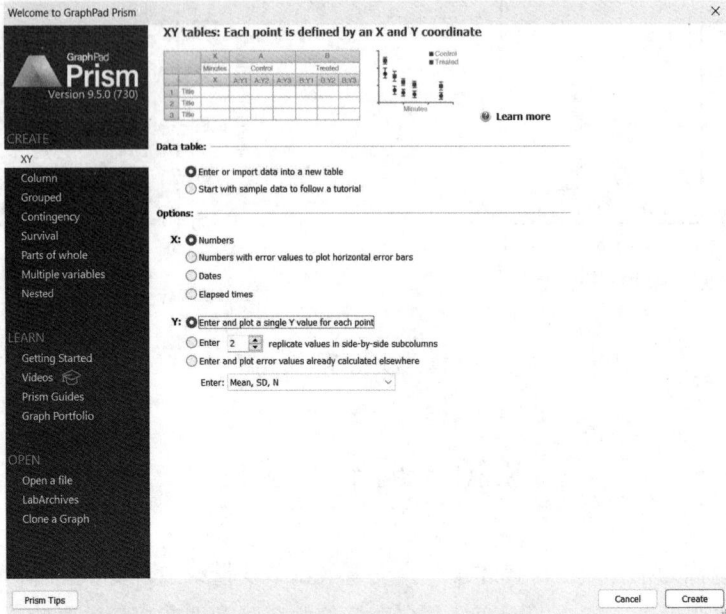

图 8.143　创建分析文件

2. 导入数据

将在 Excel 中整理好的数据直接复制过来，如图 8.144 所示。

		X	Group A	Group B	Group C
		Satisfaction	Estimate	LL	UL
		X	Y	Y	Y
1	Title	1.9000	-0.5281	-0.8765	-0.1798
2	Title	2.0450	-0.4450	-0.7664	-0.1237
3	Title	2.1900	-0.3619	-0.6571	-0.0667
4	Title	2.3350	-0.2788	-0.5489	-0.0087
5	Title	2.3565	-0.2665	-0.5330	0.0000
6	Title	2.4800	-0.1957	-0.4421	0.0507
7	Title	2.6250	-0.1126	-0.3372	0.1120
8	Title	2.7700	-0.0295	-0.2346	0.1756
9	Title	2.9150	0.0536	-0.1353	0.2425
10	Title	3.0600	0.1367	-0.0400	0.3134
11	Title	3.1231	0.1729	0.0000	0.3457
12	Title	3.2050	0.2198	0.0504	0.3892
13	Title	3.3500	0.3029	0.1352	0.4706

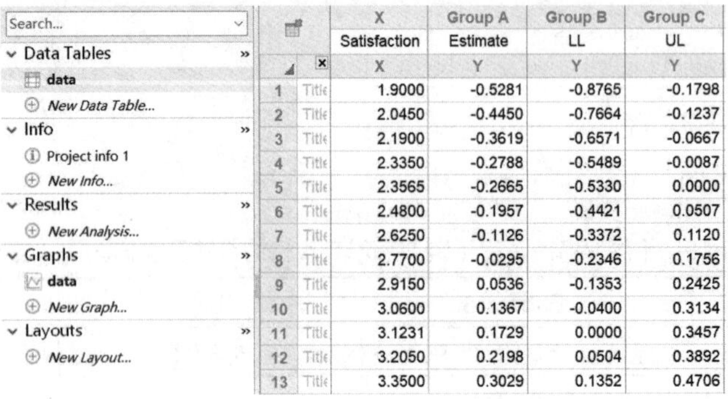

图 8.144　数据复制（部分数据）

3. 绘图

（1）单击图 8.144 导航栏 Graphs 下的 New Graph，即可调出绘图对话框，如图 8.145（a）所示。

- ❑ Graph family 选项选择 XY，选择下方的第 3 个图形。
- ❑ 单击 OK 按钮即出现图形，如图 8.145（b）所示。

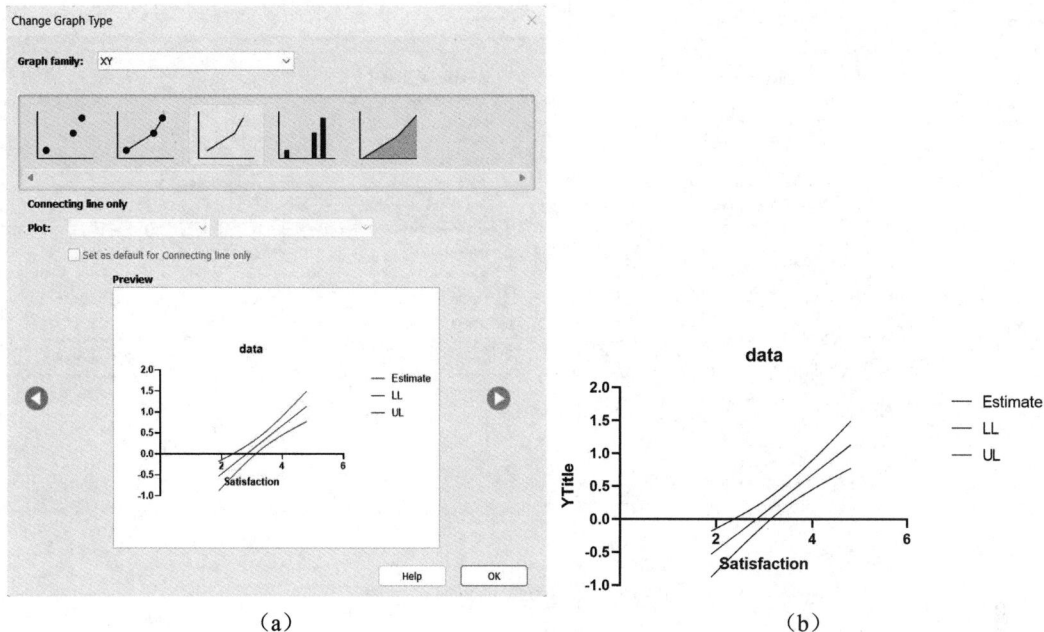

图 8.145　选择图形并绘制调节效应草图

（2）在图 8.145（b）的基础上，进一步对图形进行美化。在草图的 x 轴任意处双击，弹出 x 轴的设置对话框 Format Axes，并自动切换到 X axis 选项卡，如图 8.146（a）所示。

❏ 取消勾选 Automatically determine the range and interval 复选框，进行手动设置。

❏ Minimum 选项设置 x 轴的最小值为 1，Maximum 选项设置 x 轴的最大值为 6。

❏ Major ticks 选项表示主刻度线的间隔，此处设置为 1。

❏ Starting at X=选项表示 x 轴刻度线的起始值，此处设置为 1。

❏ Minor ticks 选项表示次刻度线，选择 2，表示次刻度线将主刻度间隔分成 2 段。

❏ 其他选项保持默认即可。

（3）在草图的 y 轴任意处双击，即可弹出 y 轴的设置对话框，如图 8.146（b）所示。y 轴的设置与 x 轴完全相同，此处不再赘述。

❏ 取消勾选 Automatically determine the range and interval 复选框，进行手动设置。

❏ Minimum 选项设置为-1，Maximum 选项设置为 2。

❏ Ticks direction 选项设置为 Left。

❏ Major ticks 选项设置为 1。

❏ Starting at Y=选项设置为-1。

❏ Minor ticks 选项设置为 0。

❏ 在 Additional ticks and grids lines 选项中设置 Y=0 的参考线，通过 Details 选项进一步对参考线属性进行设置，如颜色、粗细和类型等。

❏ 其他选项保持默认即可。

（4）坐标轴名称的修改只需要在草图中单击 x 轴的名称即弹出文本框，在文本框中再单击一次，即可修改 x 轴名称。y 轴的名称、图的名称可按相同的方法修改。

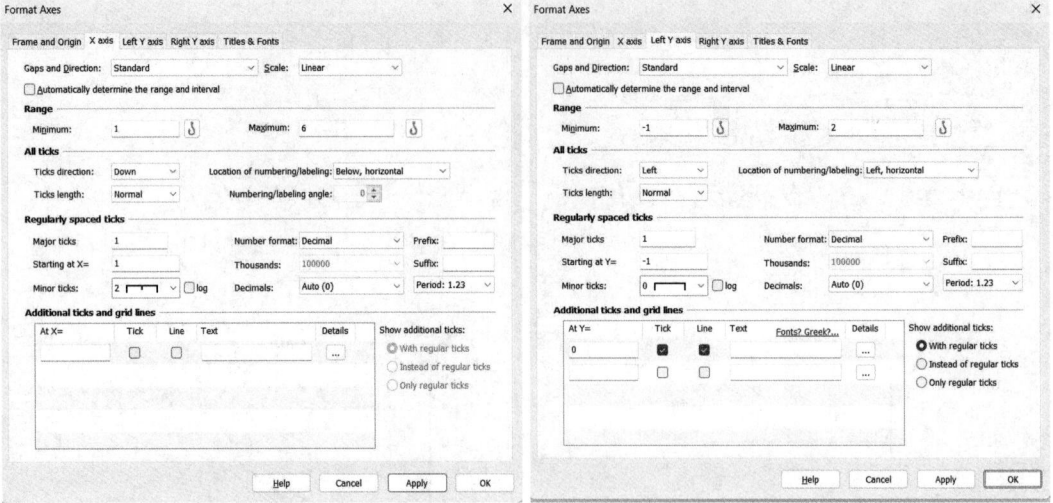

图 8.146　x 轴和 y 轴设置对话框

（5）在草图中双击图例中 Estimate 左侧的图，弹出新的对话框如图 8.147（a）所示。勾选 Show connecting line/curve 选项，Color 选项设置线的颜色为红色，Thickness 选项设置线的粗细为 2pt，Style 选项设置线的类型为线段，Pattern 选项设置线的形式为实线，其他保持默认，单击 OK 按钮。LL、UL 的设置相同，不再赘述。设置完成后删除图例。

（6）单击工具栏中的 按钮，弹出 Format Axes 对话框并自动切换到 Frame and Origin 选项卡，如图 8.147（b）所示。将 Frame and Grid Line 系列选项中的 Frame style 选项设置为 Plain Frame，即图形有四边框。其他保持默认。单击 OK 按钮。

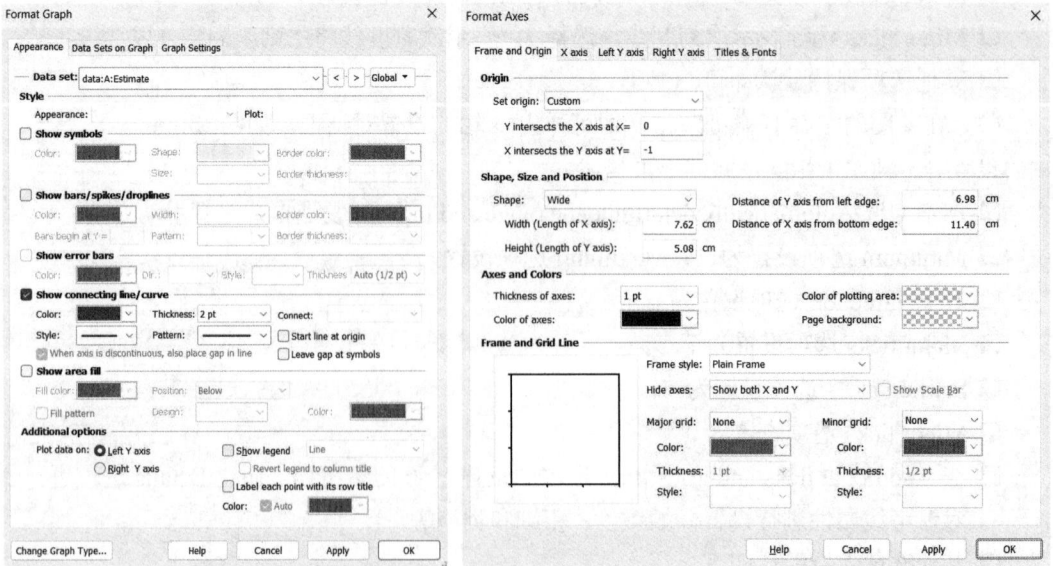

图 8.147　设置 Estimate 线和图的边框

· 280 ·

（7）单击工具栏中的 T 按钮，添加相应文字并将其移动至图内的合适位置，最终的图形如图 8.148 所示。

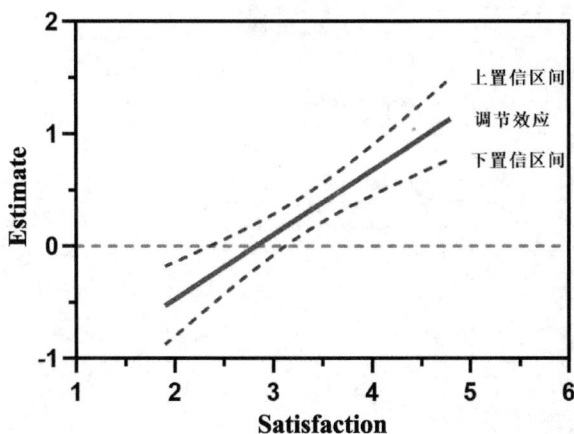

图 8.148 美化后的调节效应图

8.21 交互效应图

当两个变量之间存在交互作用时，它们对因变量的影响不是独立的，而是相互依赖的。此时可以通过交互效应图展示这种依赖关系的变化趋势。

8.21.1 工作效率案例

本案例参考相关资料模拟一项研究，分析薪酬水平、加班程度对工作效率的影响。其中，薪酬水平分为高薪酬、低薪酬，加班程度分为加班多和加班少。

8.21.2 绘制交互效应图

1．创建分析文件

（1）打开 GraphPad Prism 软件，如图 8.149 所示，在 CREATE 下选择 Grouped 选项。

（2）选择 Data table 下的 Enter or import data into a new table 单选按钮，再选择 Options 下的 Enter and plot a single Y value for each point 单选按钮。

（3）单击 Create 按钮，完成分析文件的创建。

2．录入数据

录入数据，如图 8.150 所示。

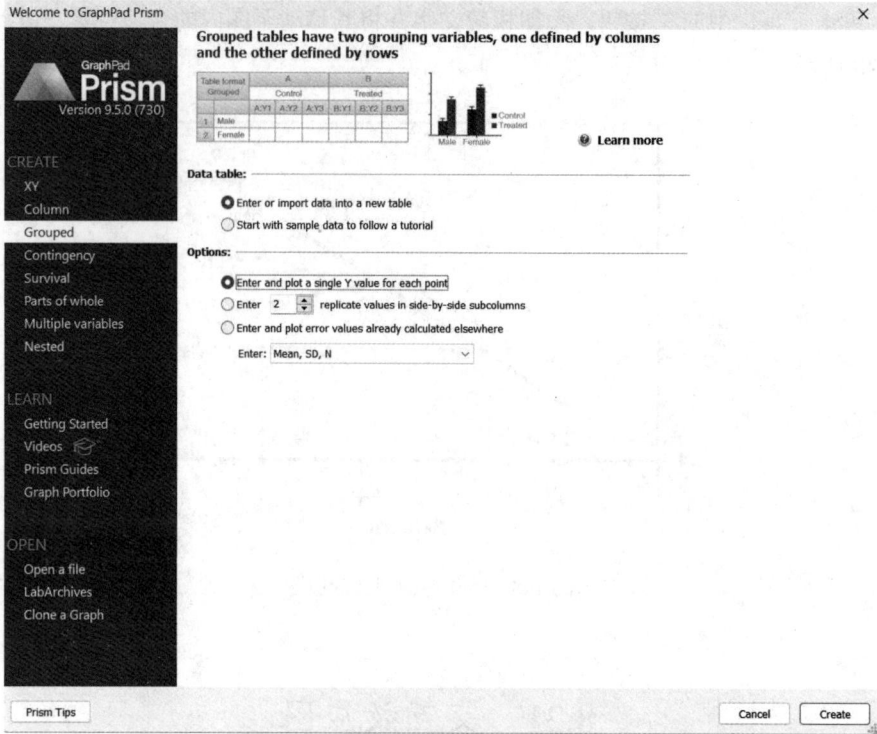

图 8.149　创建分析文件

图 8.150　录入数据

3. 绘图

（1）单击图 8.150 导航栏 Graphs 下的 New Graph，即可调出绘图对话框，如图 8.151（a）所示。

❑ Graph family 选项选择 Grouped，选择 Summary data 选项中的最后一个图形。

❑ 单击 OK 按钮即出现图形，如图 8.151（b）所示。

（2）在图 8.151（b）的基础上进一步对图形进行美化。在草图的 x 轴任意处双击，即可

弹出 x 轴的设置对话框并自动切换到 X axis 选项卡，如图 8.152（a）所示。

- ❑ Ticks direction 选项设置为 Down，表示 x 轴的刻度线朝下，即在图形外部。
- ❑ Ticks length 表示刻度线长度的设置，此处选择 Short，即短刻度线。
- ❑ 其他选项保持默认即可，单击 OK 按钮。

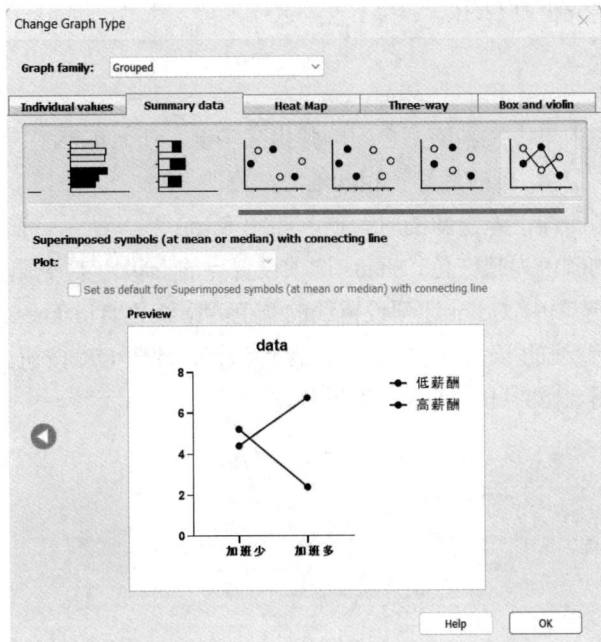

（a）

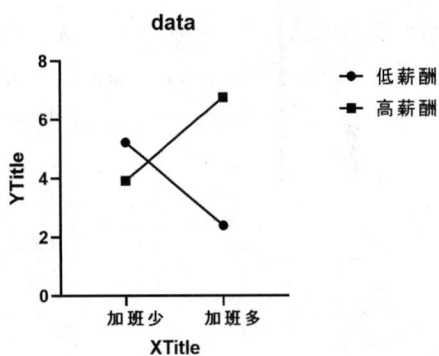

（b）

图 8.151　选择图形并绘制交互效应草图

（3）在草图的 y 轴任意处双击，即可弹出 y 轴的设置对话框，如图 8.152（b）所示。

- ❑ 取消勾选 Automatically determine the range and interval 复选框，进行手动设置。

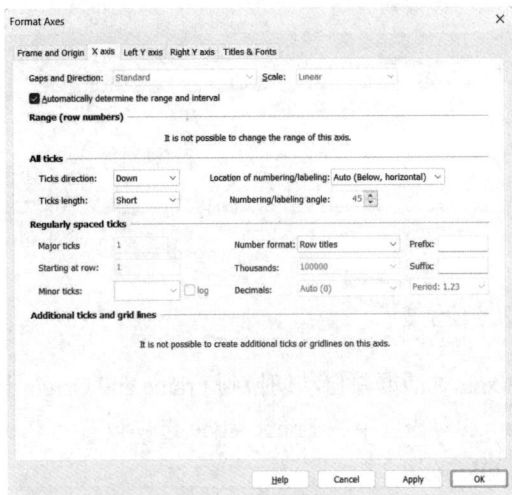

（a）

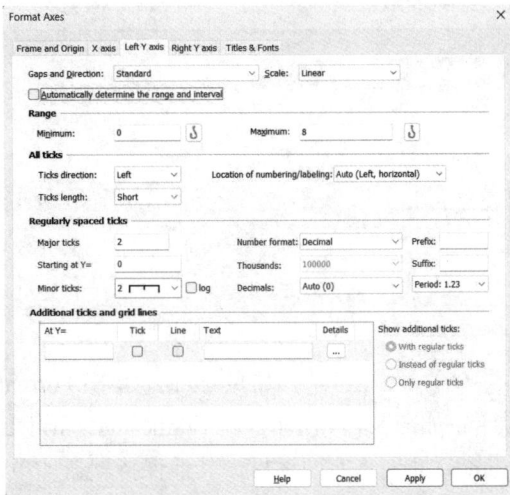

（b）

图 8.152　x 轴和 y 轴的设置对话框

❏ Minimum 选项设置 y 轴的最小值为 0，Maximum 选项设置 y 轴的最大值为 8。

❏ Ticks direction 选项设置为 Left，表示 y 轴的刻度线朝左，即在图形外部。

❏ Ticks length 表示刻度线长度的设置，此处选择 Short，即短刻度线。

❏ Major ticks 选项设置主刻度线间隔为 2。

❏ Starting at Y=选项设置主刻度标签起始值为 0。

❏ Minor ticks 选项设置次刻度线为 2。

❏ 其他选项保持默认即可。

（4）坐标轴名称的修改只需要在草图中单击 x 轴的名称，即弹出文本框，在文本框中再单击一次，即可修改 x 轴的名称。y 轴的名称、图的名称按相同的方法修改。

（5）在草图中双击图例中低薪酬左侧的图，弹出新的对话框，如图 8.153（a）所示。在 Symbols 系列选项中，Color 选项设置点的颜色为暗红色，Shape 选项设置点的形状为实心圆，Size 选项设置点的大小为 4。在 Lines 系列选项中，Color 选项设置线的颜色为暗红色，Thickness 选项设置线的粗细为 1pt，Pattern 选项设置线的形式为实线，其他保持默认，单击 OK 按钮。图例中高薪酬的设置方法与此相同，如图 8.153（b）所示，不再赘述。

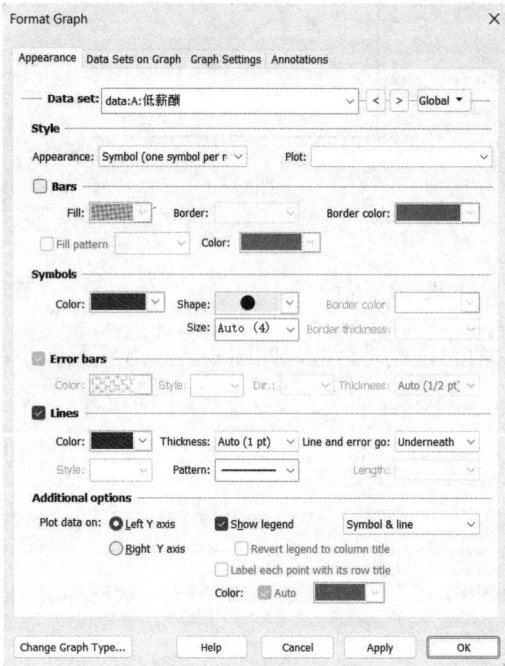
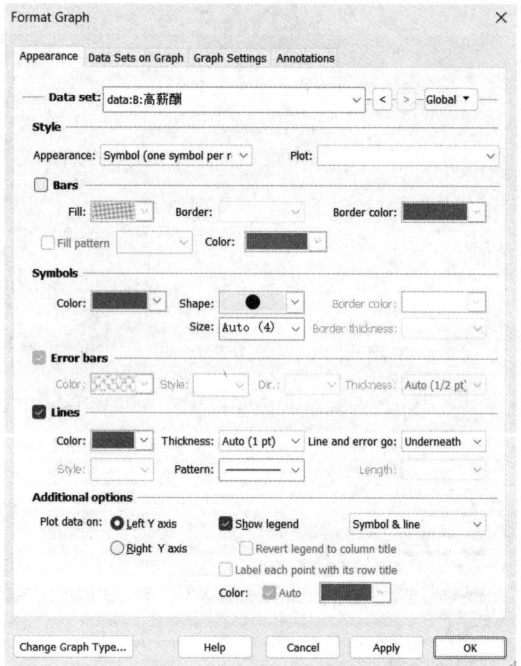

（a）　　　　　　　　　　　　　　　（b）

图 8.153　线及点的设置

（6）单击工具栏中的 按钮，弹出 Format Axes 对话框并自动切换到 Frame and Origin 选项卡，如图 8.154 所示。将 Frame and Grid Line 系列选项中的 Frame style 选项设置为 Plain Frame，即图形有四边框。其他保持默认。单击 OK 按钮。

（7）选中图例并将其移动至图内的合适位置，最终的图形如图 8.155 所示。

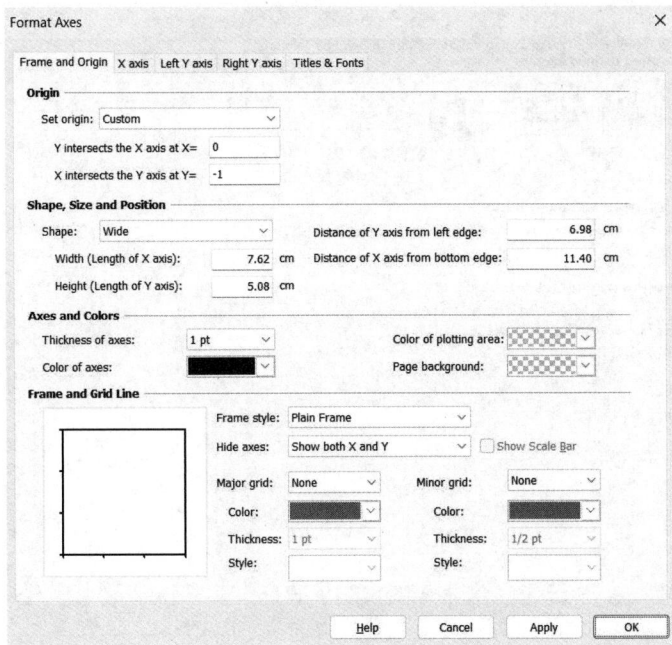

图 8.154　图的边框设置

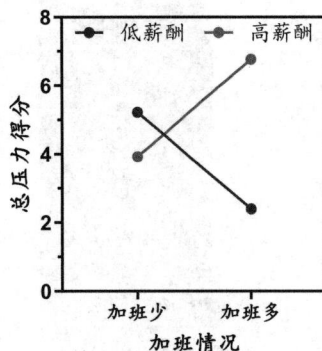

图 8.155　美化后的调节效应图

8.22　人口金字塔图

人口金字塔图是以性别和年龄构成的塔状图，其实质是双向柱状图。人口金字塔图通常以年龄为 y 轴，以人口数为 x 轴，按照男左女右的形式绘制图形。

8.22.1　人口分布案例

本案例参考相关资料模拟某地人口构成数据，罗列了不同年龄段男性人数、女性人数的数据，根据数据绘制人口金字塔图。

8.22.2　绘制人口金字塔图

1. 创建分析文件

（1）打开 GraphPad Prism 软件，如图 8.156 所示，在 CREATE 下选择 Grouped 选项。

（2）选择 Data table 下的 Enter or import data into a new table 单选按钮，再选择 Options 下的 Enter and plot a single Y value for each point 单选按钮。

（3）单击 Create 按钮，完成分析文件的创建。

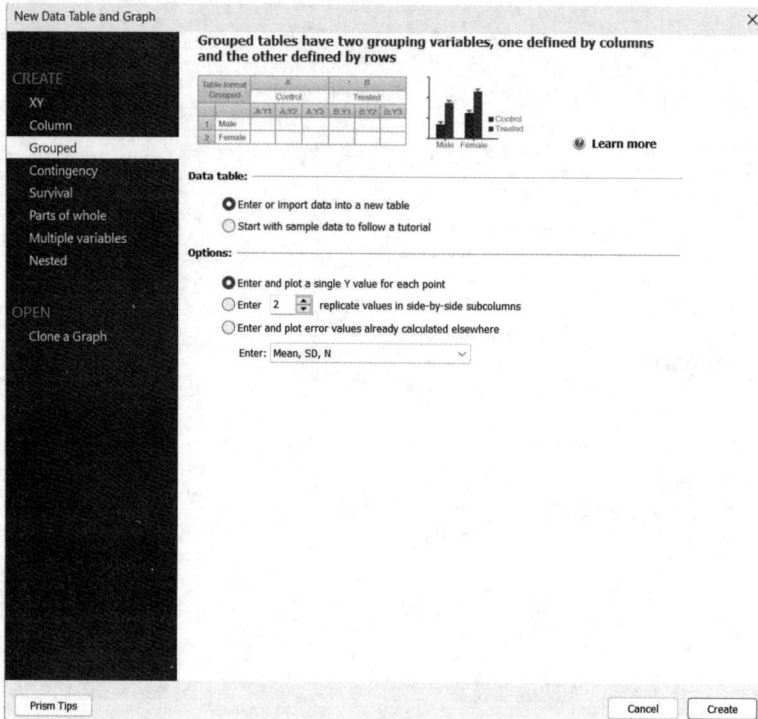

图 8.156　创建分析文件

2. 录入数据

录入数据，如图 8.157 所示。行标题中的 0-4 表示 0～4 岁、5-9 表示 5～9 岁，以此类推。Group A 列中表示当地男性各年龄段的人数（单位为千人），特别注意的是其数值前面需要加负号，以使其图形位于左侧。Group B 列表示当地女性各年龄段的人数（单位为千人）。在图 8.157 左侧导航栏的 Data Table 下将本次数据名称修改为 Data。

Table format: Grouped	Group A Male	Group B Female
1 0-4	-32.626	29.739
2 5-9	-48.050	42.805
3 10-14	-49.147	42.880
4 15-19	-42.745	36.951
5 20-24	-39.174	34.582
6 25-29	-44.839	40.251
7 30-34	-60.577	56.338
8 35-39	-56.428	53.480
9 40-44	-50.512	47.996
10 45-49	-52.954	51.035
11 50-54	-64.480	63.310
12 55-59	-58.886	58.692
13 60-64	-35.913	36.206
14 65-69	-39.361	40.692
15 70-74	-28.407	30.436
16 75-79	-16.986	19.058
17 80-84	-10.203	12.335
18 85-89	-5.237	7.379
19 90+	-2.043	3.295

图 8.157　录入数据

3．绘图

（1）单击图 8.157 左侧导航栏 Graphs 下的 Data，即可弹出绘图对话框，如图 8.158（a）所示。

  ❑ 在 Graph family 选项中选择 Grouped，再选择 Summary data 选项中的第 6 个图形。

  ❑ 单击 OK 按钮即出现图形，如图 8.158（b）所示。

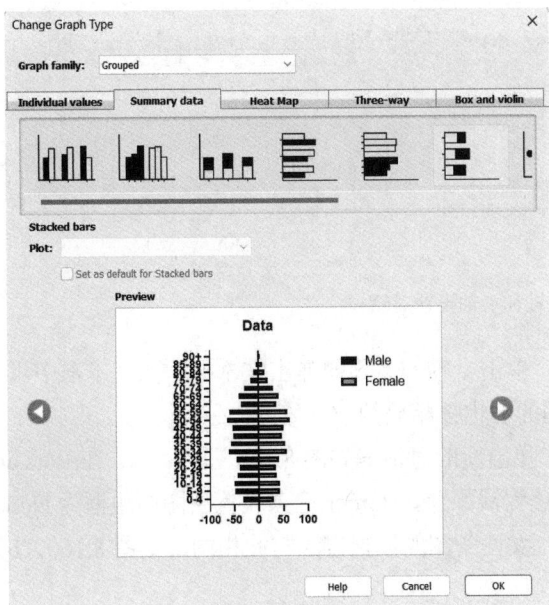 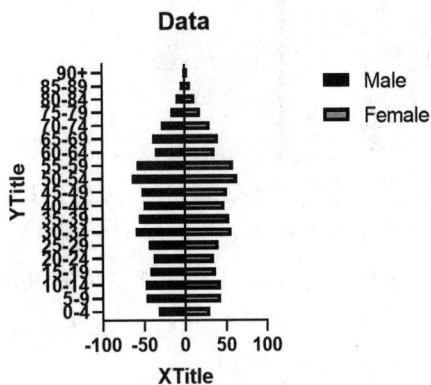

（a） （b）

图 8.158 选择图形并绘制人口金字塔草图

（2）在图 8.158（b）的基础上，进一步对图形进行美化。在草图的 x 轴任意处双击，弹出 x 轴的设置对话框 Format Axes 并自动切换到 X axis 选项卡，如图 8.159（a）所示。

  ❑ 取消勾选 Automatically determine the range and interval 复选框，进行手动设置。

  ❑ Minimum 选项设置 x 轴最小值为-80。Maximum 选项设置 x 轴最大值为 80。

  ❑ Ticks direction 选项设置为 Down，表示 x 轴的刻度线朝下，即在图形外部。

  ❑ Ticks length 表示刻度线长度的设置，此处选择 Short，即短刻度线。

  ❑ Major ticks 选项设置为 20，即主刻度线间隔为 20。

  ❑ Starting at X=选项设置为-80，表示 x 轴刻度线起始点为-80。

  ❑ Minor ticks 选项设置为 0，表示无次刻度线。

  ❑ 在 Additional ticks and grid lines 系列选项中，在 At X=选项相应的 x 轴坐标点中，将其刻度标签用 Text 选项重命名，比如-80 的 x 轴坐标点修改为 80，以此类推。

  ❑ 其他选项保持默认即可，单击 OK 按钮。

（3）在草图的 y 轴任意处双击，即可弹出 y 轴的设置对话框，如图 8.159（b）所示。

  ❑ Ticks direction 选项设置为 None，表示 y 轴无刻度线。

  ❑ 其他选项保持默认即可，单击 OK 按钮。

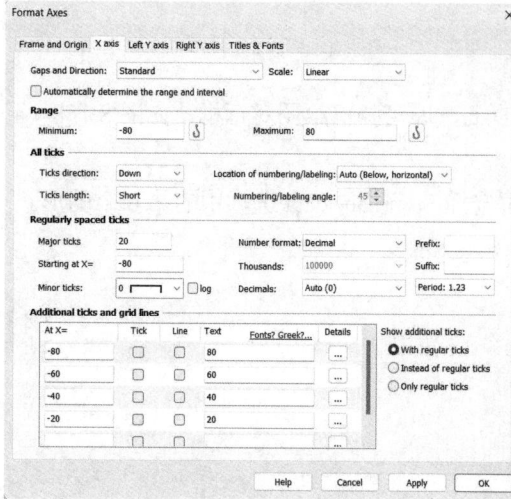
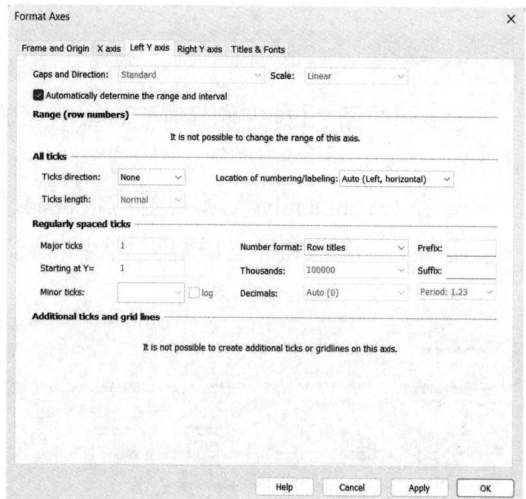

（a）　　　　　　　　　　　　　　　　（b）

图 8.159　x 轴和 y 轴设置对话框

（4）坐标轴名称的修改只需在草图中，单击 x 轴的名称即弹出文本框，在文本框中再单击一次，即可修改 x 轴名称。y 轴名称、图的名称按相同的方法修改。

（5）在草图中双击图例中男性的条图，弹出新的对话框如图 8.160（a）所示。在 Bars and boxes 系列选项中，Fill 选项设置条图的颜色为浅绿色，Border 选项设置条图的边框为 None，即无边框，其他保持默认，单击 OK 按钮。女性条图的设置方法与此相同，如图 8.160（b）所示，不再重复罗列。

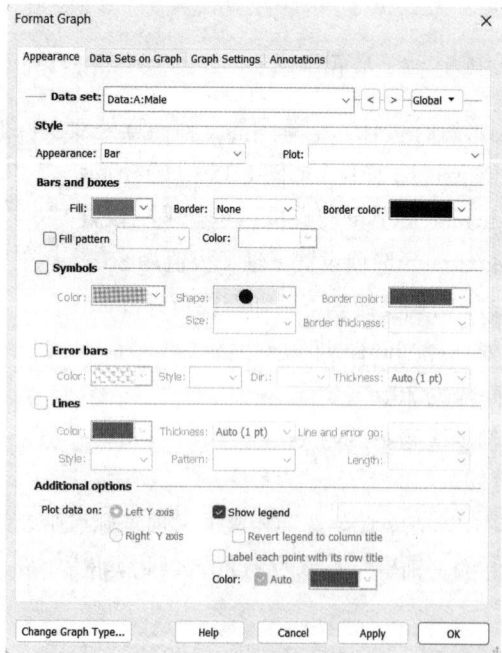
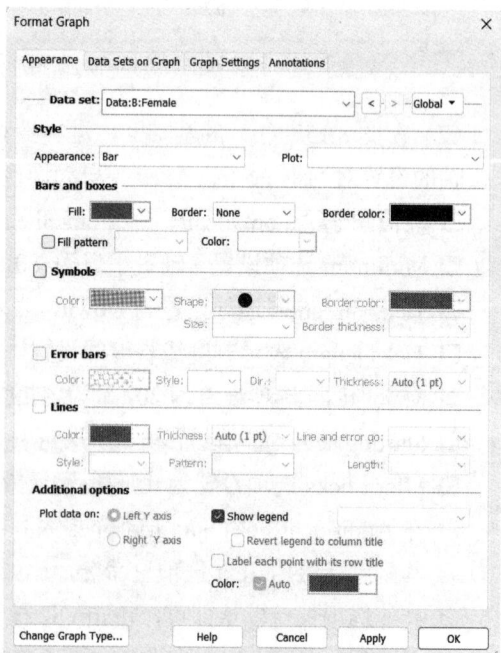

（a）　　　　　　　　　　　　　　　　（b）

图 8.160　条图参数设置

（6）单击工具栏中的 按钮，弹出 Format Axes 对话框并自动切换到 Frame and Origin 选项卡，如图 8.161 所示。将 Frame and Grid Line 选项中的 Frame style 选项设置为 Plain Frame，即图形有四边框。其他保持默认。单击 OK 按钮。

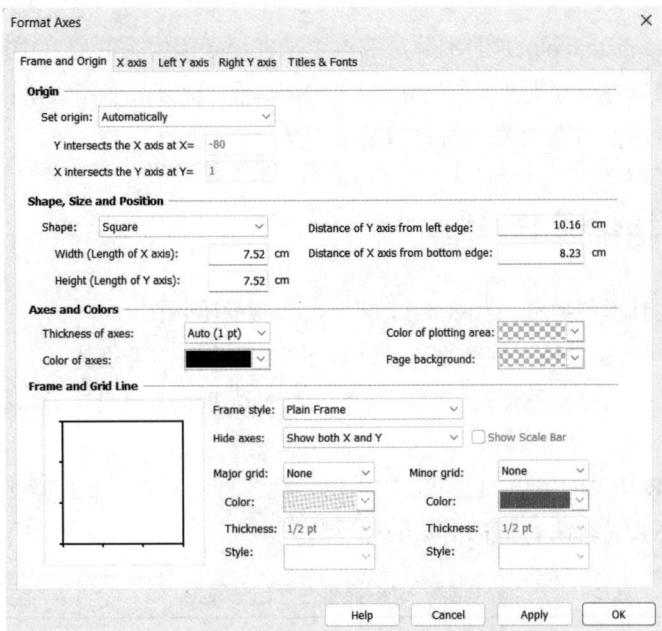

图 8.161　图的边框设置

（7）选中图例并将其移动至图内的合适位置，最终的图形如图 8.162（a）所示。除此之外也可以绘制图 8.162（b）。

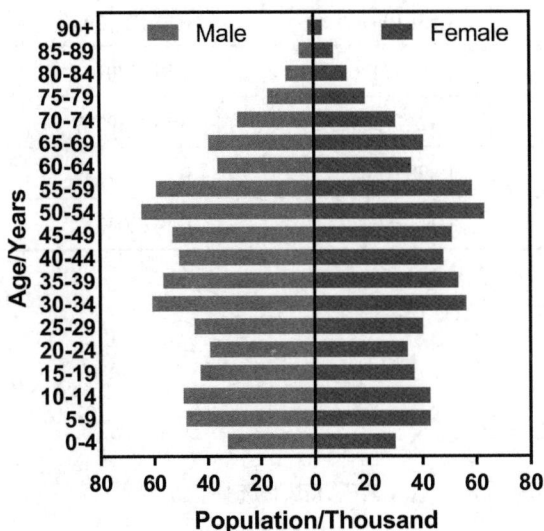

（a）

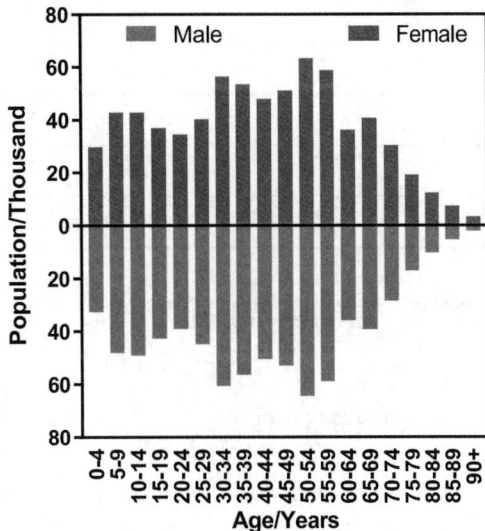

（b）

图 8.162　美化后的人口金字塔图

8.23　曼　哈　顿　图

曼哈顿图（Manhattan plot）的本质是散点图，在全基因组关联研究中应用广泛，主要用于显示单核苷酸多态性的显著性。曼哈顿图的 x 轴表示单核苷酸多态性所在的染色体位置，y 轴表示单核苷酸多态性与表型关联的 P 值的负对数。

8.23.1　单核苷酸多态性案例

本案例参考文献模拟数据，如表 8.17 所示，绘制曼哈顿图。

❏ CHR：不同的染色体，用数字 1～22 表示 22 个不同的染色体。

❏ Pos：SNP 在相应染色体的位置，需要注意的是 Pos 变量是笔者随机生成的，不代表真实情况。

❏ Pos2：CHR 变量的数值加上 Pos 的数值，后续将使用 Pos2 绘制曼哈顿图。

❏ −log P：SNP 显著性 P 值的对数的相反数。

表 8.17　SNP显著性（部分数据）

CHR	Pos	Pos2	-log P
1	0.701757908	1.701757908	0.028225457
1	0.654124108	1.654124108	0.543422133
1	0.451824806	1.451824806	0.192637155
1	0.538109746	1.538109746	0.28475236
1	0.872574769	1.872574769	0.870740114
1	0.924175095	1.924175095	0.182439727
1	0.89851605	1.89851605	0.339379449
1	0.311220612	1.311220612	0.143203312

8.23.2　绘制曼哈顿图

1.　创建分析文件

（1）打开 GraphPad Prism 软件，如图 8.163 所示，在 CREATE 下选择 XY 选项。

（2）选择 Data table 下的 Enter or import data into a new table 单选按钮，再选择 Options 下的 Numbers 和 Enter and plot a single Y value for each point 单选按钮。

（3）单击 Create 按钮，完成分析文件的创建。

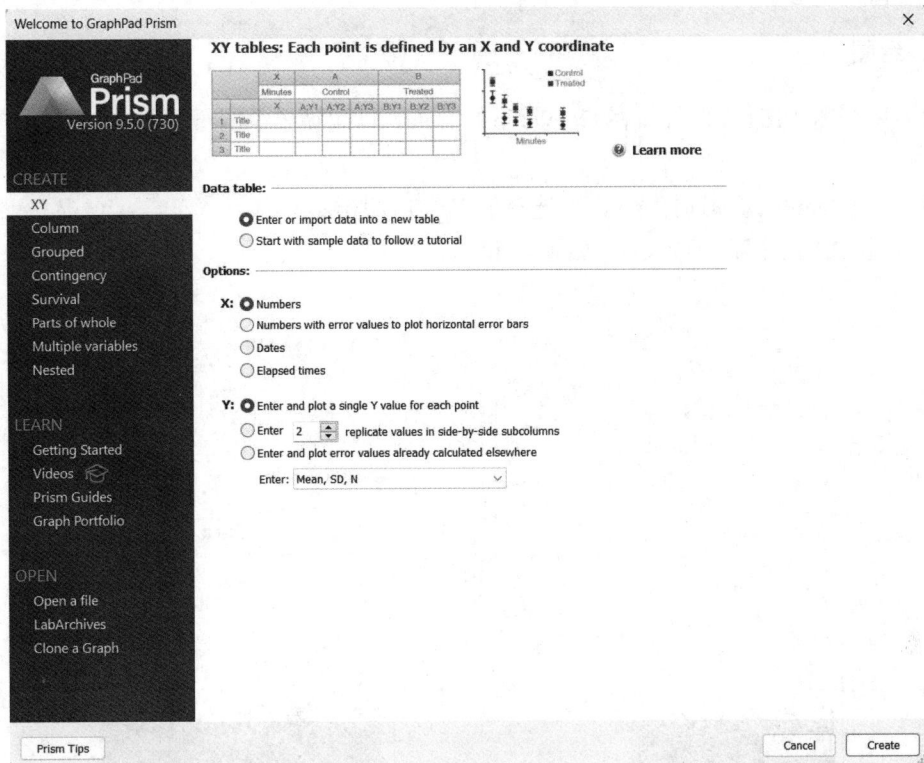

图 8.163　创建分析文件

2．录入数据

录入数据，如图 8.164 所示。X 列放入 Pos2 变量，Group A 列放入染色体 1 的 SNP 的-log
P，Group B 列放入染色体 2 的 SNP 的-log P，以此类推。需要注意的是，-log P 需要错列录
入。在图 8.164 左侧导航栏的 Data Table 下将本次数据名称修改为 Data。

		X	Group A	Group B
Search...	Table format: XY	Pos2	1	2
∨ Data Tables		X	Y	Y
▦ Data	750 Title	1.500233534	0.129293357	
⊕ New Data Table...	751 Title	1.229086562	0.527134303	
∨ Info	752 Title	1.670243683	0.349705445	
ⓘ Project info 1	753 Title	1.292532667	0.182405954	
⊕ New Info...	754 Title	1.833328219	0.211867576	
∨ Results	755 Title	1.132763981	0.137387036	
⊕ New Analysis...	756 Title	1.199281062	0.494260687	
∨ Graphs	757 Title	1.616437016	0.841044815	
⎍ Data	758 Title	2.241761927		0.035852075
⊕ New Graph...	759 Title	2.504868916		0.435730846
∨ Layouts	760 Title	2.519335442		0.244618885
⊕ New Layout...	761 Title	2.196768721		0.546664630
	762 Title	2.952763055		1.944242640

图 8.164　录入数据

3. 绘图

（1）单击图 8.164 左侧导航栏 Graphs 下的 Data，即可调出绘图对话框，如图 8.165（a）所示。

❏ Graph family 选项选择 XY，再选择下方第 1 个图形。

❏ 单击 OK 按钮即出现图形，如图 8.165（b）所示。

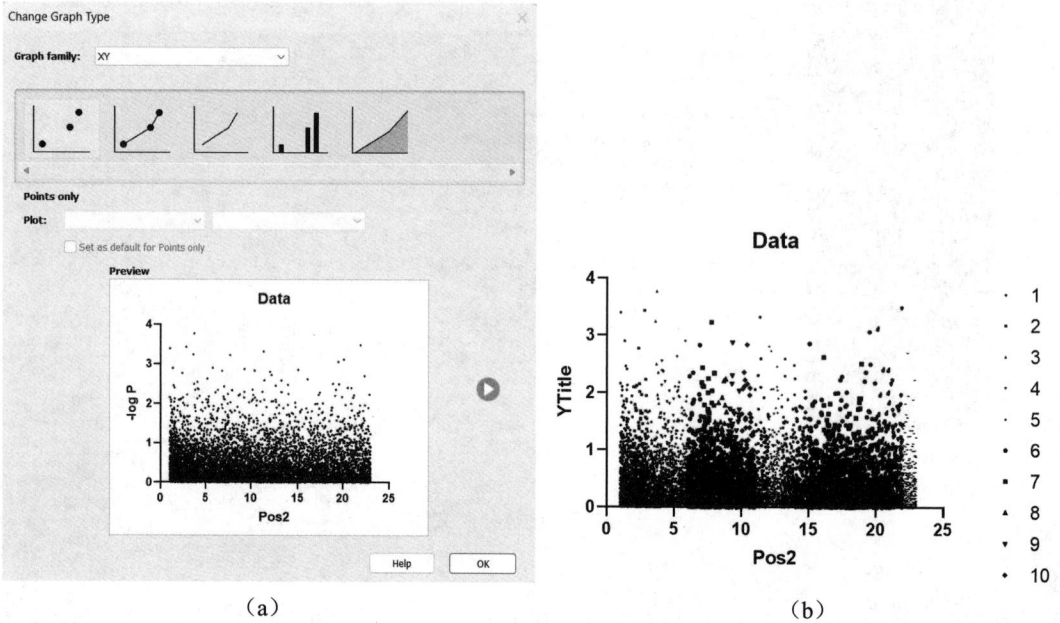

| （a） | （b） |

图 8.165　选择图形并绘制人口金字塔草图

（2）在图 8.165（b）的基础上，进一步对图形进行美化。在草图的 x 轴任意处双击，即可弹出 x 轴的设置对话框并自动切换到 X axis 选项卡，如图 8.166（a）所示。

❏ 取消勾选 Automatically determine the range and interval 复选框，进行手动设置。

❏ Minimum 选项设置 x 轴的最小值为 1，Maximum 选项设置 x 轴的最大值为 22。

❏ Ticks direction 选项设置为 None，即无刻度线。

❏ Major ticks 选项设置为 1，即主刻度线间隔为 1。

❏ Starting at X=选项设置为 1，表示 x 轴刻度线的起始点为 1。

❏ Minor ticks 选项设置为 0，表示无次刻度线。

❏ Location of numbering/labeling 表示 x 轴刻度标签的位置和角度，此处选择 Below, vertical，表示位于 x 轴下方且垂直放置。

❏ Prefix 选项设置为 Chr，即刻度标签的前缀为 Chr。

❏ 其他选项保持默认即可，单击 OK 按钮。

（3）单击工具栏中的 按钮，切换到 Frame and Origin 选项卡，如图 8.166（b）所示。

❏ 在 Shape,Size and Position 系列选项中，Shape 选项设置为 Custom 即自定义。Width （Length of X axis）选项设置 x 轴的宽度为 10.00cm；Height（Length of Y axis）选项

设置 y 轴的高度为 5.08cm。

❑ Axes and Colors 系列选项可以设置坐标轴的粗细和颜色，Thickness of axes 选项设置坐标轴粗细为 1/2 pt。

❑ 其他选项保持默认，单击 OK 按钮。

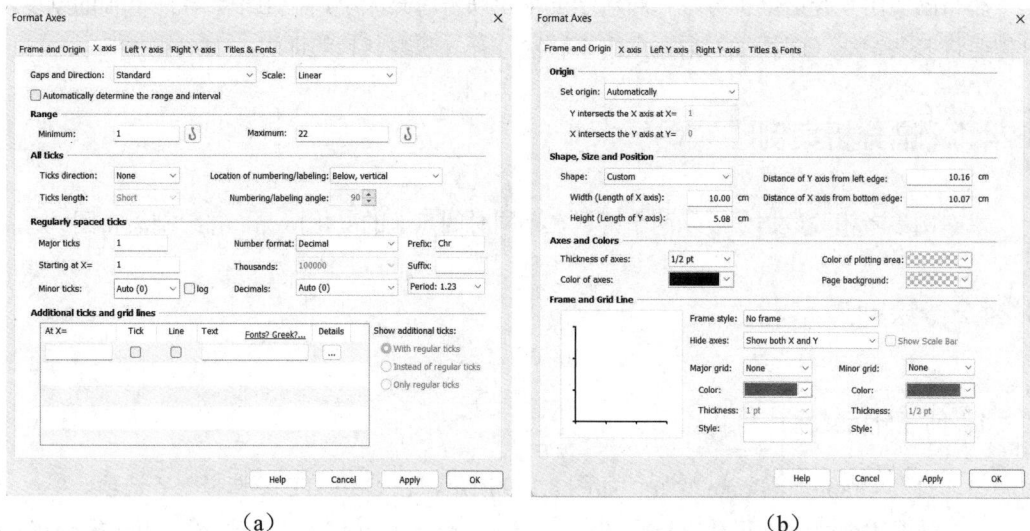

（a）　　　　　　　　　　　　　　　　（b）

图 8.166　x 轴和图的边框设置对话框

（4）坐标轴名称的修改只需要在草图中，单击 x 轴的名称即弹出文本框，在文本框中再单击一次，即可修改 x 轴名称。y 轴的名称、图的名称按相同的方法修改。

（5）单击工具栏中的 ⬤· 按钮，弹出新的对话框，如图 8.167 所示，在其中可以进行自动配色，这里选择 Decades 下的 2010s。

（6）选中图例并将其删除，最终图形如图 8.168（a）所示。读者也可以修改图 8.168（a）中的配色，最终效果如图 8.168（b）所示。

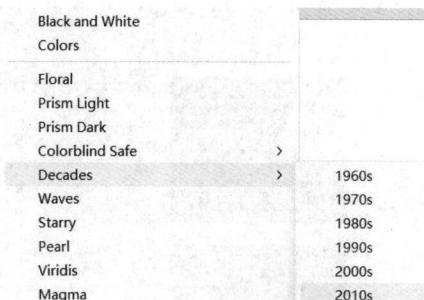

图 8.167　自动配色设置

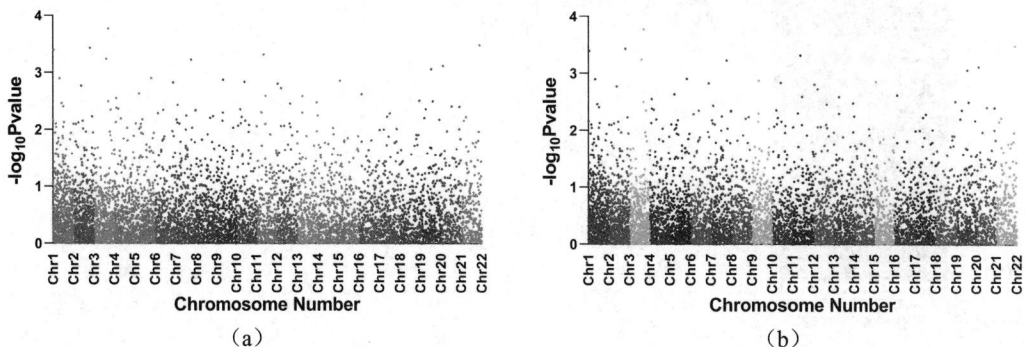

（a）　　　　　　　　　　　　　　　　（b）

图 8.168　美化后的曼哈顿图

8.24　瀑　布　图

瀑布图多用于光谱分析等，一般对于 y 轴无须考虑其大小，甚至不会标注 y 轴的刻度，只需要将多条谱线（即折线）通过上下平移区分开，观察其趋势即可。

8.24.1　谱分析案例

本案例参考相关数据，展示两个变量在不同时间点上的变化情况，并绘制瀑布图。

8.24.2　绘制瀑布图

1．创建分析文件

（1）打开 GraphPad Prism 软件，如图 8.169 所示，在 CREATE 下选择 XY 选项。

（2）选择 Data table 下的 Enter or import data into a new table 单选按钮，再选择 Options 下的 Numbers 和 Enter and plot a single Y value for each point 单选按钮。

（3）单击 Create 按钮，完成分析文件的创建。

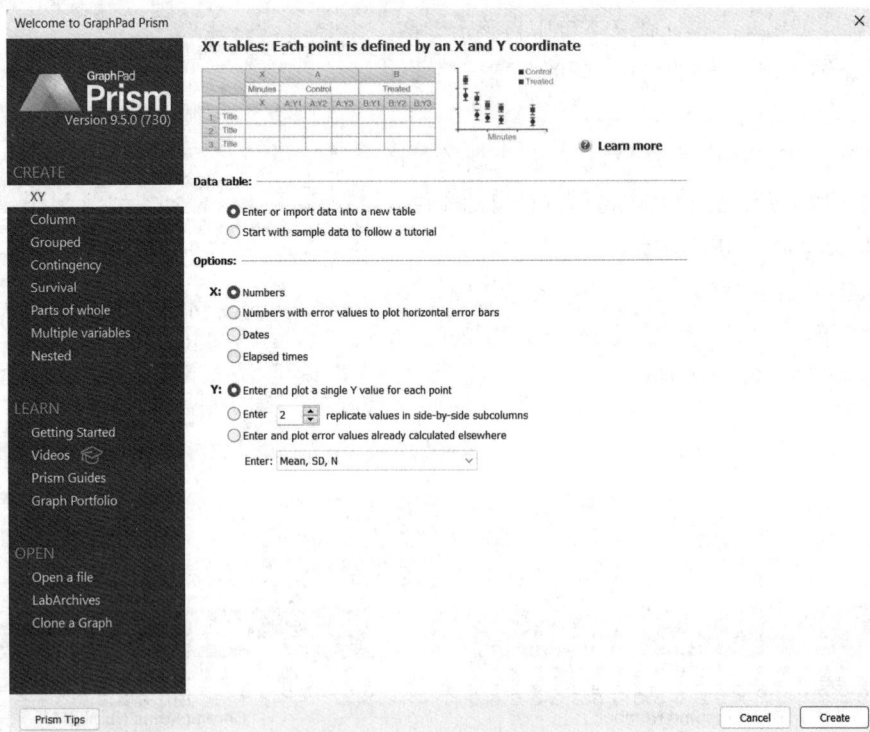

图 8.169　创建分析文件

2. 录入数据

录入数据，如图 8.170 所示，X 列表示时间，A、B 列分别表示不同的变化数据。在图 8.170 左侧导航栏的 Data Table 下将本次数据名称修改为 Data。

Search...	Table format: XY	X	Group A	Group B
Data Tables		X Title	Wave1	Wave2
Data		X	Y	Y
New Data Table...	1 Title	1.000000000	0.000000000	0.000833586
Info	2 Title	2.000000000	-0.001276143	-0.000524555
Project info 1	3 Title	3.000000000	-0.003226369	-0.002373750
New Info...	4 Title	4.000000000	0.000351008	0.000453510
Results	5 Title	5.000000000	0.002100112	0.022203373
New Analysis...	6 Title	6.000000000	-0.000698909	-0.000373592
Graphs	7 Title	7.000000000	0.000504881	0.001391130
Data	8 Title	8.000000000	-0.004879107	-0.003881464
New Graph...	9 Title	9.000000000	0.004840291	0.005837892
Layouts	10 Title	10.000000000	-0.006176945	-0.006126584
New Layout...	11 Title	11.000000000	0.001218880	0.001824253
	12 Title	12.000000000	0.001919667	0.002082862

图 8.170　录入数据

3. 绘图

（1）单击图 8.170 左侧导航栏 Graphs 下的 Data，即可调出绘图对话框，如图 8.171（a）所示。

❑ Graph family 选项选择 XY，选择下方的第 3 个图形。

❑ 单击 OK 按钮即出现图形，如图 8.171（b）所示。

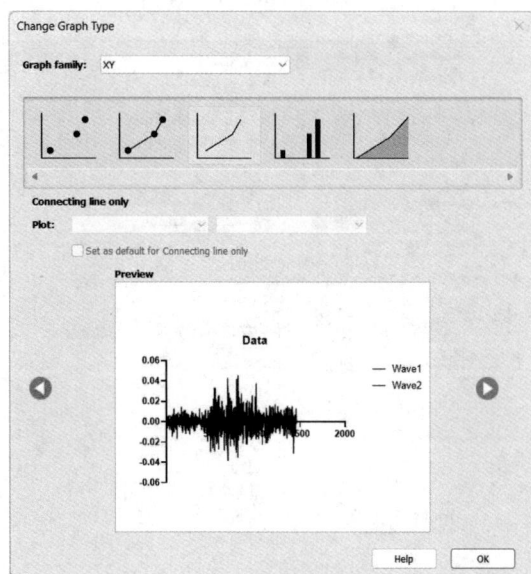
（a）

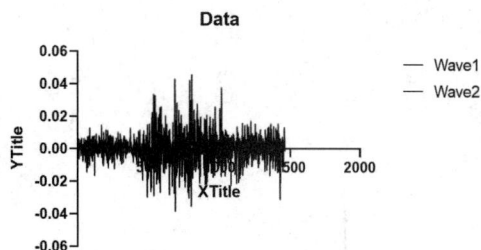
（b）

图 8.171　选择图形并绘制人口金字塔草图

（2）在图 8.171（b）的基础上，进一步对图形进行美化。在草图的 x 轴任意处双击，即可弹出 x 轴的设置对话框并会自动进入 X axis 选项卡，如图 8.172（a）所示。

❏ 取消勾选 Automatically determine the range and interval 复选框，进行手动设置。

❏ Minimum 选项设置 x 轴的最小值为 0，Maximum 选项设置 x 轴的最大值为 1460。

❏ Ticks direction 选项设置为 Down，即刻度线在 x 轴下方。

❏ Major ticks 选项设置为 365。即主刻度线间隔为 365。

❏ Starting at X=选项设置为 182.5，表示 x 轴刻度线起始点为 182.5。

❏ Minor ticks 选项设置为 0，表示无次刻度线。

❏ 在 Additional ticks and grid lines 系列选项中，在 At X=选项相应的 x 轴坐标点中，将其刻度标签用 Text 选项重命名，比如 182.5 的 x 轴坐标点修改为 2013，以此类推。

❏ 其他选项保持默认即可，单击 OK 按钮。

（3）单击工具栏中的 └┘ 按钮，切换到 Frame and Origin 选项卡，如图 8.172（b）所示。

❏ 在 Shape,Size and Position 系列选项中，Shape 选项设置为 Custom 即自定义。Width（Length of X axis）选项设置 x 轴的宽度为 11.16cm；Height（Length of Y axis）选项设置 y 轴的高度为 8.72cm。

❏ Axes and Colors 系列选项可以设置坐标轴的粗细和颜色，Thickness of axes 选项设置坐标轴粗细为 1/2 pt。

❏ 在 Frame and Grid Line 系列选项中，Frame style 选项设置为 Plain Frame 即四边框，Hide axes 选项设置为 Hide Y.Show X 即隐藏 y 轴，显示 x 轴。

❏ 其他选项保持默认，单击 OK 按钮。

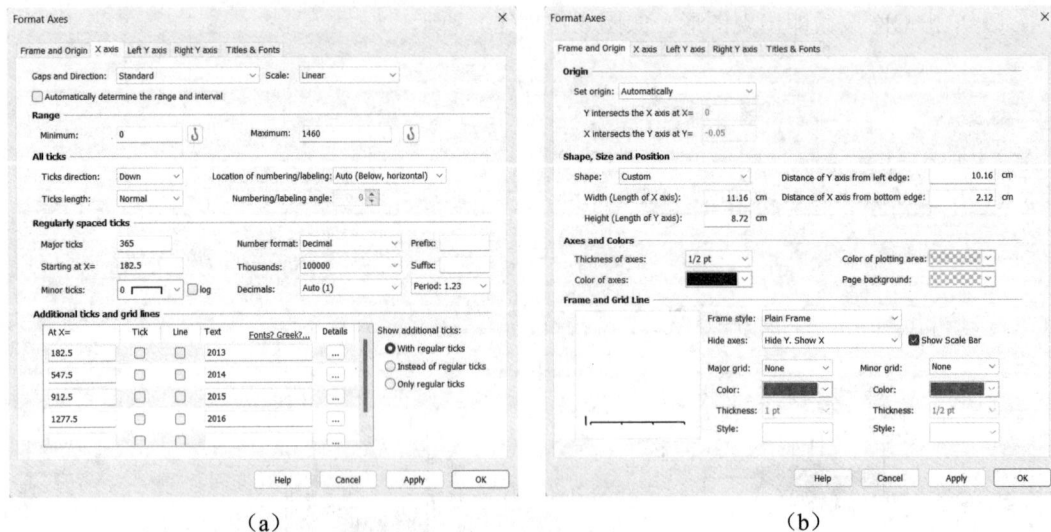

(a)　　　　　　　　　　　　　(b)

图 8.172　设置 x 轴和图的边框

（4）坐标轴名称的修改只需要在草图中单击 x 轴的名称即弹出文本框，在文本框中再单击一次，即可修改 x 轴名称。y 轴的名称、图的名称按相同的方法修改。

（5）双击草图中的 Wave1 曲线，弹出新的对话框，按照如图 8.173（a）进行设置。

❑ 在 Show connecting line/curve 系列选项中，Color 选项设置曲线颜色为浅绿色，Thickness 选项设置曲线粗细为 1/4pt，Style 选项设置曲线形式为线段，Pattern 选项设置曲线类型为实线。

Wave2 曲线的设置方法相同，如图 8.173（b）所示，不再重复赘述。

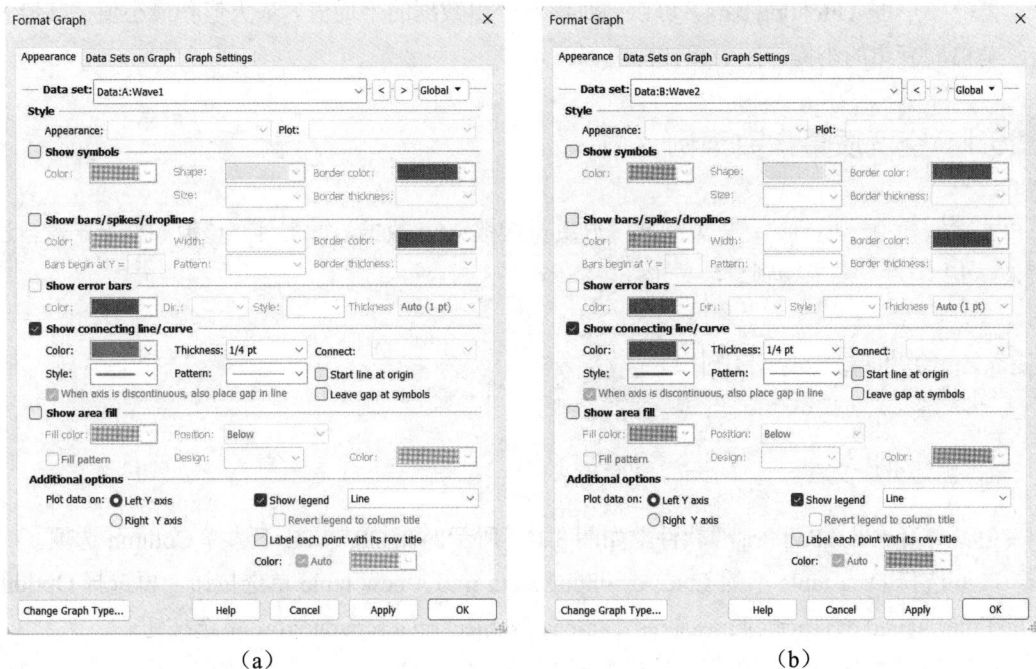

(a)　　　　　　　　　　　　　　　　(b)

图 8.173　自动配色设置

（6）切换至 Data Sets on Graph 选项卡，将 Wave1 的 Y 选项设置为 0.05，Wave2 的 Y 选项设置为 0.15，即 Wave1、Wave2 的曲线分别上移至 y 轴 0.05、0.15 处。最后选中图例并将其移至草图内合适位置，最终的图形如图 8.174 所示。

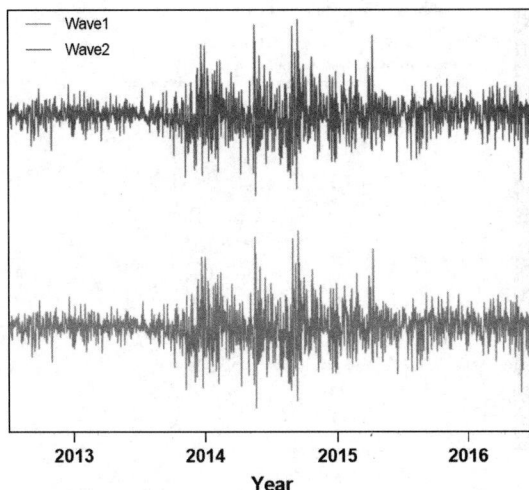

图 8.174　美化后的瀑布图

8.25　悬浮条形图

悬浮条形图（Floating bars）可以同时展示一组数据的平均值、最大值和最小值，其绘制方法与前面介绍的小提琴图、箱式图类似。

8.25.1　空气质量指数案例

本案例模拟一项研究，收集某地空气质量指数 AQI 数据，每个月在该地布样若干次，连续采样 12 个月，要求绘制悬浮条形图。

8.25.2　绘制悬浮条形图

1．创建分析文件

（1）打开 GraphPad Prism 软件，如图 8.175 所示，在 CREATE 下选择 Column 选项。

（2）选择 Data table 下的 Enter or import data into a new table 单选按钮，再选择 Options 下的 Enter paired or repeated measures data-each subject on a separate row 单选按钮。

（3）最后单击 Create 按钮，完成分析文件的创建。

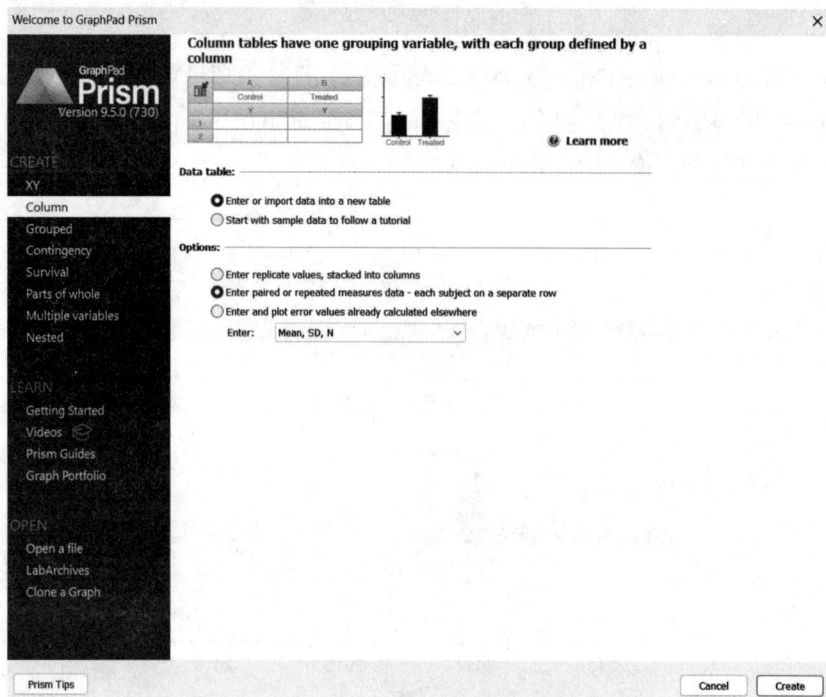

图 8.175　创建分析文件

2．录入数据

录入数据，如图 8.176 所示。在图 8.176 左侧导航栏中的 Data Table 下将本次数据名称修改为 Data。

		Group A	Group B	Group C	Group D
		Jan.	Feb.	Mar.	Apr.
1		177	197	218	267
2		172	218	212	262
3		145	206	238	248
4		136	151	217	315
5		133	198	261	267
6		153	212	244	265
7		142	146	240	260
8		190	172	260	270
9		166	168	233	253
10		147	230	222	269
11		136	181	255	254
12		156	178	232	263

图 8.176　录入数据

3．绘图

（1）单击图 8.176 左侧导航栏 Graphs 下的 Data，即可调出绘图对话框，如图 8.177（a）所示。

❑ Graph family 选项选择 box and violin，选择下方的第 4 个图形。

❑ 单击 OK 按钮即出现图形，如图 8.177（b）所示。

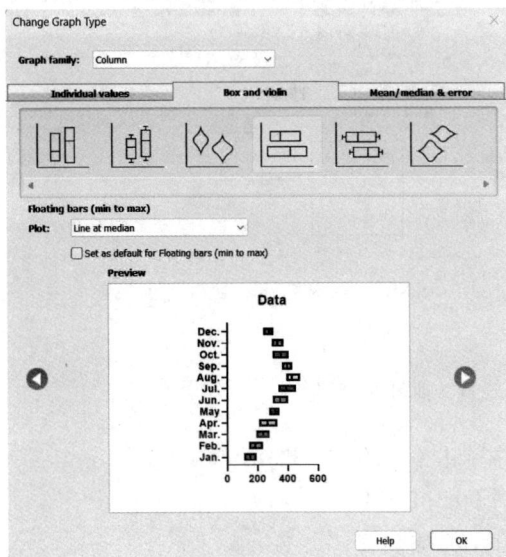

（a）

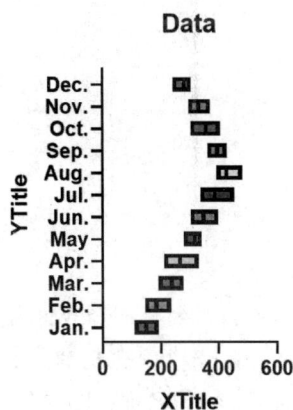

（b）

图 8.177　选择图形并绘制人口金字塔草图

（2）在图 8.177（b）的基础上，进一步对图形进行修饰。在草图的 x 轴任意处双击，即可弹出 x 轴的设置对话框并自动切换到 X axis 选项卡，如图 8.178（a）所示。

❏ 取消勾选 Automatically determine the range and interval 复选框，进行手动设置。

❏ Minimum 选项设置 x 轴最小值为 100，Maximum 选项设置 x 轴最大值为 500。

❏ Ticks direction 选项设置为 Down，即刻度线在 x 轴下方。

❏ Ticks length 选项设置为 Short，即短刻度线。

❏ Major ticks 选项设置为 100，即主刻度线间隔为 100。

❏ Starting at X= 选项设置为 100，表示 x 轴刻度线起始点为 100。

❏ Minor ticks 选项设置为 2，表示次刻度线将主刻度线分成 2 段。

❏ 其他选项保持默认即可，单击 OK 按钮。

（3）单击工具栏中的 ⌐ 按钮，切换到 Frame and Origin 选项卡，如图 8.178（b）所示。

❏ 在 Shape,Size and Position 系列选项中，Shape 选项设置为 Custom 即自定义。Width（Length of X axis）选项设置 x 轴的宽度为 6.76cm；Height（Length of Y axis）选项设置 y 轴的高度为 5.08cm。

❏ Axes and Colors 系列选项可以设置坐标轴的粗细和颜色，Thickness of axes 选项设置坐标轴的粗细为 1pt。

❏ 在 Frame and Grid Line 系列选项中，Frame style 选项设置为 Plain Frame 即四边框。

❏ 其他选项保持默认，单击 OK 按钮。

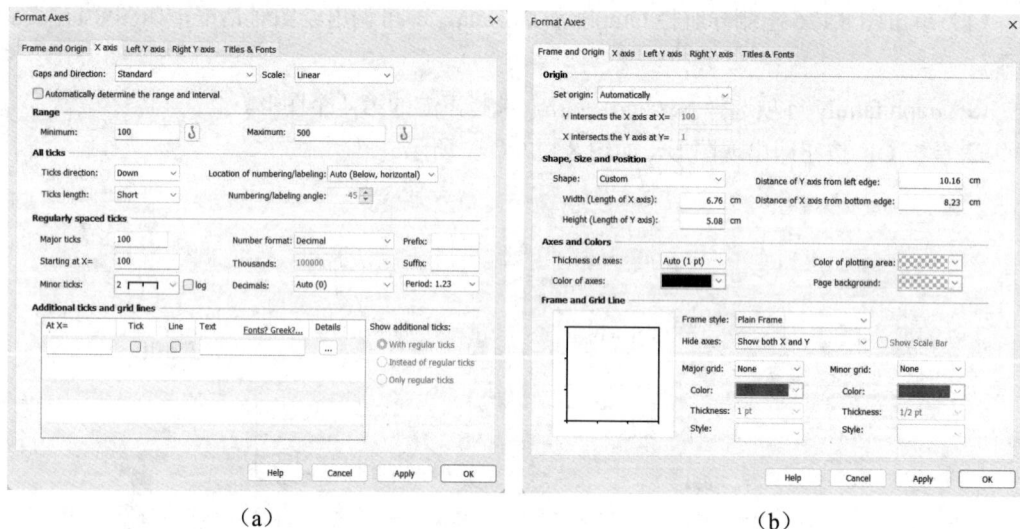

（a）　　　　　　　（b）

图 8.178　设置 x 轴和图的边框

（4）坐标轴名称的修改只需要在草图中单击 x 轴的名称即弹出文本框，在文本框中再单击一次，即可修改 x 轴名称。y 轴的名称、图的名称按相同的方法修改。

（5）单击工具栏中的 按钮，弹出的对话框如图 8.179 所示，在其中可以进行自动配色。选择 Decades 下的 2010s。最终的图形如图 8.180（a）所示，当然，也可以绘制图 8.180（b）。

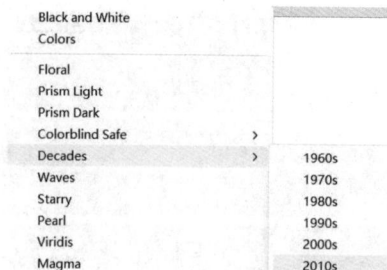

图 8.179　自动配色设置

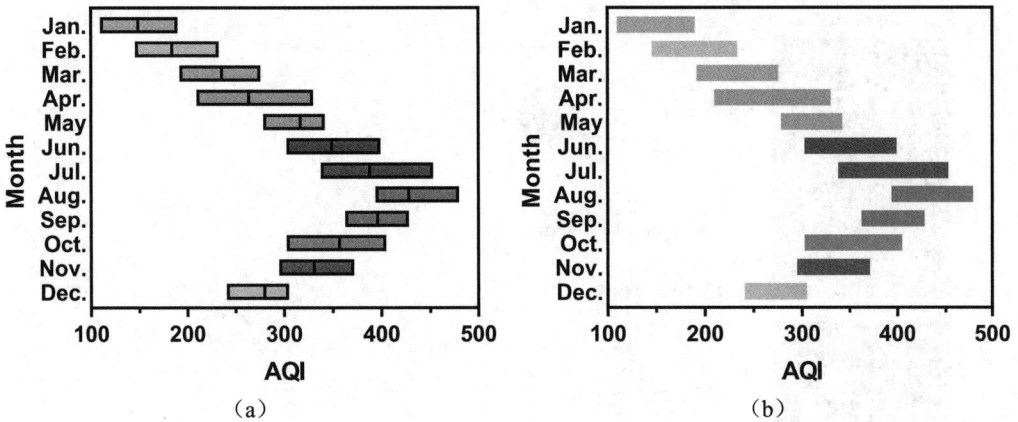

（a）　　　　　　　　　　　　　（b）

图 8.180　美化后的悬浮条形图

8.26　局　部　图

局部图（Parts of Whole Graph）主要用于事物内部各部分与整体之间的关系，常见的图形包括饼图、圆环图、水平切片图、垂直切片图和百分比点图。

8.26.1　学业等级案例

本案例模拟一项研究，某学院有 200 名学生，学业评价结果分别是：A 等级有 72人；B 等级有 58 人；C 等级有 42 人；D 等级有 18 人；E 等级有 10 人，请分析等级所占百分比。

8.26.2　绘制局部图

1．创建分析文件

（1）打开 GraphPad Prism 软件，如图 8.181 所示，在 CREATE 下选择 Parts of whole选项。

（2）选择 Data table 下的 Enter or import data into a new table 选项。

（3）单击 Create 按钮，完成分析文件的创建。

2．录入数据

录入数据，如图 8.182 所示。在图 8.182 左侧导航栏的 Data Table 下将本次数据名称修改为 Data。

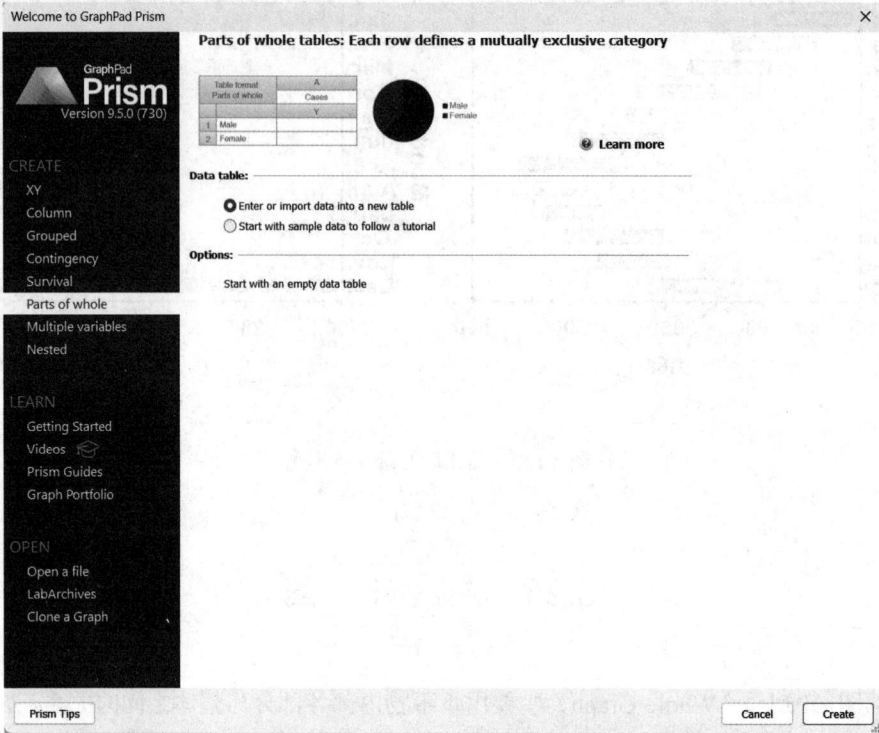

图 8.181　创建分析文件

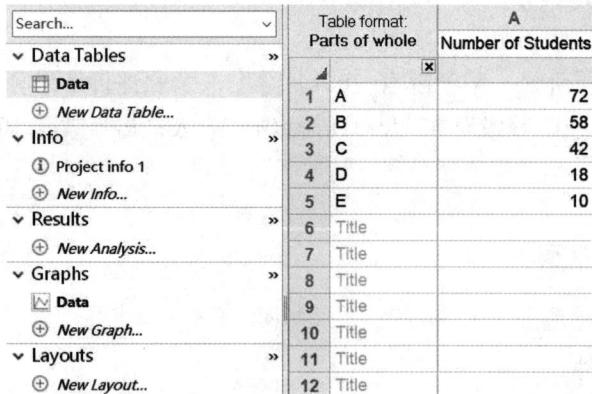

图 8.182　录入数据

3. 绘图

（1）单击图 8.182 左侧导航栏 Graphs 下的 Data，即可调出绘图界面，如图 8.183（a）所示。

❑ Graph family 选项选择 Parts of whole，然后选择第 5 个图形。其下方的 5 个图形分别对应饼图、圆环图、水平切片图、垂直切片图和百分比点图，其他 4 个图形的绘制方法完全相同。

❑ 单击 OK 按钮即出现草图。

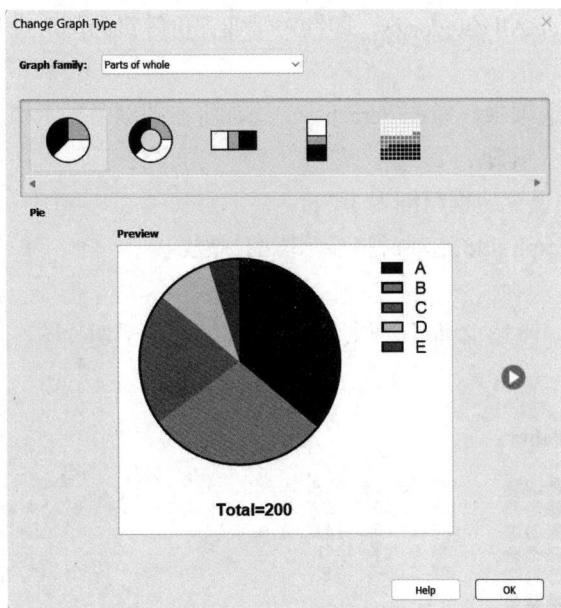

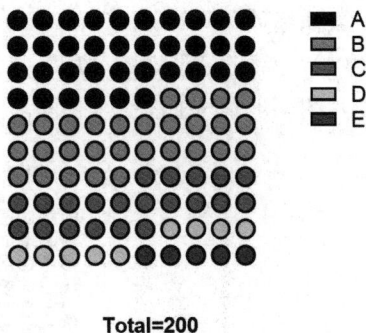

　　（a）　　　　　　　　　　　　　　　　（b）

图 8.183　选择图形并绘制百分比点草图

　　（2）在图 8.183（b）的基础上，进一步对图形进行美化。单击工具栏中的 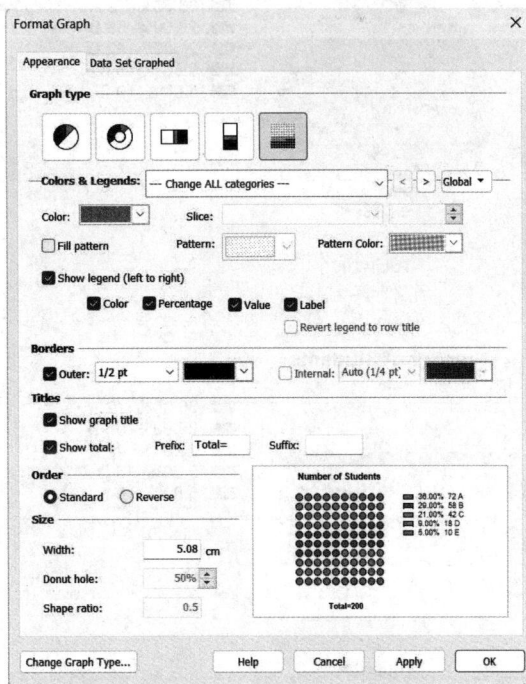 按钮，弹出新的对话框，如图 8.184 所示，在其中进行自动配色。选择 Decades 下的 2010s。

　　（3）单击工具栏中的 按钮，弹出新的对话框，如图 8.185 所示。

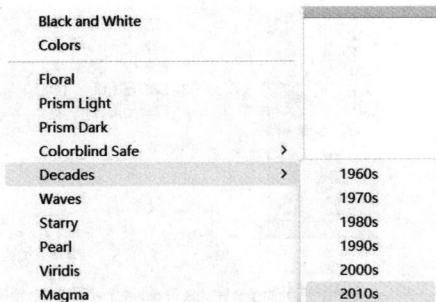

图 8.184　自动配色设置

图 8.185　设置图片属性

❑ Colors & Legends 选项设置为 Change All categories，即针对学业评价等级的图形进行统一设置。

❑ 在 Show legend（left to right）系列选项中，勾选 Percentage 选项将在图例中显示构成比，勾选 Value 选项将在图例中显示频数。

❑ 在 Borders 系列选项中，Outer 选项设置边框粗细为 1/2 pt。

❑ 在 Titles 系列选项中，勾选 Show graph title 选项，将显示图的标题。

其他选项保持默认，单击 OK 按钮。

（4）最终的图形如图 8.186（a）所示。当然也可以绘制饼图、圆环图、水平切片图、垂直切片图，步骤与上面完全相同。

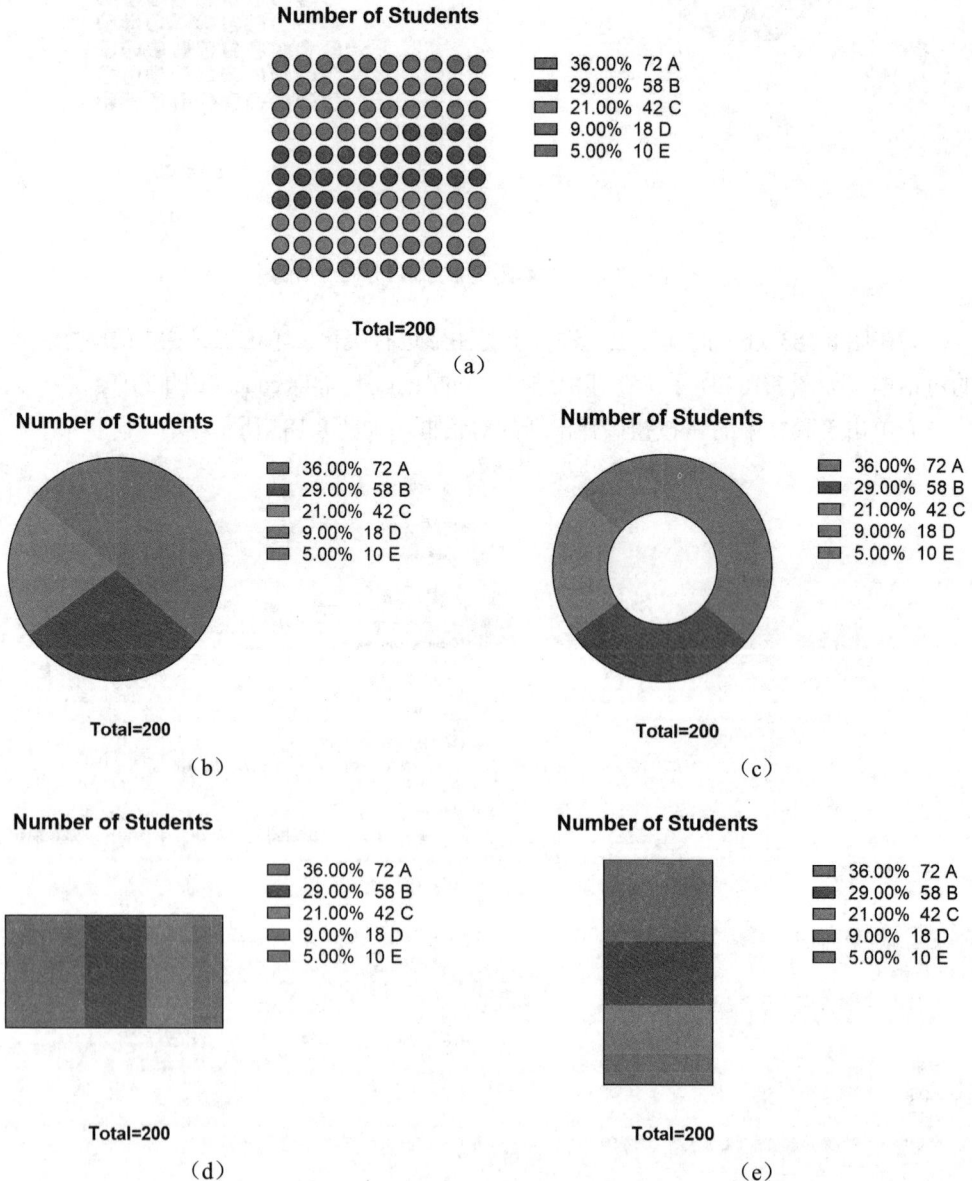

图 8.186　美化后的局部图

8.27　象限散点图

象限散点图的本质是一种散点图，各散点的 x 轴、y 轴取值正负不一，因此各散点分布在四个象限中，第一象限为 $x>0$，$y>0$。第二象限为 $x<0$，$y>0$。第三象限为 $x<0$，$y<0$。第四象限为 $x>0$，$y<0$。利用四个象限可以对散点的特征进行区分。

8.27.1　专业发展前景案例

本案例模拟一项研究，调查不同专业的学习容易程度及其未来发展前景。容易程度分为 $0\sim10$ 分，分数越高，越容易。发展前景为 $0\sim10$ 分，分数越高，发展前景越好。

8.27.2　绘制象限散点图

1．创建分析文件

（1）打开 GraphPad Prism 软件，如图 8.187 所示，在 CREATE 下选择 XY 选项。

（2）选择 Data table 下的 Enter or import data into a new table 单选按钮，再选择 Options 下的 Numbers 和 Enter and plot a single Y value for each point 单选按钮。

（3）单击 Create 按钮，完成分析文件的创建。

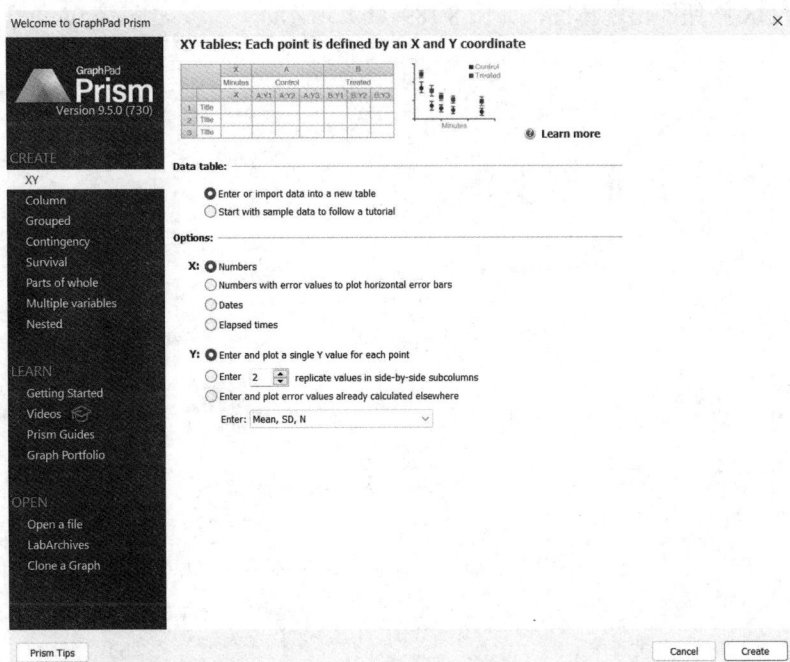

图 8.187　创建分析文件

2. 录入数据

录入数据,如图 8.188 所示。在图 8.188 左侧导航栏的 Data Table 下将本次数据名称修改为 Data。

		X 容易程度	Group A 专业分类1	Group B 专业分类2	Group C 专业分类3
		X	Y	Y	Y
1	专业1	2.115183917	4.223994055		
2	专业2	3.558282917	2.924502704		
3	专业3	3.943704564	3.332045377		
4	专业4	3.090059569	3.325123090		
5	专业5	2.611185025	3.254233926		
6	专业6	3.269943517	3.014721721		
7	专业7	2.970917061		8.211960980	
8	专业8	3.739455633		8.228325041	
9	专业9	3.415788528		9.174795660	
10	专业10	3.375012608		8.462115554	
11	专业11	2.975966172		7.978804398	
12	专业12	4.253920953		8.040194869	
13	专业13	7.622333525			7.372512169
14	专业14	8.660541370			8.419363245
15	专业15	9.403163913			8.493660049
16	专业16	8.056721440			7.748518068
17	专业17	7.316499419			7.786652361
18	专业18	8.871887814			8.540005063

图 8.188　录入数据

3. 绘图

(1) 单击图 8.188 左侧导航栏 Graphs 下的 Data,即可调出绘图界面,如图 8.189(a)所示。

❑ Graph family 选项选择 XY,选择第 1 个图形。

❑ 单击 OK 按钮即出现草图,如图 8.189(b)所示。

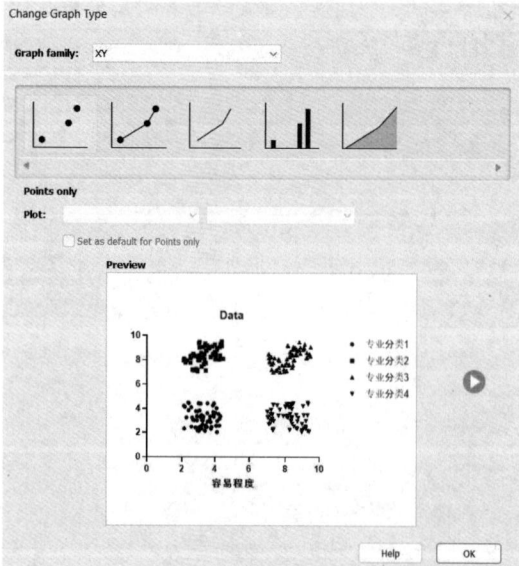
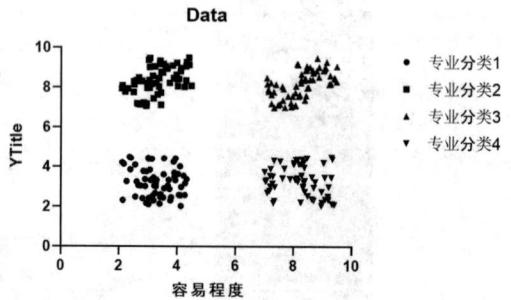

(a)　　　　　　　　　　　　　　　　(b)

图 8.189　选择图形并绘制百分比点草图

（2）在图 8.189（b）的基础上，进一步对图形进行美化。单击工具栏中的 按钮，弹出新的对话框，如图 8.190 所示，可以在其中进行自动配色，这里选择 Decades 下的 2010s。

（3）在工具栏中单击 按钮，弹出 Format Axes 对话框并自动切换到 Frame and Origin 选项卡，如图 8.191 所示。

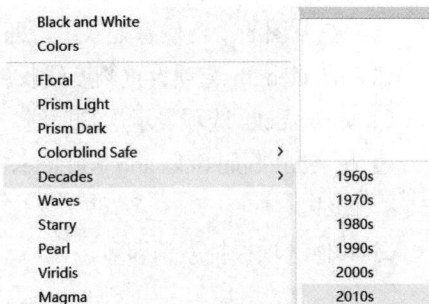

图 8.190　自动配色设置

- 在 Shape,Size and Position 系列选项中，Shape 选项设置选为 Square，即图形为方型。Width（Length of X axis）选项设置 x 轴的宽度为 5.08cm；Height（Length of Y axis）选项设置 y 轴的高度为 5.08cm。
- Axes and Colors 系列选项可以设置坐标轴的粗细和颜色，Thickness of axes 选项设置坐标轴粗细为 1pt。
- 在 Frame and Grid Line 系列选项中，Frame style 选项设置为 Plain Frame 即四边框。
- 其他选项保持默认，单击 OK 按钮。

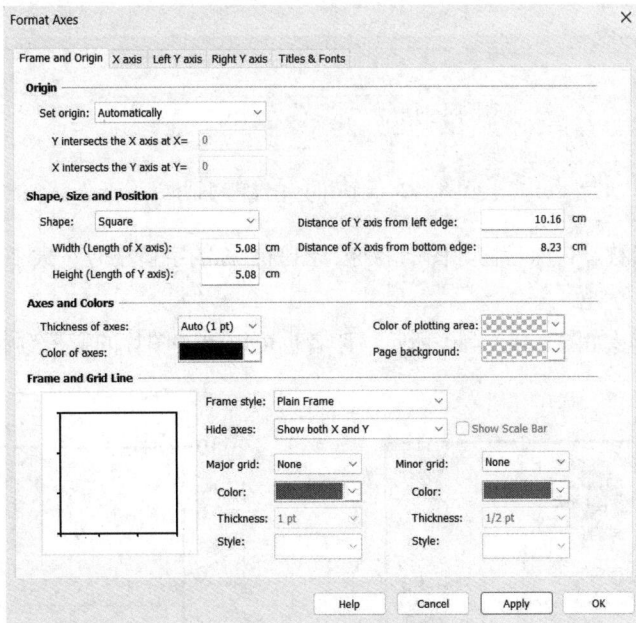

图 8.191　边框设置对话框

（4）在草图的 x 轴任意处双击，即可弹出 x 轴的设置对话框，如图 8.192（a）所示。
- Ticks length 选项设置刻度线长度为 Short，即短刻度线。
- Minor ticks 选项表示次刻度线，选择 2 则次刻度线将主刻度间隔分成 2 段。
- 在 Additional ticks and grid lines 系列选项中，At X=设置为 5，表示在坐标点 5 处添加辅助线。
- 其他选项保持默认即可。

（5）在草图的 y 轴任意处双击，即可弹出 y 轴的设置对话框，如图 8.192（b）所示。

❑ Ticks length 选项设置刻度线长度为 Short，即短刻度线。

❑ Minor ticks 选项表示次刻度线，选择 2 表示次刻度线将主刻度间隔分成 2 段。

❑ 在 Additional ticks and grid lines 系列选项中，At Y=设置为 5 表示在坐标点 5 处添加辅助线。

❑ 其他选项保持默认即可。

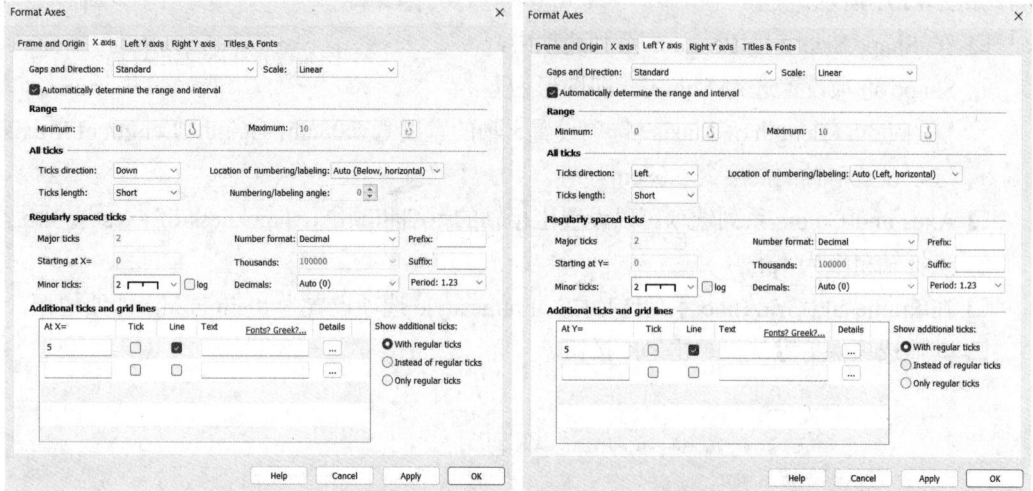

（a）　　　　　　　　　　　（b）

图 8.192　x 轴和 y 轴设置对话框

（6）将 x 轴名称、y 轴名称、图的名称、图例名称的字体字号、大小进行修改，再将图例移动至图内合适位置。

（7）最终的图形如图 8.193（a）所示。读者也可以更改图片的背景颜色，效果如图 8.193（b）所示。

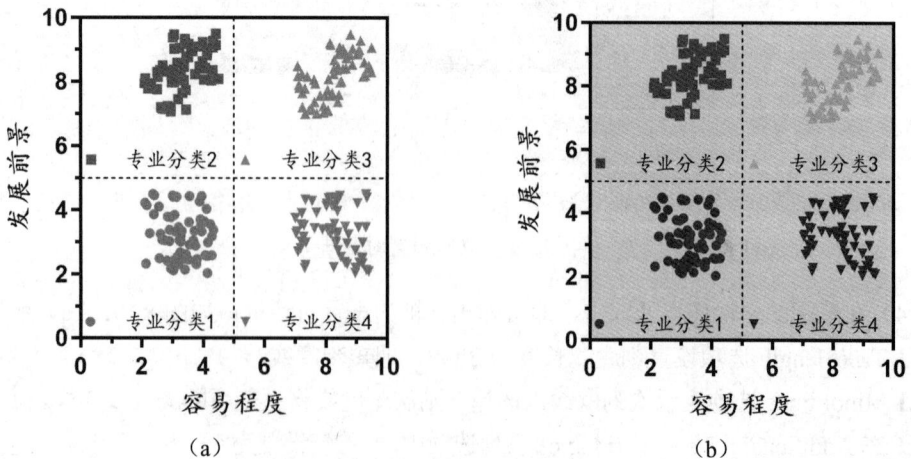

（a）　　　　　　　　　　　（b）

图 8.193　美化后的象限散点图

8.28　嵌　套　图

嵌套图（Nested Graphs）可以将数据按照不同的实验条件和时间点进行嵌套分组，并在同一个图形中展示这些分组之间的关系。

8.28.1　牛的红细胞压积案例

本案例为 GraphPad Prism 官网案例，本次实验评估两种疾病媒介控制方法与无控制方法对牛的红细胞压积的影响。3 个牛群被随机分配到这 3 种处理中，在每个牛群中检查 4 头母牛，从血液样本中获得的红细胞压积值并绘制嵌套图。

8.28.2　绘制嵌套图

1. 创建分析文件

（1）打开 GraphPad Prism 软件，如图 8.194 所示，在 CREATE 下选择 Nested 选项。

（2）选择 Data table 下的 Enter or import data into a new table 单选按钮，再选择 Options 下的 Create this many 3 选项，即每个处理组下有 3 个牛群。

（3）单击 Create 按钮，完成分析文件的创建。

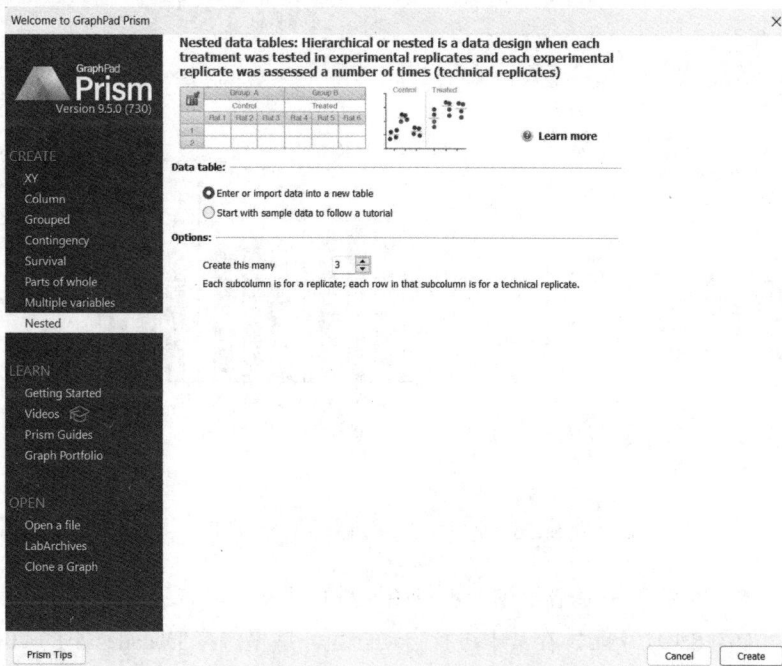

图 8.194　创建分析文件

2. 录入数据

录入数据，如图 8.195 所示。在图 8.195 左侧导航栏的 Data Table 下将本次数据名称修改为 Data。

		Group A			Group B			Group C		
		Traps + Pour on			Pour on			No vector control		
		Herd 1	Herd 2	Herd 3	Herd 4	Herd 5	Herd 6	Herd 7	Herd 8	Herd 9
1	28	32	27	25	26	25	21	19	18
2	26	27	25	24	28	26	19	18	20
3	27	28	29	27	29	24	17	23	19
4	31	29	27	23	27	23	20	20	18
5									
6									
7									
8									
9									
10									
11									
12									

图 8.195　录入数据

3. 绘图

（1）单击图 8.195 左侧导航栏 Graphs 下的 Data，即可调出绘图对话框，如图 8.196（a）所示。

❏ 在 Graph family 下拉列表框中选择 Nested，选择第 3 个图形。

❏ 单击 OK 按钮即出现草图，如图 8.196（b）所示。

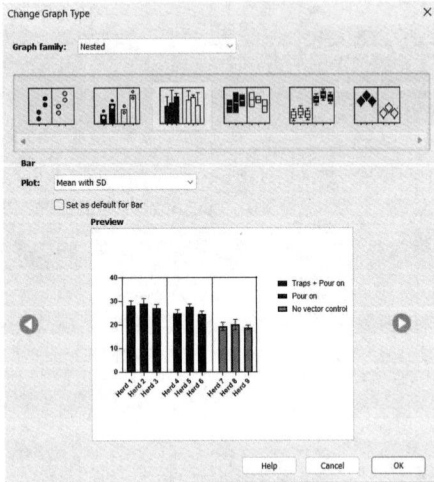

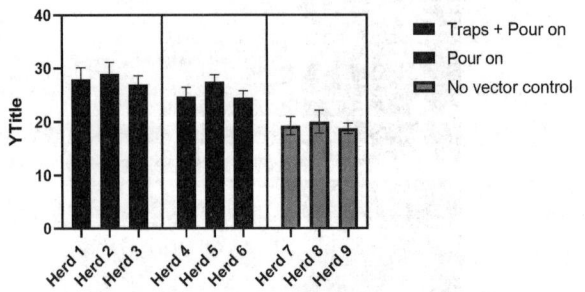

（a）　　　　　　　　　　　　　　　（b）

图 8.196　选择图形并绘制百分比点草图

（2）在图 8.196（b）的基础上进一步对图形进行美化。单击工具栏中的 按钮，弹出新的对话框，如图 8.197 所示，在其中进行自动配色，这里选择 Decades 下的 2010s。

Black and White	
Colors	
Floral	
Prism Light	
Prism Dark	
Colorblind Safe >	
Decades >	1960s
Waves	1970s
Starry	1980s
Pearl	1990s
Viridis	2000s
Magma	2010s

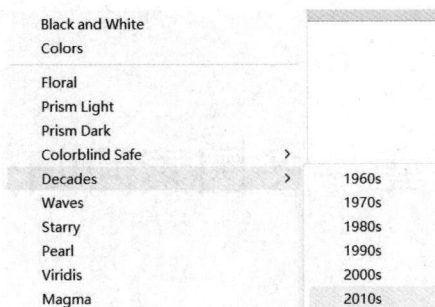

图 8.197　自动配色设置

（3）将 x 轴名称、y 轴名称、图的名称、图例名称的字体字号、大小进行修改，并将图例移动至图内合适位置。

（4）最终的图形如图 8.198 所示。

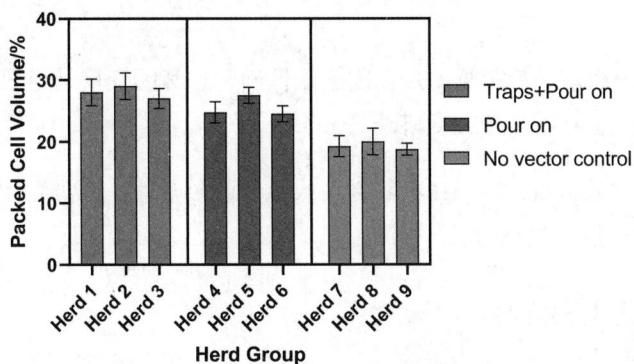

图 8.198　美化后的嵌套图

第9章 多因素回归分析

多因素回归分析，适用于研究一个因变量与多个自变量之间的关系。根据因变量类型的不同，可以分为多因素线性回归、多因素 Logistic 回归、多因素 Poisson 回归和多因素 Cox 回归等。

9.1 多因素线性回归

在多因素回归分析中，最常见的是多因素线性回归，其因变量是连续型资料，而自变量可以是连续型资料，也可以是分类资料。

🔔**注意**：*在进行回归分析前，应确保数据满足线性回归的条件，还需要注意各自变量之间是否存在共线性。*

9.1.1 糖化血红蛋白案例

本案例数据来源于 GraphPad Prism，使用多因素线性回归方法来分析糖化血红蛋白的影响因素。变量信息如下：

- ❏ Glycosylated hemoglobin %：糖化血红蛋白百分比，为连续型变量。
- ❏ Total cholesterol：总胆固醇，为连续型变量。
- ❏ Glucose：葡萄糖，为连续型变量。
- ❏ HDL：高密度脂蛋白，为连续型变量。
- ❏ Age in years：年龄（岁），为连续型变量。
- ❏ Sex：性别，Male 为男性，Female 为女性，为二分类变量。
- ❏ Height in inches：身高（英寸），为连续型变量。
- ❏ Weight in pounds：体重（磅），为连续型变量。
- ❏ Waist in inches：腰围（英寸），为连续型变量。
- ❏ Hip in inches：臀围（英寸），为连续型变量。

9.1.2 多因素线性回归分析

1. 创建分析文件

（1）打开 GraphPad Prism 软件，如图 9.1 所示。在 CREATE 下选择 Multiple variables 选项。

（2）选择 Data table 下的 Start with sample data to follow a tutorial 单选按钮，在 Select a tutorial data set 选项下选择 Multiple linear regression（text variables），也可以选择 Enter or import data into a new table 单选按钮，自己建立数据文件。

（3）单击 Create 按钮，完成分析文件的创建。

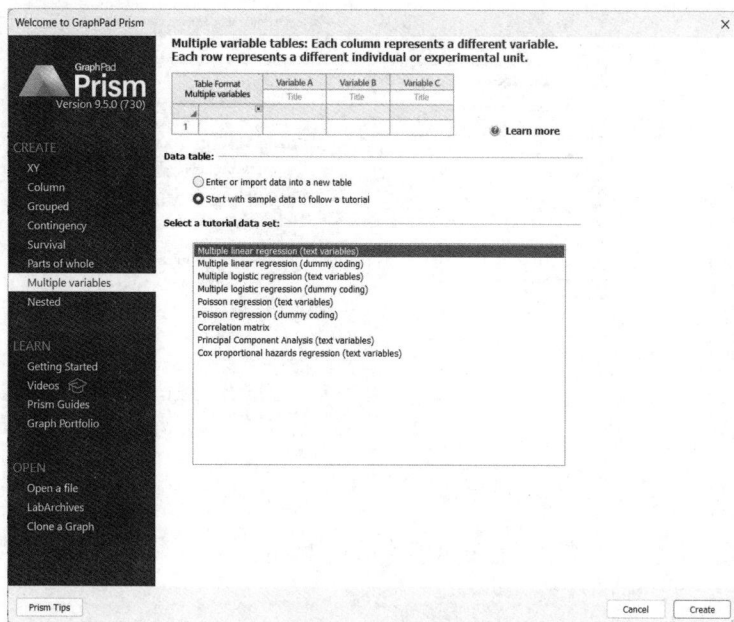

图 9.1　创建分析文件

2. 录入数据

数据文件如图 9.2 所示，此处仅罗列部分数据。每列表示一个变量。例如，A 列表示变量糖化血红蛋白百分比，变量名称可根据需要自行更改。

图 9.2　GraphPad Prism 数据（部分）

3. 多因素线性回归分析

（1）本次的数据名为 MV: Multiple linear regression。可单击图 9.2 左侧导航栏 Results 下

的 New Analysis 或者直接单击工具栏中的 [≡ Analyze] 按钮，弹出新的对话框，如图 9.3（a）所示，进行多重线性回归分析。

（2）在图 9.3（a）中，在 Multiple variable analyses 下选择 Multiple linear regression，选中所有待分析变量，单击 OK 按钮，弹出的对话框如图 9.3（b）所示。

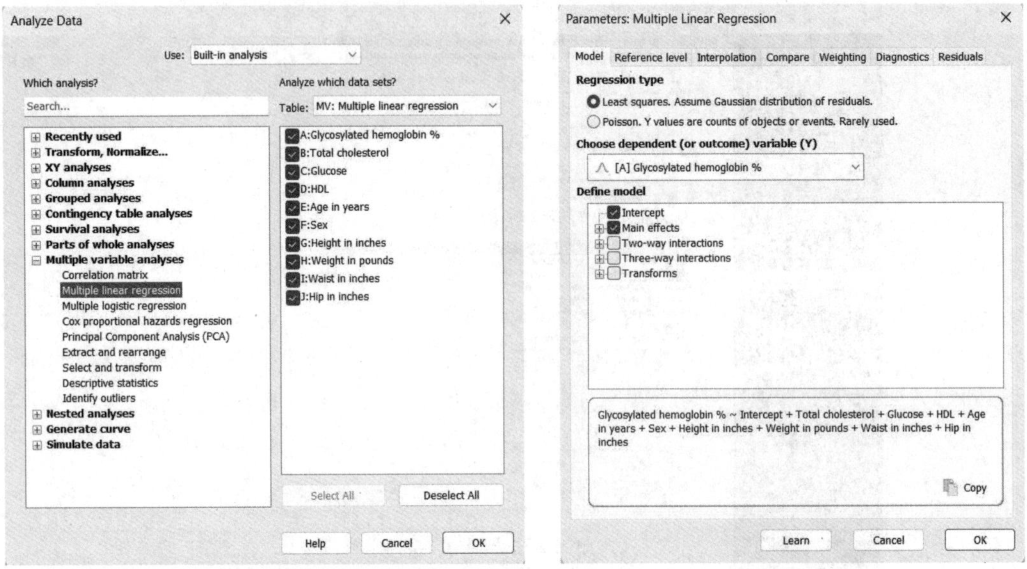

（a）	（b）

图 9.3　数据分析和参数设置对话框

（3）在图 9.3（b）中：

❑ Regression type 选项默认选择 Least squares. Assume Gaussian distribution of residuals，即最小二乘法进行线性回归。另一个选项 Poisson. Y values are counts of objects or events. Rarely used 表示泊松回归。

❑ Choose dependent(or outcome) variable(Y)选项用于选择因变量，此处选择 Glycosylated hemoglobin %，即糖化血红蛋白为因变量。

❑ Define model 系列选项下有 5 个选项，其中，Intercept 选项表示截距、Main effects 选项表示主效应、Two-way interactions 选项表示一阶交互、Three-way interactions 选项表示二阶交互、Transforms 选项表示转换。此处选择 Intercept 选项和 Main effects 选项，即只分析截距和主效应，不分析交互作用等。

（4）单击 OK 按钮完成设置。

4．多因素线性回归结果解读

在弹出的结果界面中有 3 个结果，分别是 Tabular results、Parameter covariance 和 Interpolation。这里主要关注 Tabular results 结果。

在图 9.4 中罗列了 Tabular results 的部分结果，这里主要关注 Estimate 即偏回归系数、Standard error 即回归系数的标准误、95% CI (asymptotic)即 95%置信区间以及对回归系数进行统计学假设检验得到的 t 值与 P 值。

20	Parameter estimates	Variable	Estimate	Standard error	95% CI (asymptotic)	|t|	P value	P value summary
21	β0	Intercept	-1.381	2.098	-5.508 to 2.745	0.6583	0.5107	ns
22	β1	Total cholesterol	0.006784	0.001777	0.003290 to 0.01028	3.818	0.0002	***
23	β2	Glucose	0.02756	0.001489	0.02463 to 0.03048	18.51	<0.0001	****
24	β3	HDL	-0.008466	0.004640	-0.01759 to 0.0006573	1.825	0.0688	ns
25	β4	Age in years	0.01365	0.005242	0.003342 to 0.02396	2.604	0.0096	**
26	β5	Sex[Male]	-0.2768	0.2284	-0.7258 to 0.1723	1.212	0.2263	ns
27	β6	Height in inches	0.03052	0.02774	-0.02403 to 0.08507	1.100	0.2719	ns
28	β7	Weight in pounds	-0.002701	0.005018	-0.01257 to 0.007166	0.5383	0.5907	ns
29	β8	Waist in inches	0.03229	0.02963	-0.02598 to 0.09057	1.090	0.2766	ns
30	β9	Hip in inches	-0.006054	0.03322	-0.07137 to 0.05926	0.1823	0.8555	ns

图9.4　结果界面

结果显示截距是-1.381，由于其无实际意义，其假设检验结果可忽略。

自变量 Total cholesterol 的偏回归系数是 0.006784，标准误是 0.001777，95%置信区间是 0.003290～0.01028，对其进行统计学假设检验得到的 t 值为 3.818，P 值为 0.0002，存在统计学意义。可以解释为在控制其他变量的情况下，自变量 Total cholesterol 每增加 1 个单位，因变量 Glycosylated hemoglobin %随之平均增加 0.006784 个单位。

其他自变量解释方法与此相同，不再重复罗列。在该回归模型中，自变量 Total cholesterol、Glucose 和 Age in years 均存在统计学意义。而其他变量不存在统计学意义。我们可以返回图 9.3（a）中，将无统计学意义的自变量剔除，重新分析，结果如图 9.5 所示。

14	Parameter estimates	Variable	Estimate	Standard error	95% CI (asymptotic)	|t|	P value	P value summary
15	β0	Intercept	0.6328	0.3763	-0.1072 to 1.373	1.681	0.0935	ns
16	β1	Total cholesterol	0.005553	0.001702	0.002205 to 0.008900	3.262	0.0012	**
17	β2	Glucose	0.02920	0.001433	0.02638 to 0.03202	20.37	<0.0001	****
18	β3	Age in years	0.01438	0.004780	0.004978 to 0.02377	3.008	0.0028	**

图9.5　结果界面

🔲**注意**：哪些自变量应该纳入回归模型中是非常复杂的问题，此处仅用最简单的方法，即 P 小于 0.05 的自变量纳入。

根据重新分析的多线性线性回归结果，可以得出回归模型：Glycosylated hemoglobin %= 0.6328+0.005553×Total cholesterol + 0.02920×Glucose + Age in year×0.01438。

除了以上结果外，Multicollinearity（多重共线性）、Goodness of Fit（拟合优度）、Normality of Residuals（残差的正态性）、Data summary（数据汇总）等结果也可以根据个人需要自行研究。

9.2　多因素 Logistic 回归

多因素 Logistic 回归可以用于因变量为二分类资料的分析，如因变量可以是治疗成功与否、康复与否、死亡与否等。可探索多个自变量与因变量之间的关系，而自变量可以是连续性型数据，也可以是分类资料。

9.2.1　邮轮乘客存活案例

本案例数据来源于 GraphPad Prism，包含船票等级、性别和年龄等自变量，分析其与泰坦尼克号邮轮乘客的存活关系。变量信息如下：

❑ Outcome：生存结局，为二分类变量，其中，Died 表示死亡，Survived 表示生存。

❑ Age（in years）：年龄（岁），为连续型变量。

❑ Sex：性别，为二分类变量。其中，Male 为男性，Female 为女性。

❑ Ticket Class：船票等级，为多分类变量。其中，First 为一等座，Second 为二等座，Third 为三等座。

9.2.2 多因素 Logistic 回归分析

1．创建分析文件

（1）打开 GraphPad Prism 软件，如图 9.6 所示。在 CREATE 下选择 Multiple variables 选项。

（2）选择 Data table 下的 Start with sample data to follow a tutorial 单选按钮，在 Select a tutorial data set 选项下选择 Multiple logistic regression(text variables)。也可以选择 Enter or import data into a new table 单选按钮，自己建立数据文件。

（3）单击 Create 按钮，完成分析文件的创建。

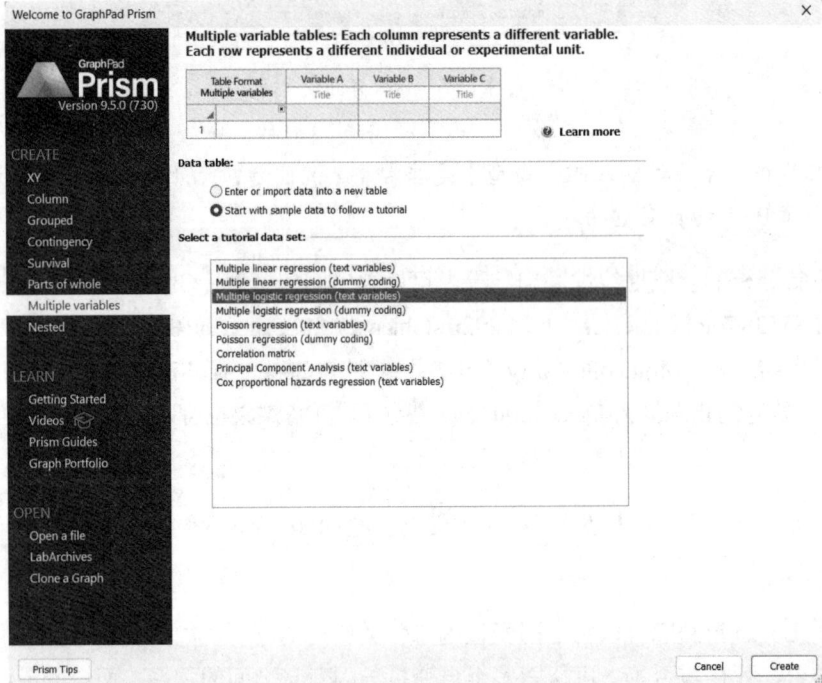

图 9.6　创建分析文件

2．导入数据

数据文件如图 9.7 所示，此处仅罗列部分数据。每列表示一个变量，如 A 列表示生存结局变量 Outcome，变量名称可根据需要自行修改。

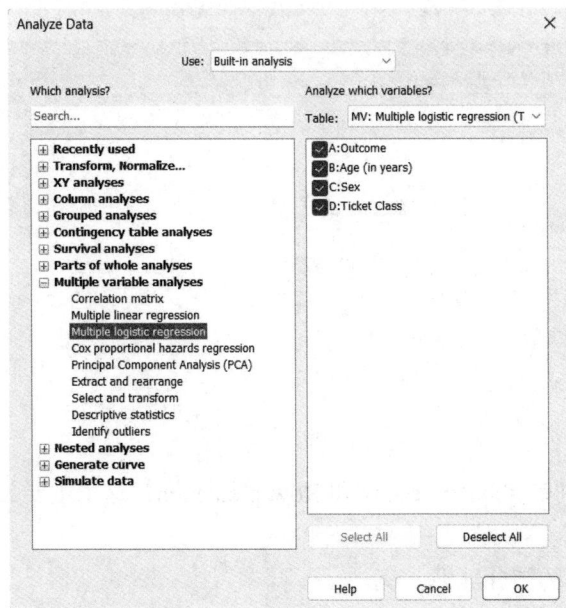

图 9.7　GraphPad Prism 数据页面

3. 多因素Logistic回归分析

（1）本次的数据名为 MV: Multiple logistic regression (Titanic)。可以单击图 9.7 左侧导航栏 Results 下的 New Analysis，弹出数据分析对话框，如图 9.8（a）所示，在 Multiple variable analyses 下选择 Multiple logistic regression，选中待分析变量，单击 OK 按钮，弹出如图 9.8（b）所示的对话框。

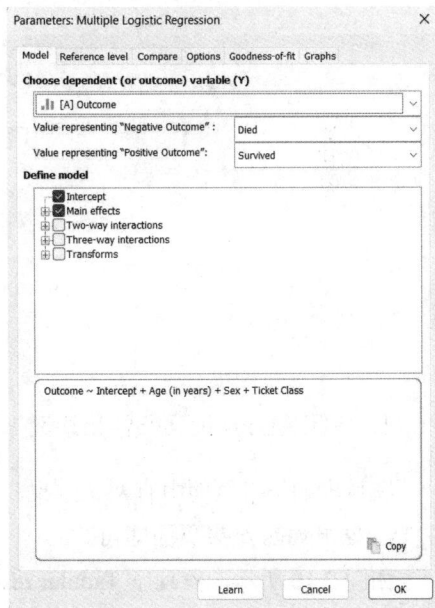

（a）　　　　　　　　　　　　　　　（b）

图 9.8　数据分析和参数设置对话框

（2）在图 9.8（b）中：

❑ Choose dependent(or outcome) variable(Y)选项用于选择因变量，此处选择变量[A] Outcome。Negative Outcome 选项设置阴性结果为变量 Outcome 取值的 Died，Positive

Outcome 选项设置阳性结果为变量 Outcome 取值的 Survived。模型最终计算的是阳性结果的概率。

❑ Define model 系列选项下有 5 个选项，其中，Intercept 选项表示截距、Main effects 选项表示主效应、Two-way interactions 选项表示一阶交互、Three-way interactions 选项表示二阶交互、Transforms 选项表示转换。此处选择 Intercept 选项和 Main effects 选项，即只分析截距和主效应，不分析交互作用等。

（3）在图 9.8（b）所示的对话框中切换至 Options 选项卡，如图 9.9 所示，勾上 P value 复选框使结果显示 P 值。

（4）单击 OK 按钮完成设置。

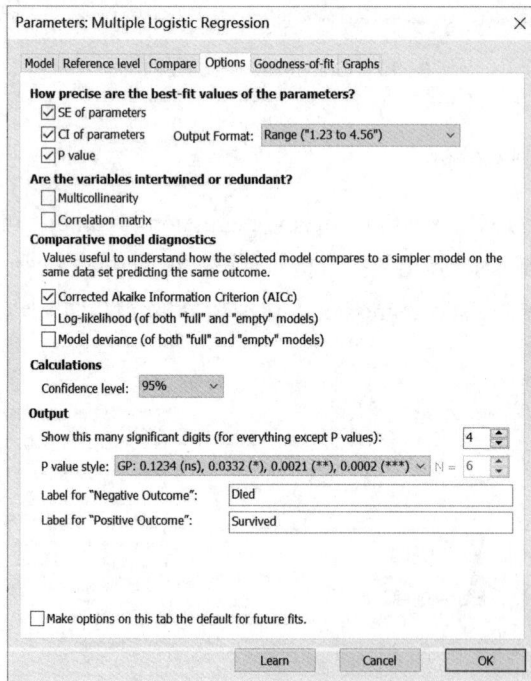

图 9.9　参数设置对话框

4．多因素Logistic回归结果解读

在弹出的结果页面中有两个结果，分别是 Tabular results 和 Row prediction，这里主要关注 Tabular results 结果页面即可。

如图 9.10 所示，罗列了 Tabular results 的部分结果。

通过 Estimate 即偏回归系数的正负号，可以判定自变量与因变量之间的关系，若偏回归系数小于 0，则相应的 OR（Odds Ratio，比值比）必然小于 1；若偏回归系数大于 0，则相应的 OR 必然大于 1。OR 值和偏回归系数 β 值之间的关系为 OR=e^{β}。在此案例中，OR 值可描述 Positive Outcome 的发生情况，即本案例中的生存情况。

在结果中，Intercept 为-1.322，表示常数项，无实际意义，可忽略。

自变量 Age (in years)的偏回归系数为-0.03411，标准误是 0.005942，95%置信区间是

−0.04590～−0.02259，OR 值及其 95%CI 为 0.9665（0.9551～0.9777），即年龄每增加 1 岁，生存的概率降低 3.35%（即 1～0.9665）或者描述为年龄每增加 1 岁，生存概率是原来的 0.9665 倍。

5	Model				
6	**Parameter estimates**	Variable	Estimate	Standard error	95% CI (profile likelihood
7	β0	Intercept	-1.322	0.1844	-1.688 to -0.9648
8	β1	Age (in years)	-0.03411	0.005942	-0.04590 to -0.02259
9	β2	Sex[Female]	2.513	0.1495	2.224 to 2.811
10	β3	Ticket Class[First]	2.268	0.2029	1.876 to 2.672
11	β4	Ticket Class[Second]	1.020	0.1827	0.6633 to 1.380
12					
13	**Odds ratios**	Variable	Estimate	95% CI (profile likelihood)	
14	β0	Intercept	0.2665	0.1849 to 0.3811	
15	β1	Age (in years)	0.9665	0.9551 to 0.9777	
16	β2	Sex[Female]	12.34	9.246 to 16.62	
17	β3	Ticket Class[First]	9.656	6.526 to 14.47	
18	β4	Ticket Class[Second]	2.774	1.941 to 3.975	
19					
20	**Sig. diff. than zero?**	Variable	|Z|	P value	P value summary
21	β0	Intercept	7.173	<0.0001	****
22	β1	Age (in years)	5.740	<0.0001	****
23	β2	Sex[Female]	16.81	<0.0001	****
24	β3	Ticket Class[First]	11.18	<0.0001	****
25	β4	Ticket Class[Second]	5.585	<0.0001	****

图 9.10　结果界面

自变量 Sex[Female]（女性）的偏回归系数为 2.513，OR 值及其 95%CI 为 12.34（9.246～16.62），即女性的生存概率是男性的 12.34 倍。

自变量 Ticket Class[First]（一等座）的偏回归系数为 2.268，OR 值及其 95%CI 为 9.656（6.526～14.47），即一等座的生存概率是三等座的 9.656 倍；Ticket Class[Second]（二等座）的偏回归系数为 1.020，OR 值及其 95%CI 为 2.774（1.941～3.975），即二等座的生存概率是三等座的 2.774 倍。

以上自变量 P 值均小于 0.05，存在统计学意义。

拟合的 Logistic 回归模型为：Logit P=−1.322−0.03441×Age (in years)+2.513× Sex[Female]+2.268×Ticket Class[First]+1.020×Ticket Class[Second]。其中，P 表示生存事件发生的概率。

除了以上结果外，Area under the ROC curve（ROC 曲线下面积）、Classification table（分类表格）、Pseudo R squared（伪 R^2）、Data summary（数据汇总）等结果可以根据个人需要自行研究。

9.3　多因素 Poisson 回归

Poisson 回归可以用于因变量为计数资料类型的分析，此计数资料一般是描述在单位时间或空间内某事件的发生次数，利用 Poisson 回归分析此计数资料有哪些影响因素。

9.3.1　肿瘤复发次数案例

本案例数据来源于 GraphPad Prism，根据收集到的基线数据，使用 Poisson 回归确定治疗组和安慰剂组的肿瘤复发次数是否存在差异。变量信息如下：

❑ Number of Recurrences：肿瘤复发次数。

❑ Treatment Group：组别，其中，Treatment 表示治疗组，Placebo 表示安慰剂组。

❑ Number of Tumors at Baseline：基线时的肿瘤数量。

❑ Size of Largest Tumor at Baseline：基线时肿瘤的大小。

9.3.2 多因素 Poisson 回归分析

1. 创建分析文件

（1）打开 GraphPad Prism 软件，如图 9.11 所示。在 CREATE 下选择 Multiple variables 选项。

（2）选择 Data table 下的 Start with sample data to follow a tutorial 单选按钮，在 Select a tutorial data set 选项下选择 Poisson regression(text variables)。也可以选择 Enter or import data into a new table 单选按钮，自己建立数据文件。

（3）单击 Create 按钮，完成分析文件的创建。

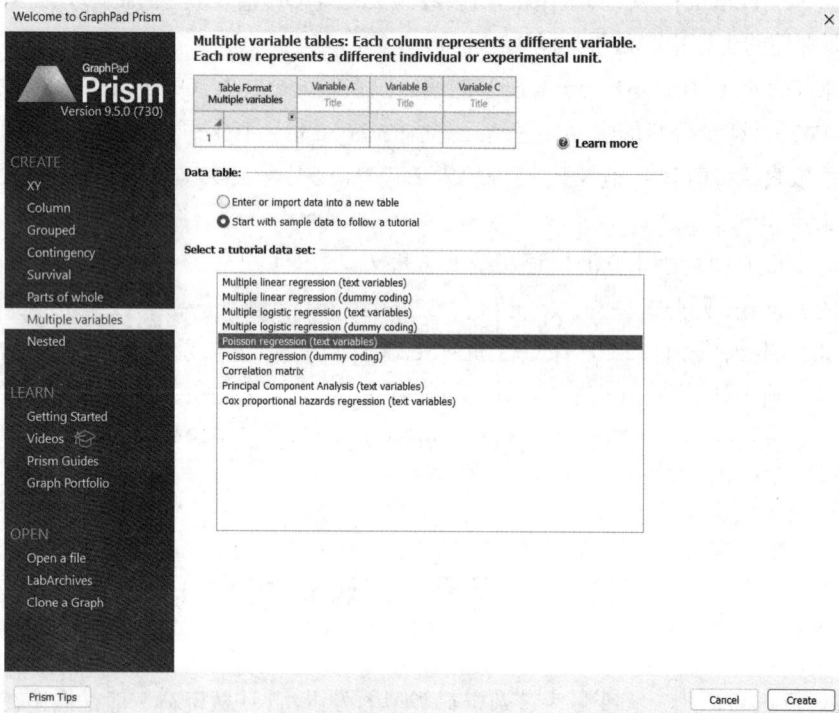

图 9.11　创建分析文件

2. 导入数据

数据文件如图 9.12 所示，此处仅罗列部分数据。每列表示一个变量，如 A 列表示肿瘤复发次数，可根据需要修改变量名称。

图 9.12　GraphPad Prism 数据页面

3．开始多因素Poisson回归分析

（1）本次的数据名为 MV: Poisson regression。可单击图 9.12 左侧导航栏 Results 下的 New Analysis，或者直接单击工具栏中的 ▣Analyze 按钮，弹出新的对话框，如图 9.13（a）所示，进行多重 Poisson 回归分析。

（2）在图 9.13（a）中，在 Multiple variable analyses 处选择 Multiple linear regression，选中待分析变量，单击 OK 按钮，弹出的对话框如图 9.13（b）所示。

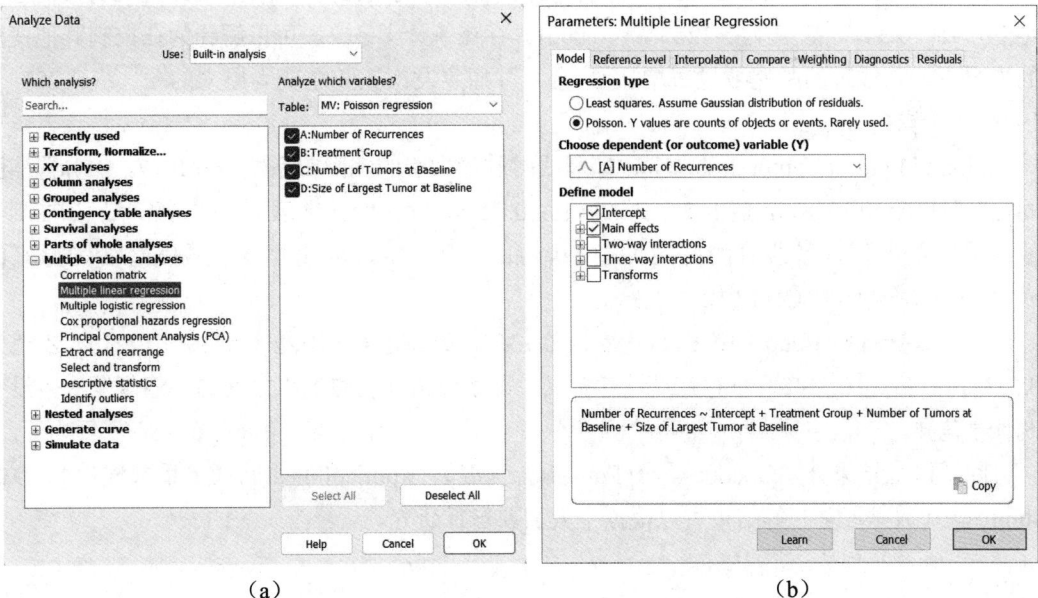

（a）　　　　　　　　　　　　　　（b）

图 9.13　数据分析和参数设置对话框

（3）在图 9.13（b）中：

❑ 在 Regression type 选项下选择 Poisson. Y values are counts of objects or events. Rarely used。

❑ Choose dependent(or outcome) variable(Y)选项设置因变量为 Number of Recurrences，即肿瘤复发次数。

❑ 在 Define model 系列选项中，默认选择 Intercept 和 Main effects，即只分析截距和主效应，而不分析交互作用等。

（4）单击 OK 按钮完成设置。

4．多因素线性Poisson结果解读

在弹出的结果界面中有 3 个结果，分别是 Tabular results、Parameter covariance 和 Interpolation，这里主要关注 Tabular results 结果即可。

如图 9.14 所示，罗列了 Tabular results 的部分结果，这里主要关注偏回归系数即 Estimate、回归系数的标准误即 Standard error，95%置信区间即 95% CI (profile likelihood)，以及对回归系数进行统计学假设检验得到的 Z 值（|Z|）与 P 值（P value）。

5	Model							
6	Parameter estimates	Variable	Estimate	Standard error	95% CI (profile likelihood)	|Z|	P value	P value summary
7	β0	Intercept	-1.075	0.2985	-1.678 to -0.5067	3.600	0.0003	***
8	β1	Treatment Group[Placebo]	-0.1367	0.2099	-0.5538 to 0.2716	0.6514	0.5148	ns
9	β2	Number of Tumors at Baseline	0.2526	0.04925	0.1542 to 0.3477	5.128	<0.0001	****
10	β3	Size of Largest Tumor at Baseline	0.1017	0.04616	0.01156 to 0.1928	2.202	0.0276	*

图 9.14　结果界面

结果显示截距是-1.075，由于其无实际意义，其假设检验结果可以忽略。

Number of Tumors at Baseline 即基线时的肿瘤数量的偏回归系数是 0.2526，95%置信区间是 0.1542～0.3477，Z 值为 5.128，$P<0.0001$，存在统计学意义，可以解释为在控制其他变量的情况下，基线时的肿瘤数量每增加 1 个，肿瘤复发次数随之变为原来的 $e^{0.2526}=1.287$ 倍（95%CI=1.416-1.167）。

Size of Largest Tumor at Baseline 即基线时肿瘤大小的偏回归系数是 0.1017，95%置信区间是 0.01156～0.1928，Z 值为 2.202，P 值为 0.0276，存在统计学意义，可以解释为在控制其他变量的情况下，基线时的肿瘤大小每增加 1 个单位，肿瘤复发次数随之变为原来的 $e^{0.1017}=1.107$ 倍（95%CI=1.012-1.213）。

而 Treatment Group 的偏回归系数是-0.1367，95%置信区间是-0.5538～0.2716，Z 值为 0.6514，P 值为 0.5148，不存在统计学意义，即治疗组和安慰剂组之间的肿瘤复发次数没有统计学差异。

除了以上结果外，Goodness of Fit （拟合优度）、Multicollinearity （多重共线性）、Data summary （数据汇总）等结果可以根据个人需要自行研究。

9.4　多因素 Cox 回归

Cox 回归分析又称为 Cox 比例风险回归模型（Cox proportional hazards model），是生存分析中的常见方法。Cox 回归分析中的因变量包括生存时间和生存结局，用于分析其他自变量

对生存时间和生存结局的影响。

⚠注意：在进行 Cox 回归前，需要进行比例风险假设的检验，以确保模型的有效性。

9.4.1　冠心病患者生存案例

本案例数据来源于 GraphPad Prism，研究对象为 2015 年 4 月至 12 月期间在巴基斯坦费萨拉巴德心脏病学研究所和联合医院住院的 299 名患者（105 名女性和 194 名男性）。变量信息如下：

- ❑ Time：生存时间（天）。
- ❑ Event：结局事件，Censored 表示删失、Died 表示死亡。
- ❑ Sex：性别，Female 表示女性，Male 表示男性。
- ❑ Smoking：吸烟状况，No 表示否，Yes 表示是。
- ❑ Diabetes：糖尿病状况，No 表示否，Yes 表示是。
- ❑ High Blood Pressure：高血压，No 表示否，Yes 表示是。
- ❑ Anemic：贫血，No 表示否，Yes 表示是。
- ❑ Age：年龄（岁）。
- ❑ Ejection Fraction：射血分数，Low 表示低，Medium 表示中，High 表示高。
- ❑ Serum Sodium：血清钠水平。
- ❑ Serum Creatinine：血清肌酐水平，Normal 表示正常，High 表示偏高。
- ❑ Platelets (Quartiles)：血小板计数，Low 表示低，Normal 表示正常，High 表示高。
- ❑ Log(CPK)：肌酐磷酸激酶（CPK）的 Log 值。

9.4.2　多因素 Cox 回归分析

1．创建分析文件

（1）打开 GraphPad Prism 软件，如图 9.15 所示。在 CREATE 下选择 Multiple variables 选项。

（2）选择 Data table 下的 Start with sample data to follow a tutorial 单选按钮，在 Select a tutorial data set 选项下选择 Cox proportional hazards regression(text variables)。也可以选择 Enter or import data into a new table 单选按钮，自己建立数据文件。

（3）单击 Create 按钮，完成分析文件的创建。

2．导入数据

数据文件如图 9.16 所示，此处仅罗列部分数据。每列表示一个变量，如 A 列表示生存时间变量 Time，变量名称可以根据需要自行修改。

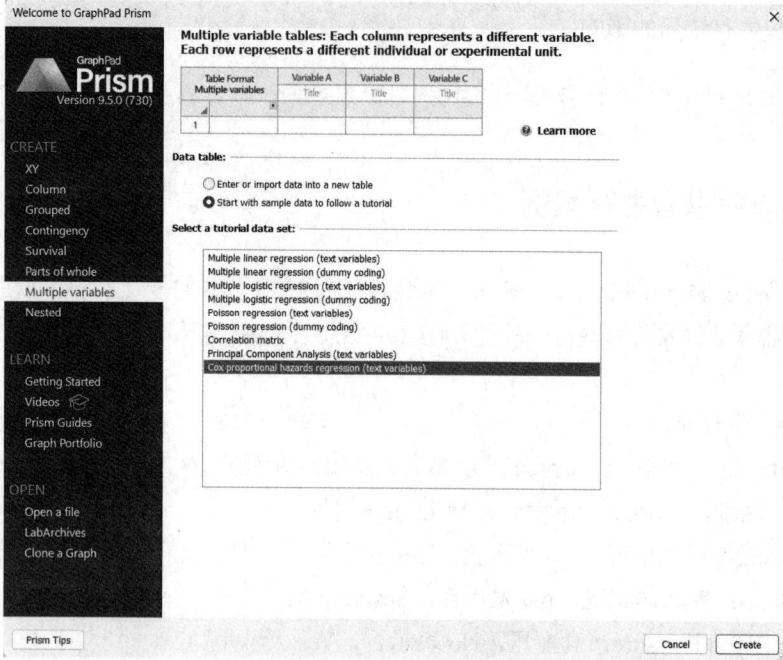

图 9.15　创建分析文件

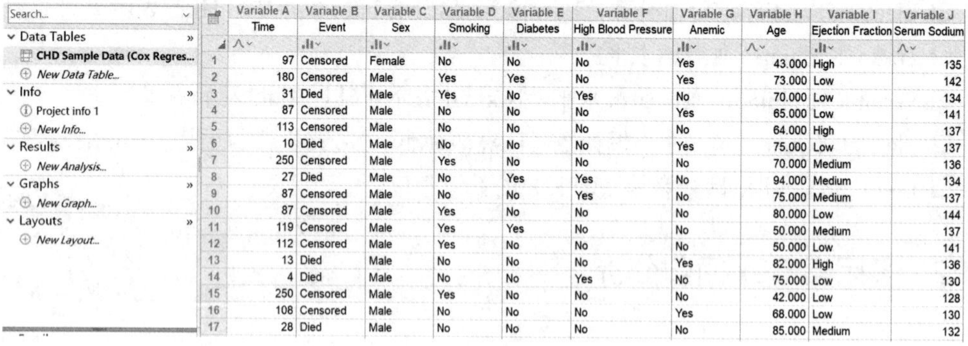

图 9.16　GraphPad Prism 数据页面

3．多因素Cox回归分析

（1）本次的数据名为CHD Sample Data (Cox Regression)。可单击图9.16左侧导航栏Results
下的 New Analysis，弹出数据分析对话框，如图 9.17（a）所示，在 Multiple variable analyses
处选择 Cox proportional hazards regression，选中待分析变量，单击 OK 按钮，弹出如图 9.17
（b）所示的对话框。

（2）在弹出的对话框中设置参数，如图 9.17（b）所示。

❑ 在 Choose time to event (response) variable 选项中设置生存时间为变量 Time。

❑ 在 Choose event/censor(outcome) variable 选项中设置生存结局变量 Event，在 Value
representing "Censored" 选项中设置删失值为变量 Event 的取值 Censored，在 Value
representing "Event"选项中设置感兴趣的结局为变量 Event 的取值 Died，在 Treat other

values as 选项中设置变量 Event 的其他取值为 Missing 即缺失值。

❑ 在 Define model 选项中设置为 Main effects，即只分析主效应。

（3）在图 9.17（b）中切换至 Options 选项卡，如图 9.18 所示，勾上 P value 复选框使结果显示 P 值。

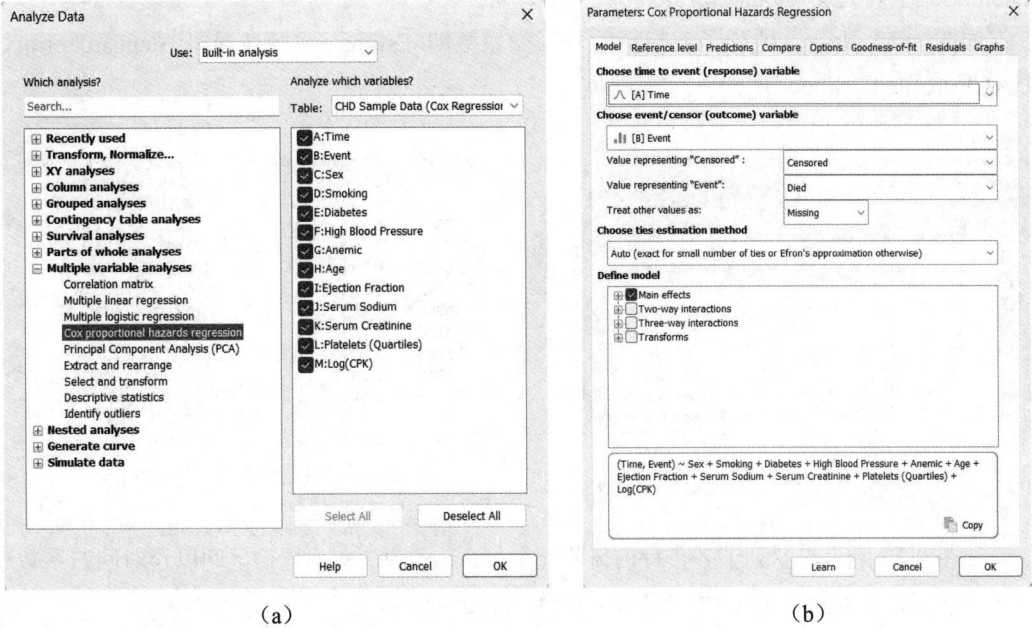

（a）　　　　　　　　　　　　　　　　　　　（b）

图 9.17　数据分析和参数设置对话框

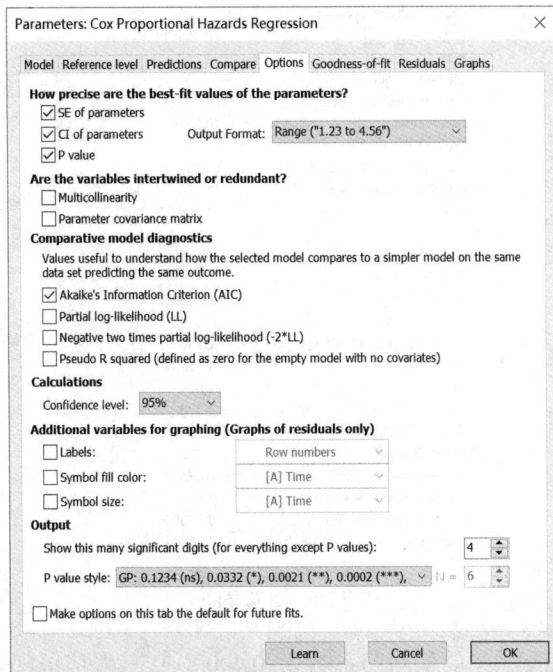

图 9.18　参数设置对话框

（4）单击 OK 按钮完成设置。

4．多因素Cox回归结果解读

在弹出的结果界面中有 3 个结果，分别是 Tabular results、Individual values 和 Baseline functions。主要关注 Tabular results 结果页面即可。

如图 9.19 所示，罗列了各指标的偏回归系数即 Estimate、标准误即 Standard error、95%CI(profile likelihood)即 95%置信区间。

7	Model				
8	Parameter estimates	Variable	Estimate	Standard error	95% CI (profile likelihood)
9	β1	Sex[Male]	-0.1879	0.2426	-0.6607 to 0.2929
10	β2	Smoking[Yes]	0.1254	0.2464	-0.3665 to 0.6028
11	β3	Diabetes[Yes]	0.1995	0.2238	-0.2441 to 0.6358
12	β4	High Blood Pressure[Yes]	0.4900	0.2162	0.06019 to 0.9104
13	β5	Anemic[No]	-0.2796	0.2195	-0.7102 to 0.1526
14	β6	Age	0.04589	0.009543	0.02719 to 0.06464
15	β7	Ejection Fraction[Low]	0.7698	0.3263	0.1547 to 1.442
16	β8	Ejection Fraction[Medium]	-0.2013	0.3379	-0.8457 to 0.4887
17	β9	Serum Sodium	-0.04341	0.02326	-0.08798 to 0.003196
18	β10	Serum Creatinine[High]	0.8004	0.2373	0.3304 to 1.263
19	β11	Platelets (Quartiles)[Low]	0.3392	0.2537	-0.1646 to 0.8340
20	β12	Platelets (Quartiles)[High]	0.1772	0.2683	-0.3595 to 0.6967
21	β13	Log(CPK)	0.2262	0.2385	-0.2431 to 0.6933

图 9.19　结果界面 1

如图 9.20 所示，罗列了各指标的风险比 Hazard ratios、95%置信区间以及对回归系数进行统计学假设检验得到的 Z 值（|Z|）与 P 值（P value）。

23	Hazard ratios	Variable	Estimate	95% CI (profile likelihood)
24	Exp(β1)	Sex[Male]	0.8287	0.5165 to 1.340
25	Exp(β2)	Smoking[Yes]	1.134	0.6932 to 1.827
26	Exp(β3)	Diabetes[Yes]	1.221	0.7834 to 1.889
27	Exp(β4)	High Blood Pressure[Yes]	1.632	1.062 to 2.485
28	Exp(β5)	Anemic[No]	0.7561	0.4915 to 1.165
29	Exp(β6)	Age	1.047	1.028 to 1.067
30	Exp(β7)	Ejection Fraction[Low]	2.159	1.167 to 4.231
31	Exp(β8)	Ejection Fraction[Medium]	0.8176	0.4292 to 1.630
32	Exp(β9)	Serum Sodium	0.9575	0.9158 to 1.003
33	Exp(β10)	Serum Creatinine[High]	2.226	1.392 to 3.534
34	Exp(β11)	Platelets (Quartiles)[Low]	1.404	0.8483 to 2.302
35	Exp(β12)	Platelets (Quartiles)[High]	1.194	0.6980 to 2.007
36	Exp(β13)	Log(CPK)	1.254	0.7842 to 2.000
37				
38	Sig. diff. than zero?	Variable	|Z|	P value
39	β1	Sex[Male]	0.7748	0.4384
40	β2	Smoking[Yes]	0.5088	0.6109
41	β3	Diabetes[Yes]	0.8915	0.3727
42	β4	High Blood Pressure[Yes]	2.266	0.0234
43	β5	Anemic[No]	1.274	0.2027
44	β6	Age	4.808	<0.0001
45	β7	Ejection Fraction[Low]	2.359	0.0183
46	β8	Ejection Fraction[Medium]	0.5960	0.5512
47	β9	Serum Sodium	1.867	0.0619
48	β10	Serum Creatinine[High]	3.373	0.0007
49	β11	Platelets (Quartiles)[Low]	1.337	0.1812
50	β12	Platelets (Quartiles)[High]	0.6605	0.5089
51	β13	Log(CPK)	0.9481	0.3431

图 9.20　结果界面 2

High Blood Pressure[Yes]的偏回归系数为 0.4900，95%置信区间为 0.06019～0.9104，HR=1.632，95%CI 为 1.062～2.485，Z 值为 2.266，P 值为 0.0234，存在统计学意义，可以将

以上结果描述为高血压患者死亡风险是未患高血压者的 1.632 倍，或者高血压患者死亡风险比未患高血压者增加了 63.2%。

　　Age 的偏回归系数为 0.04589，95%置信区间为 0.02719～0.06464，HR=1.047，95% CI 为 1.028～1.067，可描述为年龄每增加一岁，死亡风险变为原来的 1.047 倍，或者描述为年龄每增加一岁，死亡风险就增加 4.7%。

　　其他自变量结果解读略。

　　除了以上结果外，Model diagnostics（模型诊断）、Data summary（数据汇总）等结果可以根据个人需要自行研究。

9.5　小　　结

　　本章主要介绍了多因素线性回归、多因素 Logistic 回归、多因素 Poisson 回归、多因素 Cox 回归的相关内容。虽然它们都可用来探讨多个自变量对因变量的影响，但是分析方法的适用条件不同，需要根据数据情况进行判断。